高等职业教育“十四五”规划教材

乡村振兴人才培养系列教材

农业生产实用技术

田洪光　黄　旭　周桃英　主编

中国农业大学出版社
·北京·

内容简介

本教材根据国家高素质农民培育要求编写，结合当前智慧农业发展成果，融入“三农”发展理念。在内容安排上，突出实用性和准确性，共设计了10个学习项目，每个项目都配备了数字化学习资源。本教材主要介绍了常见作物、蔬菜、花卉、中药材等的高效种植技术，畜禽高效养殖技术和现代农机应用技术等。

本教材主要供高素质农民培育相关课程使用，也可供农业生产等相关行业从业人员学习参考。

图书在版编目(CIP)数据

农业生产实用技术 / 田洪光，黄旭，周桃英主编. --北京：中国农业大学出版社，2023.11
ISBN 978-7-5655-3105-7

Ⅰ.①农… Ⅱ.①田…②黄…③周… Ⅲ.①农业生产—生产技术 Ⅳ.①S-01

中国国家版本馆CIP数据核字(2023)第210424号

书　名 农业生产实用技术
作　者 田洪光　黄　旭　周桃英　主编

策划编辑 林孝栋　康昊婷　　**责任编辑** 康昊婷
封面设计 郑　川　李尘工作室
出版发行 中国农业大学出版社
社　址 北京市海淀区圆明园西路2号　　**邮政编码** 100193
电　话 发行部 010-62733489，1190　　读者服务部 010-62732336
编辑部 010-62732617，2618　　出 版 部 010-62733440
网　址 http://www.caupress.cn　　**E-mail** cbsszs@cau.edu.cn
经　销 新华书店
印　刷 北京溢漾印刷有限公司
版　次 2023年11月第1版　2023年11月第1次印刷
规　格 185 mm×260 mm　16开本　21.25印张　526千字
定　价 69.00元

图书如有质量问题本社发行部负责调换

编写人员

主　　编　田洪光　黄　旭　周桃英

副 主 编　王　珍　章桃娟　杨　诚　田　涛　毕　宇

编写人员　（按姓氏笔画排序）

王小芬（黄冈职业技术学院）
王　珍（湖北省农业科技人才办公室）
占卫国（黄冈职业技术学院）
田　涛（黄冈职业技术学院）
田洪光（黄冈职业技术学院）
毕　宇（黄冈职业技术学院）
杨　诚（黄冈职业技术学院）
杨辉德（黄冈职业技术学院）
李　刚（浠水县水产技术推广站）
吴佳新（黄冈职业技术学院）
张苏丹（黄冈职业技术学院）
张其亮（黄冈职业技术学院）
张　彪（浠水县水产技术推广站）
周桃英（黄冈职业技术学院）
胡秀良（黄冈职业技术学院）
侯应霞（湖北省农业科技人才办公室）
闻彬军（湖北先稼坛生态农业有限公司）
姜莉莉（黄冈职业技术学院）
徐志新（罗田县燕儿谷生态农庄）
徐步升（湖北萌升农业科技有限公司）
黄　旭（武汉中畜智联科技有限公司）
黄韵雪（湖北省农业广播电视学校）
章桃娟（黄冈职业技术学院）
廖祥六（黄冈职业技术学院）
戴益刚（黄冈职业技术学院）

前 言

党的二十大指出，全面推进乡村振兴。全面建设社会主义现代化国家，最艰巨最繁重的任务仍然在农村。2023年的中央1号文件提出：强国必先强农，农强方能国强。没有农业强国就没有现代化强国；农业农村没有实现现代化，社会主义现代化就是不全面的。这说明了我们党和国家对“农业、农村、农民”三农问题的高度重视。本书作为高素质农民培育项目的配套教材，根据高素质农民培育的目标，在编写过程中着力体现高素质农民培育的特色并结合黄冈市农业生产特色，较为全面地总结了农业生产实用技术，同时借鉴了国内外先进技术，力求做到科学性、先进性与实用性相结合。

本书由田洪光编写大纲，统筹全书内容，确定培养目标。全书内容包括水稻生产技术（占卫国编写）、油菜生产技术（占卫国编写）、花卉生产技术（张苏丹编写）、蔬菜生产技术（廖祥六编写）、果树生产技术（胡秀良编写）、中药材生产技术（吴佳新编写）、植物病虫害防治技术（杨辉德编写）、畜禽生产技术（戴益刚、王小芬编写）、农产品贮藏与加工（姜莉莉编写）、现代农业装备技术（张其亮、李刚和张彪编写）。周桃英、田涛、毕宇、王珍、黄旭、黄韵雪、章桃娟、杨诚、侯应霞、闻彬军、徐志新、徐步升等提供案例和视频材料。特别感谢湖北先秾坛生态农业公司提供视频拍摄素材和场地。

新形态信息技术在本教材中得到广泛应用。编者们对农业生产相关的知识点与技能点进行信息化处理，提高智能化水平，突出趣味性与直观性。本书通过扫码即可查看微课、视频、动画等内容，能够更好地为读者服务。

由于编写时间较紧，加之编者水平有限，书中可能尚存不妥之处，敬请读者批评指正。

编 者

2023年8月

目　录

教学资源索引

项目1
水稻生产技术

任务1　水稻机械化生产技术

学习目标

知识目标

1. 掌握水稻现代化育秧技术。
2. 掌握水稻机械化种植的田间管理技术。

能力目标

1. 能根据市场需要选择合适品种。
2. 能结合当地气温，适时育秧，学会操作各种农机具。

素质目标

1. 具有发展现代农业机械化的创新创业意识。
2. 具有因地制宜、合理利用资源意识。
3. 具有大国三农情怀。

智慧水稻

学习内容

任务1.1　水稻机械化育秧技术

水稻机械化育秧技术是在育秧过程中使用机械，电加温和自动控制等手段，将种、土、肥、水、温度、湿度等条件置于人工控制之下的一种技术，采用该技术育出的秧苗均匀、整齐、规格统一，便于机插，成活率90%以上，且移栽后返青快，分蘖早，产量高。

主要有机械化带土育秧技术、工厂化育秧、工厂化无土肥水育秧技术。它们的原理基本一致，要经过床土准备、调制、调酸、种子处理、播种、加温、控温、催芽、炼苗等阶段，成本较大。而在此原理下发展起来的田间双膜规格化育秧技术，培育出来的秧苗也达到了壮秧机插的目的。其操作方式和育秧方法与大田育秧相似，不同之处是在秧田要先铺上打了孔的薄膜，然后铺床土和播种，它的成本大大低于工厂化育秧，易被掌握，适合推广。

活动 1 了解机械化带土育秧

机械化带土育秧技术又称规格化育秧技术，按选用的机械设备不同，又可分为工厂化育秧、框架育秧、隔膜育秧、嵌条育秧、切块育秧、模盘育秧等方式，主要工艺流程是：床土配制—种子处理—播种—育苗管理。

活动 2 了解水稻工厂化育秧

水稻工厂化育秧，即在室内采用机械化的方法，将水稻种子经催芽、播种、适温避光催苗及大棚育秧等过程，成批生产出适于机插、机抛、手抛和机摆使用的水稻秧苗，它是集约化培育水稻壮秧的有效途径。

水稻工厂化育秧技术是机械化带土育秧技术的方式之一，其过程大体可分为播前准备、播种、苗期管理等主要阶段。播种可用 2SB-500 型水稻苗盘自动播种机来完成，也可人工或用手动工具来完成。

活动 3 了解水稻工厂化育秧技术的优点

(1)能充分提供秧苗生长过程中所需的各种条件，可培育壮秧，为高产、稳产奠定良好的基础，一般可增产 5%～10%。

(2)可节省耕地[工厂面积：大田面积为1：(600～800)，而常规的小秧田：大田面积为1：40]。

(3)育秧工厂及有关设备除育秧外，平时可综合利用，可用于种植蔬菜、花卉等。

(4)省力、省工、省种，效益高。

(5)可促使适度规模经营、集约化农业的发展。

目前，水稻工厂化育秧技术主要在我国一些大型国有农场和经济较发达的广东、上海、江苏、浙江等水稻产区示范和推广。实践证明，推广水稻工厂化育秧技术，有利于水稻适当早播和抢农时、抢积温，有利于保证育秧安全可靠和高产稳产，应用前景广阔，具有省田、省种、省水、省肥、省工和增产的效果。

活动 4 了解工厂化无土肥水育秧

工厂化无土肥水育秧技术是将稻种播在秧盘里，不覆盖土壤，在温度、水分和通气良好的条件下，使种子发芽现青，经过绿化、炼苗，待秧高 8～10 cm 时，即可机插。在盘根立苗和肥水壮秧阶段的管理要严格，在盘根立苗初期温度控制在 34～36 ℃，当芽鞘长 0.8 cm 时，及时给予光照，并逐步降温到 30～32 ℃。立苗期为 5 d，当苗长到一叶一心时，将秧苗移至肥水场，进行肥水壮秧，时间为 16～27 d。其推广设备是湖北省农机院研制的 GWF-500 型水稻无土肥水育秧设备。

活动 5 了解水稻软盘育秧

水稻软盘育秧技术是在工厂化育秧的基础上总结转化而来的低成本、简易化的育秧方式。该育秧方式成本低，质量好，易于操作，适合机械化栽插的要求。其作业流程为：床土准备→肥料拌混→破碎过筛→堆闷熟化→晒种脱芒→发芽试验→选种→药剂浸种→催芽→铺空盘→精做秧板→装盘土→洒水→播种→覆土→封膜盖草→揭膜炼苗→肥水管理→起盘移栽。机械播种可将装土、洒水、播种、覆土同时完成。

活动6　了解水稻抛秧

水稻抛秧技术，是采用塑料秧盘或旱育苗床，育出根部带有营养土块的秧苗，移栽时利用带土秧苗自身重力，采取人工或机械均匀地将秧苗抛撒到大田的一种水稻栽培方法，它是水稻栽培技术的一项重大改革。按育秧方式不同，水稻抛秧可分为塑盘育秧抛栽、纸筒育秧抛栽、无盘旱育秧抛栽和隔层育秧抛栽等，目前应用较多是塑盘育秧抛栽。

该项技术与传统手工插秧相比，每亩(1亩≈666.67 m^2)可节省秧田0.1亩，节省用工2～3个，节省生产成本30%左右，增产5%～10%，增加效益15%～20%。同时站着抛秧，不用曲背弯腰，可以大大减轻劳动强度，并且有利于连片集中育秧，促进水稻生产的规模化经营和社会化服务，深受广大农民的喜爱。尤其在经济较发达、务农劳力缺乏、劳动力价格高的水稻产区，该项技术的应用更为广泛。据统计，全国水稻抛秧的应用面积从1990年的50多万亩，至2000年扩大到1亿多亩，10年间扩大了近200倍。

近年来，中国水稻研究所通过选用优质水稻新品种进行水稻双季抛秧技术研究，组装集成了一项水稻双季优质品种、双季抛秧、亩产稻谷双千斤的配套技术，简称“水稻双优双抛双千斤技术”。

活动7　了解水稻软盘育秧及抛秧技术的优点

水稻软盘育秧及抛秧技术是近几年农业部门大力推广的一项新的实用技术，它改变了过去习惯的大田育秧、人工插秧的传统方式，采用规格化的塑料软盘，配制营养土进行育秧，再用人工或机械将塑料软盘育成的成棵状的秧苗抛向大田。由于从育秧到抛秧的过程中，秧苗根系未受到损伤(刺激)，秧苗抛向大田后，返青快，分蘖早，低位分蘖且有效率高，成穗多，产量高的特点，是一项既省种、省秧田、省工，又增产的新技术。软盘育秧一般每公顷可省杂交稻种7.5 kg，省常规稻种45 kg；每公顷本田可抛大田40～80 hm^2，每公顷本田节省秧田在0.1 hm^2以上，与传统育秧相比，每公顷可节省育秧成本150～300元。采用人工抛秧，一般每人每天可抛0.33～0.53 hm^2，比人工插秧可提高工效20倍，若用机械抛秧则工效更高，抛秧稻可比传统手插稻增产3%～15%。该技术的应用有利于实现统一供种、统一育秧、统一供秧的商品化生产。

活动8　了解水稻机械化抛秧

水稻机械化抛秧技术是在人工抛秧基础上实现机械抛秧。使用塑料钵体软盘育秧，育成秧后把带土钵苗从秧盘内提出放在锥盘内，靠离心力作用把钵体苗抛入水田中，抛秧机具有抛得匀、效率高的优点。常用机型为2ZPY-C型锥盘式自走式抛秧机。简易的背挂式抛秧机利用机动弥雾机吹管把钵苗抛向大田。目前开发的有序抛秧机把钵苗定距定点落入田中，可以发挥水稻通风透光生产的优势，使用的秧盘与常规所用的蜂窝状盘不同，采用矩形排列的秧盘，把成苗后的秧盘直接输入机器中，节省了从钵体软盘取秧的工序，抛落密度可以调整。

水稻抛秧为什么必须走机械化的发展道路?

目前,水稻的抛秧作业主要由人工手抛完成,虽比插秧减轻了劳动强度,工效也有所提高;但由于人工操作的不准确性,抛秧、育秧均匀度差,抛秧密度不易控制,作业质量不十分理想。这种现状影响了水稻抛秧栽培技术优势的进一步发挥,直接影响水稻产量,因此水稻抛秧技术必须走机械化的发展道路。实现水稻钵育精确移栽,这将是我国水稻种植的发展方向。水稻钵体育秧方式的采用,为水稻工厂化育秧创造了有利条件,同时比较规范的种苗,为进一步简化钵育行栽机械的结构,降低成本,提高效率打下了基础。

活动 9 学习水稻机械化直播

水稻机械化直播技术是指在水稻栽培过程中省去育秧和移栽环节,将水稻种谷用机械直接播种于大田的一种栽培方式。纵观国内外稻作技术,伴随工业化、城市化和市场化经济的发展,机械化直播栽培已成为重要举措之一。

中国水稻研究所于 20 世纪 90 年代初开始研究直播稻,通过将国内多年自主研究的直播稻栽培技术、播种机具和从韩国、日本等地引进的有关技术及播种机械进行有机结合,经过消化、吸收、改进和集成组装,形成了一套适合于我国南方稻田的水稻省工省力、优质、高产高效机械水直播配套栽培技术。试验示范结果表明,该项技术与目前人工直播比较,不仅可以较好地解决全苗保苗、防倒伏、除杂草及农艺农机配套等关键问题,水稻产量每亩可增加 25.4～55.1 kg,而且更省工节本,经济效益更高,每亩比人工移栽稻省工 4.3～5.3 个工日,节省成本 35.5～55 元,增加经济收入 76.7～156 元,还可通过与机播同时进行的肥料侧条深施,提高肥料利用率 5%～10%,减轻因稻田排水带来的化肥和农药污染。这项技术对满足江、浙、沪等经济较发达地区稻农的要求,革新和发展稻作技术,实现水稻机械化集约种植,提高产量,优化品质,促进农民增产增收,加速这些地区率先实现农业现代化,都具有重要的意义。

水稻直播机械化不经过育秧工序,直接把稻种播入大田,具有明显的省工、节本优势,据有关测算结果显示省 5 个工日以上、节省成本 40 元左右,水稻机械化直播包括机械水直播及机械旱直播两个方面。机械水直播是在田块经旋耕灭茬平整后,土壤处于湿润或薄水状态下,使用水直播机或喷撒机将浸种催芽至破胸露白后的种子直接播入大田、播种后管好排灌系统,立苗前保持田面湿润,及时化学除草以保全苗。与水直播技术配套的常用机型为沪嘉 J-2BD-10 型水直播机。机械旱直播是对田块平整、沟系配套麦田或油菜田用旱直播机直播播种,或用人工撒播、盖籽机覆盖进行旱直播。播后灌浅水,幼苗出齐后排水、化学除草,并保持田间湿润。与旱直播技术配套的机械,北方为谷物条播机,南方稻麦轮作区以 2BG-6A 免耕条播机为主,该机与东风 12 型手扶拖拉机配套,可一次完成浅旋灭茬、开沟、播种、覆土、镇压等多道工序。旱直播具有不受外界气候条件制约、除草效果好的优点。

1. 我国水稻直播机械化技术发展现状如何?

机械水直播主要用于南方一季稻产区和海南、广东、江、浙、沪一带双季稻产区。播种方式既有人、机点播和条播,也有人、机撒播和飞机撒播,飞机撒播在我国目前仅局限于机械化水平较高的国有农场和农垦农场。

机械旱直播主要适用于我国北方水资源较缺乏的水稻产区,旱直播技术目前还不太成熟,故应用较少。水稻直播生产,由于种子是一次直接播种到大田,与移栽稻相比,并不需要“刺激”水稻根系，再加上浅播和单株稻苗营养面积大，水、肥、光温、气供应充分，能使水稻分蘖节位降低、分蘖早、根系旺。只要把握好田块平整、杂草清除、施肥合理、管理恰当等田间管理环节，就能使种子早生、快发，苗壮、苗齐，从而获得高产和稳产。

大田播种水稻目前尚处在手工撒播为主的阶段，虽然手工撒播较简便且易被农民接纳采用，但播种均匀度差，工效低，且撒播稻苗散乱，导致稻苗生长的透光、通风性差，给化学除草、施肥、施药、灌水等田间管理带来不便，这些不利因素大大影响了直播的产量以及直播稻技术的推广。

2. 机插水稻双膜育秧的作业流程是什么？

机插秧苗是标准化的秧苗，育秧方式有硬盘育秧、软盘育秧和双膜育秧。由于硬盘育秧、软盘育秧投资大，成本高，一般多用于试验；而双膜育秧最为简易，且投资少，成本低，操作简单，管理方便，一般多用于生产。

活动10　学习水稻双膜育秧

1. 水稻双膜育秧的作业流程

床土准备→(土、肥料混拌→堆闷过筛)→地膜打孔→铺打孔膜→铺撒床土→足底水→均匀播种→覆盖种土→覆盖地膜、盖草→揭膜绿化→肥水管理→切块移栽。

2. 水稻双膜育秧技术与软盘育秧的区别

双膜育秧技术原理与软盘育秧大致相同。其区别仅在于，双膜育秧是在秧板上平铺打孔地膜作垫层代替软盘。这种有孔底膜与盖膜并用的育秧方法，简称双膜育秧。其特点是：投资少、成本低、操作简单、管理方便。

3. 怎样做好机插水稻双膜育秧前的准备？

(1)营养土准备。营养土准备的好坏是决定育秧成败的前提条件。

一是选用合适的床土基质：①细泥，如菜园土；耕作熟化的旱地土(不宜在荒草地及当季喷过除草剂的麦田取土)；秋耕、冬翻、春耕的稻田土。②河泥、沟泥，无污染的河泥通过过滤后可作床土；通过冬季翻耕熟化过做秧板时利用沟泥也可作床土。

二是床土用量：每亩大田需要干细泥 100 kg；或河泥、沟泥 150 kg。

三是床土培肥：干细泥采用有机肥、无机肥相结合的培肥方法。取土田每亩用腐熟的畜禽灰杂肥 40 担加复合肥 60～70 kg，撒施后旋耕 2～3 次，抢晴进行堆制，覆盖农膜，遮雨堆闷。选择在农闲、晴天、堆土水分适宜时进行过筛，细泥粒径在 2～4 mm 的占 60%，最大粒径不超过 5 mm。如在机旋耕时不用复合肥的，可在过筛细泥中每 100 kg 拌入 0.5～1 kg“旱秧壮秧剂”。过筛结束后集中堆闷。细泥含水量适中，要求手捏成团，落地即散，并用农膜覆盖，促使肥土充分熟化待用。用河泥必须过滤沉淀；用沟泥浆的秧地要冬翻熟化，早做秧地，在做好秧地后，在沟泥中每亩施碳铵 30 kg、过磷酸钙 30 kg 和氯化钾 5 kg，培肥床土。

(2)秧地准备。

一是秧地大田比：秧地大田比为 1∶100(1 亩秧地可插 100 亩大田)。

二是秧地规格质量：在播前 10 d 上耕田耙地，整平做好秧板，秧板的规格为宽 1.4 m，秧沟宽 25 cm，四周宽 30 cm。秧板做好后排水沉实，播前 2 d 铲高补低，填平裂缝，并充分拍实，板面达到“平、实、光、直”。用干细泥、河泥作床土的秧沟要清；用沟泥作床土的要多留沟泥，秧沟适当放宽，做好秧板后沟内不断水。

(3)双膜材料准备。

一是双膜用量：每亩大田备足宽 1.5 m、长 4.2 m 的底膜和幅宽 2 m、长 4.2 m 的盖膜。

二是底膜打孔：将地膜整齐地卷在木方上，木板长 1.6 m，宽 15～20 cm，厚 5 cm，然后划线冲孔。孔距一般为 2～3 cm，孔径 0.2～0.3 cm(孔径不宜过大，否则大量秧根穿孔下扎，增加起秧的难度)。

三是其他材料：木条，用于固定营养土。木条宽 2～3 cm，厚 2 cm，每根长 2～3 m，一般 10～20 根。还有起秧切刀和秧块框(秧块框宽 27.5 cm、长 58 cm)。

(4)种子准备。

一是种子用量与要求：双膜育秧的秧苗由于要切块除边，用种量略高于盘式育秧，每亩大田用种量为 4 kg。种子要求发芽率在 90%以上，发芽势在 85%以上。

二是种子处理：通过水稻种子处理，防治水稻种传病害，方法为：浸种灵 1 支(2 mL)＋百克 1 支(2 mL)＋吡虫啉 10 g＋水 7 kg＋浸稻种 5 kg，浸种 48～60 h。

(5)催芽。机插秧苗要求生长均匀一致，为达到要求，种子催芽技术是机插秧育苗的关键，种子催芽要达到"快、齐、匀、壮"。"快"要求 2 d 内催好芽；"齐"要求发芽势在 85%以上；"匀"要求芽长整齐一致；"壮"要求幼芽粗壮，根、芽比例适当，颜色鲜白，气味清香，无酒味。根据种子萌发的主要过程和特点，催芽可以分为以下 3 个阶段。

第一阶段，高温破胸。浸种后沥干水，把稻谷堆起来，用鲜草加农膜覆盖 30 h，即可破胸露白。这一阶段由于种子呼吸作用增强，谷温自然升高，为使里外一致，一般在 20 h 左右翻谷一次，但不能浇水，以免缺氧造成无氧呼吸，影响种子发芽势并产生酒味。

第二阶段，适温催芽。当种子破胸露白 90%以上时，降温至 25 ℃左右，适当补充一些水分，通过水分来调节根芽长度，根芽长度不超过稻谷长的 1/2，根芽宁短不长。

第三阶段，晾芽播种。当根芽达到标准时进行晾芽，在室内摊晾 2～4 h，即可播种。

4. 机插水稻双膜育秧的精细播种技术要求是什么？

(1)确定播期。机插秧移栽叶龄在 3.5～3.8 d，秧龄 18 d 左右，根据茬口，按照秧龄推算播期，宁可田等秧，不可秧等田。根据面积大小进行分期播种。播种在 5 月下旬进行，一般安排在 6 月中旬移栽。

(2)精细播种。先在预先做好的毛秧上铲高补低，达到秧板平整无高低错落，然后铺打孔地膜；铺好打孔地膜后，先在秧板四周用木条(厚 2 cm、宽 2～3 cm)固定，再铺床土刮平 2 cm 厚，用河泥或沟泥铺床土时要求沉实后达到 2 cm。在铺好床土后要浇足底水，使底土水分达到饱和状态后立即播种。播种要做到定量播种，每平方米播发芽率为 90%以上的种谷 900～940 g，按发芽率 1%分别增减种谷 10～12 g。播种时要按板称种，播种要匀播，分多次播，力求播种均匀。播好种谷后，要撒盖种土，一般用干细泥加草木灰，覆土量以盖没种子为宜。盖种后不再浇水，在秧板上每隔 50～60 cm 铺一薄层麦草秸或放一根芦苇，以防农膜与床土"贴膏药"影响出苗。紧接着进行盖膜盖草，覆盖农膜宽为 2 m，平盖在秧板上，四周封严封实，在农膜上再覆盖一层稻草，厚度以不见农膜为宜。通过盖膜盖草，膜内温度在 28～35 ℃，湿度在 90%以上，这样出苗整齐，也不会造成烧苗。

5. 机插水稻双膜育秧的秧田管理要点

(1)揭膜炼苗。播后盖膜主要目的是达到秧苗出土生长一致，立苗快而齐。因此盖膜时间不宜过长，一般在秧苗出土 2 cm 左右，第一完全叶抽出时（播后 3～5 d）揭膜炼苗。若覆盖时间过长，苗在膜内生长速度快，引起细长弱苗，若遇上高温晴天，容易烧苗。因此，揭膜时间不宜过长，一般在播种 3～5 d 揭膜。揭膜原则为：晴天傍晚揭，阴天上午揭，小雨雨前揭，大雨雨后揭。揭膜时要灌一次足水。

（2）科学管水。秧苗三叶期以前，保持平沟水，做到以湿润为主，达到以水调气、以水调肥、以水调温、以水护苗的目的。在正常情况下，床土湿润不发白，含水又透气。若晴天中午秧苗出现卷叶时要灌薄水护苗，而雨天要放干秧沟水，增加透气，提高秧苗根系活力。在移栽前 3～5 d 要控水炼苗。

（3）看苗追施肥料。一般机插秧要求插秧时，秧苗苗色青绿，叶片挺健清秀且不发披。“离乳”肥须做到：床土肥力好的不施，床土肥力差的，在一叶一心时施一些清水粪。在移栽前施好起身肥，栽后促早发。因为是带土移栽，每亩起身肥可用尿素 7～8 kg，时间要严格掌握在移栽前 2 d 内。施肥宜在下午 16:00 点后未有露水前进行。

（4）防病治虫。秧田主要防好灰飞虱、螟虫。揭膜后每亩田用吡虫啉 20 g 加水 40～50 kg 小机喷雾，防治灰飞虱。在移栽前 2～3 d，每亩用 5%锐劲特 45 mL 加水 40～50 kg 防治螟虫和灰飞虱，做好带药移栽工作。

6. 机插水稻双膜育秧如何使用好助壮剂？

一般在床土培肥中用“旱秧壮秧剂”就可延缓植株的生长速度，同时促进其横向生长，增加秧苗的干物质含量。未用“旱秧壮秧剂”的，可用 15%多效唑可湿粉（每亩秧田 50 g）加水 50 kg（1:2 000 倍）小机均匀喷雾。注意确保多效唑用量准，水用量准，喷雾均匀，否则会造成局部矮化，严重的会使秧苗长短不一。

任务 1.2　水田耕整地机械化技术

活动 1　了解水田耕整地机械化技术定义

使用水田耕整机、水田驱动耙、旋耕机、机耕船以及南方水田铧式系列犁、圆盘犁等水田耕整地机械化技术，保证水田碎土效果及耕后平整、省工省成本。

活动 2　了解我国耕整地机械种类

我国耕整地机械种类繁多，有铧犁和旋耕机，在配套动力上有与中拖配套的，有与手拖配套的，也有自带动力的。

（1）1LB 型水田耕整机是由安徽南陵、湖南耒阳生产的多功能小型农田耕作机械，一人乘坐操作，独轮行走，可完成水田耕、耙、滚作业，配套动力 3 kW，耕深 10～15 cm，耕宽 20～22 cm，作业效率 1 亩/h，工效高，小巧灵活，适宜小田块作业。

（2）1LYQ 系列驱动圆盘犁由江西机引农具制造有限公司生产，犁盘个数 4～9 片，单盘耕幅 20 cm，耕深 12～20 cm，作业效率 1～10 亩/h。具有覆盖性能好，通过能力强，不缠草，工效高的特点。

（3）东风-12 手扶式拖拉机及配套旋耕机由东风农机集团公司生产，工作幅宽 76 cm，耕深

12～15 cm，作业效率 2～3 亩/h。该机操作简单方便，可在水田、旱田耕作，适应性广。

(4)1G 系列配 50 拖拉机的旋耕机，全国生产厂众多，工作幅宽 150～200 cm，成系列化，耕深 15～25 cm，作业效率 5～8 亩/h。三点悬挂式连接，可在水、旱田作业，适宜大、中田块作业。

(5)1BSQ-23 型水田驱动耙由无锡硕放小型农机厂生产，配套动力 50 马力(1 马力≈0.7 kW)拖拉机，工作幅宽 2.3 m，工作效率 0.47～0.73 hm^2/h，具有速度快、田块平整、工效高的特点。

(6)1GH-175 型水田秸秆还田机由徐州市农机研究所生产，是与 33～40.4 kW 轮式拖拉机配套的一种具有埋草旋耕、碎土复合功能的新型秸秆还田耕作机具。该机具在作业中能将稻麦整秆、留茬、杂草、绿肥等农作物秸秆进行直接埋覆还田。旋耕深度大于 15 cm，旋耕宽度 175 cm，作业效率 4～8 亩/h，该机具结构设计合理，性能可靠，适应性强，工效高。

(7)1BMQ-230 型水田埋茬起浆整地机由泰州姜堰新科机械制造有限公司生产，采用半圆形弯齿错位排列、棱形耙结构。配套动力 37～45 kW，工作幅宽 230 cm，埋茬深度 5～8 cm，作业效率 8～13 亩/h，起浆度大于 75%，耕后地表平整度小于 5 cm。其在灌水浸泡后的已耕地上作业，能一次完成埋茬起浆和平地作业。

另外，水稻机械化旱直播使用 2BG-6A 型少(免)耕条播机对田块进行浅旋耕整地。

活动 3 知悉机械化耕整地安全操作细则

(1)严禁用倒挡作业。田间地头转弯时，应将机具略微提升，以减少转弯阻力避免损坏工作部件。转移地块和调整机具时机具的工作部件要停止转动。

(2)手扶拖拉机耕深的调整是用尾轮或滑橇(水耕时用)控制。松开尾轮座上的箍紧手柄，将尾轮外管上、下移动，可在较大的范围内调节尾轮的位置高低。一般情况下，可旋转手柄来调节耕深。使用中应尽量使外管位置适当，再利用手柄进行少量的调整。

(3)犁耕作业时应注意耕作方向，尽可能在田块中只留一条大垄或大沟。应尽量避免犁长时间超负荷工作，以防犁架变形。

(4)中拖带的耕整机，万向节工作时两端应接近水平。万向节在工作状态提升时，要减慢旋转速度，且应限制提升高度，使万向节两端夹角不超过 30°。

(5)工作时，耕整机后和机上禁止站人，防止发生意外事故。

(6)由拖拉机动力驱动的农具，要求驾驶人员特别注意提高警惕，随时准备切断动力，以免意外事故发生。

(7)停止工作时，应将耕整机降落着地，不得悬挂停放。

任务 1.3 水稻机械化插秧技术

活动 1 了解机械化插秧对秧苗的要求

(1)机械化插秧的秧苗必须是标准化的秧苗。它使用的是秧苗以上土壤为载体的秧块，秧块标准长 58 cm，宽 28 cm，厚 2 cm。秧块在此范围放入秧箱内，才不会卡滞或脱空造成漏插。用硬盘或软盘育秧由盘来控制，在双膜育秧技术中，通过切换来保证规格。土块的厚度是在育秧时人工控制的，厚度为2～2.5 cm。过厚或过薄都会造成伤秧过多或取秧不匀。

(2)机插秧苗的规格要求。机插秧苗为苗高在12～17 cm的中小苗；每平方厘米苗1.5～3株。插秧机主要是采取小块的方式插植秧苗，每块小土块上的成苗及均匀度对每穴株数差距关系较大，所以要保证成苗率，精心育苗是确保机械化插秧成功的关键。其次，为了保证秧块能散落并整体装入秧箱，要求秧苗根系发达，盘根力强，育秧阶段要注重根系的培育。

(3)对大田整地的要求。高性能插秧机对大田的基本要求为：田面平整，全田高度差不大于3 cm，表土硬软适中，田面无杂草、杂物，麦草必须压旋至土中。大田耕整后，须视情况沉淀，黏土一般要沉实2 d左右，若整地达不到要求将造成插秧过深，影响分蘖，甚至减产。

活动2　知悉水稻机械化插秧技术操作规范

(1)首先机插秧田要根据农时和土质提早整地、耙地。整地要平、耙细、泥烂、无杂物，泥脚深度不超过30 cm，不得有4 m^2以上的田面露出水面；耙田后要视土质情况沉淀一段时间，再插秧；一般沙土需沉淀0.5～1 d，黏土3～4 d，有的泥浆田要沉淀7 d左右；插秧时水深保持在2 cm左右，插秧后立即灌水保苗，防止秧苗生理失水。

(2)插秧机用的秧苗只能是大棚培育的中苗和小苗，且要符合机插用秧苗的壮秧标准。要求是带土秧块，盘苗土厚2.0～2.5 cm，土层均匀，不含石块、树根等硬杂物，形状规则无残缺，宽度2.8 m，秧苗均匀度达到80%以上。

(3)机插秧质量指标为：漏插率和伤秧率均不大于5%，相对均匀度合格率要大于85%，作业时要求临界行距一致。在进行水稻机插秧时，水深保持在2 cm左右，插秧后立即灌水保苗，秧苗采用工厂化培育的中秧和小秧，要求苗齐苗壮。机插作业时，漏插率、伤秧率不大于5%，要求行距一致，不压行，不漏行。

活动3　学习水稻机械化插秧关键技术

1.精细作床，科学育苗

(1)要选好秧田备足床土。选择灌排和运秧方便，田面平坦，靠近大田的稻田做秧田，秧大田比为1∶(60～70)(面积)。秧板要达到平、光、实的要求。床土以细、松、肥、无草为标准。床土以旱地松土、稻田表土、河泥或秧沟泥为佳，经晒干捣细过筛(筛孔4～5 mm)后应用。床土适当早准备，每亩大田备足200 kg。一般肥土不用拌肥，如果是瘦土需要拌肥。每50 kg细泥加100 g碳酸氢钾和200 g过磷酸钙，均匀拌和，堆闷后用。播前应保证床土吸足水分，做到足墒出苗。盖土应区别于床土，选择粗细适中(筛孔5～8 mm)的旱地松土。

(2)要适时播种。定量播种的机插秧对秧龄要求严格，一般以18～20 d为宜，因此要根据茬口品种、机插进度和插秧时期，分批播种。生育期长的品种，早播早栽；生育期短的品种，适时播种，适时栽插。播种量要适宜，落谷要均匀。一般亩净播种450～500 kg，即0.7～0.75 kg/m^2。按畦定量称种下田。播后立即覆盖盖籽土(为防表土板结，盖籽土上不能喷水，应让其自然洇透)，防止种芽失水，促进扎根，保证苗齐、苗均，覆土要均匀。随后覆盖薄膜和草帘。

(3)要管好苗床，注意齐苗、匀苗。覆盖薄膜和草帘的秧田，齐苗后及时揭膜；播种后揭膜前一般不灌水，前期保持床土湿润，2叶1心后每次灌薄层水，任其脱落干。起秧前，脱水1～

2 d,使秧片硬实成型利于机插。在一叶一心时上水追肥,一般施尿素 75～90 kg/hm^2。机插小苗易受纹枯病危害,在 2 叶尖时喷施一次 1 500～2 000 倍液松。栽前 2～3 d,喷施快杀灵乳油 450～525 mL 兑水 600～900 kg 加 10%吡虫啉 225 g。做到带土移栽。

2. 高标准插秧

(1)沉淀泥浆,薄水机插。为提高机插质量,避免栽插过深或浮秧、倒秧,大田耙地灭茬墁平后需要一段时间沉实。沙质土沉实 1 d 左右,黏土一般需沉实 2～3 d 达到泥水分清、沉淀不板结、水清不浑浊。机插时田间保持薄水层。

(2)标准切块,横平竖直。要求秧片宽 280 mm,长 580 mm 左右。切时要切直,长宽两边相交成直身,切刀入泥时与地面垂直,切块时连底膜一起切平,便于起秧、运秧。

(3)插足基本苗。机插秧的株距一般为 20 cm 左右,行距一般为 30 cm 左右,在栽植过程中可根据实际情况做出调整。插秧后如果要补苗,应坚持"有苗不补,缺 2 棵补 1 穴,缺 1 穴无须补"的原则。如果大田秧苗缺 1 穴,对于产量一般不会造成较大影响,即无须补太多秧苗。

3. 加强田间管理

(1)科学水肥管理。立苗后,浅水护苗,化学除草选用机插小苗专用除草剂。立苗后及时追施分蘖肥,晒田复水时追穗肥,施尿素 45～60 mg/mm^2,加氯化钾 75～90 kg/hm^2,后期叶面喷肥。

(2)狠抓晒田。坚持及时早晒田,要多次搁田控苗,控制无效分蘖。遇阴雨天要开沟搁田。

(3)防治病虫害和倒伏。重点防治三代三化螟、稻飞虱和条纹叶枯病。抓好晒田,追施钾肥,防止倒伏。

活动 4 知悉水稻机械化插秧常见问题

水稻机械化插秧技术具有省工、省水、省肥、省秧田、省成本、增产、增收的特点。据调查,一般田块可增产 5%以上,取得较好的经济效益。但个别农户效益不好,没有充分发挥该技术的增产、增收潜力。其原因如下。

1. 育秧不规范

(1)床土准备不充分,质量不达标。部分农户直到落谷前才匆忙选用沟旁、路边或大田表土作床,以致床土瘠薄,肥力水平较低,粗细不匀,草籽较多,造成苗床的杂草、杂质、残枝、败叶等影响秧苗的正常生长和根系发育。如遇播前床土氮肥用量太大,拌和太晚,肥土未融合,有机肥未腐熟,地膜覆盖后遇高温肥料迅速分解,易造成种幼芽肥料中毒,产生烂种、烧芽。

(2)盖籽土太细、太厚或太粗、太薄或粗细不匀,厚薄不一,易造成表土板结,芽谷缺氧,焖种烂芽或苗床保水性能较普通苗高,秧苗粗细不匀,高低不一,均匀度和整齐度差等。

(3)秧龄太长。由于前茬成熟推迟,大田泡土整地跟不上,或者插秧机作业时出故障,操作不熟练,作业效率低等,不能在计划时间内结束移栽。由此造成秧田通风透光矛盾激化,秧苗窜高,素质变差,严重的会导致秧田纹枯病、叶稻瘟蔓延,影响机插后返青活棵,甚至造成死苗。

(4)播种质量差。催芽不整齐,芽谷生长不一致,撒种不均匀,床土水分不足或不均匀。造成秧苗生长不整齐,大苗欺小苗,密处苗挤苗,形成缩脚苗。

(5)苗床管理不精细。揭膜过早或过迟,易造成出苗不整齐或秧苗窜高严重,受伤弯曲,虫害死苗。播种盖膜后，膜内土壤温度较高，蝼虫、蚯蚓等地下害虫活跃、咬伤、咬断或松动根系易造成幼苗死亡。机插秧苗遭遇纹枯病危害出现困死苗。

2.机插质量不高

(1)田间无水层或水层太深。田间无水层时，既加大插秧机运行时阻力，降低机械作业效率，又不能利用水层清洗秧爪，容易出现分离针和送秧器带泥带秧现象，增加漏插率、多本、少本苗；田间水层太深，不仅影响移栽深度，增加漂秧，又因插秧机运行时水面起浪头，冲击已栽插的秧苗，增加边行倒苗和漂秧。

(2)田脚较烂，壅泥严重。插秧机下陷较深，会增加机具运行的难度，造成已栽秧苗倒苗，立苗差，漂苗多。

(3)大田整地不平。除难以保证插秧质量外，还给化学除草增加了难度，无水层地方封杀杂草无效果，水位较深的地方容易形成伤苗。

(4)秧板切块不规则。秧洗过宽容易另秧，影响纵向送秧，出现一行或多行缺株；秧片过窄或不方整就会在横向送秧时造成缺棵或小棵。

(5)大田残茬不整，残茬浮在表面，会影响机插质量。

3.大田管理粗放

(1)除草剂施用不当。机插秧属小苗移栽，抗性较差，部分农户用常规手栽大苗，除草剂除草，易造成药僵苗，甚至死苗。

(2)用肥不当。基肥、分蘖肥用量多，而穗肥用量少或不施穗肥，导致无效分蘖多，成穗率低，穗型小，结实率低；有的只重视施氮肥，忽视磷、钾肥施用，导致前期僵苗，赤枯病发生严重。

(3)三代三化螟防治不当。机插秧小苗移栽，发棵偏迟，与三代三化螟卵孵期相吻合，有的用药不准、药剂不对、药量不足时，易造成白秧较多，影响产量。

任务1.4　水稻机械化管理与收获

活动1　学习机插水稻管理措施

1.水浆管理

适时适度、多次轻搁田，机插水稻应遵循“苗到不等时，时到不等苗”的原则。在总茎蘖数达到预定穗数(早发苗数80%时)开始脱水搁田。但应注意机插水稻够苗期时苗体小，分蘖也小，对水分十分敏感，应特别强调轻搁，多次搁，切记一次重搁，造成有效分蘖死亡，导致穗数不足。正确的搁田方式为：从够苗期开始，先多次脱水轻搁，一直延续到倒三叶出生后，经过多次反复的轻搁，直到土壤沉实硬板，不裂缝、不陷脚，叶色褪淡显黄；在剑叶露尖后，进入减数分裂期，转入水层间湿润灌溉。

2.正确施用穗肥

一般水稻进入拔节期，出现“二黄”，此时余叶为3～3.5叶，每亩可施促花肥尿素7～8 kg。施穗肥一定要在叶色正常褪淡时施用。不褪淡不施，一次穗肥用量不能过多，防止破口时不黄，影响结实率与粒重。在施用促花肥后，保花肥一般在出穗前18～20 d，余叶1.2叶左右时观察叶色褪淡情况。在褪淡的基础上，每亩可施尿素5 kg左右，早褪淡早施、多施；晚褪淡晚施、少施或不施。

活动 2 学习机插水稻栽后活棵返青至分蘖期的生育特点

(1)机插秧的适宜移栽叶龄为 3.5～3.8 叶。此时秧苗基本处于或刚刚结束离乳期,加之播种密度高,根系盘结紧,机插时根系拉伤,插后秧苗的抗逆性比常规手插秧弱。

(2)机插秧比常规手插秧蹲苗期长,机插秧蹲苗期相对较长,活棵返青迟 2～3 d,在栽后 7～10 d 内基本无生长量。

(3)机插秧比手插秧移栽叶龄多 1.5～2 个叶位,机插秧的大田有效分蘖期就延长了2 个叶位的分蘖,为 7～10 d,因而分蘖节位增多,再加上实行宽行浅栽,植株温光条件优越,发根能力强、低节位等有利环境,造就了机插秧分蘖具有暴发性、分蘖猛增的生育特点。这样一来,够苗期提前,高峰苗容易偏多,成穗率下降,穗型偏小。在栽培管理中要加以重视。

活动 3 学习机插水稻栽后活棵返青至分蘖期管理措施

1. 水浆管理

坚持薄水移栽,机插结束后要及时灌水护苗,水层保持在苗高的 1/2 左右。若遇晴好天气应灌深水护苗,水层在苗高的 2/3 左右;阴雨天薄水层即可。插后 3～4 d 进入薄水层管理,切忌长时间深水,造成根系、秧心缺氧,形成水僵苗,甚至烂苗。水稻活棵返青后即进入分蘖期,这时应实行浅水勤灌,灌水以水深 3 cm 左右为宜,待自然落干后再上水,达到以水调肥,以气促根,水气协调的目的,促进分蘖早生快发,植株健壮,根系发达。当田间总苗数达到预定穗数的 80%时开始脱水,进行多次轻搁田。最高茎蘖数控制在预定穗数的 1.2～1.3 倍。

2. 施用分蘖肥及除草剂

机插秧遵循小群体、壮个体、高积累的高产栽培方式。基本苗一般控制在 6 万～8 万棵,群体小,利用机插秧小苗的优势,争取分蘖成穗。分蘖期是增加穗数的主要时期。因此,在施足基肥的基础上,如果苗迟发和肥料施用过多易造成群体发展过快,封行过早,导致高苗数、低成穗。一般在栽后 5～7 d 结合小苗除草施一次返青分蘖肥,每亩用碳铵 20 kg,在下午 3 点后施用,田间要有水层,以免氨气烧苗。施肥药后,一般保水 5～7 d,同时做好平水缺,以防雨水淹没秧心,造成药僵苗,甚至药害。栽后 15～20 d 视苗情况发展,以求平衡为目的,再施一次分蘖长粗肥,肥料施量以确保在有效分蘖叶龄期前一叶后能及时褪劲,叶色正常褪淡。对肥足发苗早、快的田块,施肥时间推迟一些,以复合肥为主;对田脚差,发苗缓慢的应早施、重施,每亩用 25%复合肥 25 kg 加尿素 7～8 kg,促使分蘖早出生、快发。除草由于机插秧苗小、行面宽、空间大,有利于杂草的发生,应坚持二次化除。具体方法为:第一次在栽后 5～7 d,在施返青肥时,用 10%除草剂每亩 0.5 kg 拌碳铵有水层均匀撒施,并保水 5～7 d;第二次在 7 月上旬再用乙草净每亩 40 g 拌细泥或化肥均匀撒施,施药时田间要有水层,药后自然落干,然后再上水。

3. 防僵苗

机插秧分蘖期出现僵苗,主要有肥僵型、水僵型和药僵型三种。肥僵型和水僵型出现的主要原因是重复追肥、氨气烧苗或长期处于淹水状态;药僵苗是由于除草过程中除草剂品种、用量不当及药后水淹心叶造成的，故要防止发生不同类型的僵苗。

活动4　了解机插水稻长粗拔节孕穗期的生育特点

从营养生长向营养生长与生殖生长并进的转换时期，此期营养生长方面，根系进入增长高峰，茎叶生长旺盛，叶面积指数达到最大值，苗数向两极分化。

生殖生长方面，主要进行穗分化，是确定穗数、穗型大小的时期。此阶段机插水稻与常规水稻相同，管理目标是壮秆强根、保蘖增穗、促进颖花分化、防止颖花退化、争大穗，为提高结实率、粒重打好基础。

活动5　学习机插水稻开花结实期的生育特点和管理目标

此时水稻进入纯生殖生长，开花结实、灌浆决定粒重的关键时期，也是决定产量的重要时期。

管理目标：围绕养根保叶，防止早衰、以根养叶、以叶饱籽为目标，以水浆管理为重点，采用间歇灌溉法，干湿交替，不早断水，饱水绽谷，延缓根系衰老，提高植株抗倒性、结实率与千粒重，达到高产的目的。

机插水稻的高产栽培管理目标除上述各项外，病虫害防治与常规手插水稻相同，应按照病虫害发生情况进行综合防治。机插水稻病害防治是重点，抓好二次化除是关键，控制病虫草害发生对机插水稻栽培与常规手插水稻同样是一个重要环节。

活动6　了解水稻联合收获

使用联合收割机一次完成水稻的收割、脱粒、茎秆分离、谷粒清选、谷粒装袋或输入粮箱、随车卸粮等工序。

联合收割机是一种集收割、脱粒、分离、清选、集粮等功能为一体的复合作业机械。它对于减轻农业劳动强度，提高生产率，降低农业生产成本，争取农时和促进农业丰产丰收具有重要意义。联合收割机跨区作业已成为农民增收的重要途径和载体。

联合收割机的主要类型可按以下分类。

1. 联合收割机可分为牵引式、自走式、背负式

牵引式联合收割机是指由拖拉机牵引作业的联合收割机，这种联合收割机又可分为自带动力与不带动力两种。牵引式联合收割机结构简单，但机组较庞大，机动性能差，不能自行开道，不适合小块作业。自走式联合收割机是指行走、收割、脱粒、清选所需要动力均由本机自备发动机供给的联合收割机。与牵引式联合收割机相比，自走式联合收割机的特点是机动性好、自行开道、转移方便、生产效率高，但造价较高、动力利用率低。背负式联合收割机(也称悬挂式联合收割机)是指收割机工作部分悬挂在拖拉机或通用底盘上的联合收割机，基本上保持了自走式的优点，克服了自走式动力利用效率低的缺点，造价较低。但因总体设计受拖拉机结构的限制，输送机构距离加长，清选机构缩短，传动较为复杂。

2. 按喂入方式分类可将联合收割机分为全喂入式和半喂入式

全喂入式联合收割机是指割台切割下来的谷物全部进入滚筒脱粒的联合收割机。收割麦

类作物的联合收割机大多采用这种喂入方式，其缺点是茎秆不完整，动力消耗大。半喂入式联合收割机是指割台切割下来的作物仅穗头部进入脱粒滚筒脱粒的联合收割机。这种机型保持了茎秆的完整性，减少了脱粒、清选的功率消耗。目前，南方水稻产区多使用这种喂入方式的联合收割机。但输送茎秆传动机构复杂，制造成本高。另外，还有一种摘穗式联合收割机（又称梳脱式联合收割机），这种机型是近几年开始研究开发的。收获作业时，割台只收谷粒，先脱粒后切割作物茎秆。这种结构作业效率高，消耗功率少，但损失率相对较高。

3. 我国国内应用较多的联合收割机主要机型

（1）全喂入自走式联合收割机，如新疆-2、福田谷神 4LZ-2、佳联-3060 等。

（2）全喂入背负式联合收割机，如桂联-6、上海Ⅲ等。

（3）半喂入自走式联合收割机，如洋马“人民号”、东洋 HL6000C、久保田-481 等。近几年在我国南方地区使用的较多。

（4）全喂入履带式联合收割机，如南通五山-1.5、湖州-130、常柴 4LZ-1.6、台州-150 等，此种类型的联合收割机工作流程与全喂入悬挂式联合收割机相同，行走装置与半喂入自走式联合收割机相近。

活动 7 学习联合收割机的作业和护养

在联合收割机收获及跨区作业时，由于各地的自然条件不通，作业时可能会遇到各种各样不同的状况，作为驾驶员和机手一定要根据实际情况，对稻、麦的机收规范作业充分了解，同时对机组的维护保养和调整做统一筹划，使机具在正常运作情况下发挥作用。驾驶员和操作手（以目前使用较多的洋马“人民号”联合收割机为例）应掌握的重点如下。

1. 收割前的准备

（1）发动机检查。机油、冷却水及散热器清扫，清扫时从里侧往外吹。

（2）机器各运行部注油。收割部的各输送链进行检查并加油、对压草板弹簧（轴）和喂入链进行检查加油、副排草导杆检查加油。

（3）机器各部位置确认。每天收割作业前，对联合收割机的调节部位进行确认，确认无误后，再进行收割作业。到田头后，为进行高效作业，田间四角手工收割。绕田块一周清除异物，如木竹、石头、铁丝、罐头盒等。

2. 作业方法与步骤

（1）机手要确认周围的安全后起动发动机，按下脱粒深度自动开关，鸣响喇叭后，提高发动机转速，缓慢地合上脱粒离合器。然后合上切割离合器，降低割台高度，一般调到割台分禾器最低位置，距离地面 5～15 cm。在田埂附近收割时，驾驶员更要重视，注意发现问题及时调整操作。如因跨区作业抢时间，有田角没进行人工收割时，机手也要按使用说明书要求进行作业。联合收割机作业时的转弯也需要按说明书进行规范作业。

（2）遇到特殊条件的收获作业方法。在水分多、杂草多、未成熟作物多的情况下，放慢收割速度，适当加深喂入深度。如有在输送中易脱落作物，就需降低扶禾拨指的作用位置，放慢收割速度。田间干燥、灰尘较大、杂草较多时，应关闭发动机，清扫发动机室防尘网上的灰尘。在不造成收割损失的前提下适当抬高割台高度，注意输送过程中杂乱的秸秆，发现有堆积时应及时清除。

(3)连绵阴雨遇到湿田作业时,把“副变速”手柄放到低速位置,应尽量增大田块田角处的手割面积,倒车距离也应增长,直线前进、后退时,不要大幅度操作主操纵手柄。增加转向及直线收割次数,避免急转弯。尽量减轻联收机的载重量。先收割地面较硬的部分。地面较软的部分应单方向收割,尽量避免在软地多次转弯。

(4)遇到倒伏作业。检查确认几个分禾器的前端是否在同一高度;对于完全倒伏的作物,将分禾器的前端往下调一些,副变速手柄挂“低速”档;在倒伏或高产田块,扶禾变速标准应为高速;分禾器前端的离地高度大约为2 cm。收割方式:降低收割速度;尽量避免进行逆倒伏方向收割,先对直立作物进行收割,最后对倒伏作物进行收割;根据实际情况,可进行单方向收割;将右分禾器与稻秆保持15 cm距离,不要紧靠作物收割;不要使分禾器接触地面,否则扶禾器会将作物连根拔起。田埂边倒伏作物,由助手扶起,使驾驶员可以看到田埂,在田角处,尽量增大收割范围。

3.联合收割机的田间下沉和养护

要正确掌握各手柄的调整要领以及重要部位的维护保养。主要有:脱粒清选部调节手柄的调节、凹板筛清扫、搅龙接合部清扫、前空气滤清器清扫、振动筛清扫、割刀的清扫、调整轮系的清扫、履带的张紧和整机关键重点部位的调整养护工作。在作业时收割机常会误入田凹坑时,应在履带下垫上装卸跳板往后退,用拖拉机牵引、拉出。如南通五山-1.5型等背负式联合收割机的作业方式及机组维护与洋马“人民号”自走半喂入式联合收割机大致接近,具体详见使用维修说明书。

总之,联合收割机操作者要注意:水稻收获季节由于湿度和昼夜温差的作用,夜间的雾气会逐渐积聚在水稻的稻穗、稻秆及叶面上,形成所谓的“露水”。若露水未干时收获水稻,则会出现分离困难,导致含杂率及损失增加。所以联合收割应在露水基本晒干后开始作业,一般在上午9:00以后作业较合适。同时联合收割机如要进行跨区作业时,也要准备足够常用的易损件、零配件及装粮袋随机用品等。

活动8 了解水稻烘干机械化技术

水稻烘干机械化技术包括移动式、固定式。

水稻在粮食生产中占有举足轻重的地位,是我国种植面积最大,单产最高,总产量最多的粮食作物。水稻生产的稳定发展,直接关系到农民增收和粮食安全。由于水稻生产受气候条件、地理环境、耕作制度、经济条件等诸多因素影响,各地种植方式不一,使水稻生产机械发展缓慢,特别是在栽植和收获两个重要环节。农民迫切希望摆脱耕、种、收三弯腰的繁重体力劳动,从高强度、低效率的劳作方式中解放出来。随着农村经济的发展,生产方式和农民思想观念的转变,农业机械化对发展农村社会生产力的作用越来越被广大农民认识。水稻生产机械化技术可以显著降低生产成本、减轻劳动强度、提高劳动生产率,该技术已成为增加农民收入,促进水稻稳定发展,推进农业现代化的重要途径。

任务2　虾稻共作生态种养模式

“稻在水中长，虾在稻下游”，“虾稻共作”的生态种养模式是江南田野中最美、最灵动的画卷，而这也正是湖北大多数水稻田的生动写照。小龙虾供不应求，生态稻米受市场追捧，农民钱袋子越来越鼓……“虾稻共作”的生态种养模式功不可没。

所谓“虾稻共作”，即在技术操作上实现小龙虾与水稻的共作共生。在稻田中沿田埂挖出的环形虾沟，由原来宽 1 m、深 0.8 m 的小沟，改成宽 4 m、深 1.5 m 的大沟。每到插秧时节，把尚在幼苗期的小龙虾移至沟内生长。等秧苗长结实了，再把沟里的幼虾引回稻田里。这样做，可以 4—5 月份收一季虾，8—9 月份又收获一季虾，又称“一稻两虾”。“虾稻共作”一亩田可多产 100 多千克商品虾，增加收入 3 000 多元，达到了虾、稻同步增产和品质同步提升的目的。对此，有关专家盛赞，“虾稻共作”作为中国现代农业的典型代表，是一次现代农业的革命。

学习目标

知识目标

1. 掌握小龙虾生活习性，小龙虾虾苗投放、喂养、收获技巧。
2. 掌握虾稻共作模式相关种植管理技巧。
3. 掌握虾稻共作模式主要病害防治。

技能目标

1. 能科学开展小龙虾“虾稻共作”的生态种养模式。
2. 能对虾稻共作模式主要病害进行防治。

素质目标

1. 培养市场判断能力。
2. 培养热爱劳动、不怕吃苦的精神。
3. 培养知农爱农的“大国三农”情怀。

学习内容

任务2.1　小龙虾生物学特性

活动1　了解小龙虾的生活习性

1. 底栖

小龙虾喜栖息于水草、树枝、石隙等隐蔽物中。昼伏夜出，不喜强光。在正常条件下，白天多隐藏在水中较深处或隐蔽物中，很少活动，傍晚太阳下山后开始活动，多聚集在浅水区爬行觅食或寻偶。多喜爬行，不喜游泳，觅食和活动时向前爬行，受惊或遇敌时迅速向后，弹跳躲避，迅速逃回深水中。

2. 趋水

小龙虾有很强的趋水习性，喜新水、活水及逆水上溯，且喜集群生活。养殖池中常成群聚集在进水口周围。下大雨天时小龙虾可逆水流向岸边短暂停留或逃逸，水中环境不适时也会爬上岸边栖息，因此养殖场地要有防逃的围栏设施。

小龙虾大作为

3. 好斗

小龙虾生性好斗，在饲料不足或争抢栖息洞穴时，往往出现凌强欺弱、欺小怕大的现象。

小龙虾幼体的再生能力强，损失部分在第2次蜕皮时可再生一部分，几次蜕皮后就会恢复，不过新生的部分比原先的要短小。这种自切与再生行为是一种保护性的适应。

4. 掘洞习性

小龙虾喜欢掘洞，并且善于掘洞。

(1)掘洞深度与速度。小龙虾掘洞的深度是决定其危害程度的关键因素。据我们对35例小龙虾洞穴的实地测量，大多数洞穴的深度在50～80 cm，约占测量洞穴的70%，部分洞穴的深度超过1 m，我们测量到最长的一处洞穴达2.1 m。通常横向平面走向的小龙虾洞穴才有超过1 m深度的可能，而垂直纵深向下的洞穴一般都比较浅。龙虾的掘洞速度很快，在将其放入一个新的生活环境中尤为明显。在小龙虾试验池放入龙虾经一夜后观察，在沙质土壤条件下，大部分小龙虾所掘的新洞深度超过30 cm。

(2)小龙虾洞穴的位置。小龙虾掘洞的洞口位置通常选择在水平面处，但这种选择常因水位的变化而使洞口高出或低于水平面，故而一般在水面上下20 cm处，小龙虾洞口最多。但小龙虾掘洞的位置选择并不很严格，在水上池埂、水中斜坡及浅水区的池底部都有小龙虾洞穴，较集中于水草茂盛处。

(3)生存环境对小龙虾掘洞的影响。水体底质条件对小龙虾掘洞的影响较为明显，在底质有机质缺乏的沙质土中，小龙虾打洞现象较多，而硬质土中打洞较少。在水质较肥，底层淤泥较多，有机质丰富的条件下，小龙虾洞穴明显减少。但是无论在何种生存环境中，在繁殖季节小龙虾打洞的数量都明显增多。

活动2 了解小龙虾的适应性

1. 环境要求

小龙虾对环境的适应能力很强，各种水体都能生存，无论是湖泊、河流、池塘、河沟、水田，甚至在一些鱼类难以生存的水体中也能存活。小龙虾耐低氧能力较强，在水体缺氧的环境下它可以爬上岸进行鳃呼吸以维持生存。正常生长要求溶解氧在3 mL/L以上。水质的pH在5.8～9，溶氧低于1.5 mg/L时仍能正常生存。

2. 水温

小龙虾生长适宜水温为24～30 ℃。当温度低于20 ℃或高于32 ℃时，生长率下降；水温15 ℃以下时，幼体成活率极低。饲养水域昼夜温差不能过大，仔虾及幼虾昼夜温差不要超过3 ℃，成虾不要超过5 ℃，否则会造成重大损失。

在珠江三角洲及华南沿岸地区，成虾一般均能自然越冬，为防较大寒潮袭击，可将越冬成虾放在较深的养殖池中，并在养殖池西北角搭挡风墙或防寒棚。胚胎发育适宜水温为22～32 ℃，若保持28～30 ℃，孵化时间可大为缩短。

3. pH

小龙虾适宜pH为5.8～9，但在繁殖孵化期要求pH为7.0左右，溶氧量为3 mg/L以上。但它的抗逆力很强，能生活在一些生活污水、轻度工业废水中，在农药施用地区的田沟、渠道中也有分布。

活动3 了解小龙虾的食性

1. 食性

小龙虾是偏动物性的杂食性动物，但食性在不同的发育阶段稍有差异。刚孵出的幼体以其自身存留的卵黄为营养，之后不久便摄食轮虫等小浮游动物，随着个体不断增大，可摄食较大的浮游动物、底栖动物和植物碎屑；成虾兼食动植物，主食植物碎屑、动物尸体，也摄食水蚯蚓、摇蚊幼虫、小型甲壳类及一些水生昆虫。在人工养殖情况下，幼体可投喂丰年虫无节幼体、螺旋藻粉等，成虾可投喂人工配合饲料，或以人工配合饲料为主，辅以动植物碎屑。

2. 蜕壳与生长

小龙虾是通过蜕壳实现生长的，蜕壳后的新体壳于12～24 h后硬化。在水温25～30 ℃条件下，饲养6～8个月，体重可达60～150 g。小龙虾生长总的趋势是：从孵化后到体重20 g这一阶段内，生长速率是加速度的增长；在达到50～100 g的阶段，其生长的速度保持在相对稳定的水平，超过这个阶段，生长速度呈下降趋势。因而形成一个倒"U"形的生长曲线。小龙虾蜕皮分长蜕皮和生殖蜕皮两种，幼虾脱离母体后，很快进入第1次蜕皮，换上柔软多皱的新皮，并迅速吸水增长，此乃生长蜕皮，由幼体到成体共蜕皮11次。雌虾性成熟后便开始生殖蜕皮，以后每次交配产卵前都要进行生殖蜕皮。

活动4 了解小龙虾的繁殖习性

1. 雌雄鉴别

小龙虾雌雄有所区别，主要可通过以下方法鉴别。

(1)同龄亲虾个体，雌虾比雄虾大。

(2)体长相近的亲虾，雄虾的大螯比雌虾的粗大，且雄虾大螯腕节和掌节上的棘突长而明显。

(3)雌虾的第1腹肢退化，较细小，第2腹肢正常，雄虾第1、2腹肢变成管状，较长，为淡红色，第3、4、5腹肢为白色，这是雌雄之间在外形上最明显的鉴别特征。

2. 性成熟

小龙虾在天然环境中6～12月龄达到性成熟，已达性成熟的个体体重一般为30～100 g。在人工饲养条件下，一般6个月可达性成熟。同一池塘饲养的小龙虾群体，雌雄比接近1∶1。

3. 繁殖

小龙虾9～12月龄成熟，交配季节一般在4月下旬至7月份，群体交配的高峰期在5月份。交配时雌虾仰卧水面，雄虾位于其上以龙足钳住雌虾前足，步足抱住雌虾将交接器插入雌体，交配时间10～30 min。交配后3～10 h，雌虾开始产卵，为一次性产卵，产出的卵黏附在腹足的刚毛上。抱卵量500～1 500粒，随个体大小而异。胚胎发育长短与水温高低密切相关，水温较高时孵化时间短，水温较低时则孵化时间延长。孵化出的稚虾仍附于亲虾的游泳足上，在母体的保护下生长一段时间。在母体的腹部泳足上都附有生长到不同阶段的小龙虾幼虾，最大的小龙虾幼体体长达1.0～1.1 cm。从第1年初秋稚虾孵出后，小龙虾幼体的生长、发育和越冬过程都是附生于母体腹部，到第2年春季才离开母体生活。小龙虾这种繁育后代的方式，保证了后代较高的成活率。

4.产卵

小龙虾属一年多次产卵类型。水温升至20 ℃以上时，亲虾便开始产卵，产卵季节在粤东地区可持续6个月之久，一年可产卵3～4次。产卵量随个体大小和性腺发育程度而异，一般每次产卵300～1 000粒。个体较大的雌虾产卵量较多。

5.胚胎发育

小龙虾受精卵黏附于雌体腹肢进行胚胎发育，5～8周后孵化出幼体。受精卵发育速度与水温高低有关，温度较高时孵化时间短。受精卵初始卵径达2 mm，随着胚胎发育，受精卵在不同发育时期颜色呈现有规律的变化，从初产时的淡乳白色依次变为深褐色，出现黑色眼点，最后变为橘红色，此时幼体即将孵出。在水温32 ℃条件下，受精卵发育过程中的上述颜色出现时期依次为：淡乳白色1～5 d；深褐色12～14 d；眼点出现20～33 d；橘红色28～35 d；破膜而脱离母体35～40 d。

6.幼体发育

刚孵出的小龙虾幼体体形构造与成体基本相同，平均体长约9.5 mm，仍继续黏附于雌虾腹肢上1～2周，在此期间幼体也偶尔会离开母体活动。刚孵出的幼体依靠卵黄囊获取营养，直到孵化3周后完全独立生活为止。在适宜的条件下，50～60 d后幼体经5～8次蜕壳，体重为0.5～2 g，便可放入池塘中进行成虾养殖。

任务2.2　虾稻共作生态种养

活动1　了解虾稻共作的演变

2001年，潜江市积玉口镇宝湾村农民刘主权在水稻收割完后将一袋小龙虾苗投入水田，没想到小龙虾不仅长得好，品质也不错，在一块田里获得了两份收入，成为“虾稻共作”的第一人。

1.虾稻共作模式的优点

(1)该种养模式一年收获“一季虾，一季稻”，小龙虾上市早，3月下旬开始捕捞，价格高。

(2)稻田管理方便，水稻产量有保障。

(3)无须稻田挖沟等田间工程，不占用农田。

2.虾稻共作模式的缺点

(1)该模式5月底小龙虾捕捞结束，市场供应期短。

虾稻共作进行时

(2)头年9月份在稻田虾沟中投放的亲虾,繁殖大量的虾苗,虾苗在4—6月份生长快,5月底前捕捞结束,浪费6月上中旬生长最快的时段,许多小龙虾未成熟,影响养殖产量。

这些年,江南地区多种稻田立体种养模式涌现:稻鸭共作模式、稻鱼共作模式、稻蟹共作模式、稻鳅共作模式、稻蛙共作模式。本任务重点讲述虾稻共作模式。

活动2 了解虾稻共作稻田的选择

虾稻共作的第一步是选择合适的稻田,那么我们应该如何选择稻田呢?虾稻共作模式对稻田有什么要求呢?

在稻田中养殖小龙虾,要求周边无化工等养殖污染源,水源有保障,旱能灌、涝能排,并有独立的灌溉水系,严防非种养区喷洒农药造成污染。最好选择地势低洼的圩区、沿湖或水库下游等水稻生产区域。

活动3 掌握水稻品种的选择

虾稻共作的水稻品种要求能在6月下旬至7月初移栽,11月上旬收获;要提高经济效益,优质是前提;在虾稻共作条件下,由于水稻长期淹水,烤田时间短,所以要选用抗倒性强的品种;为保证小龙虾有一定的活动空间水稻宜稀植,为提高水稻产量宜选用穗型较大的品种。如果种植的是杂交稻,须选用熟期适中,抗倒伏性好、抗病性好、米质优的品种。

第一季小龙虾要在6月底前陆续捕获结束,让茬栽秧时间在6月底或7月初,因此水稻不能直播,必须育苗移栽。小苗机栽秧龄短,苗小,植伤重,缓苗期较长,栽后长时间不能灌深水,小龙虾入田时间推迟,共生期缩短,对小龙虾产量有一定的影响;手工插秧秧苗大,栽后即可上深水,有利于小龙虾及早入田和水稻增产,但手工插秧劳动力成本高,在种养面积较大时,可优先采用抛秧、钵苗机插秧等新型高效大苗移栽技术。

活动4 了解水稻的栽插密度控制

为了便于小龙虾在稻田中觅食活动,同时兼顾水稻产量,粳稻手工插秧行株距宜选用30 cm×16 cm、钵苗机插秧株行距宜选用33 cm×14 cm、抛秧可采用人工精确点抛,每亩密度宜保持在1.4万穴左右;杂交稻行株距宜选用33 cm×18 cm,每亩栽植1.1万穴为宜。

活动5 了解虾稻共作的水稻田间管理

6月底前,第一季小龙虾捕捞结束后,将部分规格小的龙虾通过降低水位引导到田边预先开好的虾沟中,大田施入基肥,耕翻,耙平,沉降1~2 d后插秧。

1. 水分管理

水稻栽后10 d内,保持田间湿润至薄水层,促进水稻扎根活棵,其间用开沟机每隔5 m开1条小水槽,宽30 cm、深7~10 cm,兼作丰产沟和水稻烤田时小龙虾的栖息地,10 d后即可将虾苗从虾沟转入大田中。水稻中期灌水5~10 cm,以利龙虾入田活动觅食。分蘖末期排水搁田2~7 d,以轻搁为主,保持小水槽中有水,防止小龙虾失水死亡;或采用夜排日灌的方式进行晾田，使土壤凝聚变硬。10 月中旬水稻进入黄熟期应及时落水干田，使田块干硬，便于机械入田收割。水稻收获后高留茬 20 cm，进入下一轮虾稻共作种养周期。

2. 病虫草害防治

主要用生物、物理及生态等对小龙虾无害的防治技术，如健康栽培、耕作灭草、以水压草、诱虫灯、诱虫板、以虾吃草吃虫等，辅以对小龙虾无害的药物对稻田发生的病虫草害进行防治。在防治纹枯病、稻纵卷叶螟、二化螟、稻飞虱时应首选低毒、低残留的药物，如井冈霉素、好力克和康宽等，禁用小龙虾敏感的有机磷或菊酯类杀虫剂；虾稻共作田间杂草数量明显减少，通常不需要除草，但除草剂类药物如扑草净等对小龙虾的毒性极低，可以使用。

活动 6　掌握虾稻共作模式中小龙虾的养殖

1. 开挖虾沟

在稻田四周开挖环形沟、“L”形沟或侧沟，用于繁育虾苗，暂养亲虾或虾苗。如开挖环形沟，四周的环沟中需预埋水泥涵管供农机出入；如开“L”形沟和侧沟，工程量小，省投资，便于农机出入，占用稻田的面积也较小。一般沟宽为 1.5～2.0 m，深 0.5～0.8 m，坡比 1∶2.5，挖出的泥土在稻田边垒 1 条高 0.3 m 的小土埂。

2. 注水

水稻收割后，稻田中留有较多的稻茬和秸秆，向虾沟及田中注水，可加快秸秆分解，水位保持在 20～30 cm。

3. 种植水草

“虾多少，看水草”。水草不仅是小龙虾不可缺少的植物性饵料，也是小龙虾栖息、蜕壳、躲避敌害的重要屏障和场所。同时水草还有调节水质，保持水质清新，改善水体溶氧的重大作用。主要以苦草、轮叶黑藻、伊乐藻为主，一般采用伊乐藻与苦草混种的方式，比例为 8∶2。伊乐藻种植期为 11 月份至翌年 2 月份，虾沟中的伊乐藻每隔 2 m 种植 1 簇，大田中每隔 3～4 m 栽种 1 行，每亩种植量为 20～30 kg；2—3 月份播撒苦草种子，每亩用种量为 50～15 g。

4. 防逃网的建立

在养殖区的四周构建围栏防逃，田块之间不需要设立围栏，当虾沟中放养的虾苗或亲虾密度较高时，为防止水稻插秧前虾苗提前进入大田，可在虾沟小土埂外侧建围栏。稻田进水口和出水口均需用密网围栏，防止逃逸。围栏材料选用塑料薄膜、石棉瓦或 20 目网片。

5. 投放虾苗

每年的 3—5 月份可在虾沟或稻田中直接放养虾苗进行养殖，每亩放养量为 3 000～4 000 尾，规格为 140～400 尾/kg。4 月份在虾沟和稻田中有较丰富的天然饵料，一般不需要投喂；5 月份需投喂小杂鱼，投喂量控制在虾苗存量的 1%～2%，也可以在虾沟和稻田中投放浮萍和麸皮等植物性饵料；6 月份虾苗以稻田中的水草为主食，可少量投喂小杂鱼或人工饲料；每天投喂 2 次，上午 9∶00—10∶00 投喂一次（占日饲量的 30%），下午 16∶00—18∶00 投喂一次（占日饲量的 70%）；7 月份虾稻共生阶段，稻田中一般不需要投喂饲料。

6. 虾苗的繁殖

放养亲虾繁殖虾苗可以为翌年的养殖预留虾苗。一般在 8—9 月份放养规格为 35 g/尾的亲虾于虾沟中，雌雄比为(3～5)∶1，每亩亲虾放养量为 25～30 kg。

7. 小龙虾的捕捞

虾稻共作种养模式每年可分 2 批捕捞小龙虾。第一批小龙虾是在 4 月初至水稻插秧前的 6 月下旬陆续捕捞，该批小龙虾的产量占全年总产量的 60%～70%。第二批小龙虾是在稻田中的虾苗放养 30～40 d 后开始捕捞，即 7—8 月份可捕部分成虾出售，至 8 月下旬结束，余下的成虾投放到虾沟中用于虾苗繁殖，为翌年养殖储备苗种。

奋进中的中国现代农业

项目 1 拓展资料

项目2 油菜生产技术

我国油料作物有大豆、油菜、花生、芝麻、向日葵、红花等。油菜是我国第一大油料作物，是我国五个种植面积超亿亩的作物（水稻、玉米、小麦、大豆、油菜）之一，是我国生产食用植物油的最主要原料，也是潜在的仅次于豆粕的大宗饲用蛋白质资源。近年来，我国油菜年均种植面积约为 1.1 亿亩，年均总产量 1 200 万 t，平均亩产 113 kg 左右，面积和总产均居世界第一。因此，油菜生产的高质量发展，对提高我国食用植物油自给率、维护我国食物安全、增加农民收入都具有十分重要的意义。

任务 1　油菜价值与生物学特性

学习目标

知识目标

1. 了解我国油菜生产现状。
2. 了解油菜生物学特性。

能力目标

1. 能根据市场选择合适品种。
2. 能根据当地条件选择合适的油菜栽培模式。

素质目标

1. 具有节本增产的创新创业意识。
2. 具有因地制宜合理利用资源的意识。

学习内容

任务 1.1　油菜的经济价值与用途

活动 1　了解油菜的主要用途

1. 油菜是生产食用植物油的重要原料

油菜籽含有 33%～50%的脂肪，是重要的植物油生产原料。每亩可收 100～200 kg 菜籽，榨取 30～60 kg 的菜籽油。菜籽油是良好的食用油，含有丰富的脂肪酸和多种维生素，营养价值高，易于消化。菜籽油产量仅次于豆油和棕榈油，是世界第三大植物油，我国是世界菜籽、菜籽油第一大生产国和消费国。目前，我国推广的优质双低油菜种植面积已占油菜种植总面积的 70%以上。双低菜油的饱和脂肪酸含量只有 7%，在所有油脂品种中含量最低。

2. 油菜是重要的饲用蛋白质资源

油菜籽含有 20%～30%的蛋白质，菜籽饼粕含 34%～45%的蛋白质，且菜籽饼粕蛋白质的氨基酸组成合理，是优质的植物性蛋白源。在菜籽蛋白质中，人体必需氨基酸含量高，尤其是赖氨酸和含硫氨基酸的含量较高，因此菜籽蛋白质有很高的营养价值，可以开发出各种食用蛋白产品和氨基酸，也可作为优质饲料蛋白源。双低油菜籽饼粕中的硫苷含量在 40 μmol/g 以下，是重要的植物性蛋白源，可直接用作饲料蛋白源，用于养殖业。

活动 2 知悉油菜的经济价值

1. 种植油菜可以改良土壤，提高土壤肥力

油菜饼粕中富含氮、磷、钾等多种营养元素，是上等有机肥料，肥效仅次于豆饼。菜籽饼不仅是发展温室和大棚栽培不可缺少的肥料，而且其根、茎、叶、花、果、壳等都含有丰富的氮、磷、钾。研究表明，若将每亩油菜的茎秆、落花、落叶和果壳等合计起来，其肥效相当于 50 kg 硫酸铵、18 kg 过磷酸钙和 22 kg 硫酸钾的总和。落叶和果壳在提高土壤肥力的同时，还可疏松土壤、防止土壤板结、改善土壤结构。油菜根系发达，主根可深达土层 100 cm，根系能分泌有机酸，可溶解土壤中难以溶解的有机磷，提高磷的有效性，对油菜收获后的后作，如稻、麦等有明显的增产作用(10%左右)。在相同土质上施相同肥量，油菜茬水稻比大麦茬水稻增产 5%～10%。菜籽饼粕还是烟草和温室植物的好肥料。

2. 种植油菜可提供多种工业原料

菜籽油经过精炼、脱色和氧化处理，可以制作色拉油、起酥油、人造奶油、糖果、糕点等高级食品。菜籽油不仅在食品工业中应用普遍，还是多种工业的重要原料，可用于冶金、机械、橡胶、化工、纺织、油漆、制皂、油墨、造纸、皮革、医药等方面。高芥酸油工业上还有特殊用途，如铸钢需要使用高芥酸油做润滑剂，船舶、铁路车辆也需要使用高芥酸油做润滑油。芥酸的衍生物芥酰胺广泛用在塑料制品上，菜籽油的裂解产物可分离出壬酸酯和十三碳二元酸，可用作塑料工业的优良增塑剂，还可以制造尼龙、化妆品等。菜籽油还可以作为生物燃料，用作替代能源。在能源紧缺日益加剧的当今世界，生物燃料显得十分重要。双低油菜籽油凝固点在－10～－8 ℃，远低于其他油脂，是良好的生物柴油原料。近几年，菜籽油转化为生物柴油的比例逐年增加，其中欧盟菜籽油消费的 60%以上用于生物柴油。

3. 种植油菜便于调节作物茬口

在南方，油菜是越冬作物。在水稻收获后种一季油菜，变冬闲田为油菜田，可增加一季收成，又不耽误翌年的水稻种植，从而实现粮油双丰收。冬油菜的成熟期比小麦早半个月，长江中下游 5 月中旬左右即可收割。若品种选择和栽培措施得当，还可实现油菜、早稻和晚稻一年三熟，充分发挥人多田少的生产潜力。在北方，利用早春空闲季节，增种一季春油菜，油菜收获后复种、复栽或油菜预留行间套种粮食作物，可变一年一熟或两年三熟为一年多熟。

4. 种植油菜有利于养蜂业发展

油菜是一种良好的蜜源作物，油菜花的基部有蜜腺分泌蜜汁供蜜蜂采集。一株油菜可开上千朵花，花期可持续1个月。由于油菜的病虫害比粮棉等大田作物和各类蔬菜少得多，农药污染较轻，故酿出的蜂蜜品质较优。油菜开花期放养蜜蜂，每亩可收获蜂蜜1.7～5.0 kg。每一群蜜蜂在整个油菜花期可采蜜50 kg左右。蜜蜂除采花酿蜜增加农民收入外，还是油菜的传粉媒介，可以增加油菜籽产量。据研究，油菜花期放蜂可增加油菜的结角数和每果粒数，从而使油菜籽产量提高10%左右。因此，在油菜花期放蜂，可以获得油菜籽、蜂蜜的双丰收。此外，油菜花粉还可生产花粉口服液等营养品和化妆品。

任务1.2 油菜的起源与类型

活动1 了解油菜生产的起源和历史

白菜型油菜和芥菜型油菜的起源中心在中国和印度，甘蓝型油菜的起源中心在欧洲。中国和印度是栽培油菜最早的国家。我国最早油菜栽培地区是青海、甘肃、新疆、内蒙古等地。

活动2 了解油菜的类型和品种

油菜是十字花科芸薹属植物几个物种的总称。以农艺性状为基础，我国油菜分为白菜型、芥菜型和甘蓝型三大类。

1. 白菜型油菜

白菜型油菜俗称小油菜，包括北方型小油菜、南方油白菜、北方油白菜。植株一般较矮小，叶色淡绿至深绿，上部薹茎叶无柄，叶基部全抱茎。花色淡黄至深黄，花瓣圆形较大，开花时花瓣两侧相互重叠。自然异交率75%～95%，属典型异花授粉作物。角果较肥大，果喙显著，种子大小不一，千粒重3 g左右，种皮颜色有褐色、黄色或黄褐色。生育期较短，150～200 d。易感染病毒病和霜霉病，产量较低，适宜在季节短、低肥水平下栽培，可作蔬菜和榨油兼用作物。

2. 芥菜型油菜

芥菜型油菜俗称大油菜、高油菜、苦油菜、辣油菜等，是芥菜的油用变种，主要为小叶芥油菜和大叶芥油菜两种。植株高大，株型松散。叶色深绿或紫绿，叶面一般皱缩，被有蜡粉和刺毛，叶缘有锯齿，薹茎叶有柄不抱茎，基部叶有小裂片和花叶。花色淡黄或白黄，花瓣小，开花时四瓣分离。具有自交亲和性，自交结实率高达70%以上。角果细而短，种子小，千粒重1～2 g，辛辣味较重，种皮有黄、红、褐等色。生育期中等(160～210 d)，产量不高，但耐瘠、抗旱、抗寒，适于山区、寒冷地带及土壤瘠薄地区种植，可作调料和香料作物。

3. 甘蓝型油菜

甘蓝型油菜又称洋油菜、番油菜等。植株中等或高大，枝叶繁茂。叶色蓝绿似甘蓝，多密被蜡粉，薹茎叶无柄半抱茎，基部叶有琴状裂片或花叶。花瓣大、黄色，开花时花瓣两侧重叠，自交结实率一般在60%以上。角果较长，种子较大，千粒重3～4 g，种皮黑褐色。生育期较长(170～230 d)。增产潜力大，抗霜霉病、病毒病能力强，耐寒、耐肥、适应性广。我国是世界上甘蓝型油菜的三大生产区之一(另外两个是欧洲和加拿大)。

我国在生产利用上也习惯将油菜分为三大类。①常规(普通)油菜。按常规方法育成的高产油菜,如中油821、湘油10号等。②优质油菜。按常规方法育成的具有优质特性的油菜。目前主要是指油中低芥酸、饼中低硫代葡萄糖苷含量的油菜。包括单低油菜(低芥酸),如中油低芥2号、皖油410、青油13号等;双低油菜(低芥酸,低硫代葡萄糖苷),如华双3号、湘油13号、中双4号等。③杂交油菜。利用2个遗传基因不同的油菜品种或品系,采用一定的技术措施得到第一代杂交种,如泰油2号。杂交种具有优良的品质特性,称优质杂交油菜,如华杂4号、皖油14等。

任务1.3 我国油菜的分布与分区

我国油菜的分布遍及全国,按农业区划和油菜生产特点,以六盘山和太岳山为界线,大致分为冬油菜区和春油菜区两大产区。六盘山以东和延河以南,太岳山以东为冬油菜区;六盘山以西和延河以北,太岳山以西为春油菜区。

冬油菜区集中分布在长江流域各省及云贵高原,这些地方无霜期长,冬季温暖,一年两熟或三熟,适宜油菜秋播夏收。种植面积约占全国油菜种植总面积的90%,总产量占全国总产量的90%以上。冬油菜区又分6个亚区:华北关中亚区、云贵高原亚区、四川盆地亚区、长江中游亚区、长江下游亚区和华南沿海亚区。其中四川盆地、长江中游、长江下游三个亚区是我国冬油菜的主产区。

春油菜区冬季严寒,生长季节短,降水量小,日照长且强,昼夜温差大,对油菜种子发育有利;1月份平均温度为-20~-10 ℃或更低,为一年一熟制,实行春种(或夏种)秋收,种植面积及产量均占全国油菜的10%以上。春油菜区分3个亚区:青藏高原亚区、蒙新内陆亚区和东北平原亚区。

2003年,农业部发布实施《"双低"油菜优势区域发展规划(2003—2007年)》,将长江流域12个油菜生产重点省市确定为三个优势发展区,面积8 800多万亩,约占全国油菜种植总面积的87%。在长江流域的上、中、下游原有三个优势区的基础上,增加北方油菜优势区。

活动1 了解长江流域不同优势区的特点

长江上游优势区区域包括四川、贵州、云南、重庆、陕西5省(市)。该区气候温和湿润,云雾和阴雨天多,冬季无严寒,温、光、水、热条件优越,利于秋播油菜生长,耕作制度以两熟制为主。常年油菜播种面积2 700万亩、单产120 kg、总产326万t,种植总面积和总产量分别占同期全国的25.2%和25.9%。不利因素主要是阴雨寡照,山区丘陵比重大,农田排灌设施差,冬水田利用效率低,"双低"油菜品种普及率较低,油菜籽含油量偏低,生产成本较高。

长江中游优势区区域包括湖北、湖南、江西、安徽4省及河南信阳地区。属亚热带季风气候,光照充足,雨水充沛,适宜油菜生长。农田水利设施条件较好,油菜生产比较稳定,常年播种面积5 140万亩、单产110 kg、总产566万t,种植总面积和总产量分别占全国的47.8%和45%。湖北、安徽、河南信阳以两熟制为主,湖南和江西以三熟制为主。不利因素主要是油菜与早稻、棉花等作物存在季节矛盾,缺乏适合三熟制生产的特早熟高产"双低"油菜品种,季节性秋旱、春涝和菌核病容易发生。

长江下游优势区区域包括江苏、浙江两省，耕作制度以两熟制为主。亚热带气候区受海洋气候影响较大，雨水充沛，光照充足，光、温、水资源非常适合油菜生长。常年播种面积 1 370 万亩、单产 148.5 kg、总产 203 万 t，种植总面积和总产量分别占全国的 12.7% 和 16.2%。该区地处长江三角洲，交通便利，油脂加工企业规模大。不利因素主要是地下水位较高，易造成渍害；劳动力成本高，农民种植积极性较低。

活动 2　了解北方油菜优势区

区域特点：北方油菜优势区主要包括青海、内蒙古、甘肃 3 省（区），油菜生产为一年一熟制春油菜，常年播种面积 935 万亩，单产 97.3 kg、总产 91 万 t，种植总面积和总产量分别占全国的 8.7%和 7.2%。该区日照强，昼夜温差大，对油菜种子发育有利，油菜籽含油量高，机械化生产程度较高，单位面积产值有一定优势。虽然该区域油菜生产较分散，但部分传统油菜产区生产优势较强。不利因素主要是干旱严重，对农田水利灌溉条件的要求高，缺乏极短生育期的高产甘蓝型油菜品种，小菜蛾和金象甲虫为害严重。

任务 1.4　油菜的生育进程

油菜的整个生长过程，从播种起到种子成熟止，其间经历 5 个生育阶段，即发芽出苗期、苗期、蕾薹期、开花期和角果发育成熟期。油菜不同生育阶段在生长期的进化过程中形成了固有的生育特点，同时对外界环境条件有一定的要求。

活动 1　掌握油菜各生育期特点

1. 发芽出苗期

油菜种子发芽的最适温度为 25 ℃，低于 3 ℃或高于 36 ℃，都不利于发芽。发芽出苗期可分成吸水膨大、种子萌动、种子发芽和子叶平展 4 个阶段。

（1）吸水膨大阶段。油菜种子首先经历一个迅速吸水的过程，随后缓慢吸水，再迅速吸水并伴有种胚的生长。当种子体积膨大到原来体积的 1 倍左右时，说明水分已经吸足。由于水分是来自土壤，故种子必须与土壤紧密接触。

（2）种子萌动阶段。吸足水分的种子，胚根冲破种皮而露出白色根尖。种子需吸水达自身干重的 60%左右才能萌动。

（3）种子发芽阶段。种子萌动后种胚迅速生长，幼根深入表土 2 cm 左右时，根尖生长出许多白色根毛。幼茎向上延长呈弯曲状时称为发芽。

（4）子叶平展阶段。幼茎向上伸长并直立于地面，两片子叶张开平展，称为出苗。

一般月平均温度 16～20 ℃时，3～5 d 即可出苗。当种子吸水 4 h 后所需要的氧气急剧增加，呼吸作用迅速增强。当种子胚根、胚芽突破种皮后，需氧量猛增。与水稻、小麦种子相比，由于油菜种子脂肪含量高，萌发过程需要的氧气较多，生产上应做到土壤疏松，避免土壤板结、播种覆土过深或土壤水分过多。油菜生育期记载中，以 75%的幼苗子叶出土并平展为标准。

2. 苗期

苗期是指油菜出苗后子叶平展至现蕾的这段时间。甘蓝型中熟品种苗期约为 120 d,约占全生育期的一半,生育期长的品种苗期可达 130～140 d。一般从出苗至开始花芽分化为苗前期,开始花芽分化至现蕾为苗后期。苗前期主要生长根系、缩茎、叶片等营养器官,为营养生长期。苗后期营养生长仍占绝对优势,主根膨大,并开始进行花芽分化。

苗期一般主茎不伸长,只有在种植密度过大或越冬性不强的品种早播情况下,主茎才会有伸长(称为早薹)。主茎基部着生的叶片节距很短。

苗前期发育好,则主茎节数多,可制造和积累较多的养分,促进苗后期主根膨大,幼苗健壮,分化较多的有效花芽,有利于壮苗早发,安全越冬,奠定高产基础。

苗期适宜温度为 10～20 ℃,高温下生长分化快。苗期遇有短期 0 ℃以下低温时不会受冻,若持续时间长则易受冻害。

土壤水分以田间持水量的 70%以上为宜,否则叶片分化生长慢。遇冻害和严重缺水,导致叶片发皱和红叶现象。温度的高低因油菜品种的发育特点不同而影响其苗期的长短,进而影响油菜营养器官的干物质积累量。冬油菜苗期有效积温的多少,将决定其年前绿叶数和年后分枝数的多少,苗期有效积温多则绿叶数多,分枝多,产量高。

3. 蕾薹期

蕾薹期是指油菜从现蕾至始花的阶段。现蕾是指分开主茎顶端 1～2 片幼叶,可见到明显花蕾的时期。油菜生育期记载中,以 50%以上植株顶端 2～3 片心叶开始伸张,从上方可见明显的绿色花蕾为现蕾期标准。

抽薹则是指油菜现蕾后或在现蕾的同时,主茎节间开始伸长的时期,当主茎高度达 10 cm 时,进入抽薹期。油菜生育期记载中,以 50%以上植株主茎(薹)开始延伸,主茎顶端距地面 10 cm 为抽薹期标准。

在我国长江流域,甘蓝型油菜的蕾薹期一般为 25～30 d,正常情况下出现在 2 月中旬至 3 月中旬。蕾薹期的长短受品种、气候和肥水等多种因素的影响较大。气温较高,肥水充足可促进油菜的生长发育,使现蕾抽薹提早。

蕾薹期是营养生长旺盛、生殖生长由弱转强的时期。植株根系继续扩展,随着气温的上升,主茎迅速伸长增粗,分枝不断出现。长柄叶的功能逐渐减弱,短柄叶迅速伸展扩大面积,功能逐渐增强,并成为这一时期的主要功能叶。薹茎上的无柄叶也陆续伸展出来。花芽分化速度显著加快,花蕾加倍增长。

此阶段是搭好丰产架子的关键时期,要求达到春发、稳长、根强、枝多和薹壮。冬油菜一般在初春后气温 5 ℃以上时开始抽薹,10 ℃以上时抽薹加快。温度过高时,主茎生长太快,易出现茎薹纤细、中空和弯曲现象;温度低于 0 ℃则易裂薹和死蕾。此期土壤湿度达到田间持水量的 80%左右有利于主茎伸长。

4. 开花期

油菜从始花至开花结束的一段时间称为开花期。全田有 25%花序开花为初花期,全田有 75%以上的花序开花为盛花期,全田有 75%以上的花序完全谢花称为终花期。长江流域的开花期为 25～30 d。花期开始的早晚、持续时间的长短,因油菜品种和种植地的气候而异。早熟品种开花早、花期长；开花晚，花期短。气温低时开花进度慢，花期长；气温高时开花快，花期短。

开花期是油菜营养生长和生殖生长两旺的时期，盛花期时的生殖生长已占有绝对优势。从始花到盛花，根系的生长较快，至盛花期时根系的积累总量达到一生的最大值，根群密布于整个耕作层内，植株的吸收能力达到最大。花期的主要功能叶为主茎和分枝上的无柄叶，叶面积在盛花期时达到油菜一生中的最大值，叶片的光合作用正处于最旺盛的时期。盛花期以后，根、茎、叶生长基本停止，生殖生长转入主导地位并逐渐占绝对优势，此期是决定角果数和每果种子数的重要时期。甘蓝型油菜开花的适宜温度范围为 12～20 ℃，最适温度为 14～18 ℃。气温在 10 ℃以下时，开花数明显减少；5 ℃以下多不开花；0 ℃以下时，花朵大量脱落。温度高于 30 ℃时虽可开花，却结实不良。开花期适宜的相对湿度为 70%～80%，低于 60%或高于 94%都不利于开花，花期降雨会显著影响开花结实。

5. 角果发育成熟期

从终花到角果种子成熟的这段时间称为角果发育成熟期，一般为 30 d 左右。油菜终花后，花朵中的子房膨大形成细嫩的角果，逐渐形成大角果，植株上的叶片大量脱落，角果皮逐渐转化为光合作用的主要器官，制造种子发育所需的大部分营养物质。同时，根系吸收的部分营养物质和茎枝中贮藏的营养物质也不断地输送至种子中。这一时期是决定粒数、粒重的时期。角果和种子形成适宜温度为 20 ℃，在低温下则成熟慢，日平均温度在 15 ℃以下时中晚熟品种不能正常成熟；温度过高时则易造成逼熟现象，导致粒重下降，含油量降低。昼夜温差大和光照充足有利于提高产量和含油量。土壤水分以田间持水量的 70%以上为宜，田间渍水或过于干燥易造成早衰，产量和含油率降低。

活动 2　了解油菜收获时的注意事项

由于油菜籽具有先开花、先成熟，后开花、后成熟，角果成熟参差不齐的特性，给油菜的收获带来困难。所以，科学地确定油菜籽的适宜收获期是丰产的关键。油菜的适宜收获期应以取得最高的产量和含油量为准。在对油菜适宜收获期的掌握方面，油菜产区有“八成黄，十成收；十成黄，两成丢”的说法。种子色泽的变化也可以作为适宜收获期的尺度。即摘取主轴中部和上中部一次分枝中部角果共 10 个，剥开观察籽粒色泽，若褐色粒、半褐半红色粒各半，则为适宜的收获期。

任务 1.5　油菜的温光反应特性

活动 1　了解油菜的感温性

油菜一生中必须通过一段较低的温度时间才能现蕾、开花、结实，否则就停留在营养生长阶段的特性称为感温性。根据不同油菜品种的感温特性，可分为 3 种类型。

1. 冬性型

这类品种对低温要求严格，于 0～5 ℃条件下，经 30～40 d 才能进入生殖生长。冬油菜晚熟、中晚熟品种属此类，如甘蓝型晚熟品种跃进油菜、胜利油菜及中晚熟双低品种中双 2 号。

2. 半冬性型

这类品种要求一定的低温条件，但对低温要求不严格，一般在 5～15 ℃条件下，经 20～30 d 可开始生殖生长。一般冬油菜中熟、早中熟品种属此类，如多数甘蓝型品种秦油 2 号中油 821、湘油 11 号、华杂 4 号、皖油 14 以及长江中下游中熟白菜型品种均属此类。

3. 春性型

这类品种可在较高温度下通过感温阶段。一般 10～20 ℃条件下 15～20 d，甚至更短的时间就可开始生殖生长。冬油菜的极早熟品种、早熟品种和春油菜品种属此类，包括我国华南地区的白菜型和甘蓝型极早熟品种、西南地区的白菜型早熟品种，以及西北地区的春油菜品种等。

活动 2 了解油菜的感光性

油菜发育中必须满足其一定时间光照的要求才能现蕾开花的特性称为感光性。油菜是长日照作物，不同品种的感光性与其地理起源和原产地生长季节中白昼的长短有关，一般分为两种类型。

1. 强感光型

春油菜在开花前经历的光照强，故一般对光照长度敏感，开花前需经历的平均日照长度为 14～16 h。

2. 弱感光型

冬油菜在开花前一般经历的光照较短，故对长光照不敏感，花前需经历的平均日照长度为 11 h 左右。

任务 2 油菜轻简化栽培技术

学习目标

知识目标

1. 掌握油菜板茬少(免)耕移栽技术。
2. 掌握油菜稻茬垄作摆栽覆草栽培技术。
3. 掌握油菜机械直播技术。
4. 掌握油菜免耕撒播加机械开沟技术。

能力目标

能根据当地生产条件采用合适的轻简化栽培技术。

素质目标

1. 具有创新创业意识。
2. 具有热爱三农意识。

学习内容

任务2.1　油菜板茬少(免)耕移栽技术

板茬少(免)耕移栽油菜,就是在前茬作物收获后,不进行耕翻整地,在化除、施肥、开沟后直接在板茬上移栽油菜。板茬少(免)耕移栽不仅省工省力,还可有效缓解季节与机械、劳力的矛盾,而且能在干旱条件下保持土壤墒情,有利于油菜栽后早醒早发。

活动1　知悉栽培技术的优势

1.省工节本

板茬移栽油菜每亩移栽用工仅2～3个,此外还可以节省机耕费和机油费。

2.保证农时

板茬移栽不需要耕翻整地,加快了移栽进度。

3.早发增产

板茬移栽可以适时早栽抢墒保苗,提高成活率,不打乱土层,表土层肥力较高,有利于油菜苗期生长和冬前培育壮苗。此外可通过提早播种使油菜全生育期延长10～15 d,有利于夺取高产。

4.抗逆增效

板茬移栽不破坏耕作层结构,土壤透水透气良好,能避免过湿耕作造成浆土板结。板茬移栽不切断土壤毛细管,耕作层墒情较好,地表水易随地表径流排出,避免在犁底层产生滞水层,使得越冬后土壤相对含水量比耕翻田少,遇到长期低温天气,冻害较耕翻移栽田块要轻,而开春后雨水较多的情况下,排水降渍快,有利于植株生长健壮,增强抗病能力,减轻发病程度。

活动2　关注移栽的注意事项

(1)春季土温回升慢。

(2)杂草种子发芽快、数量多,草害比较严重。

(3)油菜的根系分布较浅,后期如遇干旱或渍害更易发生早衰。

活动3　知悉栽培技术要点

1.清沟排渍

板茬油菜夺取高产的关键是防渍害。生产上应抓好前茬的后期管理,对于水稻作物要提高土壤通透性,提前半个月开好田外沟,预降地下水位。如果是地势较低的烂泥田,还要在板田内开好十字形沟和围沟,排除积水,降低土壤湿度。如果遇到干旱天气,土壤缺水,应在前茬作物收获前1周灌一次“跑马水”,有利于提高油菜成活率。

2. 化学除草

免耕田未经翻耕，杂草多，特别是在温度高的暖冬年份，杂草生长快、发生量大，因此在油菜移栽前必须进行一次化学除草，防止草欺苗。具体操作是：在以一年生单、双子叶杂草为主的田块，在移栽前 3～5 d，每亩用 20%百草枯 150～200 mL，或 50%扑草净 100 g 加 12.5%盖草能 30～50 mL，兑水 50～60 kg，土壤表面全田均匀喷雾。在油菜移栽后，视草情于杂草 2～3 叶期化除，以禾本科杂草为主的田块，每亩可选用 24%烯草酮 20～30 mL、10.8%高效氟吡甲禾灵乳油 20～30 mL 或 10%喹禾灵乳油 35～50 mL，兑水 40 kg 均匀喷施在行间杂草上；以阔叶草为主的田块，每亩可选用 30%草除灵悬浮剂 50～55 mL 或 17.5%草除·精喹禾乳油 80～100 mL，兑水 30～40 kg 均匀喷施在行间杂草上。

3. 适墒早栽

由于板茬能够早栽，播期应适当提早，秧龄以 30 d 左右为宜，并做到稀播匀栽。移栽时要求做到“三不栽”，即雨天不栽、烂田不栽、未开沟的田不栽。土壤干旱、地表开裂、挖(撬)窝困难的田块，可灌跑马水，等田干爽后抢栽，使油菜的根系在通气良好的土壤条件下生长。对于腾茬较早的田块应及时早栽，而种植水稻收获较迟、腾茬较晚的地方，要求在水稻收割时突击抢栽，边割水稻、边栽油菜。

4. 栽足密度

每亩栽 8 000～10 000 株，肥水条件好的田块适当稀植，瘦苗、薄田及施肥水平低的适当密植。板茬移栽一般以条栽为主，具体条栽方法为横畦开条栽沟，沟宽 1 cm、深 5 cm，然后将油菜按株距 20 cm 的距离排放在条栽沟的一边，再依次开条栽沟，条栽沟间距 30～35 cm。低湿泥田可直接免耕穴栽，通常采用宽窄行栽植，宽行 47 cm，窄行 33 cm，穴深 4～5 cm，穴距随具体密度而定。边栽边浇定根水，栽菜的刀口缝随时踏实，以免雨水灌根。栽菜时做到大小苗分级栽。

5. 合理施肥

板茬油菜有效养分集中在表土层，前期供肥能力较强，后期容易脱肥早衰。因此在肥料统筹上，要坚持基肥与追肥并重，增加追肥比例的原则，追肥比例应达到 50%～60%。基肥要多用土杂肥，少用稀粪水。一般每亩用 1 000 kg 土杂肥和 50 kg 过磷酸钙、15 kg 氯化钾及 0.5 kg 硼砂拌匀后底施，再用稀粪水 500 kg 兑尿素 30～40 kg 浇条栽沟，然后移栽。要求肥、菜分开，以防肥害。追肥按照“早施苗肥、壅施腊肥、重施薹肥和巧施花肥”的原则，实行“三追一补”。活棵后，每亩施尿素 3～4 kg 提苗肥。越冬期每亩施土杂肥 1 000 kg 左右御寒保苗。现薹期每亩用 10～12 kg 尿素打塘深施。盛花期用 1%尿素和 0.2%磷酸二氢钾溶液或其他生长调节剂混合喷施 2～3 次，防早衰，增粒重。

6. 中耕培土

板茬油菜田的土壤易板结、透气性差、杂草较多，因此苗期必须进行多次中耕，通过中耕消灭杂草、疏松土层、促进根系生长。通常情况下，板茬油菜田中耕 2～3 次。第一次在 11 月份进行，中耕深度要浅，以 3～5 cm 为宜，待地面沟泥干爽后，及时碎土，将土壅向油菜根部；第二次在 12 月份进行，中耕深度要加深，以 5～10 cm 为宜，可结合覆盖稻草，防冻保温；第三次在早春进行，主要是松土，以提高地温、调节土壤湿度、改变土壤通透性。

任务 2.2　油菜稻茬垄作摆栽覆草栽培技术

油菜稻茬垄作摆栽覆草栽培是近年来研究示范成功的一项油菜轻简高效栽培新技术。它是在水稻收割后，采用定畦起垄、移(摆)栽菜苗、覆盖稻草、清沟压土等作业，能够有效克服稻田土壤黏重、烂耕烂栽、僵苗不发等问题，具有适期早栽、合理密植、秸秆还田、保温保墒、培育壮苗、抗灾应变等多重功效，适宜在地下水位较高、土壤含水量偏高的"稻—油"两熟制地区示范与推广。

活动 1　了解栽培技术优势

1. 省工节本

垄作摆栽覆草栽培，使移栽、前期施肥、深沟培土等作业程序在移栽的同时完成，减少了移栽以后深沟培土和化除用工，每亩可节省用工 2 个。此外，油菜田基本上不用除草剂，每亩减少除草剂成本 10 元左右。

2. 抗逆性强

无论晴天还是雨天均可移栽油菜。雨天移栽油菜时，排水迅速，不易产生渍害；晴天移栽油菜时，通过稻草覆盖，能够减少土壤水分蒸发，保持土壤湿度，缩短移栽后油菜活棵期，促进油菜根系生长，为秋发冬壮创造有利条件。该技术采用宽行窄株栽培，油菜盛花期通风透光好，霜霉病、菌核病等病害发生相对较轻。油菜分枝相互支撑，抗倒性增强。

3. 增产增效

通过垄作摆栽覆草栽培，能够有效地保证移栽密度，平均每亩可增产油菜 20～30 kg，增幅在 10%以上，连同省工、节本、增产等因素，每亩综合经济效益增加约 200 元。

4. 生态环境

垄作摆栽覆草栽培，既可增加稻草综合利用途径，解决由于焚烧、废弃带来的环境污染问题，又可通过稻草覆盖，减轻油菜杂草的发生，使油菜田基本不用除草剂，同时还可以增加土壤有机质含量，提高化肥利用率。

活动 2　明确栽培技术要点

1. 定畦起垄

水稻收获后，及时锄沟定畦，畦面宽 90 cm，畦沟宽 30 cm，用铁耙锄取畦沟土放入畦面两侧。如土壤干爽，也可用起垄机起垄，垄间距 100～120 cm。

2. 施足基肥

基苗肥一次施入畦面上(即两行油菜苗中间)，或在起垄前施于地表，每亩施用油菜专用复合肥 25～30 kg、尿素 5 kg 和硼砂 0.25～0.5 kg。

3. 提高移栽质量

采用定畦摆栽时，将油菜苗紧贴于所翻畦土内侧，摆放在畦边的土块旁，每畦(垄)排放两行，株距 15～18 cm，使油菜苗根部贴于土面，并随手用土块压住根部。小苗可摆两根，每亩栽 6 000～6 500 株。

4. 覆盖稻草

油菜行间实施覆盖稻草，以草灭草，减轻化除压力；行间盖草后可以增加土壤湿度，保墒效果明显，有利于早活棵；稻草还田，还可以提高土壤有机质，增加土壤肥力，也可有效避免焚烧稻草造成环境污染。覆盖稻草方法为：每栽好一畦（垄）或全部栽好后，将稻草逐垄均匀铺放在畦（垄）面上。如果天气干旱、稻草过于干燥，可在草面上泼施粪水或清水，促使稻草腐烂。

5. 清沟培土

栽后及时清沟理墒，并将沟土均匀压在稻草上，增加覆盖。同时抓好油菜常规管理。

任务 2.3 油菜机械直播技术

我国传统油菜生产长期以来一直以手工作业为主，投入的劳动力多，劳动强度大，生产效率低，限制了我国油菜产业化的发展。提高油菜生产中机械化作业的程度，是解决劳动力日趋紧张的根本途径，有利于油菜连片规模种植，加速推进油菜的优质化、高效化发展。

与移栽油菜相比，油菜机械直播具有减少育苗和移栽用工、节约用地、降低生产成本和减轻劳动强度的显著优势。实践表明，以机械直播方式种植油菜，只要掌握配套技术即可以获得与育苗移栽相似甚至更高的产量。油菜机械直播技术要点如下。

活动 1 选用品种

油菜机械直播的播种期一般要比育苗移栽推迟 10～20 d，且播种深度很难均衡一致，因而机械直播油菜宜选用籽粒大、出苗快、发棵早的冬春双发型品种。大粒种子贮藏能量充足，子叶顶土能力强，有利于一次全苗。冬春双发型品种出苗快、发棵早，能充分利用冬前有限的生长时间达到油菜苗安全越冬的生长量，有利于直播油菜安全越冬。

活动 2 选择适期早播

在江苏地区，直播油菜的适宜播种期为苏南地区 9 月底至 10 月 25 日，苏中地区 9 月下旬至 10 月 20 日。适宜播种期内种植越早越易获得高产，在茬口许可的情况下要尽可能早播种，培育壮苗，有助于提高产量水平。

活动 3 注意适墒播种

适墒播种是保证一播全苗的关键，干旱影响出苗及油菜苗生长，受渍易造成烂耕烂种和僵苗不发。水稻茬口要造墒备播，做好稻田后期的水浆管理。天气干旱时在水稻让茬前 1 周左右灌一次跑马水，保持足墒。水稻留茬高度 10 cm 左右，并清除田内稻草，削高垫低，防止洼塘积水烂种。水稻收获后应尽量做到早播种、早出苗、早发苗，使油菜在越冬前获得较理想的营养生长量，从而增加一生的总叶片数，提高一次分枝的数量和质量，为中后期增枝、增角、增粒奠定基础。旱作茬口在适期播种前，及时清理田间杂草残茬，施入基肥，翻耕耙平，提高土壤通透性。抓住有效降水和适宜墒情，及时抢墒播种。同时播种前预开田间一套沟，以防播后积水烂种或渍害僵苗，沟土均匀撒于畦面。畦宽一般为 2.5 m。冬春季节及时清沟理墒，疏通沟系，保持排灌畅通。

活动 4 注意播种精细

一般每亩播种量为 0.3～0.4 kg，早播和肥力水平较高的田块可适当减少播量，直播油菜每亩适宜种植密度(基本苗)一般为 2 万～3 万株，视播期早、晚可作适当调节。播种行距一般为 40 cm，播种深度为 1.0～2.0 cm。播种时要均匀一致，不漏播、不重播。目前江苏省油菜机械直播的方法有 2 种：一种是使用油菜专用播种机播种，另一种是使用稻麦条播机做适当调整后进行种肥混播。2BY-3 型油菜精少量直播机为江苏省研制的油菜专用播种机械，播种行距、播种量和播种深度均可调节，旋耕、播种、覆土作业可以一次完成。2BY-3 型油菜精少量直播机可以精确控制播种量，在播种前应根据土壤墒情、整地质量、种植密度和种子粒重进行调试，将播种量调至适宜范围，若调整得当油菜出苗后一般无须移密补稀。如果采用 2BG-6(5)稻麦免耕条播机时，将每亩所用的种子与 10～12 kg 高浓度复合肥充分混合后播种，要求现拌现播，每畦播 2 幅，通过播种前间隔堵封排种口，调整播种管之间距离，使每幅播 3 行，行距 0.4 m，两幅间空一大行距 0.8 m，以便后期田间管理操作。播种时开较慢挡，并注意调节播种管口种子流速，确保播量适宜。同时边播边旋耕盖种，旋耕深度保持在 1～1.5 cm，过深或过浅对出苗均不利。播种前要认真检查机具，播种时要经常察看播种管是否被堵塞，以防造成缺苗断垄，播种时行走要平稳，速度要均匀，尽量不要中途停机，否则停机处因落种过多，易造成丛生苗。

活动 5 注意化学调控

直播油菜越冬前营养体较小，根系不发达，如遇上寒潮则容易引起冻害，要及时做好化控防冻工作。化学调控是机械直播油菜防冻、抗倒伏获高产的一项重要技术措施。常用 15%多效唑可湿性粉剂每亩 30～40 g 兑水 30 kg 喷雾，一般在冬至前 7～14 d 施用，能促进油菜越冬期的根系生长，使根茎增粗、根系发达，同时能矮化植株，使绿叶数多而厚，增强防冻抗寒能力，有利于壮苗越冬。

活动 6 实施间苗定苗

出苗后，及早间苗，间苗标准为“去密留稀，去杂留纯，去弱留强，去病留健”，同时检查有无断垄缺行现象，尽早进行移栽补空。3 叶期前后，根据田间苗情长势和施肥水平进行定苗，密度控制在 2 万～3 万株/亩。播种期早的可适当降低密度，播种期迟的可适当增加密度，最佳播种期内留苗密度为 2.5 万株。

活动 7 保证合理施肥

直播油菜与移栽油菜相比播种较迟，必须加强前期用肥力度。要适当提高施肥水平，氮、磷、钾、硼肥配合施用。在重施基肥的基础上，于定苗后看苗追施苗肥。每亩总施氮量 16～18 kg，氮肥统筹按基肥∶苗肥∶薹肥为5∶2∶3比例进行。花期结合菌核病防治，条件许可则用硼、钾、钼肥根外喷施，通过药肥混喷以防病、防早衰。

活动 8 防治病虫草害

直播油菜留苗密度高，要密切注意油菜苗期病虫害的防治。油菜苗期主要防治蚜虫和菜青虫，花期重点防治菌核病。应根据当地植保部门的预测，在达到防治标准时及时选用药剂进行有针对性的防治。另外，因旋耕深度很浅，机械直播油菜杂草基数较高，草害往往较重，草害常成为影响油菜生长和产量的一个重要因素，应在出草高峰前后及时用药防治。对杂草严重的地方，可结合松土促根，人工除草。

任务 2.4 油菜免耕撒播加机械开沟技术

活动 1 了解播前准备操作

前茬水稻收割后，应把稻田中的水排干。这样前茬水稻收割后的田泥湿度比较合适，目的是拖拉机和开沟机能顺利下田作业。一般用手抓一把泥土，以不结团，一捏就碎为宜。若田泥太干太硬，会影响油菜的出苗生长，也会增加油菜开沟的难度，加快开沟机的磨损。另外，如稻田中有石块等硬物应清除干净。

活动 2 了解机械开沟技术

1. 正确的安装（以东风-12 型手扶拖拉机上配 1KS-20 型开沟机为例）

拆掉旋耕机原有的 18 把弯刀、罩壳、侧板，并将旋耕机传动箱的主动链轮与从动链轮对换位置，可获得高转速，原来的转速为 188 r/min，对换主被动链轮后，可获得 256 r/min。这样转速高，利于泥土抛撒，然后再把开沟机安装在旋耕机上。

2. 开沟深浅的调整

开沟深度一般调整为 0.15～0.20 m，在调整时要对手扶拖拉机的尾轮进行调整，顺时针调整手柄，开沟深度应深些；逆时针转调整手柄，开沟深度应浅些。

3. 开沟的方法

开沟方法可根据田块大小不同和机手操作习惯，利用左开法、右开法、中间开法三种。左开法：从田块左侧下田开沟，由左往右把田沟开完。右开法：从田块右侧下田开沟，由右往左把田沟开完。中间开法：从田块中间开始开沟，向左或向右把田沟开完。把直沟开完后，再沿田块四周开沟一圈，使直沟与田块四周的沟相通。

4. 开沟速度的选择

手扶拖拉机配开沟机时，可根据田泥的松、软、板结等情况，选用不同的行走速度，田泥松可选用二档；田块板结，可选用一档。开沟时，发动机油门控制在中大油门或大油门，发动机转速高，泥土容易旋碎和抛撒开。

5. 开沟的要求

畦宽一般以1.2～1.5 m为合适。畦宽太宽了，开沟机开沟后的泥土，不能完全覆盖畦面上的油菜种子。太窄造成覆土厚度过大，不利于油菜生长。要注意开沟机的动力引导轮最好选择窄型轮，减少厢面的压实面积，降低土壤板结，开沟时的土壤湿度以70%左右。机手在操作开沟时，应使开出的沟保持笔直，不要弯曲，以利于排水。

任务2.5 油菜的多用途开发

活动1 学习油菜新技术

油菜"一种双收"是指摘油菜薹蔬用、收油菜籽榨油食用的油菜两用栽培技术。采薹菜用油菜从菜苗至菜薹均可作蔬菜食用，味道甘美，营养丰富。尤其在春节前后摘一次油菜薹，可解决春节前后蔬菜供应相对紧张的问题，对产量没有影响甚至有增产作用，实现一种两收，大幅度提高油菜种植经济效益。

1. 技术要点

(1)优选品种。选择生育期较早、苗期生长势旺、冬发春发能力强的双低优质油菜品种。

(2)适时早播早栽。育苗移栽以9月上中旬播种移栽为宜，直播以9月中下旬为宜。为平衡上市，根据品种生育特性调整播种期，使优质油菜薹提早或推迟到春节前后上市。

(3)合理密度。移栽密度以7 000～8 000株/亩为宜，过密或过稀油菜薹外观及食用品质较难保证。直播密度以10 000～12 000株/亩为宜。

(4)适当提高施肥水平。施足底肥，每亩施用复合肥40 kg(45%)、硼砂1 kg，直播定苗或移栽活棵后，追施尿素4～5 kg，抽薹前追施尿素4～5 kg、氯化钾4～5 kg、摘薹前2～3 d施尿素2～3 kg。

(5)科学掌握摘薹标准和时期。当薹高25～30 cm时，摘薹15～20 cm，最迟摘薹期不能超过2月10日。做到"薹不等时、时过不摘"。

(6)花期注意防治菌核病。摘薹后油菜分枝增多，田间通风透光稍差，菌核病可能偏重发生，应注意防治。盛花期喷施多菌灵或甲基硫菌灵。

(7)油菜薹加工。双低油菜薹除做新鲜蔬菜外，也可以通过风干、腌制等技术加工成各种风味的食品，与同类的白菜、芥菜等原料制作的食品相比具有保绿、味甜、香脆等独特风味。

该技术的核心是选用再生能力强，再生分枝快的早熟双低品种，配合使用秋发或超秋发栽培技术，主攻早发、早薹，适时追肥摘薹，实现油菜薹、油菜籽双高产。

2. 注意事项

(1)注意选用生育期偏早，品质优良，年前发棵早、分枝强的品种。

(2)掌握"薹不等时、时过不摘"的原则，摘薹最迟不能超过2月10日。

(3)掌握好摘薹时间与标准，薹高40 cm时摘薹25 cm，晴天下午摘薹。

(4)要注意追肥和防病。摘薹前2～3 d应每亩追尿素2～3 kg，促春发快长，花期注意防治菌核病。

一菜两用——油菜的大田整地与移栽

一菜两用——油菜的苗期管理

一菜两用——油菜壮苗的培育

一菜两用——油菜开花结荚期管理

一菜两用——油菜的病虫害防治

一菜两用——油菜的收获

活动 2 了解饲料油菜技术

饲料油菜实例及意义

饲料油菜的饲养效果

饲料油菜的种植和收割

饲料油菜的特点和配方

苏州农科院饲料油菜现场观摩会

项目 2 拓展资料

项目3
花卉生产技术

任务1　花卉的分类与选择

我国是花卉资源大国，很多花卉原产于我国，所以我国又被称为“世界园林之母”。花卉的分类方法有很多，根据分类的依据不同，划分的类别也不同。

花卉的分类　　石竹　　菊花脑

学习目标

知识目标

1. 掌握花卉的概念、特点。
2. 了解花卉的识别方法、分类标准。
3. 熟悉本地常见花卉品种的生长习性。

能力目标

1. 能查阅植物分类资料，辨认不同花卉种类。
2. 能选择适合本地的花卉品种。

素质目标

1. 培养爱农情怀和责任担当意识。
2. 培养人际交往能力和创新精神。

学习内容

任务1.1 花卉的分类

活动1 了解花卉的范畴

(一)花卉的含义

1. 狭义的含义

狭义的花卉是指具有观赏价值的草本植物。如凤仙花、仙客来、菊花等。从字面上讲“花”表示花卉植物,是植物的生殖器官;“卉”表示草。花卉指的是花花草草,也就是开花的草本植物。

2. 广义的含义

广义的花卉是指具有一定观赏价值,并被人们通过一定技艺进行栽培、养护及陈设的植物,包括高等植物中的草本、亚灌木、灌木、乔木和藤本植物,以及较低等的蕨类植物等都可列入花卉的范畴之中(也指有观赏价值的草本植物、草本或木本的地被植物、花灌木、开花乔木以及盆景等)。

(二)花卉的栽培方式

根据栽培目的和性质不同可以将花卉的栽培方式分为三类:生产性栽培、观赏性栽培、标本及种质资源栽培。

1. 生产性栽培

切花栽培(含切叶、切枝、干花等)。主要包括世界销量最大的四大切花(非洲菊、月季、香石竹、唐菖蒲)、销量较大的切花(百合、菊花、郁金香、满天星、兰花等)。

盆栽植物及盆景。主要包括盆栽花坛植物(一串红、鸡冠花、万寿菊、彩叶草等)、盆栽花卉(菊花、蝴蝶兰、仙客来、一品红)、盆栽观叶植物(散尾葵、变叶木、龟背竹、花叶芋等)及盆景。

种子、种球、种苗及苗木生产和栽培。用于切花、盆栽及露地花坛苗生产及应用,或直接应用于园林(如苗木)。

野生花卉种质资源的引种、繁殖及栽培。应用于种质资源的研究和开发,并可直接应用于风景园林,如新兴的野花组合,前景十分广阔。

2. 观赏性栽培

以观赏为目的的栽培,如城镇公园、市民广场、住宅小区、学校机关、工厂等的绿化,风景区绿化,高速公路、铁路、交通干道、绿带及隔离带的绿化,花卉博览园展示等。

3. 标本及种质资源栽培

以研究、开发、科普教育为目的的栽培,包括标本园、专类园、种质资源园等。

活动2 了解花卉的分类

(一)根据生态习性分类

这种分类方法是根据花卉植物的生活史和生态习性进行分类的方法,应用较为广泛。

1. 露地花卉

在自然条件下，完成全部生长过程。不需保护地（如温室、温床等）栽培，但如果提前开花，可用温床或冷床育苗。其分类如下。

（1）一年生花卉（春播花卉）。在一个生长季内完成生活史的花卉。即从播种到开花、结实、枯萎均在一个生长季节内，又称春播花卉，如万寿菊、麦秆菊、半枝莲、百日草、鸡冠、凤仙花。

（2）二年生花卉（秋播花卉）。在两个生长季内完成生活史的花卉。当年只生长营养器官，翌年开花、结实、死亡。一般在秋季播种，翌年春夏开花。如紫罗兰、桂竹香、羽衣甘蓝。

（3）多年生花卉。能多次开花结实。

①宿根花卉。地下部分的形态正常，不发生变态，能连续生长多年的草本植物，如芍药、玉簪。每到冬季地上部分全部枯死，仅剩下根部进入休眠状态越冬，至翌年春季暖和后重新生长发育。

②球根花卉。地下部分肥大呈球状或块状的多年生草本花卉。

（4）岩生花卉。耐旱性强，适合在岩生园栽培的花卉。

（5）水生花卉。在水中或沼泽地生长的花卉，如睡莲、荷花。

2. 温室花卉

原产热带、亚热带及南方温暖地区的花卉。在北方寒冷地区必须在温室内培养，或冬季要在温室内保护越冬。

（1）一二年生花卉。如蒲包花。

（2）宿根花卉。如君子兰。

（3）球根花卉。如仙客来、朱顶红、大岩桐、马蹄莲、花叶芋等。

（4）兰科植物。依据生态习性又分为地生兰类，如春兰、蕙兰、建兰等；附生兰类，如石斛、兜兰等。

（5）多浆植物。茎叶具有发达的贮水组织，呈肥厚多汁变态状的植物。包括仙人掌科、番杏科、景天科、大戟科、萝藦科、菊科、凤梨科、龙舌兰科等各科植物。

（6）蕨类植物。如铁线蕨、蜈蚣草（肾蕨）。根据观赏方式不同，又可分为以下4类。

①庭园绿化蕨类植物。如翠云草、桫椤。其中桫椤又称树蕨，是最大的蕨类植物，最高可达10 m。它是古老类群，在我国属濒危物种，为我国一级保护植物。另外，槐叶萍、满江红是作为水面绿化的好材料。

②盆栽观叶蕨类植物。如石松、乌蕨、蜈蚣草、铁线蕨等。其中石松、乌蕨、铁线蕨为重要的切花配叶材料。

③垂吊蕨类植物。如肾蕨、巢蕨等。

④山石盆景蕨类植物。如卷柏、团扇蕨。其中团扇蕨是蕨类植物中形体最小的，仅有几厘米大小。

（7）食虫植物。如猪笼草、瓶子草等。在有些切花艺术中，常用来作为艺术插花材料。

（8）凤梨科植物。如水塔花、凤梨。

（9）棕榈科植物。如蒲葵、棕竹、椰子。

(10)花木类。如一品红、变叶木。

(11)水生花卉。如荷花、热带睡莲。

(二)根据生物学习性分类

1. 一二年生花卉

根据其耐寒性又可分为耐寒、半耐寒、不耐寒 3 类,包括露地花卉和温室花卉。

2. 宿根花卉

宿根花卉包括冬季地上部分枯死、根系宿存、来年春暖后重新萌发生长的多年生草本花卉。

3. 球根花卉

球根花卉即地下部分肥大呈球状或块状的多年生草本花卉,按形态特征可分为 5 类。

(1)球茎类。地下茎呈球形或扁球形、外被草质外皮,内部实心,质地坚硬,顶端有肥大的芽,侧芽不发达,如唐菖蒲、仙客来、小苍兰等。

(2)鳞茎类。地下部分的茎部极短缩、形成鳞茎盘,外被纸质外皮或没有外皮,如水仙、朱顶红、郁金香、百合等。

(3)块茎类。地下茎呈不规则的块状或条状,新芽着生在块茎的芽眼上,须根着生无规律,如马蹄莲、大岩桐、花叶芋等。

(4)根茎类。地下茎肥大呈根状,肉质有分枝明显的节,每节有侧芽和根,如美人蕉、德国鸢尾等。

(5)块根类。主根膨大呈块状,外被草质外皮,新芽着生在根茎部分,根系从块根的末端生出,如大丽花等。

4. 木本花卉

(1)落叶木本花卉。按其性状可分为以下 3 类。

①落叶乔木类:如紫薇、樱花、梅花等。②落叶灌木类:如月季、牡丹、迎春、绣菊等;③落叶藤木类:如紫藤、凌霄等。

(2)常绿木本花卉。按其性状可分为以下 4 类。

①常绿乔木类:如云南山茶、白玉兰、桂花等。②常绿灌木类:如杜鹃、山茶、含笑、栀子、茉莉等。③常绿亚灌木类:如八仙花、天竺葵、倒挂金钟等。④常绿藤木类:如常春藤、络石花、美国凌霄等。

5. 兰科花卉

因其性状和生态习性不同,又可分为两类。

(1)中国兰花。其中墨兰、建兰、春兰、惠兰等属地生类型,虎头兰、台兰等属附生类型。

(2)西洋兰花。又称洋兰,属附生类型,如卡特兰、兜兰、石斛、贝母兰等。

6. 仙人掌及多肉、多浆植物

包括仙人球属、仙人掌属、蟹爪属、昙花属等。

7. 水生花卉

如荷花、石草蒲、凤眼莲等。

8.草坪与地被植物

如结缕草、早熟禾、扶芳藤、二月兰、麦冬、铁线蕨等。

(三)其他分类方法

1.依据园林用途的分类

(1)露地花卉。

①观花乔木:如湖北海棠、山楂等。②观花灌木:如火棘、南天竹等。③花境草花:多年生草本花卉。④花坛草花:一二年生草本花卉及多数鳞茎植物。⑤地被植物。

(2)温室盆栽观叶植物。

①热带植物:越冬夜间最低温度12 ℃,如凤梨类、橡皮树、变叶木等。②亚热带植物:越冬夜间最低温度3 ℃,如文竹、鹅掌柴、吊竹梅等。

(3)温室盆花。

①低温室盆花:要求花不受冻害,夜间最低温床维持在5 ℃即可,通常低温温室温度为1～10 ℃,6 ℃较为适宜,如报春花、仙客来、香雪兰、金鱼草等亚热带花卉。②暖温室花卉:室内夜间最低温度为10～15 ℃,日温20 ℃以上,如玻璃翠、红鹤芋、扶桑及一般热带花卉。③高温温室花卉:高温温室温度为18～32 ℃,25 ℃较为适宜,常见种类如变叶木、凤梨类、热带兰、安祖花、王莲、朱蕉等。

(4)切花栽培。如月季、香石竹、菊花等。

(5)干花栽培。如麦秆菊、海香花、千日红以及一些观赏草类,干燥后作花茶用。

2.依据经济用途分类

(1)药用花卉。如牡丹、芍药、桔梗、牵牛、麦冬、鸡冠花、凤仙花、百合、贝母及石斛等为重要的药用植物,另外金银花、菊花、荷花等均为常见的中药材。

(2)香料花卉。香花在食品、轻工业等方面用途很广。如桂花可作食品香料和酿酒,茉莉、白兰等可熏制茶叶,菊花可制高级食品和菜肴,白兰、玫瑰、水仙花、蜡梅等可提取香精,其中玫瑰花中提取的玫瑰油,在国际市场上被誉为“液体黄金”,其价值比黄金还高,在市场上仅一个玫瑰花蕾就值6分钱。

(3)食用花卉。利用花的叶或花朵直接食用。如百合既可用作切花,又可食用;菊花脑、黄花菜既可用作绿化苗木,又可食用。

3.依据自然分布的分类

可分为热带花卉、温带花卉、寒带花卉、高山花卉、水生花卉、岩生花卉、沙漠花卉等。

4.依据观赏用途分类

这种分类方法一般以花卉的观赏器官为依据,可以分为以下几类。

(1)观花类。花色鲜艳,花期较长,茎、叶无独特之处,如月季、牡丹、山茶、杜鹃、白玉兰、金鱼草、虞美人等。

(2)观芽类。花叶一般,芽独特,如石楠、银芽柳等。

(3)观叶类。花形不美,花期短或很少开花,但其叶片奇特,叶色艳丽,是其主要的观赏部位。如朱蕉、橡皮树、红叶芋、变叶木等。

(4)观茎类。花、叶观赏价值不高,但枝茎却有独特风姿,如虎刺梅等。

(5)观果类。花、茎、叶均无独特之处,但果实累累,色泽艳丽,挂果时间长,如金桂、火棘、观赏辣椒等。

(6)芳香类。花型小,花色单调,茎叶也无独特的观赏价值,但花期长,香味浓郁,可提取芳香油,如朱兰、茉莉、白兰、桂花、栀子花等。

任务1.2 花卉的选择

活动1 室内花卉植物的选择

(一)家居环境中选择花卉的基本要求

1. 对人体无害

为确保人体健康,应选择无毒、无恶臭、无不良分泌物、不散发刺激性异味及无利刺的植物。

2. 株型合适

普通居室空间相对狭小,以形态优美、小巧玲珑、婀娜多姿者为上品,这样才显得雅致。厅堂等较大的空间,选择株大枝张的植物则更显气派。

3. 根系浅小

室内植物的栽培容器小,土壤基质少,因此要选择主根短、须根发达或浅根性、根系不大的植物。

4. 管理方便

由于现代生活节奏快,时间紧,应注意选择易于养护、管理较为粗放的植物种类。

(二)根据室内光照条件来选择

有强光直射的地方(如朝南的窗台、阳台),宜布置喜阳植物,多数花色艳丽的植物都喜阳(如瓜叶菊、三色堇、水仙、郁金香、一品红)。

散射光充足的地方,宜布置耐阴植物(如君子兰、吊兰、春兰、玉簪、文竹)。光线极弱的地方不太适宜植物生长,但可以轮换地布置植物。

(三)根据室内的湿度和温度条件来选择

在温度和湿度变化比较自然的地方,只要是适合当地栽培的室内花卉都可以选择。

当室内的温度和湿度变化与自然条件差异明显时,如北方冬季家里有暖气,温度恒定且湿度低,只能选择那些对温度和湿度变化适应能力强的花卉。

(四)室内花卉植物选择

1. 玄关

玄关是从室外到室内的过渡地带,是居室进门处的一个隔断。因房型不同或房主风格不同而千差万别,没有一个定式。大多用花窗、玻璃、鞋柜等和客厅隔断。

玄关装饰是主人居室风格的首次展示,其优美的布置能给人留下良好的第一印象,是主人致来客的欢迎词,更是在主人结束一天工作归来时的温馨慰藉。

一般来说,玄关的空间很小,对植物的生长会有所限制,所以多采用体量较小的悬垂和吊挂植物。如果想在视觉上扩大这一空间范围,可以利用镜子对称模拟空间效果,这样不仅能增加视觉空间范围,也在视觉上增加了装饰植物的数量。

光线的缺乏往往是玄关植物装饰最大的问题,可以适时把植物根据需要进行调整和轮换。

2. 客厅

客厅是接待来客和家庭成员聚集的场所,还可兼作餐室,一般都陈设有沙发、座椅、茶几、电视或音响等。客厅的装饰植物,应尽量突出主人的情趣和修养。

如果家庭的客厅面积较小,可在客厅中间部位的沙发背后布置株型小而高度较大的观叶植物(如棕竹、富贵竹、南洋杉、散尾葵等)作绿色背景,在角落等较大的剩余空间摆放大型植物,或在几架上摆放迎春、悬崖菊、紫罗兰、吊兰、蔓生天竺葵、常春藤等悬垂观叶植物。

空间较大的客厅,可在入口醒目处摆放较大且庄重的盆景或盆栽,如五针松、黑松或罗汉松等;客厅中央可用体量高大、枝叶舒展的南洋杉、榕树类、棕榈类、苏铁等分割空间;墙角、柜旁、沙发边、窗边等角隅处的地面可直接摆设大型观叶植物(如龟背竹、苏铁、橡皮树、棕榈类、鹅掌柴等),或用花架摆设兰花、君子兰、仙客来、四季秋海棠、水仙花等大丛盆花。

客厅内的茶几和桌上可摆放插花、瓶栽或小型盆栽植物(如非洲紫罗兰、网纹草、彩叶草、观叶海棠等),迎客墙面可壁挂栽植吊竹梅、吊兰、天冬草、垂盆草、蕨类、常春藤、绿萝等植物。

3. 卧室

卧室是休息、睡眠的场所,具有很强的私密性。卧室植物装饰宜体现温馨、宁静、舒适的情调。

卧室摆放的植物宜少而精,且以CAM(景天酸代谢途径)植物为最好。CAM植物的气孔在白天是关闭的,光合作用制造的氧气到晚上才释放出来,这样对人们的身体健康也很有好处。CAM植物包括仙人掌科、凤梨科、龙舌兰科的大部分植物和百合科的肉质多浆植物。

卧室的花卉布景在色彩运用上应考虑多用淡雅的色彩而少用艳丽的色彩,以便给人柔和轻松的感觉,如矮柜、床头柜、梳妆台、窗台可选用线条优美、造型优雅的插花,也可用植株矮小的盆栽观叶植物、水养植物和飘柔轻盈的藤蔓植物,花卉可考虑淡雅型或清香型,如水仙、茉莉、月季等。

卧室花卉不宜过多,3～5盆即可,花卉太多会产生压抑感,且影响夜间空气。放置于卧室的植物一般忌枝叶过于高大或香味浓烈,以免影响主人的睡眠质量。

活动2 室外花卉植物的选择

(一)花坛植物的选择

花坛是人类应用不同花卉造景的一种形式,起源于西方园林,最初定义花坛是指在具有几何形轮廓的种植床内,种植各种不同色彩的观花、观叶与观景的园林植物,从而构成一幅富有鲜艳色彩或华丽纹样的装饰图案以供观赏的园林应用形式。

花坛常设在广场和道路的中央、两侧及周围;建筑物的前方;风景区视线的焦点及草坪上等。可做为主景,也可作为配景。样式与色彩的多样性可供设计者有广泛的选择性。

花坛的设计首先应考虑其风格、体量、形状等方面与周围环境相协调,其次才是花坛自身的特色。花坛的设计包括花坛的风格设计、外形轮廓、花坛的高度、边缘处理、花坛内部的纹样、色彩的设计及植材的选配等。

不同类型的花坛选择花坛植物的种类有所差别。盛花花坛大多布置在城市公园中、大型建筑物前或广场上人流较多的热烈场所，常设在视线较集中的重点地块。要求四季花开不绝，因此必须选择生长好、高矮一致且花色鲜明艳丽、花朵繁茂、在盛开时几乎看不到枝叶又能良好覆盖花坛土面的花卉品种。

常用的一二年生花卉有三色堇、金鱼草、紫罗兰、石竹类、百日草、万寿菊等。早春盛花花坛也可选用水仙、郁金香、风信子等球根花卉，因其植株叶少，容易使土面裸露，所以要在株间配置低矮而枝叶美观的二年生花卉，如三色堇、雏菊、花亚麻等作为衬托；也可用植株高过主要观赏的球根花卉，而高出部分为轻盈的小花着生于疏松的大花序上的种类，如霞草、高雪轮、蛇目菊等，使小花似雾状或繁星状罩于其上，会收到良好的效果。但无论何种配置方式，都应注意陪衬种类要单一，花色要协调。

模纹花坛多设于广场中央以及公园、机关单位入口处，特点是应用各种不同色彩的彩叶植物或观花植物，主要表现植物群体形成的华丽纹样，要求图案精美细致，有长期的稳定性，可供较长时间观赏。花坛中心在不妨碍视线的条件下，还可选用整形的桧柏、小叶黄杨以及苏铁、龙舌兰等。布置时常选低矮、细密、生长缓慢的多年生植物或枝叶细小，株丛紧密，萌蘖性强、耐修剪的观叶植物，并通过修剪使图案纹样清晰、维持较长的观赏期，可选择五色苋类、四季海棠、半边莲、雏菊、彩叶草等。有时为了使图案更清晰，还可选用白绿色的白草种在两种不同色草的界线上，以突出纹样的轮廓。

（二）花境植物的选择

花境是花卉应用中较为特殊的种植形式，它不同于花坛、花台、有几何形状的种植池，也不像花带、花境的种植界线错综复杂。花境一般利用露地小乔木、灌木、宿根花卉、球根花卉及一二年生花卉，种植在树丛、绿篱、栏杆、绿地边缘、道路两旁及建筑物前，以带状自然式栽种，营造一种“虽由人作，宛自天开”的景观效果。花境呈现的是植物个体生长的自然美和群体美，富有野趣。但又不同于纯自然生长的组团，设计花境需要讲究节奏与韵律，需要自然而不失整齐，纷繁却不至凌乱。好的花境植物种类丰富，季相变化明显、立面错落、层次丰富、群体稳定、景观持久，而且花境一次投入，多年可赏，顺应目前提倡的节约型园林理念。

1. 一二年生草本花卉花境

植物材料全部为一二年生草本花卉的花境。一二年生草本花卉品种繁多，花型花色丰富艳丽，花期、高度、植物形态统一，因此很适合布置规则式的花坛和花境。现今的草本花卉大多都呈规模化生产，品种繁多，四季供应，弥补了宿根花卉早春和冬季无花的萧条景象。种植难度低，景观效果容易控制，能够快速成景，这些都是草本花境的优点。但时令草本花卉大都异常显眼，色彩饱和度高，容易吸引眼球，同时也容易让人审美疲劳，因此在搭配时更应注重色彩设计。草本花卉在高度和形状上高度统一，尤其是低矮型的品种非常平面化，因此在以团块为主的花境中，平面呈现呆板，立面呈现过于程式化，人工痕迹过于严重。另外草本花卉大都生命周期短暂，需要常年更换，也不利于景观和经济环保的可持续性。

2. 宿根花卉花境

植物材料全部为宿根花卉的花境。宿根花卉种类繁多，是观赏园艺植物中最大的类群，花色花型、叶色叶形、形态质感异常丰富，这为花境搭配组合创造了更多的可能性。单个品种的花期有长有短，时间上春夏秋都能延续，因此群体搭配时此起彼伏，各个季节的观赏效果不同，富于变化，最大限度地延续了花境的持续性和丰富性。

宿根花卉花境在很长一段时间内都是花境的主流形式，是花境中色彩美、季相美、群体美和个体美的主要植物语言，从花境发展初期到现在，都经久不衰。但大多数的宿根花卉具有很强的季节性，主要的花期都集中在春夏季，秋冬季大都休眠，冬季景观整体异常萧条。

3.球根花卉花境

球根花卉组合成的花境，球根花卉大多数花期集中在春季和初夏，此时宿根花卉、观赏草和灌木大多刚苏醒，球根花卉弥补了此项不足，因此球根花卉大多用于春季布置。

球根花卉大多具有修长的花梗，从基部串出来的花梗往往高出叶子许多，花梗上再开出独特的花朵，这使得球根花卉在立面呈现上极具高挑的线性性质，这是多数宿根和草本花卉所不具备的。尤其是一些高脚杯花形的球根，如郁金香、百合非常优雅迷人；而一些球状花卉，如大花葱、百子莲更是非常独特，非常容易成为视觉焦点。

球根花卉由于球根本身贮存大量养分，从种植到开花只要达到温度需求，即可生长快速，开花早，花期集中，养护简单。缺点是球根花卉尤其是早春开花的品种花期普遍很短，花后迅速进入休眠，叶子和植株枯黄枯萎，影响观赏效果。此时大多采用套种的手法进行弥补，或者在其周边种植匍匐、延展性强的植物作为补充，快速填充休眠的球根空地。

4.灌木花境

由各种灌木组成的花境。灌木品种众多，观赏性强。花、叶、果、枝、干、形、色、香、味都俱佳。多数灌木都可以修剪控制塑造成各种形态，在体量上是其他花卉所无法比拟的。灌木在结构层次、水平块面、立面形态、背景塑造、群落结构上都处于主体地位。

木本植物相比其他花卉生长相对缓慢，体量大，种植后可多年保持不变，常绿植物冬季也可观赏，落叶植物虽然落叶，整体形态结构还在，是混合型花境中绝对的主题结构植物。木本植物大多数对环境要求不高，只需要基本的日常维护和修剪控制造型等，维护管理相对简便。

灌木花境的缺点是木本植物尤其是成型植株，大多价格较贵，初期投入成本高，之后维护相对经济。灌木多年生长，如果不控制，几年后体量会大增，形态和整体结构容易失控。相比宿根花卉和观赏草本、木本植物在质感上是笨重、粗犷、厚实的阳刚之美，柔美细腻则不足。观赏期长，群落结构稳定，但层次不明显。

任务2 花卉生产技术

花卉的生产是采用各种方法增加花卉的个体数量，以扩大其群体并延续其种群的过程与方法。只有延续种群并使群体扩大到一定的数量，才能满足花卉的园林应用。

花卉的繁殖方法很多，通常分为以下几类。

1.有性繁殖

有性繁殖又称种子繁殖，是通过有性生殖获得种子，再用种子培育出新个体的过程。其优点是繁殖数量大，根系完整，生长健壮。其缺点是一些通过异花授粉的花卉容易发生变异，不易保持原品种的优良特征。

2. 无性繁殖

无性繁殖又称营养繁殖或营养器官繁殖，是指利用植物营养体（根、茎、叶等）的一部分培育出新的个体的过程。无性繁殖方法包括扦插、嫁接、分生、压条等。无性繁殖的优点是能保持品种的优良特性、生长快。其缺点是繁殖方法不如有性繁殖简便。

学习目标

知识目标

1. 掌握有性繁殖和无性繁殖的特点。
2. 掌握种子播种的技术要点。
3. 掌握扦插技术的规范操作。
4. 掌握不同类型花卉生产技术。

能力目标

1. 能根据具体花卉种类、具体条件和生产要求选择繁殖方法。
2. 能科学规范地进行花卉生产。

素质目标

1. 培养爱农情怀和责任担当意识。
2. 培养人际交往能力和创新精神。

学习内容

任务 2.1　花卉繁殖技术

活动 1　学习播种技术

一、花卉种子处理

1. 种实分类

按粒径大小分类，以长轴为准。

(1)大粒种实。粒径在 5 mm 以上，如牡丹。

(2)中粒种实。粒径在 2～5 mm，如紫罗兰。

(3)小粒种实。粒径在 1～2 mm，如三色堇。

(4)微粒种实。粒径在 0.9 mm 以下，如金鱼草。

2. 花卉种子播前处理

(1)促进吸水的处理。刻伤、浸泡和去毛等。

(2)打破休眠的处理。先用 50 ℃温水侵种 24 h，埋于湿沙中，生根后，再用 50～100 mg/L 的赤霉素涂抹胚轴或用溶液浸泡 24 h，10～15 d 就可长出地上茎。

(3)促进生理后熟的处理。

低温：有的种子在低温下才能完成生理后熟。

激素:用赤霉素处理。如牵牛花的种子,播种前用10～25 mg/L赤霉素溶液浸种,可促其发芽。

3.播种时期

(1)露地一年生花卉。春季播种。北方在4月上、中旬。

(2)露地二年生花卉。秋播。北方在8月底至9月初。

(3)宿根花卉。耐寒性宿根花卉,在春播、夏播、秋播均可。

(4)温室花卉。常随需要的花期而定。多数种类在春季1—4月份播种,少数在7—9月份播种。

二、播种方法

1.苗床播种

苗床播种流程为:选种—种子消毒—浸种催芽—床土配制和消毒—育苗盘准备—浇水—播种(苗床或室内浅盆)盖籽—覆盖—分苗—定植。

(1)整地作床。播种前要先选择富含腐殖质的沙质壤土做播种床,对播种床进行整地作畦。因花卉种子较小所以整地要求细致。播种床的土壤应深翻30 cm,打碎土块,除去土中的残根、石砾等异物,杀死潜伏的害虫,同时施以腐熟而细碎的堆肥或厩肥做基肥(基肥的施用期最迟在播种前1周),再耙平畦面,做成的苗床土层深30 cm,宽1.0 m,高20 cm,步道30～40 cm。对一些不宜移植的直根性花卉,如虞美人、花菱草、香豌豆、羽扇豆、扫帚草、牵牛、茑萝等种子直接播到苗床内,以后只进行间苗,不再移植,以免损伤幼苗的主根。

(2)播种方式。根据花卉的种类及种子的大小,可采取撒播法、条播法、点播法3种方式。

撒播法:即将种子均匀撒播于床面。此法适用于大量而较粗放的种类、细小粒种子,盆播也多采用,出苗量大,占地面积小,但在除草时消耗的劳动力较多,而且幼苗拥挤病虫害容易发生。为了使撒播均匀,通常在种子内拌入3～5倍的细沙或细碎的泥土。撒播时为使种子易与苗床表土密切接触,在播前应对苗床灌水,然后再播。

条播法:种子成条播种的方法。此法用于一般种类的种子播种。条播管理方便,通风透光好,有利于幼苗生长。其缺点为出苗量不及撒播法。

点播法:也称穴播,按照一定的行距和株距,进行开穴播种,一般每穴播种2～4粒。点播多用于大粒种子播种。此法幼苗生长最为健壮,但出苗量少。

(3)覆土及覆盖。覆土深度取决于种子大小,就一般标准来说,通常大粒种子覆土深度为种子厚度的3倍左右;细小粒种子以不见种子为宜,最好用0.3 cm孔径的筛子筛土。覆土完毕后,在床面覆盖芦帘或稻草,然后用细孔喷壶充分喷水,每日1～2次,保持土壤润湿。干旱季节,可在播种前充分灌水,待水分充分渗入土中再播种覆土,既可保持土壤湿润时间较长,又可避免多次灌水致使土面板结。

(4)播后管理。播种后到出苗前后,应经常注意保持土壤的湿润状态,当稍有干燥现象时,应立即用细孔喷壶喷水,不可使床土有过干或过湿现象。播种初期可稍湿润一些,以供种子吸水,而后水分不可过多。在大雨期间为防阵雨,应覆盖玻璃窗等物,以免雨水冲击土面。种子发芽出土后,应及时揭去覆盖物,应使其逐步见光,经过一段时间的锻炼后,再使其完全暴露在阳光下,并逐渐减少水分,使幼苗根系向下生长、强大并苗壮成长。

2. 盆播

用于细小粒种子、名贵种子、温室花卉种子的精细播种。具体方法如下。

(1)盆、土准备。播种盆宜浅，一般高 10 cm，直径 30 cm。播种用土要求疏松、肥沃、多用富含有机质的沙壤土，配制好的培养土需经过消毒方可使用。

(2)播种。培养土经粗筛后装盆。注意上细下粗且表面平整，并留出 1～2 cm 的盆沿。一般采用点播或撒播，前者用于大粒、名贵种子，后者用于小粒、量多的种子。

(3)浇水。可在播前 1 d 浇水，也可播后浇水，用浸盆法或细嘴喷壶喷水。水要浇透。

(4)覆盖。根据种子对光照的要求，分别在盆面覆以玻璃窗、塑料薄膜或报纸。

播种繁殖技术

3. 直播

直播是将花卉种子直接播于应用处，不再移栽的方法。常用于生长较快、植株较小、管理粗放、直根性或不适宜移栽的花卉种类(如矮牵牛、孔雀草、二月兰、虞美人、牵牛、茑萝、矢车菊、紫茉莉、桔梗等)，一般采用点播或条播，以便管理。

三、播后管理

播种至出苗前后，土壤要保持适当的湿度，给水要均匀，切忌过干过湿。真叶出现后而肥力不足时，可施一次低浓度肥。苗出齐后要及时间苗，间苗后及时浇水。除直播外，4～6 片真叶的幼苗即可移栽，定植于应用处。

活动 2 学习扦插技术

扦插是植物繁殖的一种重要方法，利用植物的一部分茎、根或叶，扦插在排水良好的壤土、沙土或基质中，长出不定根和不定芽，从而长成完整、独立的新植株，具有生长快、开花早、繁殖数量大及保持植物优良性状等特点。对不易产生种子的花卉，多采用这种繁殖方法。但采用本法的植株，通常根系较弱、较浅。

应用扦插繁殖在植物中主要有叶插、茎插和根插。茎插又根据枝条(茎)的性质不同，分为芽叶插、硬枝扦插(休眠期扦插)、半硬枝扦插和软枝扦插(嫩枝扦插、生长期扦插)。

一、扦插成活的条件

扦插后插条能否生根成活，决定于插条本身的内在条件和外界环境条件。

1. 插枝本身的内在条件

不同种或同一种植物的不同种，扦插成活率不同。

扦插容易生根的有：侧柏、杉木、大叶黄杨、夹竹桃、杨、柳、红杉、悬铃木、珊瑚树、榕树、石榴、橡皮树、巴西铁、富贵竹、菊花、大丽花、万寿菊、矮牵牛、香石竹及秋海棠等。

扦插较易生根的有：山茶、桂花、雪松、火棘、南天竹、龙柏、茉莉、丁香、棕竹、槭及木兰等。

扦插难生根的有：松、榆树、山毛榉、桃、蜡梅、栎类、香樟、海棠、鹅掌楸、鸡冠花、矢车菊、虞美人、百合、美人蕉及大部分单子叶植物花卉。

植物的不同生育特性，对扦插成活的难易有影响。如灌木比乔木容易生根，匍匐类比直立类容易生根；地理分布在高温、多湿地区的树种比低温、干旱地区的树种容易生根；幼龄树上的插枝比老龄树上的扦插容易生根；根茎上的萌蘖枝比树冠上部的一年生枝容易生根；枝条生长健壮、组织充实、叶芽饱满比营养物质不足的细小枝容易生根等。

此外，扦插用插条的粗度、长度、生长期，扦插时的留叶量，插条内部的抑制物质等，对生根与成活率都有一定的影响。

2. 外界环境条件

扦插生根的外界环境条件主要有温度、湿度、空气和光照。

(1)温度。温度对插条生根的快慢起重要作用，如春季硬枝扦插，一般树种以 15～20 ℃为适宜，也有需要温度高于 20 ℃，如木槿、石榴等；而夏季软枝扦插，温度通常以 25 ℃左右为宜。

(2)湿度。除保持土壤或基质适宜水分有利生根外，还要控制空气中的相对湿度，特别是软枝扦插，要求空气湿度大，空气相对湿度最好在 90%以上，以保持插条不枯萎。因此，扦插苗床需要遮阴或密闭(梅雨季节扦插可不密闭)。随着插条不断生根，逐渐降低空气湿度和基质湿度，有利促进根系生长和培育壮苗。

(3)空气。插条生根过程中要不断进行呼吸作用，需要氧气的供应。因此，宜选择疏松的沙质土、草炭土、蛭石、珍珠岩等苗床基质，其通透性好，有利生根。同时，苗木不能积水，以免供氧不足，影响不定根的生长。

(4)光照。扦插生根，要有一定的光照条件，特别是软枝扦插。充足的光照可以促进叶片制造光合产物，促进生根；尤其是在扦插后期，插条生根后，更需要有光照条件。但在扦插前期，要注意避免直射强光，防止插条水分过度蒸发，造成叶片萎蔫或灼伤，影响发根和根的生长，因此在扦插后要适当遮阴，提高空气湿度，有利插条生长。

二、扦插的适宜时期

植物种类、性状、扦插方法及气候条件不同，扦插的时期也不相同。一般可分为落叶树扦插和常绿树扦插两种类型。

1. 落叶树扦插

落叶树以休眠期扦插为主，春秋两季均可进行，但以春季为多，并宜在萌芽前及早进行，而秋季宜在土壤冰冻前进行，随采插条随扦插；落叶树在生长期扦插，多在夏季枝条生长充实后进行。但有些树种如蔷薇、石榴等，一年四季均能扦插。

2. 常绿树扦插

常绿树多在梅雨季节扦插，插条生根需要较高的温度和湿度，扦插后要注意遮阴和保湿。

三、扦插技术

1. 叶插

(1)叶插是指利用叶产生不定根的能力，以成熟的叶片作为扦插材料的方法。

(2)应用范围。用于能自叶上发生不定芽和不定根的草本花卉种类。能叶插的花卉，多具有粗壮的叶柄、叶脉或肥厚叶片，如虎尾兰属、秋海棠属、景天科等。叶插通常在生长期进行。

(3)叶插的类别。按所取叶片的完整性分为全叶插和片叶插；按叶片与基质接触的方式分为平置法和直插法。

(4)叶插的方法。

①全叶插:用完整叶片为插穗。

a)平置法:如落地生根、秋海棠。可将其叶片上近主脉的侧脉切断几处,然后将叶片平铺在插床上固定,保证叶片与其基质的紧密接触,尽快生根。

b)直插法:多数植物的叶片生根部位在叶柄切口处,可将叶柄插入基质中,又称叶柄插法,如虎尾兰、非洲紫罗兰、大岩桐,豆瓣绿、球兰等。

②片叶插:将一个叶片分切为数块,分别进行扦插,使每块叶片上形成不定芽。片叶插多采用直插法,如大岩桐。

2. 茎插

茎插是指带2～4个芽的枝条(茎)作为插穗的扦插方法,是应用最为广泛的一种方法,根据扦插时间以及枝条木质化程度的不同,又可分为如下方法。

(1)芽叶插。即叶芽插,是指以一芽一叶及其着生芽或茎的一部分作为插条的扦插方法,主要用于叶插易生根,但不易长芽的花卉种类,如菊花、八仙花、山茶、橡皮树、龟背竹、春羽等。叶芽插于生长期进行,选取叶片成熟、腋芽饱满的枝条,削成每段只带一叶一芽的插穗,将插穗直插入基质中,露出芽尖,或将插穗平插于基质中,只露出叶片。平插时一般将芽对面茎的皮层略削去一点,以扩大生根面。

(2)软枝扦插。是指用当年生长发育充实的嫩条扦插,多用于草本花卉,在生长期进行。方法是选取刚刚停止生长的枝梢,切成5～10 cm的茎段,每段带3个芽,剪除下部叶片,仅留顶端2～3片叶,然后插入基质中,深度为插条的1/3～1/2,适用于此法的花卉有一串红、彩叶草、冷水花、大丽菊等。

(3)半硬枝扦插。是指用当年生半本质化枝条作为插穗的扦插方法,多用于常绿或半常绿的木本花卉,如木兰、茉莉、山茶、杜鹃、月季等。扦插也在生长期进行,方法与软枝扦插基本相同,不同之处是扦插的深度为插条的1/3～2/3。

(4)硬枝扦插。是指用1～2年生完全木质化的枝条作插穗的扦插方法,多用于落叶木本花卉。采穗时间在休眠期,方法是:秋季落叶后至早春萌芽前,选取1～2年生短而粗壮的成熟枝条,剪成10～20 cm,带3～4个芽的插穗,扦插深度为插穗的2/3,此法在花卉上用得不多。

花卉扦插
繁殖技术

3. 根插

根插是指以根作为插穗的扦插方法。仅适用于易从根部产生不定芽形成幼株(新梢)的花卉种类,一般该花卉具有粗壮的根,粗度不应小于2 mm,同种花卉较粗较长的含营养物质多,易成活,如福禄考、秋牡丹、芍药、紫菀、凌霄、紫藤等。扦插在休眠期进行,可在晚秋和早春进行根插。冬季也可在温室或温床中扦插。

方法是选取花卉较粗大的根,切成5～15 cm的段,直插于基质中,顶端与基质平或略高,也可将插条横在基质中,深度为1 cm,注意保湿。

任务2.2 花卉生产管理技术

活动1 学习观花类花卉生产管理技术

一、杜鹃花的盆花生产

杜鹃花是我国十大传统名花之一，栽培历史悠久，被誉为“花中西施”。杜鹃花繁叶茂，绮丽多姿，是优良的盆花、盆景材料。

1. 类型与品种选择

用于盆花生产的杜鹃类型有东鹃、杜鹃、夏鹃和毛鹃。杜鹃花色丰富，花型优美，是小型盆栽的主要种类。

2. 育苗技术

可采用播种、扦插、嫁接等方法。

(1)播种育苗只有在培育砧木、杂交育种、遇到优良的野生种需要引种时采用。种子成熟后，常绿杜鹃最好随采随播，落叶杜鹃可将种子沙藏后翌年春季播种。种子撒播后，覆一薄层细土，表面再覆盖保湿，置于阴处，保持温度15～20 ℃，约20 d即可出苗。

(2)生产上常用扦插法育苗，5—6月份进行。宜用嫩枝、半成熟枝条，剪成长5～10 cm插穗，保留上部4～5片叶，其余剪去，插于蛭石、细沙或松针土中，扦插深度为插穗长的1/3～1/2。用萘乙酸、吲哚丁酸快浸处理，可促进生根。插后置于半阴环境，保持温度18～20 ℃，喷雾保湿，注意通风，30～50 d即可生根。

(3)生产上也常采用劈接法育苗，在春夏两季较适宜。砧木用二年生毛鹃或其变种，径粗0.6～0.8 cm。接穗选取茎粗与砧木相近或略小的嫩枝顶端，长度为3～4 cm，保留上部2～3片叶，基部削成0.5～1.0 cm平滑楔形。在砧木当年新梢3～4 cm处剪断，摘除叶片，纵切1 cm左右，插入削好的接穗，形成层对齐，用塑料条绑扎紧密，套塑料袋保湿，置于半阴处，忌阳光直射，2个月后去袋。

3. 生产管理

(1)生产场地选择。盆栽杜鹃应具有室内和室外两种场地。室内场地在冬季使用，最低温度不低于−2 ℃。长江流域，室内只要有一定的光照和通风条件，一般不必加温。北方冬季寒冷、干燥，用中温(15 ℃左右)温室栽培为宜。室内应注意通风，防止病虫害的滋生。室外场地以泥地为好。夏秋多搭建遮阳棚或借用天然林荫的方法遮阳。

(2)培养土配制。杜鹃是喜酸植物，栽培基质要求富含腐殖质，土质疏松、透气，pH为5.5～6.5的酸性土。常用的有落叶松松针及其形成的松针土、泥炭土、林下腐叶土(松柏科树种)、兰花泥等。也可用园土、沙、泥炭、椰糠(或锯木)、珍珠岩按30∶20∶28∶20∶2比例配制。在配制培养土时，还可加入腐熟的油饼、少量复合肥及进口微肥，混合均匀后进行严格的消毒杀菌。

(3)花盆选择。大规模生产用硬塑料盆。杜鹃根系浅，扩张缓慢，栽培要尽量用小盆，以免浇水失控，不利生长。一般1～2年生植株用直径10 cm的盆，3～4年生植株用直径15～20 cm的盆，5～7年生植株用直径20～30 cm的盆。

(4)上盆、换盆。上盆在春季出室和秋季进房时进行，需带土移栽。先在盆底垫碎瓦片，再填一薄层粗粒土的排水层，将植株置于盆中央，使根系舒展，深浅适当，分层加培养土到根颈为止。压土时应从盆壁向下压，以免伤根，要留“沿口”。上盆后应浇透一次酸化水，放阴凉处服盆数日，再搬到适当位置。幼苗期换盆次数较多，每1～2年1次，10年后每隔3～4年换盆1次，应在花谢后进行。杜鹃花须根细弱，要注意保护，换盆时只去掉部分枯根，切不可弄散土坨。

(5)常规养护管理。

①春季是杜鹃从休眠到萌动的季节，也是开花的季节。2月即开始进入萌动期。杜鹃的叶色转绿，花苞开始膨大，并有少量新芽、新叶放出。此期每隔7 d，喷施乙酰甲胺磷1 000倍液和甲基托布津500倍液各1次。

2月底至3月初，应施1次以磷肥为主的稀薄肥催花，并保持水分充足，以利于花蕾充分生长。到3月下旬花苞露色时要保持室内温度稳定，如遇气温过高，中午开棚通风时应防止冷风直吹。

3月中下旬，春鹃中的一些早花品种陆续开花，此时应注意遮阳，最好能达到80%以上，以保持花色鲜艳。同时应保持适度充足的水分，以延长花期。

②夏季是杜鹃营养生长期。开花后的杜鹃应及时摘尽残花，以减少不必要的营养消耗。同时结合摘花可进行适度修剪，修去病弱残枝及徒长枝，使杜鹃保持良好的冠型。

适度增加光照，一般遮光率达到50%～60%即可，同时喷施农药防病治虫。当杜鹃恢复正常生长后，可适当施2～3次以氮为主的薄肥，以促进杜鹃营养生长。

进入盛夏高温时，应增加遮光率，最好能达到70%左右，同时加强通风，并及时浇水防止脱水，定期喷施农药防治病虫害。

③秋季是杜鹃的花芽分化期。大部分春鹃(东鹃)都是在秋季孕蕾，应从8月中旬起，每隔10～15 d施1次以磷为主的薄肥，施3次。另注意充分浇水，严防植株脱水枯萎。

每隔15 d喷施1次乙酰甲胺磷2 000倍液或40%乐果乳油2 000倍液防治梨网蝽、红蜘蛛。秋季多雨时还应在每次雨后喷施1次甲基托布津1 000倍液，防止褐斑病暴发，引起大量落叶，影响下一年开花。

④冬季是杜鹃休眠期。注意保持棚内温度稳定，防止昼夜温差过大。进棚后的杜鹃应再喷施1次杀虫剂，以防残留的虫体进棚后再度繁殖，同时还要喷施甲基托布津或多菌灵，防止病菌因棚内温度较高而再度暴发。

(6)修剪与整形。上盆后苗高15 cm时进行摘心，加快植株成型和矮化，最终形成3～4个一级枝，每个一级枝上有2～4个二级枝。一般植株成型后，平时主要是剪除病枝、弱枝及重叠枝，均以疏剪为主。

(7)花期调控。杜鹃花在促成栽培之前需放在10 ℃或更低温度的环境冷藏，至少需冷藏28 d。冷藏期间植株应保持湿润，不能过分浇水，同时每天保持12 h光照，以减少落叶。花芽分化之后，移入20 ℃的环境中15～20 d即可开花，但品种间差异较大。

若要在国庆节开花，需先置于3～4 ℃低温冷室内，9月中旬取出即可。圣诞节用花的杜鹃花自冷藏室(4～5 ℃)移出后，必须在11月上旬置于15 ℃温室中才能如期开花。

使用植物生长调节剂可促其花芽形成。如使用0.15%的比久喷施2次，每周1次，或用0.25%比久喷施1次；也可使用0.3%矮壮素每周喷施1次，共喷施2次；还可用多效唑处理，效果较好，但残留期可达数年，会造成株型矮化，使用时应注意用量和次数。喷药后约60 d花芽即充分发育，此时应将植株冷藏，促进花芽成熟。

二、君子兰的盆花生产

君子兰是我国的传统名花之一，是优良的花叶兼美花卉，其盆栽也有着悠久的历史。“君子谦谦，温和有礼，有才而不骄，得志而不傲，居于谷而不卑”，君子兰是走入寻常百姓家最早、最多的花卉。

1. 生产前的准备

(1)品种选择。目前，栽培的君子兰种类主要有大花君子兰、垂笑君子兰、窄叶君子兰，生产上选择比较多的是大花君子兰，其优良品种有几十个，如大胜利、黄技师、油匠、蟆叶花脸、圆头、和尚等，他们各有特色，可根据需要适当选择。

(2)营养土及有机肥的准备。君子兰的栽培基质要求疏松透气、富含腐殖质、营养全面、保水保肥力强，pH 以 6.5～7.0 为好。充分利用当地资源，可选用腐叶土、泥炭土，炉灰渣、河沙、锯末、骨粉以及厩肥等，有机肥要提前腐熟，使用前按一定比例配制。

主料为经过发酵的橡树叶土，落叶松的松针。辅料有 3 mm 左右的粗沙粒，6 mm 左右的木炭粒块以及部分换下来的旧土。

先将发酵好的橡树叶揉碎，根据植株的大小用不同的筛子筛出合适的颗粒。小花用 25.4 mm×25.4 mm 筛孔筛，大花用 38.1 mm×38.1 mm 筛孔筛，边筛边搓。土料准备好后，按相应的比例拌土，保持土壤湿度为 25%～30%，过干要边拌边喷水。然后用塑料布盖严，闷 2～3 d 备用。

有机肥可用带壳的油料种子，如麻子、蓖麻子、向日葵子炒熟或煮熟后和豆饼、骨粉、动物蹄角发酵后拌在一起，结合上盆或换盆施入盆中作底肥。

液体肥料主要用作追肥，主要是煮熟的黄豆、淡水鱼的鱼鳞内脏、动物蹄角混合在一起发酵备用。

2. 育苗

(1)分株育苗。君子兰开花后在根部能长出新芽。3—4 月份结合换盆进行分株，把母株周围产生的带根子株剥离后另行栽培，如子株未长根可将其从母株上割下插入沙床中，1 个月后上盆。栽植时先在盆中放 1 cm 厚的木炭，再放入配制好的花土，种植深度以掩埋住子株基部的假鳞茎为宜，栽后浇水。一般 2～3 年后开花。

(2)播种育苗。在开花时需进行人工异花授粉，大约经过 9 个月种子成熟，果皮由绿色变成黑紫色时可以剥皮取种种植，播种期为 11 月份到翌年 2 月份，随采随播。播种前要备好浅瓦盆或木箱等容器，容器大小以搬动方便、深 8～10 cm 为好。

播种基质可用河沙，也可用锯木屑、松针土等。木屑最好选用白松、红松或椴木的刨花屑。播种前进行基质消毒，可用 0.2%的高锰酸钾水溶液喷洒，播种时种孔向下，平置于基质表面，间距 1～2 cm，播种后覆沙土或刨花屑 1.0～1.5 cm，浇透水，用薄膜或玻璃盖保湿。温度保持 20～25 ℃，并有一定的昼夜温差，10～15 d 生根，30～40 d 可长出胚芽鞘，50 d 左右可长出第一片叶。

3. 苗期管理

生长期 6 个月之内的苗是幼苗。

第一片真叶长至 1 cm 左右时是分苗的最佳时期。优先选留叶宽、短、厚，叶脉明显，叶端圆钝，肉质根粗壮的幼苗。盆土可用橡树叶 40%，落叶松松针 10%，换下的旧盆土 50%混合配制。先将培养土装入盆中，至距盆沿 1 cm 处，平整后用竹筷扎孔，将肉质根小心插入，四周压实即可。大盆可栽入多棵，注意每片叶正面必须朝一个方向，以利于采光。

温度控制在 20～30 ℃，相对湿度 60%～70%，不宜烈日曝晒。上盆初期适当遮阳保湿，缓苗后可适当增加光照。

一年生长期的小苗可长到 5 片叶左右，此时多株种植的幼苗要分盆栽植。培养土的配比为橡树叶 65%、落叶松松针 10%、粗沙粒 10%、木炭粒 5%、换下的旧盆土 10%。可用 10 cm 深的花盆。温度控制在 15～25 ℃，保持盆土不干，注意通风透光。

5～12 片叶的时期为中苗期，每年春秋两季各换一次营养土，并依花的大小换适当的花盆，君子兰肉质根肥大无分枝，应选用高型筒盆。春季换盆在 4—5 月份，秋季在 9—10 月份，培养土的配比为橡树叶 60%、落叶松松针 10%、粗沙粒 10%、木炭粒 10%、换下的旧盆土 10%。换盆前 1 周不浇水，取出植株，抖落培养土，盆中垫入瓦片，盆底铺一层营养土，1 cm 左右，撒一层准备好的有机固体肥，用培养土盖住肥料，植株根部中心填土，尽量包住每条根，放入盆的中间位置，四周填培养土，稍压实。填入盆土到盆高 3/4 时四周加适量有机肥，填盆土到距盆边 1～2 cm 为宜，换盆后 1～2 d 浇 1 次透水。中苗期的君子兰结合浇水可以适当追施液肥，水肥比例为 17∶1。基质含水量以不干不湿为宜。生长期要经常向叶片喷水。

4. 成株的管理

君子兰播种苗在良好的管理下 3～4 年即可开花，成龄期的君子兰对营养需求较大。

成株可每隔 1～2 年换盆 1 次。每次换盆应将老、残、枯死根剔除，栽时根群要舒展，根端不能受损。培养土的配制与换盆的操作同中苗期。管理也同中苗期，成龄期管理温度最好控制在 12～25 ℃，有利于抽箭，花大色艳。

浇水时间根据天气、基质而定，按照"见干见湿，不干不浇，干则浇透"的原则浇水。春季君子兰旺盛生长需水量大，视盆土干湿情况 2～3 d 浇 1 次水；夏季君子兰处于半休眠状态，浇水要少。10 月份开始维持盆土微湿即可，到年初开花止。当花茎长到 15 cm 左右时，需要适当多浇一些水，花后照常浇水。最好用接近室温的水，盆土不可积水。

君子兰施肥要求做到"薄肥勤施"。有机肥可用充分腐熟的豆饼、花生饼、芝麻酱渣等沤制，取上清液稀释后追施。复合肥在苗期氮、磷、钾比例为 2∶1∶1，在开花前比例为 1∶2∶2，浓度为 0.05%～0.1%。一般在生长季节 7～10 d 施 1 次，施肥时间宜在上午 8∶00—9∶00 时。叶面施肥可用尿素、磷酸二氢钾，一般浓度为 0.2%～0.5%，以早晨喷施为宜。

君子兰养护过程中要定期转盆，10 d 左右调 180°，这样可使两列叶片相对成扇形整齐地展开，提高观赏品质。要定期清洗叶片，保持叶片亮绿。

君子兰常见病害有软腐病、叶斑病、炭疽病等。对于细菌性软腐病，可用抗生素处理，对从叶心发生软腐病的株苗，用链霉素 80 万 U 注射叶心部 3 次，每 6 h 注射 50 mg。对于叶斑病和炭疽病等真菌病害，可先摘除病叶，然后用 50%多菌灵可湿性粉剂 600～800 倍液叶面喷洒，每 7 d 喷洒 1 次，连续 2～4 次，也可与 70%甲基托布津 1 500～2 000 倍液交替用药，效果更好。

5. 君子兰夹箭的原因及防止措施

君子兰夹箭又称"卡脖子花"，其表现是花茎夹在叶缝中长不出来。引起夹箭的原因较多，主要是栽培君子兰过程中环境条件不适宜，管理方法不当。可采取以下方法防治。

(1)调整温度。一般环境温度达不到15 ℃以上，君子兰的箭茎是很难抽出来的，所以发现君子兰有抽箭迹象时，应注意调整温度到20 ℃以上。

(2)提高温差。君子兰喜欢昼夜温差大的环境，昼夜温差小则难以抽箭，因此在花芽分化后，昼夜温差保持在8～10 ℃，出箭就比较容易。

(3)加强施肥。秋季以后是君子兰的生殖生长期，需肥量较大，一般15～20 d施一次磷、钾肥。特别是发现花箭露头时，更要注意多施些含磷较多的速效肥料，如向叶面喷施0.2%的磷酸二氢钾溶液等。

(4)适当增加浇水量。打破见干见湿的常规，使盆土的湿度保持在35%左右，同时还要注意松土，防止土壤发生板结现象。

活动2　学习观叶类花卉生产管理技术

一、绿萝标准化生产

有着“绿色净化器”美誉的绿萝，因能吸收空气中的有害气体，容易养护，且一年四季叶片长青，近年逐渐成为花卉市场的新宠，催生了绿萝种植这一朝阳产业。全国最大的绿萝生产企业——广州绿航农业科技有限公司，在阳江市塘坪镇和双捷镇投资建设的两个生产基地，年产销绿萝1 800万盆，产值约2亿元，解决了当地1 500多名村民的就业问题。

现代绿萝生产基地工业化的管理方式为农业供给侧结构性改革提供了样本。在塘坪镇的生产基地，按照不同的生产环节，基地划分为了母本区、扦插区、苗床区、成长管理区和包装区，每道工序都有专门的工人负责，他们分工明确，管理细致，俨然是一个井井有条的现代化工厂。

整个生产流程有78道工序，工人在一个时间段的工作只专注其中一个，工作效率高、收入高。每盆绿萝严格按照标准生产，具体到植株数量、整体大小、高度、密实度、培植周期等，确保每一盆绿萝都是优品。

在苗床区，绿萝苗在不同季节有不同的培植周期，夏季和秋季60 d可出产一批，冬季和春季则需要70 d。一亩苗床架可以放8 000盆左右绿萝苗，一年出4～5批，按目前最低10元一盆的价格，一年可有30万元以上的产值。

1.品种及栽培形式选择

绿萝同属植物约有20种。可以选叶面光亮、嫩绿色或深绿色的普通品种，也可以选择在光滑的蜡质叶面上镶嵌有金黄色、白色、褐色等不规则斑纹或斑块的品种，如粉绿色叶片上有褐色或褐白色斑纹的褐斑绿萝，绿色叶片上有白色斑纹的银星绿萝，绿色叶片上有黄色斑块的花叶绿萝，白色叶片带绿色斑纹的玛伯王后等。目前，生产上用于柱式栽培的宜选大叶品种，用于吊盆栽培的宜选小叶品种。

根据市场需要种植不同规格的盆栽或者绿萝柱，盆栽有每盆30株的小盆，也有可以每盆120株左右的大浅盆栽。下面以绿萝柱生产为例介绍生产技术。

2.设施条件

绿萝标准化生产最好采用连栋塑料大棚，棚内的光照、温度和湿度分布较为均衡，绿萝生长较一致。棚的大小根据生产需要而定，一般1个棚大约1亩，棚内常采用自动喷淋，两喷头之间的距离为4 m。一般情况下每亩的拱棚可生产1.5 m规格的绿萝柱1 000～1 100株。全年遮阳生产，光照过强会灼伤叶片，过阴会使叶面上的斑纹消失，也会使叶片变小，节间变长，株型稀散。

3. 繁殖

采用扦插繁殖，一般5—10月份均可进行。剪取长15～30 cm（3～4节）枝条，将基部2～3节叶片剪除，插于沙床或河沙与腐叶土各半配成的苗床基质中。在温度20～28 ℃，湿度85%～90%条件下，15～20 d即可生根，30～40 d可以上盆。在高温季节可剪取茎尖3～4节直接种植上盆，但要保证盆土疏松透气，同时经常向叶面喷水保湿并遮阳。若插穗上带有气生根，气温在20 ℃左右，10～15 d便可生根成活，当年即可长成具有观赏价值的植株。

4. 绿萝柱的培养

（1）盆栽培养土的配制。绿萝喜疏松、富含有机质的微酸性或中性沙壤土。盆栽宜选用疏松、透气、排水良好的土壤，最好采用园土和少量泥炭混合而成的基质，也可用腐殖土、泥炭土和细沙土混合配制，3年换土1次。

（2）栽种。种植者可根据市场需要，种植不同规格的绿萝柱，如1.2 m、1.5 m和1.8 m等。种植时可在盆中央竖立一根包有棕皮的立柱。在四周栽上小苗，使枝蔓攀附于支柱上生长。一般1.2 m柱种8～10株小苗，1.5 m柱种10～12株小苗，1.8 m柱种16～20株小苗。粗壮苗可以少种1～2株，纤细苗需多种2～3株。在选苗时应大小一致，生产出来的成品叶片大小均匀，整齐度高，商品价值高。

（3）整形修剪。为保持良好的株型，一般在春季进行整形修剪。短截过长的茎蔓和紊乱的枝条，使其长短有致，疏密合适。当茎蔓爬满棕柱、梢端超出棕柱20 cm左右时，剪去其中部分植株1/2的茎梢，待短截后萌发出新芽新叶时，再剪去其余植株的茎梢。

茎蔓长到一定高度时，底部老叶慢慢脱落，脚叶脱落达30%～50%时，将老株全部剪掉，留近土面1节，重新抽出新叶，再沿立柱攀缘而上。3月初修剪，秋后即成为1盆新株。因冬季受冻或其他原因造成全株或下半部脱叶的植株，可将其一半茎蔓短截1/2，另一半茎蔓短截2/3或3/4，使剪口高低错开，剪口下长出来的新叶能很快布满棕柱。

（4）肥水管理。绿萝喜肥，在整个生长过程中肥水管理很重要。

一般在上盆以后即可施肥，选用氮、磷、钾比例20∶20∶20的复合肥料，浓度最好选用0.1%～0.15%，可促进根、茎、叶的均衡生长。植株长到30%～50%柱时选用氮、磷、钾比例为30∶10∶20的复合肥料，主要是为了促进叶片的生长，调节叶色和韧度，这时根的生长已达旺盛时期，降低磷的用量可防止根系提前老化。肥料的浓度一般为0.25%～0.3%；植株长到50%柱以后停止磷的使用，保持氮、钾平衡，氮、磷、钾比例一般选用20∶10∶20的复合肥，要防止氮肥过高使叶片增大，影响株型和观赏价值，钾肥可以使其抗伏倒。肥料浓度保持0.25%即可。

绿萝浇水时要掌握“不干不浇，浇则浇透”的原则。在小苗期不可多浇，以免根茎处发生腐烂；生长旺盛期要充分浇水或喷雾，在枝蔓生长过程中应经常喷水保湿，以促使茎节上产生不定根，并附于柱上。植株入冬后应尽量减少浇水，盆土过湿会引起烂根。

(5)病虫害防治。绿萝病虫害主要有炭疽病、叶斑病、叶枯病、黑斑病、灰霉病、疫病、病毒病、蚧壳虫等。防治上应增施磷钾肥，提高植株抗病力，及时清除病残体、减少侵染源，提高棚内夜间温度，在降低棚内湿度的基础上，科学对症下药。

二、长寿花的生产

长寿花(伽蓝菜)是一种多肉植物，因为花期较长，又称为寿星花。叶片肥大光亮，低矮株丛，小巧玲珑，株型紧凑，终年翠绿，花朵密集，花色丰富。

性喜温暖湿润，耐旱，喜光，较耐阴，花期长，抗病性强，养护容易。适宜冬季室内装饰，春夏季节室外摆设，观赏效果极佳，是冬春季节理想的观赏花卉。

在国外，长寿花不仅是室内观赏盆花，在室外景观中也被广泛应用。目前，这一理念逐步被国内园林设计者接受，并开始将其应用于园林小品中。在现代化的管理条件下，长寿花的生产量能达到 100 盆/(年·m^2)，单位面积产出比红掌、凤梨等大盆花还要高。

1.繁殖技术

长寿花可以全年进行扦插繁殖，并且在保证温度和光照的条件下可以四季开花。一般生产过程是从 8 月份开始进行的，这样可以保证在春节前后上市出售。

长寿花的栽培基质一般以草炭土为主，配以珍珠岩和蛭石混合而成。三者的比例为草炭∶珍珠岩∶蛭石为3∶2∶1，混合均匀，在其含水量达 60%～70%后用塑料布盖严，发酵 48 h 后备用。

8 月中旬，把母株上的嫩枝取下作为插穗，从嫩枝顶端往下 6～8 cm 处切断，保留 4～5 对叶片。通常用直径 8～10 cm 的营养钵，装好营养土后摆放整齐，喷透水后扦插。插穗插入基质中 1 cm 左右，插后保持营养土湿润，日照强时要遮阳，温度保持在 20～25 ℃，高于 30 ℃时要喷水降温，20 d 左右插穗即可生根。

2.上盆

插后 30 d 生根即可上盆，一般用直径 14 cm 左右的盆，营养土用草炭、珍珠岩、蛭石按 6∶3∶1 配制。上盆时先在盆底填入 5 cm 左右的营养土，花苗去除老黄叶，栽入盆的中部，填满营养土，浇 1 次透水，以利于长寿花的成活与生长。

3.上盆后的管理

(1)营养生长期的管理。加强水肥管理，促进植株的健壮生长，浇 2 次水后随水追肥 1 次。浇水看天气情况，一般间隔 10～15 d；要适当喷水，保证空气湿度和降低温度。施用复合肥，加钙，配合浇水进行，pH 为 5.5～5.8。需要注意的是，施肥前应进行水样分析。每周检测一次盆中基质的 pH 和 EC 值，pH 应为 5.0～6.0，EC 值应为 1.8～2.5。

①转盆。长寿花向光性强，生长过程中枝叶偏向光的方向，每隔 15～20 d 转动 1 次花盆，转 180°，调整受光面，使其株型生长均匀圆正，姿态优美。

②补光。长寿花是短日照植物，光照不足 10 h 则进入生殖生长，影响植株生长，使植株矮小。10 月份以后栽的长寿花要进行补光，使光照在 12 h 以上，用 60 W 的白炽灯作为光源，距植株 75 cm 高，每个灯泡之间距离 100 cm，每行灯距离 200～300 cm，每晚补光 2～3 h。长寿花达到理想的株型后，停止补光。

(2)花芽分化期的管理。8月份扦插的长寿花,在10—11月份植株生长健壮,积蓄养分准备进入花芽分化期,此期的施肥要增施磷钾肥,控施氮肥。用3%浓度的磷酸二氢钾浇施,此期减少浇水量,15～20 d浇1次。

为了多开花,控制良好的株型,花芽分化期应进行2次摘心。想让长寿花早开花,可进行短日照处理,每天定时用黑布遮光,一般17:00遮光,第二天8:00打开,让日照时数不足10 h,15 d左右就可见花蕾了。

(3)花期管理。当植株的花序伸长时,即进入开花期,此时就要准备上市出售了。不宜进行施肥,只需每隔10～15 d喷水1次,保证不缺水即可。

国家职业技能标准
——农业技术员(2020年版)

项目3拓展资料

项目4
蔬菜生产技术

任务1 育苗技术

育苗是蔬菜栽培的重要环节，也是蔬菜生产的一大特色，除大部分根菜类、部分豆类、部分绿叶菜类蔬菜采用直播外，绝大多数蔬菜都适合育苗移栽。与直播相比，育苗具有以下优势：提早播种，延长供应；争取农时，增加茬口；增加复种指数，提高土地利用率；便于集约管理，培育壮苗；节约用种，降低生产成本等。

我国是应用设施育苗技术最早的国家之一，创造出多种育苗方式，如嫁接育苗、扦插育苗、电热育苗、穴盘育苗等。

学习目标

知识目标

1. 了解播种育苗的基本知识。
2. 掌握种子播前处理的方法。
3. 掌握常见蔬菜育苗的方法。
4. 掌握育苗基质配制的一般方法。

能力目标

1. 能完成种子播前处理和播种工作。
2. 能进行苗床播种操作。
3. 能科学配制和使用营养土。
4. 能进行蔬菜嫁接育苗的实际操作。
5. 能对苗期进行合理管理。

素质目标

1. 具有创新意识和工匠精神。
2. 培养吃苦耐劳精神和责任担当意识。

学习内容

任务 1.1 种子播前处理

种子播前处理包括浸种、催芽、种子消毒、机械处理等。播前处理能促进种子迅速整齐地萌发、出苗，消灭种子内外附着的病原菌，增强种胚和幼苗抗性，达到培育壮苗和增产的目的。

活动 1 浸种

浸种

浸种微课

浸种是将种子浸泡在适宜水温和充足水量的条件下，使种子在短时间内充分吸水，达到萌芽所需的基本水量，水温和时间是浸种的重要条件。

1. 一般浸种

用温度与种子发芽适温（20～30 ℃）相同的水浸泡种子。一般浸种法对种子只起供水作用，无灭菌和促进种子吸水作用，适用于种皮薄、吸水快的种子。

2. 温汤浸种

将种子投入 55～60 ℃的热水中，保持恒温 15 min（55 ℃是大多数病原菌的致死温度，15 min 是在致死温度下的致死时间），然后自然冷却至室温。水量为种子量的 3～5 倍，浸种时要不断搅拌。茄果类蔬菜种子需浸泡 4～8 h。温汤浸种对种子具有灭菌作用，适用于种皮较薄、吸水较快的种子，如茄果类种子。

3. 热水烫种

将充分干燥的种子放到 75～85 ℃的热水中，然后用两个容器来回倾倒搅动，直至水温降至室温。热水烫种有利于提高种皮透性，加速种子吸水，起杀菌消毒的作用，适用于一些种皮坚硬、革质、附有蜡质等吸水困难的种子，如西瓜、丝瓜、苦瓜、蛇瓜等。种皮薄的种子不宜采用此法，避免烫伤种胚。生产中应根据种子特性选用浸种方法。另外为提高浸种效率，也可对某些种子进行处理，如对种皮坚硬而厚的西瓜、丝瓜、苦瓜等种子进行胚端破壳，对附着黏质过多的茄子等种子进行搓洗、清洗等。

浸种前应将种子洗干净，除去果肉物质和种皮上的黏液，以利于种子迅速充分吸水。浸种水量以种子量的 5～6 倍为宜，浸种过程中要保持水质清新，可在中间换 1 次水。

主要蔬菜浸种、催芽的适宜水温与时间见表 4-1。

表 4-1 主要蔬菜浸种、催芽的适宜水温与时间

蔬菜种类	浸种		催芽		蔬菜种类	浸种		催芽	
	水温/℃	时间/h	温度/℃	天数/d		水温/℃	时间/h	温度/℃	天数/d
黄瓜	25～30	4～6	25～30	1.5～2	番茄	25～30	6～8	25～27	2～4
西葫芦	25～30	6	25～30	6～8	甘蓝	20	2～4	18～20	1.5
冬瓜	25～30	24	28～30	6～8	白菜	20	2～4	20	1.5
丝瓜	25～30	24	25～30	4～5	花椰菜	20	3～4	18～20	1.5
苦瓜	25～30	24	30	6～8	芹菜	20	24	20～22	2～3
辣椒	25～30	12～24	25～30	5～6	菠菜	20	24	15～20	2～3
茄子	30	24～36	30	6～7	菜豆	25～30	2～4	20～25	2～3

活动2　催芽

催芽是将已吸足水分的种子置于黑暗或弱光环境里，并给予适宜温度、湿度和氧气条件，促使迅速发芽。具体方法是：将已经吸足水分的种子用保水透气的材料（如湿纱布、毛巾等）包好，种子呈松散状态置于适温条件下。催芽期间，一般每4～5 h翻动种子包1次，以保证种子萌动期间有充足的氧气供给。每天用清水淘洗1～2次，除去黏液、呼吸热，补充水分。也可将吸足水分的种子和湿沙按1∶1比例混拌催芽。催芽期间用温度计随时监测温度，当大部分种子露白时，停止催芽，准备播种。若遇恶劣天气不能及时播种时，应将种子放在5～10 ℃低温环境下，保湿待播。

催芽微课

1. 催芽方法

浸种后，沥去种皮上多余的水，使种皮呈湿润状态，用洁净的白布包好，架空放在干净容器里，盖一层较厚的布以保温、保湿；种子量大时放入编织袋中，也可将种子与清洁河沙按1∶1比例混合装于盆中，给种子创造保温、保湿及通气的条件。

2. 催芽期管理

催芽初期可使温度稍高，出芽后逐渐降温“蹲芽”，防止胚根徒长。催芽4～5 h后至破嘴前要经常翻动、淘洗种子，以便散发呼吸热，供给新鲜空气。有些耐寒性蔬菜（如芹菜等）催芽时需放到温度较低的地方。当70％左右的种子露白时停止催芽，准备播种。如不能及时播种，应将催完芽的种子放在冷凉处（5～10 ℃）抑制芽的生长。

3. 补充营养

生产上常用的微量元素有硼酸、硫酸锰、硫酸锌、硫酸铜等，可用单一元素或将几种元素混合进行浸种，营养液浓度一般为0.01％～0.1％，浸种时间同温汤浸种，浸种后催芽。

4. 物理处理

用物理方法处理种子，诱导变异、提高发芽势及出苗率、增强抗逆性等，达到选育新品种及增产的目的。如射线处理、激光处理、磁化处理、变温处理、干热处理等。

5. 化学处理

利用化学药剂处理种子，可以起到诱发突变、打破休眠、促进发芽、增强抗性、消毒种子等多方面的作用。

（1）药剂浸种。如先将种子用清水浸泡，然后用1％高锰酸钾溶液、2％ NaOH溶液、0.02％ $CuSO_4$溶液浸泡15 min，再用清水冲洗干净，能杀灭附着在种子上的病毒和真菌，可预防病毒病、炭疽病、角斑病和早疫病等，并可分解种皮外的黏液和油质，避免幼苗烂根；将种子曝晒6 h，再用0.1％甲基托布津溶液浸种1 h，然后用清水浸泡3 h，晾18 h，可预防真菌类病害。

（2）药剂拌种。将药剂、肥料和种子混合搅拌后播种，以防病虫为害、促进发芽和幼苗生长健壮。药剂拌种分为干拌、湿拌和种子包衣。将种子装入干净的容器内，再按种子重量的0.3％～0.6％加入福美双、多菌灵等，使药剂均匀黏附在种子表面，能杀灭多种虫卵。用种衣剂农药处理种子效果更好。

任务1.2 露地育苗

生长期较短、生长速度较快的绿叶菜类蔬菜，应直接播种生产；根菜类蔬菜断根后易形成歧根，也不易育苗移栽，需进行直播；豆类蔬菜、白菜类蔬菜中的大白菜、瓜类蔬菜中的南瓜、甜瓜等也不适合育苗移栽，需进行露地直接播种生产。

活动1 露地蔬菜栽培茬口安排

早春茬在早春播种，主要种类有小白菜、小萝卜、菠菜、茼蒿等耐寒性较强的速生性蔬菜，可供应早春淡季市场。

春茬一般于早春播种或育苗，春季定植，春末或夏初开始收获，是全年露地生产的主要茬口，是夏季市场蔬菜的主要来源。耐寒或半耐寒性蔬菜一般于早春土壤解冻后在露地直播，喜温性蔬菜一般于冬季或早春在设施内育苗，终霜后定植于露地，入夏后大量收获上市，如春茬角瓜。

夏茬一般于春末至夏初播种或定植，以解决8—9月份淡季供应为主，主要蔬菜种类有黄瓜、豇豆、菜豆、茄子、辣椒等，选用的大多是耐热性较强的种类和品种。

秋茬一般于夏末秋初播种或定植，中秋后开始收获，秋末冬初收获完毕，栽培面积较大，主要供应秋冬季蔬菜市场。主要蔬菜种类有大白菜、甘蓝、花椰菜、萝卜、胡萝卜、芥菜、芹菜等。

越冬茬在晚秋或上冻前播种，以种子或一定大小幼苗越冬，翌年早春返青，供应市场，主要蔬菜种类有菠菜、葱。这一茬投入较少，成本较低，经济效益较好，但要根据当地的气候条件等选择适宜的品种，确定适宜播种期。

活动2 整地作畦

在选好的田块施入充分腐熟的有机肥，做成畦宽1.2 m、沟宽0.5 m左右的高畦，畦面耙细整平，但不可太细；为防止苗期病虫害的发生，应选择病虫害少的田块做苗床，并对床土进行消毒。蔬菜根系多集中在5～25 cm深的土层内，播种前要深耕细耙，一般深耕25～30 cm，土块要细碎。

整地后作畦，以调节土壤含水量，有效控制浇水，利于排水，改善土壤温度与通气条件，便于密植、进行田间农事操作和进一步改善土壤环境。常见的有平畦、低畦、高畦和高垄等。

畦向应与蔬菜种植的行向平行，并与栽培季节相对应。冬季日光入射角小，东西向畦能接受较多的阳光，背风向阳，利于设施蔬菜和越冬菜生长；夏季高温时则应采用南北向畦，因其受光状态及通风均良好，能改善棚架田间的小气候，利于蔬菜开花、结实，从而能提高产量。

活动3 施基肥

结合深耕施有机肥，以促进土壤熟化。播种前施足底肥，每畦内再施入一定量的有机肥和化肥，要求土壤与肥料混合均匀。

活动4　播种

播种前应打足底水，多在晴天播种，切忌在大雨将来时播种。菠菜、芫荽、茴香、茼蒿、小白菜等采用撒播；大白菜、萝卜、胡萝卜、根用芥菜等采用条播；有时为便于中耕除草或便于间套作，也可将习惯撒播的蔬菜改为条播，如韭菜、茴香、小油菜、水萝卜等；豆类蔬菜、瓜类蔬菜中的直播和韭菜等采用点播，播种时按株行距挖穴，播种穴的大小、深浅要一致，每穴播种2粒以上，要将种子分开放置。盖土时将土拍碎，盖土后稍加镇压，以利种子吸水、出土。对于瓜类蔬菜种子催芽后播种的，种子要平放，种芽弯曲时，种芽向下而后覆土，切勿使种子胚芽向下放置，容易造成“戴帽”出土。

播种

活动5　覆盖地膜

覆盖地膜的目的是保墒增温。人工覆盖地膜力求达到紧、严的标准。

活动6　苗期管理

露地育苗易受外界环境条件影响，在做好苗期常规管理的基础上，应根据季节变化采取相应措施抵御不良环境条件。

1. 春季露地育苗

春季露地育苗除加强水分管理外，应着重注意防冻、防杂草、防干旱以保苗。为避免低温造成冷害，播期应选择在终霜后出苗，出苗后遇到寒流或霜冻，应利用地膜覆盖等措施做好临时保护；播后用薄膜、稻草或旧报纸保湿保温；结合苗床中耕，手工除草，务求干净彻底，对于撒播且幼苗密度大的苗床可用除草剂除草。

2. 夏季露地育苗

夏季高温、多雨、强光，时有干旱，病虫害多且危害严重，露地育苗时应采取相应措施减少危害。可用寒冷纱或遮阳网进行覆盖以防止高温、强降雨及强光，也可通过选择田间阴凉处或在高秆作物遮阴下设置苗床防止高温和强光。为防治病虫害危害，应选择抗病虫品种，尽量创造幼苗健壮生长和不利于病虫害发生的条件，如覆盖防虫网防虫，用频振式杀虫灯或黄板诱杀、银灰膜驱避，也可用种衣剂包衣种子或药剂浸种防止苗期病虫害，病害发生时应及时用农药防治。此外，夏季幼苗易徒长，可通过控水、及时分苗或喷乙烯利、矮壮素等生长调节剂来防止徒长发生。

3. 秋季露地育苗

秋季露地育苗的蔬菜主要为越冬蔬菜，育苗时应注意确定适宜的播种期，播早了易发生病害，播晚了不耐寒无法正常越冬，或营养体过小而影响产量。一般在保证足够生长期的前提下，可适当晚播以减轻病害。秋季雨水减少，易受干旱影响，播后应加强水分管理。

任务1.3　设施育苗

蔬菜设施育苗视频

为了争抢农时，合理安排茬口，蔬菜育苗经常会在气候寒冷的严冬与早春，或炎热多雨的盛夏与早秋，因此设置保护设施，改善温、光、水、肥、气等环境条件十分必要。

活动1　配制营养土

育苗用土壤通常称为营养土，蔬菜种子播种到土壤里面，出土是否顺利，幼苗能否苗壮生长，与营养土好坏有密切关系。

1. 营养土的要求

营养土是供给秧苗生长发育所需要的水分、营养和气体的基础，秧苗生长发育好坏与床土的质量有着很密切的关系。幼苗在苗床中密度大，生长速度快，在单位时间内单位面积吸收的水肥总量也大，因此苗床土壤必须肥沃且保水肥能力强。营养土主要用大田土、有益生物菌沤制的有机肥、疏松物质(可选用草炭、细河沙、细炉渣、炭化稻壳等)、化学肥料等，按一定比例配制而成。优质营养土应具有如下条件。

(1)含有丰富的有机质，营养成分齐全，具有氮、磷、钾、钙等主要元素及必要的微量元素。

(2)结构良好，松紧适中，保水保肥性能强，干燥时表土不板结。

(3)不带病菌和虫卵(最好为4～5年内没有种过茄科、葫芦科、十字花科蔬菜作物的土壤)。

(4)微酸性或中性，pH以6.5～7为宜。

2. 营养土的种类

根据用途不同，营养土可分为播种床土和分苗床土。

(1)播种床土。要求特别疏松、通透，以利于幼苗出土且分苗起苗时不伤根。配制体积比为：田土6份，腐熟有机肥4份。土壤偏黏时，应掺入适量的细沙或炉渣，加磷酸二铵或氮磷钾复合肥0.5～1.0 kg/m^3，床土厚度约10 cm。

(2)分苗床土，又称移植床土。为保证幼苗期有充足的营养和定植时不散坨，分苗床土应具有一定的黏性，分苗营养土应加大田土和优质粪肥的比例，配制体积比为：田土或园土7份，用有益生物菌沤制的有机肥3份，加磷酸二铵或氮磷钾复合肥1.0～1.5 kg/m^3，床土厚度12～15 cm。

3. 营养土消毒

为防止营养土带菌，引发苗期病害，可采用下列方法消毒。

(1)药土消毒。将药剂先与少量土壤充分混匀后再与所计划的土量进一步拌匀成药土。播种时，2/3药土铺底，1/3药土覆盖，使种子四周都有药土，可以有效地控制苗期病害。常用药剂有多菌灵和甲基托布津，用量8～10 g/m^2。

(2)熏蒸消毒。一般用100倍的福尔马林喷洒床土，拌匀后堆置，用薄膜密封5～7 d，然后揭开薄膜，待药味挥发后再使用。

(3)药液消毒。用代森锌或多菌灵200～400倍液消毒，用量为每平方米10 g原药，配成2～4 kg药液喷浇即可。

活动2　设置苗床

1. 播种(移植)苗床

选好位置后先制作床底，宽100～150 cm，长度可根据育苗多少来确定，苗床四周根据需要做5～10 cm高的畦境。低温季节育苗可在床底铺设地热线，做成电热温床。最后在苗床内分别填入配制好的播种床土或移植床土备用。

2. 育苗容器

(1)育苗穴盘。育苗穴盘多在播种和培育籽苗时使用，制造穴盘的材料一般有聚苯泡沫、聚苯乙烯、聚氯乙烯和聚丙烯等。标准穴盘的尺寸为540 mm×280 mm，因穴孔直径大小不同，孔穴数在18～800穴。栽培中常用的有32穴、50穴、72穴、105穴、128穴、200穴、288穴。育苗穴盘的穴孔形状主要有方形和圆形，方形穴孔所含基质一般要比圆形穴孔多30%左右，水分分布也较均匀，种苗根系发育更加充分。使用育苗穴盘可以节省种子用量，降低生产成本，保持植物种苗生长的一致性，并能与各种手动及自动播种机配套使用，便于集中管理，提高工作效率，而且移栽时不损伤根系，缓苗迅速，成活率高。

(2)营养钵。营养钵指用聚乙烯或聚氯乙烯制成的圆筒形育苗容器，底部有一个或多个出水的小孔，防止积水沤根。利用营养钵育苗，可保持根系完整，定植后有利于缓苗，定植成活率大大提高。目前生产的营养钵型号从5 cm×5 cm(上口直径×高度)至21 cm×21 cm，规格齐全，可根据苗龄大小选择使用。塑料营养钵价格便宜，一次投入可以多次使用，逐步代替了自制的纸筒、稻草钵等育苗容器。

(3)营养土方。营养土方是将营养土压制成用于护根育苗的土块。具体制作方法是：将营养土平铺在苗床中，经踩踏镇压后，厚度不小于8 cm，随即浇透水。次日切方前再浇1次水，并用木板将床面刮平，当床面不黏时开始下刀切方，土方的边长为8～10 cm。土方切好后用小木棍在土方中央捣一个深度1～1.5 cm的小坑，作为播种或分苗的种植穴。

(4)育苗营养块。目前，市场上多以草炭为主要原料，添加适量营养元素、保水剂、固化成型剂等，经高压成形的专用育苗营养块出售，可用于较大粒种子的直播。使用时将苗床底部平整压实后，铺一层地膜，将营养块与土壤隔离。然后按间距1～2.5 cm把营养块摆放在苗床上，用喷壶向营养块反复喷水，直至营养块完全膨胀(无硬心)，即可将已出芽的种子点播于播种穴内，定植时可带坨移栽。利用营养块育苗省去了筛土、混拌、消毒、装钵和定植前脱钵的工序，同时减少了苗期病害的发生，提高育苗质量。

3. 苗床播种

用处理后的种子播种，低温期选晴天上午进行。干籽或浸种催芽的种子，最好用湿播法，播前浇足底水，水渗下后，在床面撒盖一层床土。小粒种子用撒播法，大粒种子用点播法。覆土厚度1.5～2.0 cm，用塑料薄膜覆盖畦面，幼芽顶土时揭去薄膜。

4. 苗期管理

(1)苗期温度调节。苗期温度管理应遵循“三高三低”的原则，即“白天温度高；晚间温度低；晴天高，阴天低；出苗前、移植后高，出苗后、移植前、定植前低。”

通过放风、遮阳等来降低温度，通过加温、防寒保暖来提高温度。放风应本着高于适宜温度才放风，顺风放风；小苗小放风，大苗大放风；防冷风直入，不能放地风，要放顶风和腰风等原则。主要蔬菜苗期温度管理指标见表 4-2。

表 4-2 主要蔬菜苗期温度管理指标 ℃

生育阶段	温度	黄瓜	番茄	茄子	辣椒	甘蓝
出苗前	日温	25～30	25～30	25～30	25～30	20～25
	夜温	25～30	25～30	25～30	25～30	15～20
	地温	25	20～25	20～25	20～25	—
出苗后	日温	22～25	22—25	25～28	20～25	15～20
	夜温	15～18	12～15	13～15	15～18	5～10
	地温	20～25	15～20	18	18～20	
缓苗期	日温	25～28	25～28	25～30	28～30	25～28
	夜温	18～20	15～18	20	18～22	18～20
	地温	15～20	15～20	20～25	20～25	—
成苗期	日温	22～25	18～22	25～30	26～28	15～20
	夜温	13～17	12～17	16～18	8～20	10～12
	地温	15～18	20～22	18～20	17～24	—
定植前 7～10 d	日温	20～25	18～20	20	20	12～15
	夜温	5～10	5～8	10～12	10～12	3～4

(2)苗期湿度调节。应掌握“控温不控水”的原则，即苗期水分不能缺，保持土壤湿润。长期缺水会使幼苗老化，严重缺水时会造成幼苗花打顶现象。苗期各阶段水分管理见表 4-3。

表 4-3 苗期各阶段水分管理

生育阶段	水分管理
播种至出苗	播种前浇足底水，出苗前不浇水，以覆土保墒为主
出苗至破心	不浇水，否则引起下胚轴徒长。必要时可在晴天上午浇小水，浇温水，浇水后随即提高温度，并覆土保墒
破心至移苗	不浇水，苗床有旱旱时，可在晴天中午喷小水，并随即提高温度，随后覆细土保墒。移植前 1 天晚上浇起苗水，移植时浇移植水
缓苗期	缓苗前不浇水，缓苗后浇缓苗水
成苗期	随着幼苗生长，浇水量加大，但应尽量减少浇水次数，以床土“见干见湿”为好
定植前 7～10 d	定植前 7～10 d 浇一次透水，然后控水蹲苗。定植前 1 d 要浇透水，以便起苗

(3)苗期光照管理。蔬菜育苗期光照不足，幼苗易徒长或黄化。低温期设施育苗由于受保温材料影响，光照不足，需增加光照。如保持设施采光面清洁；在满足保温的前提下，尽量早揭、晚盖保温覆盖物，以延长床内光照时间；及时进行间苗或移苗，以增加营养面积，改善光照条件；冬季温室采光时间不足或连雨天时应人工补光；夏季光照太强时可进行遮阳处理。

(4)间苗。苗齐后疏去拥挤、细弱、畸形的秧苗，使留苗分布均匀，充分利用阳光和床土中的水肥营养，一般间苗1～2次。

(5)移植。移植又称为分苗。适时调整秧苗的营养面积和生长空间，改善光照条件和营养条件；切断主根，刺激多发侧根，有利于缓苗；淘汰病苗、弱苗使秧苗生长整齐；防止徒长，防治病虫害。

一般移植1～2次。果菜类在花芽分化以前移植，对于不耐移植的蔬菜(如瓜类)应在第1片真叶展开前移植，其他蔬菜多在2～3片真叶展开前移植。一般间距应达到6～10 cm。

瓜类、茄果类等秧苗移植到营养钵、营养土块里或纸筒内；撒播的茄果类、甘蓝等秧苗常用开沟法移植到苗床中去。移植宜在晴天进行，此时地温高，易缓苗。移植后因秧苗根系损失较大，吸水量减少，应适当浇水，防止萎蔫，并提高温度，促发新根。光照强时应适当遮阳。

(6)苗期营养。一般床土不缺肥，如果幼苗弱小须适当喷施叶面肥，可用0.1%～0.2%尿素、0.1%～0.2%磷酸二氢钾、0.2%～0.3%磷酸钙溶液，选择晴朗无风天上午气温升高时喷施。

苗期追施CO_2可促进果菜类花芽分化，提高花芽质量。适宜的CO_2浓度为800～1 000 mL/m^3。

(7)定植前秧苗锻炼。蔬菜幼苗锻炼是使蔬菜幼苗逐渐适应外界环境条件的过程，幼苗锻炼有利于迅速缓苗。

夜冷锻炼阶段。当幼苗长到接近定植所要求的大小时，即定植前10～15 d，可逐渐降低夜间温度，控制水分，用放夜风、降温、控水的方法对秧苗进行锻炼，增强适应性。

露天锻炼阶段。定植前7～10 d，在夜冷锻炼的基础上，在没有霜冻的前提下，日夜全部揭去覆盖物，使秧苗获得适应定植后的露地环境条件的能力，锻炼应逐步进行。遇寒流、阴雨天气时，要做好防寒保温工作，防止秧苗受冻。

锻炼不可过度，否则茎叶会趋于老化，定植后缓苗时间长，且不易发棵；或出现未熟抽薹现象；茄果类蔬菜锻炼过度会出现“花打顶”和第一花序发育畸形的情况。

任务1.4　嫁接育苗

嫁接育苗较自根苗能增强抗病性、抗逆性和肥水吸收性能，从而提高作物的产量和品质。在欧洲，50%以上的黄瓜和甜瓜采用嫁接栽培；在日本和韩国，不论是大田栽培还是温室栽培，应用嫁接苗已成为瓜类和茄果类蔬菜高产稳产的重要技术措施，是克服蔬菜连作障碍的主要手段，西瓜嫁接栽培比例超过95%，温室黄瓜嫁接栽培比例为70%～85%，保护地或露地栽培番茄也正逐步推广应用嫁接苗，并且嫁接目的多样化。

蔬菜嫁接

我国蔬菜嫁接栽培历史悠久，20世纪80年代以来，随着温室、大棚等保护设施的发展，黄瓜、西瓜嫁接栽培面积逐渐扩大。目前，保护地黄瓜、西瓜嫁接栽培已较普遍，对甜瓜、其他瓜类蔬菜以及茄果类蔬菜嫁接栽培的研究和应用也较多。

活动1 选择砧木

优良的嫁接砧木应具备以下特点:符合嫁接的目的,有较突出的抗病性,对接穗的主防病害表现为高抗或免疫;嫁接亲和力强,共生亲和力强,表现为嫁接后易成活,成活后长势强;嫁接后抗逆性增强,能弥补栽培品种的性状缺陷;对接穗果实的品质无不良影响或不良影响小。

目前,常用的蔬菜嫁接砧木多为野生种、半野生种或杂交种。如黄瓜多以黑籽南瓜、白籽南瓜为砧木,西瓜多以葫芦和瓠瓜为砧木,甜瓜多以杂种南瓜为砧木,番茄、茄子均以其野生品种为砧木。主要蔬菜的常用砧木及其特点见表4-4。

表4-4 主要蔬菜的常用砧木及其特点

蔬菜名称	常用砧木	主要特点
黄瓜	黑籽南瓜(云南黑籽)	抗枯萎病,促进生长,耐低温
	杂种南瓜(土佐系列)	抗枯萎病,耐低温
	中国南瓜(白菊座)	抗枯萎病,耐湿
苦瓜	黑籽南瓜、中国南瓜	抗枯萎病,促进生长,耐低温
	丝瓜	抗枯萎病,促进生长,耐湿耐涝
西葫芦、冬瓜	黑籽南瓜	抗枯萎病,促进生长,耐低温
西瓜	瓠瓜(超丰F1、葫砧1号)	抗枯萎病,耐低温干旱,促进生长
	杂种南瓜(土佐系列)	抗枯萎病,早熟丰产
薄皮甜瓜	中国南瓜、杂种南瓜(土佐系列)	抗枯萎病,耐热耐低温,促进生长
	野生甜瓜(共砧:大井、强荣、健脚)	抗枯萎病,较耐低温
番茄	KNVF	抗褐色根腐病、黄萎病、枯萎病、根结线虫
	BF兴津101号、Ls89	抗青枯病、枯萎病,耐旱,促进生长
	PFN	抗青枯病、枯萎病、线虫
茄子	托鲁巴姆	抗青枯病、枯萎病、黄萎病、线虫,促进生长
	赤茄、青茄	抗枯萎病,促进生长
	黑铁1号	抗枯萎病,促进生长
	角茄	抗青枯病、枯萎病

活动2 靠接

适用于黄瓜、甜瓜、西瓜、西葫芦、苦瓜等蔬菜,尤其是应用胚轴较细的砧木嫁接,以黄瓜、甜瓜应用较多。嫁接适期为:砧木子叶全展,第一片真叶显露;接穗第一片真叶始露至半展。嫁接过早,幼苗太小操作不方便;嫁接过晚,成活率低。砧穗幼苗下胚轴长度5~6 cm,利于操作。

取接穗,在叶下部1~1.5 cm处15°~20°向上斜切一刀,深度达胚轴直径3/5~2/3;去除砧木生长点和真叶,在其子叶节下0.5~1.0 cm处呈20°~30°向下斜切一刀,深度达胚轴直径1/2,砧木、接穗切口长0.6~0.8 cm。最后将砧木和接穗的切口相互套插在一起,用专用嫁接夹固定或用塑料条带绑缚。将砧穗复合体栽入营养钵中，保持两者根茎距离 1～2 cm，以利于成活后断茎去根(图 4-1)。

靠接苗易管理，成活率高，生长整齐，操作容易。但此法嫁接速度慢，接口需要固定物，并且增加成活后断茎去根工序；接口位置低，易受土壤污染和发生不定根，幼苗搬运和田间管理时接口部位易脱离。采用靠接要注意两点：①南瓜幼苗下胚轴是一中空管状体，髓腔上部小、下部大，所以南瓜苗龄不宜太大，切口部位应靠近胚轴上部，砧穗切口深度、长度要合适。切口太浅，砧木与接穗结合面小，砧穗结合不牢固，养分输送不畅，易形成僵化幼苗，成活困难；切口太深，砧木茎部易折断。②接口和断根部位不能太低，以防栽植时被基质或土壤掩埋再生不定根或者髓腔中产生不定根入土，失去嫁接意义。

图 4-1　黄瓜靠接示意图

活动 3　插接

适用于西瓜、黄瓜、甜瓜等蔬菜嫁接，尤其是应用胚轴较粗的砧木种类。接穗苗子叶全展，砧木苗子叶展平、第一片真叶显露至初展为嫁接适宜时期。嫁接时首先喷湿接穗、砧木苗钵(盘)内基质，取出接穗苗，用水洗净根部放入白瓷盘，湿布覆盖保湿。砧木苗无须挖出，直接摆放在操作台上，用竹签剔除其真叶和生长点。去除真叶和生长点要求干净彻底，减少再次萌发，并注意不要损伤子叶，左手轻捏砧木苗子叶节，右手持一根宽度与接穗下胚轴粗细相近、前端削尖略扁的光滑竹签，紧贴砧木一片子叶基部内侧向另一片子叶下方斜插，深度 0.5～0.8 cm，竹签尖端在子叶节下 0.3～0.5 cm 出现，但不要穿破胚轴表皮，以手指能感觉到其尖端压力为度。插孔时要避开砧木胚轴的中心空腔，插入迅速准确，竹签暂不拔出。然后用左手拇指和无名指将接穗两片子叶合拢捏住，食指和中指夹住其根部，右手持刀片在子叶节以下 0.5 cm 处呈 30°向前斜切，切口长度 0.5 cm，接着从背面再切一刀，角度小于前者，以划破胚轴表皮、切除根部为目的，使下胚轴呈不对称楔形，切削接穗时速度要快，刀口要平、直，并且切口方向与子叶伸展方向平行。拔出砧木上的竹签，将削好的接穗插入砧木小孔中，使两者密接。砧穗子叶伸展方向呈“十”字形，利于见光，插入接穗后用手稍晃动，以感觉比较紧实、不晃动为宜(图 4-2)。

插接法

插接时，用竹签剔除其真叶和生长点后也可向下直插。接穗胚轴两侧削口可稍长。直插嫁接容易成活，但往往接穗易由髓腔向下，易生不定根，影响嫁接效果。

插接法砧木苗无须取出，减少嫁接苗栽植和嫁接夹使用等工序，不用断茎去根，嫁接速度快，操作方便，省工省力；嫁接部位紧靠子叶节，细胞分裂旺盛，维管束集中，愈合速度快，接口牢固，砧穗不易脱裂折断，成活率高；接口位置高，不易再度污染和感染，防病效果好。但插接

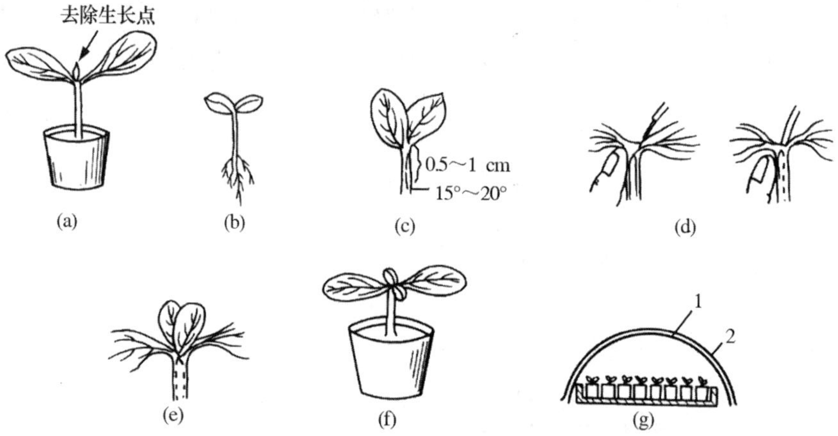

a. 砧木苗　b. 接穗苗　c. 削成的接穗苗　d. 插入竹签

e. 插入　f. 嫁接苗　g. 苗床　1. 小拱棚　2. 遮阳网

图 4-2　黄瓜插接示意图

对嫁接操作熟练程度、嫁接苗龄、成活期管理水平要求严格，技术不熟练时嫁接成活率低，后期生长不良。

活动 4　劈接

劈接法

本法为茄子嫁接采用的主要方法。砧木提前 7～15 d 播种，托鲁巴姆做砧木则需提前 25～35 d 播种。砧木和接穗 1 片真叶时进行第一次分苗，3 片真叶前后进行第二次分苗，此时可将其栽入营养钵中。砧木和接穗约 5 片真叶时嫁接。接前 5～6 d 适当控水促使砧穗粗壮，接前 2 d 一次性浇足水分。嫁接时首先将砧木于第二片真叶上方截断，用刀片将茎从中间劈开，劈口长度 1～2 cm。接着将接穗苗拔出，保留两片真叶和生长点，用锋利刀片将其基部削成楔形，切口长 1～2 cm，然后将削好的接穗插入砧木劈口中，用夹子固定或用塑料带活结绑缚。番茄劈接时砧木需提前 5～7 d 播种，砧木和接穗约 5 片真叶时嫁接，保留砧木基部第一片真叶切除上部茎，从切口中央向下垂直纵切一刀，深 1.0～1.5 cm，接穗于第二片真叶处切断，并将基部削成楔形，切口长度与砧木切缝深度相同，最后将削好的接穗插入砧木切缝中，并使两者密接，加以固定。砧木苗较小时可于子叶节以上切断，然后纵切。

劈接法砧穗苗龄均较大，操作简便，容易掌握，嫁接成活率也较高(图 4-3)。

活动 5　学习其他嫁接方法

1. 贴接法

贴接法又称斜切接法，砧木长到 5～6 片真叶时，留基部 2 片真叶，斜切去掉顶端，形成长 0.5～0.8 cm 的斜面，接穗在子叶下 0.8～1 cm 处向下斜切一刀，切口为斜面，大小应和砧木斜面一致，然后将接穗沿斜面切口贴在砧木切口上，用嫁接夹固定。

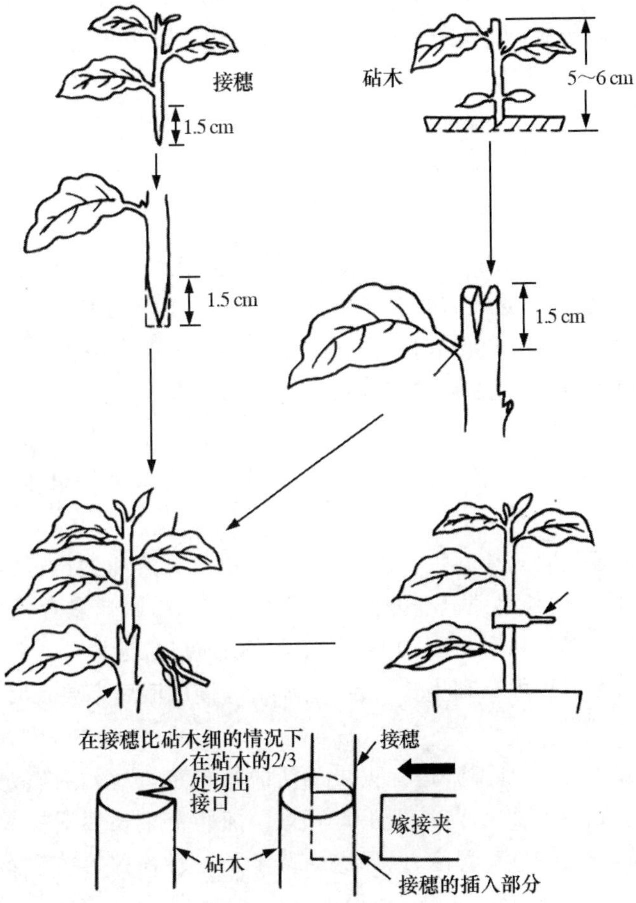

图 4-3　茄子劈接示意图

2. 针式嫁接法

用六角形、长 1.5 cm 的针将接穗和砧木连接起来。嫁接针是由陶瓷或硬质塑料制成的，在植株体内不影响植株的生长。

3. 适于机械化作业的嫁接方法

随着蔬菜育苗向规模化、工厂化的商品性育苗发展，对嫁接育苗的成活率和速度都提出了要求，嫁接效率更高的机械化嫁接方法逐渐形成。机械化嫁接过程中，要解决的主要问题是胚轴或茎的切断、砧木生长点的去除和砧、穗的固定方法，目前国外有平斜面对接嫁接法、套管式嫁接法、平面智能机嫁接法等。

活动 6　学习嫁接后管理

1. 愈合期管理

蔬菜嫁接后，对于亲和力强的嫁接组合，从砧木与接穗结合、愈伤组织增长融合，到维管束分化形成需 10 d 左右。高温、高湿、中等强度光照条件下愈合速度快，成苗率高，因此加强该阶段的管理有利于促进伤口愈合，提高嫁接成活率。研究表明，嫁接愈合过程是一个物质和能量的消耗过程，二氧化碳施肥、叶面喷葡萄糖溶液、接口用促进生长的激素（NAA、KT）处理等措施均有利于提高嫁接成活率。

2.成活后管理

嫁接苗成活后的环境调控与普通育苗基本一致，但结合嫁接苗自身特点需要做好以下几项工作。

（1）断根。嫁接育苗主要利用砧木的根系。采用靠接等方法嫁接的幼苗仍保留接穗的完整根系，待其成活以后，要在靠近接口部位下方将接穗胚轴或茎剪断，一般下午进行较好。刚刚断根的嫁接苗若中午出现萎蔫可临时遮阳。断根前一天最好先用手将接穗胚轴或茎的下部捏几下，破坏其维管束，这样断根之后更容易缓苗。断根部位尽量上靠接口处，以防止与土壤接触重生不定根引起病原菌侵染失去嫁接防病意义。为避免切断的两部分重新接合，可将接穗带根下胚轴再切去一段或直接拔除。断根后 2～4 d 去掉嫁接夹等束缚物，对于接口处生出的不定根及时检查去除。

（2）去萌蘖。砧木嫁接时去掉其生长点和真叶，但幼苗成活和生长过程中会有萌蘖发生，在较高温度和湿度条件下生长迅速。一方面与接穗争夺养分，影响愈合成活速度和幼苗生长发育；另一方面会影响接穗的果实品质，失去商品价值。所以从通风开始就要及时检查和清除所有砧木发生的萌蘖，保证接穗顺利生长。番茄、茄子嫁接成活后还要及时摘心或去除砧木的真叶及子叶。

（3）其他。幼苗成活后要及时检查，除去未成活的嫁接苗，成活嫁接苗分级管理。对成活稍差的幼苗以促为主，成活好的幼苗进入正常管理。随幼苗生长逐渐拉大苗距，避免相互遮阳，苗床应保证良好的光照、温度、湿度，以促进幼苗生长。番茄嫁接苗容易倒伏，应立杆或支架绑缚。幼苗定植前要注意炼苗。

任务 1.5 穴盘育苗

工厂化穴盘育苗是以先进的温室工程设备装备的种苗生产车间，以现代生物技术、环境调控技术、信息管理技术贯穿整个育苗过程，以现代企业经营的模式来进行优质种苗生产与营销的体制。它是一种以草炭、蛭石等为基质，以不同孔坑的穴盅为容器，用精量播种生产线机械自动装填基质、播种、覆土、镇压、浇水，然后放在催芽室和温室等设施内进行有效的环境管理和培育，一次成苗的现代化育苗体系。穴盘育苗可分别播种不同作物种类，生产不同需求的种苗，播种时一穴一粒，成苗时一穴一株，根系与基质紧密缠绕，根坨呈上大下小的塞子形，适于蔬菜花卉等经济作物的工厂化育苗，又称高密度育苗。它较传统营养钵育苗具有以下显著优点：①节能、省材，传统营养钵育苗每平方米苗床只能培育 100 多棵苗，穴盘育苗至少可培育 500～1 000 棵苗，每棵穴盘苗只需不到 50 g 基质，而每株钵苗需培养土 500～700 g。②省工省力，极大地提高了种苗生产效率，精量播种生产线每小时生产 700～1 000 盘，播种育苗 7 万～10 万棵，从种子播种到管理成苗全部实行机械化、自动化，生产效率极大提高。③苗的质量好，全部实行优化的标准化管理，一次成苗、生命力强，苗的素质优于传统育苗。④适于长距离运输。

活动1　种子处理

传统的园艺育苗，一般是自育自用，设施设备简单，规模较小，而且育成苗所需时间较长，质量也较差。实行秧苗的工厂化生产，所用设施设备精良，规模较大，育成苗的质量也好。

要快速育成高质量的幼苗，就必须保证有高质量的种子，这就首先需要从种子生产到加工贮藏过程严格把关，才能获得高发芽率和高纯度的优良种子。

适用于工厂化穴盘育苗的种子，其质量好坏应从以下几个方面来衡量：种子的外形是否适于精播机械；适宜条件下发芽率的高低，发芽率低于85%的不能做精量播种用；适宜条件下发芽快慢及整齐度；不适条件下发芽快慢及整齐度；出芽及幼株发育状况；有无病虫害。同时必须进行播种前的处理，以保持并进一步提高种子的质量，适应工厂化穴盘育苗的需要。常见种子处理技术有以下几种。

1. 超干贮藏保持种子活力

种子超干贮藏是指把种子含水量降低到传统的5%安全含水量的下限以下进行常温贮藏的技术。

2. 硬化、渗调处理（或称预浸、引发处理）

在农业生产实践中，种子的发芽出苗期是一个非常关键的时期。种子播种后，出苗快而且整齐，才便于以后的管理，达到早熟丰产的目的。种子的预浸、引发处理是将种子浸泡在低水势的溶液中，完成其发芽前的吸收过程。这个水势可以用渗透调节物质将其调整至某个水平，当种子内的水分达到平衡时，种子既不能继续吸水，也不能发芽。这些种子经水洗净后，在常温下被干燥回原来的含水量，以常规的方式进行播种或贮藏。一旦水势控制解除，种子便迅速发芽出苗。

3. 浸泡、包衣和丸粒化防治病虫

通过浸泡、包衣和丸粒化等方法进行种子处理，达到防治病虫害的目的。

种子的丸粒化是一项综合性的新技术，是利用有利种子萌发的药品、肥料以及对种子无副作用的辅助填料（主要包括泥、纤维素粉、石灰石、蛭石和泥炭等），经过充分搅拌之后，均匀地包裹在种子表面，使种子成为圆球形，以利于机械的精量播种。丸粒化时可加入胶黏剂、杀菌虫剂、生长促进剂等。制成的种子丸粒，具有一定的强度，在运输、播种过程中不会轻易破碎，而且播种后有利于种子吸水、萌发，增强对不良环境的抵抗能力。

4. 打破休眠

对于种皮（果皮）坚硬的种子采取划破种子表壳、摩擦或去皮（壳）的方法，使其容易吸水发芽。如对伞形科的胡萝卜、芹菜、茴香、防风等种子进行机械摩擦，使果皮产生裂痕以利吸水；如西瓜等小粒种或多倍体种子，可磕开种皮（或另加包衣），以利吸水发芽；用硫脲或赤霉素、细胞激动素处理，可打破芹菜、莴苣种子的热休眠；用温水浸种及双氧水处理后再进行变温，可打破茄子种子的休眠。

活动2　选择育苗基质

育苗基质由专业工厂生产，主要原料是草炭和蛭石，其基质养分状况如表4-5所示。各地根据就地取材原则，有混以珍珠岩、堆肥、腐叶土、稻壳熏炭、菇渣、苇末、椰子纤维、细炉渣和园田土的。世界各地常用穴盘育苗基质原料组成如表 4-6 所示。

育苗专用基质要求保水性、通气性好。由于每个穴盘内基质用量很少，易干燥或缺肥，所以一般都混以堆肥、缓效性肥料或培养土等，能够促进根系发育和保证秧苗生长所需营养，并能减少移栽时伤根。我国一些地区使用肥沃的壤土和腐熟好的优质圈肥，按 6∶4比例混合，有草炭土的地区用草炭土加壤土及圈肥按 4∶3∶3的比例配制。配好的营养土中每立方米再掺入腐熟粪干 20 kg，氮、磷、钾复合肥 1.5 kg，草木灰 5 kg，50％多菌灵可湿性粉剂 80 g，80％敌百虫粉剂 60 g，混合均匀过筛，作为育苗基质。如表 4-7 所示为几种主要蔬菜穴盘育苗基质及养分配比。

表 4-5　草炭、蛭石等育苗基质的养分状况

种类	有机质	全氮	全磷	全钾	速效氮	速效磷	速效钾	铁	铜	钼	锌	硼	锰
	%				mg/kg								
舒兰草炭	3.70	1.54	0.15	0.47	293.0	40.3	1 176	659.8	4.7	6.2	4.1	0.28	43.5
灵寿蛭石	0.92	0	0.03	3.6	17.8	364	93.6	40	3.5	11.7	0.3	0.04	2.5

表 4-6　各地常用穴盘育苗基质原料组成

地区	原料组成
英国	50％草炭、50％细沙
美国	75％草炭、25％细沙
荷兰	50％草炭、50％蛭石
德国、芬兰	100％草炭
丹麦	50％黑泥炭、25％秸秆堆肥、25％玻璃纤维

表 4-7　几种主要蔬菜穴盘育苗基质及养分配比

作物	穴盘规格（孔/盘）	基质配比	每盘基质中加的肥料量/g		
		草炭∶蛭石	尿素	磷酸三氢钾	无臭腐熟鸡粪
番茄	72	3∶1	5.0	6.0	20.0
茄子	72	3∶1	6.0	8.0	40.0
辣椒	128	3∶1	4.0	5.0	30.0
甘蓝	128	3∶1	5.0	3.0	15.0
芹菜	288	3∶1	2.0	2.0	10.0

活动 3　营养液配方与管理

营养液的配方与施用取决于基质本身的成分，采用草炭、有机肥和复合肥合成的专用基质，以浇水为主，适当补充些常量元素。采用草炭、蛭石各半的通用育苗基质，则必须掌握营养液配方和施肥量。

营养液配方一般以常量元素为主，微量元素多由基质提供。氮肥以尿素态氮和铵态氮占 40％～50％，硝态氮占 50％～55％。氮∶磷∶钾以1∶1∶1或 1∶1.7∶1.7 为宜，要求基质 pH 5.5～

7.0 为宜，温度适于秧苗生长，不能过高过低，选用肥料配方，磷的浓度稍高对培育壮苗有利。

美国在花卉穴盘育苗上推荐的施肥计划是：发根开始期要求通气、高湿，于播后 3～5 d 内浇灌 KNO_3 35 mL/L，5 d 后，视长势再施 1 次。至二叶一心期，要求通气、低湿，每 2 周至少施 1 次 N80—P10—K80—Ca20—Mg10 mg/L 的营养液。至真叶生长期，每周施 2 次 N60—P20—K160—Ca80—Mg40 mg/L 的营养液。出圃前要进行炼苗，限制浇水施肥。

我国几种常用育苗营养液配方如表 4-8 所示。

表 4-8　几种常用育苗营养液配方　　g/m^3

肥料种类	配方 1	配方 2	配方 3	配方 4
$Ca(NO_3)_2 \cdot 4H_2O$	500	450		
$Ca(NQ_2)_2$	250			340
NH_4NO_3		250	200	
$NH_4H_2PO_4$	500			
KNO_3	500	400	200	
KH_2PO_4	100			465
$Ca(H_2PO_4)_2$		250	150	
$MgSO_4 \cdot 7H_2O$	500	250		

配方 1、配方 2、配方 3 为无土轻基质育苗用配方，根据不同作物种类及不同生育期稀释、加浓使用，必要时可加入微量元素螯合铁 25 g/m^3、硼酸 20 g/m^3。配方 4 仅限于在含有培养土的基质育苗中使用。

活动 4　穴盘规格与选用

不同蔬菜种类的穴盘规格与种苗大小有差异，具体标准参考见表 4-9。

表 4-9　不同蔬菜种类的穴盘规格与种苗大小

栽培季节	种类	穴盘规格/(孔/盘)	种苗大小
春季	茄子、番茄	72	6～7 真叶
	辣椒	128	7～8 真叶
	黄瓜	72	3～4 真叶
	青花菜、甘蓝	392	二叶一心
	青花菜、甘蓝	128	5～6 真叶
	育花菜、甘蓝	72	6～7 真叶
秋季	芹菜	200	5～6 真叶
	青花菜、甘蓝	128	4～5 真叶
	莴苣	128	4～5 真叶
	黄瓜	128	二叶一心
	茄子、番茄	128	4～5 真叶

穴盘选用方法

活动5 环境控制

1. 苗期的环境控制

苗期的环境控制包括适宜的温度、充足的水分和氧气。催芽室要求90%的相对湿度和适宜的催芽温度，育苗室要求幼苗生长期温度要适宜(表4-10)。

表4-10 蔬菜催芽室和育苗室的环境调控

种类	催芽室		育苗室适温	
	适温/℃	时间/d	白天/℃	夜间/℃
番茄	25～28	4	22～25	13～15
茄子	28～30	5	25～28	15～18
辣椒	28～30	4	25～28	15～18
黄瓜	18～30	2	22～25	13～16
甜瓜	28～30	2	23～26	15～18
西瓜	28～30	2	23～26	15～18
生菜	20～22	3	18～22	10～12
甘蓝	22～25	2	18～22	10～12
花椰菜	20～22	3	18～22	10～12
芹菜	15～20	7～10	20～25	15～20

2. 穴盘位置调整

行走式微喷系统出水量不均匀会造成生长差异，要及时调整穴盘位置。

3. 边际补充灌溉

苗床四周水分蒸发快，特别在晴天高温期要对苗床周围10～15 cm范围内进行补充灌溉，防止生长不均匀。

4. 病虫防治

预防为主、综合防治，通过提高秧苗素质，控制环境，设置防虫网，对器材、环境、人员严格消毒，生物防治再辅以必要化学药剂防治。

5. 定植前炼苗

出育苗室前5～7 d要降温、通风，减少肥水供应次数进行炼苗，但出室前2～3 d要施1次肥水，喷1次杀菌、杀虫剂，带肥带药出室。

任务1.6 育苗中常见问题及预防措施

活动1 土表板结及预防

播种后育苗畦的床土表面干硬结实，称为土表板结。其妨碍种子进行呼吸作用，不利于种子发芽。已发芽的种子被板结层压住，不能顺利钻出土面，致使幼苗茎细弯曲，子叶发黄，成为畸形苗。配制床土时，可使用腐殖质较多的堆肥、厩肥，覆土时适量加入砻糠灰、细沙或腐熟的圈肥。

活动2　烂种及预防

一是与种子质量有关，如种子未成熟，贮藏过程中霉变，浸种时烫伤均会造成烂种；二是播种后低温高湿，施用未腐熟的有机肥，出土时间长，长期处于缺氧条件下易发生烂种。

蔬菜育苗问题及原因分析

活动3　不出苗及预防

到规定时间种子仍不顶土出苗，可能与种子质量、种子处理、育苗环境等有关。种子已经腐烂、焦芽的应重新播种；基质过干的应补浇温水；基质过湿时应将育苗盘搬出催芽室，或将苗床(播种床)盖膜揭开，在阳光下晾晒，待湿度降低后再继续催芽出苗。

活动4　出苗不齐及预防

出苗时间不一致或苗床内幼苗分布不均匀。前者主要是因为种子质量差，成熟不一致；苗床环境不均匀，局部差异过大；播种深浅不一致，覆土薄厚不均。后者主要是因为播种不均匀，底水、床温不均，有机肥未腐熟，化肥施用过量，局部发生烂种或伤种芽等。

生产中应选质量好的种子播种；精细整地，均匀播种和覆土；保持苗床环境均匀一致；加强苗期病虫害防治等。

活动5　子叶“戴帽”出土及预防

种子出苗时没有将种壳留在土内，而是种壳夹着子叶一起出土，这种子叶带着种壳一起出土的苗称戴帽苗或顶壳苗，如图4-4所示。

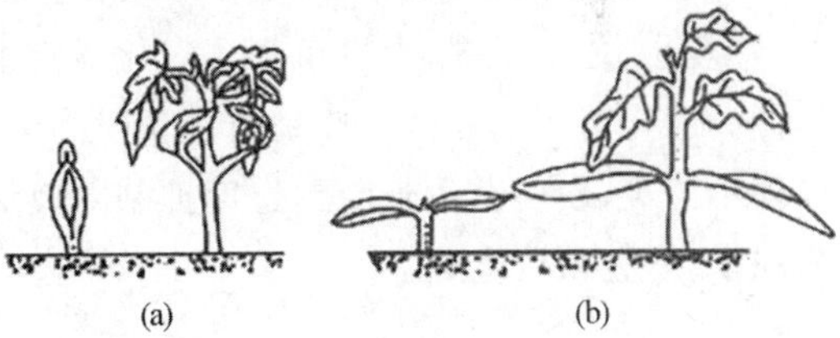

a. 戴帽苗　b. 正常苗

图4-4　戴帽苗与正常苗比较

戴帽苗产生的原因是土温过低、覆土太薄或盖土太干，使种皮受压不够或种皮干燥发硬不易脱落；播种方法不当，如瓜类种子直插播种，也易戴帽出土；种子生活力弱等。生产中要足墒播种，保证苗畦水分充足；选用成熟度高的种子，妥善保管种子，平放，覆土后应喷水湿润表土；如种子出苗时仍有子叶戴帽出苗，要及时撒盖湿润细土，帮助子叶脱壳。少量子叶戴帽苗，可人工挑去种壳。播种深度要适宜，避免播种过浅。

活动6　幼苗沤根及预防

幼苗不发新根，根部发锈，严重时表皮腐烂，不长新根，幼苗变黄萎蔫，易从土中拔出。沤根产生原因主要是苗床土温长期低于12 ℃；浇水过量，使苗床湿度过大，土壤透气不良，缺氧；遇连阴天，光照不足，幼苗发育不良。应保持土温在16 ℃以上，播种时一次浇足底水，出苗过程中适当控水，避免床土长时间湿度过高。

活动7 烧根及预防

烧根时根尖发黄，不发新根，但根不烂，地上部生长缓慢，矮小发硬，不发棵，形成小老苗。烧根产生的主要原因是施肥过多或使用了未腐熟的有机肥。配制育苗土时使用的有机肥应充分腐熟，不过量使用化肥并与床土混合均匀。

活动8 徒长苗(高脚苗)及预防

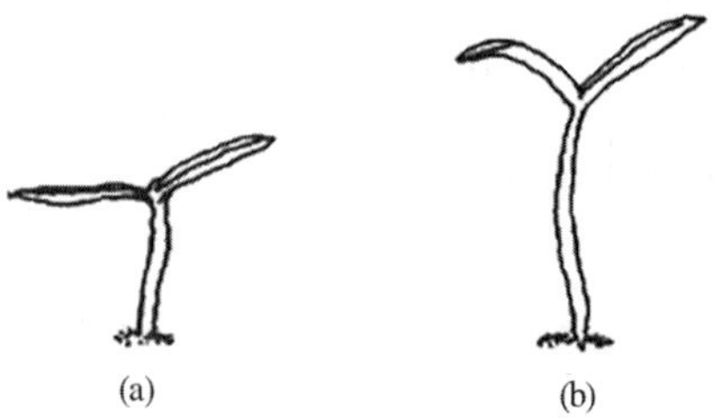

a. 壮苗 b. 徒长苗

图4-5 壮苗与徒长苗比较

徒长又称疯长，秧苗茎叶生长过于旺盛，茎细长，叶薄色淡，定植后缓苗慢，不易早熟高产，如图4-5所示。

徒长苗产生原因是出苗初期苗床温度过高、湿度过大、光照不足、夜温过高、水分和氮肥过多。幼苗拥挤或遭遇连阴天，光照不足等会引起幼苗下胚轴生长过快。幼苗出土后应适当降低温度，保持适当的昼夜温差；适当增加光照、加强通风；控制浇水，晴天多浇，一次浇透，阴雨天不浇或少浇；播种量不能过大，及时间苗、分苗，保证通风透光；多施有机肥，氮、磷、钾肥应配合使用。

活动9 老化苗及预防

老化苗又称为“僵苗”“小老苗”，幼苗茎细弱、发硬、颜色较深；生长点不明显，幼苗生长缓慢；叶瘦小、色暗发黑，根少色暗。老化苗定植后发棵缓慢，开花结果迟，结果期短，易早衰，产量低。老化苗产生原因主要是苗床长时间干旱，水分供应不足；苗床温度长时间过低，或激素处理不当等，使幼苗生长受到过度抑制。应保持适宜的土壤湿度，控温不控水；炼苗时不宜过分缺水，防止秧苗老化。

活动10 畸形苗及预防

蔬菜畸形苗常见的是子叶畸形苗和无心苗，主要是由于使用陈种子或受损伤的种子播种，或苗畦长时间温度偏低或干燥，引起子叶扭曲；施肥不均匀，施肥偏多处种芽易被烧伤；叶面喷药和施肥浓度不当，易发生烧心。应选用饱满的新种子播种，播前进行种子处理时，不要把种子直接放在强光下曝晒，也不要放在吸热后升温较快的金属表面或水泥地上晒种，进行种子干热处理的时间不要太长；出苗期间保持苗床适宜的温、湿度；均匀施肥，叶面喷药和叶面喷肥的浓度要适宜，避免中午后喷药或叶面喷肥。

知识拓展

在冬春季节蔬菜育苗中，常因天气变化、管理不当出现不正常情况。

沤根苗是苗床湿度大、温度低引起的。防治措施为：①选择透气良好的土壤作苗床，设法提高地温。②采用地热线育苗，使苗床温度白天保持 20～25 ℃，夜间 15 ℃。③控制浇水。④一旦发生沤根，须及时通风排湿，也可施撒细干土和草木灰吸湿。

徒长苗是由播量大、出苗后高温高湿引起的。防止措施为：①严格控制播种量。②秧苗生长拥挤时须及时间苗分苗。③囤苗时扩大行距，防止过分遮阳。④尽量增加光照，即使在阴天也要适当揭苫，使秧苗见光。⑤控制浇水。⑥叶面喷施 0.2%禾欣液肥加 0.2%～0.3%磷酸二氢钾，促使秧苗转壮。

老化苗是由苗龄或蹲苗时间过长引起的。防治措施为：①严格掌握好苗龄，蹲苗时间长短要适度。②蹲苗时低温时间不宜过长，防止长时间干旱造成幼苗老化。蹲苗最好采用控温不控水的办法。③对老化苗，每平方米苗床喷施 10～30 mg/L 赤霉素加 500 倍禾欣液肥或 300～500 倍磷酸二氢钾，以刺激秧苗生长。

冻害苗是由苗床温度过低引起的。防治措施为：①改进育苗手段，采用人工控温育苗，如电热温床育苗等。②保暖防冻。在寒流到来之前，加强夜间保温，如加厚草苫、覆盖纸被、加盖小拱棚等。尽量保持干燥，防止雨雪淋湿。必要时采取加温措施，如生炉火。③适当控制浇水，合理增施磷肥，提高秧苗抗寒能力。④对冻害苗喷施营养液。营养液配方为：禾欣液肥 30 mL，加白糖 250 g、赤霉素 1 g、生根粉 0.3 g，兑水 15 kg。

药害苗是由施药量过大、浓度过高或苗床过早所致的。防治措施为：①科学合理用药。②用药前苗床保持湿润。③如已产生药害时，要及时喷清水或喷缓解药物，如退菌灵、福美坤药害喷 0.2%硫酸锌溶液；乐果药害喷 0.2%硼砂或硼酸溶液；多效唑药害喷 0.05%赤霉素。

萎蔫苗是由连天阴雨突然转晴后全部揭苫所致的。防治措施为：①若遇连阴天突然转晴后要使幼苗逐渐见光，切勿立即全部揭开盖物，应分批揭除，逐渐增加光照。②如揭盖后不久发现有的幼苗开始萎蔫，要立即盖苫，待幼苗恢复正常后再揭苫，切忌对萎蔫苗浇水。

戴帽苗是由苗床过干覆土过薄所致的。防治措施为：①苗床底水要足。②覆土厚度均匀适当。如辣椒、茄子厚度 1 cm，黄瓜厚度 1.5 cm。③播后出苗前，床面覆盖地膜，保持土壤湿润。④出现戴帽苗时可先喷水，待种壳吸湿后，用毛刷轻轻将帽壳扫掉。

案例

番茄嫁接技术

番茄嫁接方法有多种，如用斜切接、劈接和舌靠接为 3 种常用嫁接方法。通过试验对比研究表明，以舌靠接是最佳的嫁接方法，斜切接和劈接次之。经舌靠接的方法嫁接，嫁接苗可以得到较高的成活率，表现在株高、砧粗和穗粗上与另两种嫁接方法差异显著。但实际生产中多采用劈接法进行嫁接。

一、品种选择

主要是砧木的选择，一般选择高抗根结线虫病和青枯病的野生选育番茄种，现在国内番茄嫁接尚处于试验阶段，能完全抵抗所有青枯病亚种的砧木还没有，通常只是高抗其中的几种亚种。所以必须明确种植地区番茄青枯病的生理亚种，再选择相应的砧木。一般采用的方法就是从不同地区购买多个砧木进行试验性栽培。接穗可以使用常规品种。

二、砧木、接穗适宜播期劈接法

一般砧木要提前播种 7～10 d，在一叶一心时将砧木假植到营养杯中。当砧木长到 8～10 cm 高，茎粗 0.5～0.8 cm 时即可嫁接，用刀片横切砧木茎，去掉上部，再由茎中间劈开，向开口纵切 1～1.5 cm，然后将接穗苗拔起，保留上部 2～3 片真叶，用刀片切掉下部，把上部切开处削成楔形，楔形的大小应与砧木切口相当，随即将接穗插入砧木中，对齐后用夹子固定。在有条件的情况下，接穗可采用番茄母本的植株腋芽，既能节约种子成本，又能提高嫁接成活率，还能提早结果上市。

三、嫁接苗管理

嫁接后要及时将苗床充分浇水，盖上小拱棚密闭。6～7 d 内不得放风，保持 95%以上的空气湿度。温度以白天 20～26 ℃，夜间 16～20 ℃为宜。防止温度过高或过低。在温度过高、阳光强烈的时候要加盖遮阳网。在低温时要用地热线等人工补充温度防止植株受到冻害。

嫁接后 4～5 d 内要全部遮光，以后每天逐渐增加见光时间。随着伤口的逐渐愈合，撤掉遮阳网，并揭开两侧塑料薄膜通风，开始通风要小，逐渐加大。通风期间棚内要保持较高的空气湿度，地面要经常浇水，完全成活后转入正常管理。成活后及时摘除砧木萌发的侧芽，待接口愈合牢固后去掉夹子。

四、定植及初期管理

大棚番茄嫁接栽培的施肥很重要，要求每亩施农家肥 5 000～6 000 kg 和蔬菜专用复合肥 40～60 kg。肥料全部施于地面，翻入土壤中混合均匀。每亩栽 1 800～2 000 株(大棚)。地温 15 ℃以上后开始定植，地膜覆盖，定植时选晴好天气，先打孔浇水，移栽水渗下去后封严孔口。注意嫁接时刀口位置要高于厢面一定距离，以防接穗根受二次污染致病。定植后注意密闭保温不通风，1 周即可缓苗，缓苗后的温度管理要求为：上午 25～30 ℃，当温度超过 35 ℃时应适当放风降温；下午 28～30 ℃，温度低于 25 ℃时要关棚保温，保持白天 20 ℃以上，夜间 10～15 ℃。

任务 2　蔬菜田间管理技术

蔬菜田间管理是蔬菜育苗后的重要过程，包括土壤耕作、定植、苗期管理、浇水、施肥、植株调整与保花保果等。田间管理是否科学合理，直接影响蔬菜的产量和品质。

学习目标

知识目标

1. 了解蔬菜土壤耕作和定植的一般方法。
2. 理解蔬菜植株调整的目的和方法。
3. 掌握蔬菜保花保果方法。
4. 掌握设施环境调控方法。

能力目标

1. 能对菜田进行科学合理耕作。
2. 能正确选择定植时期。
3. 能对不同蔬菜进行定植。
4. 能对蔬菜植株进行调整。
5. 会使用植物生长调节剂。

素质目标

1. 具有创新意识和工匠精神。
2. 培养吃苦耐劳和精神和责任担当意识。

学习内容

任务2.1 田间土壤耕作与定植管理

进行育苗的蔬菜,当秧苗达到定植标准以后,从苗床移栽到田间,称为定植。

活动1 田间整地

整地的作用是改善土壤的耕层结构和表层状况,加深耕层,平整地面;调节土壤中水、肥、气、热等,为蔬菜生长发育创造适宜的土壤环境。整地包括耕翻、耙地、耕地、镇压、起垄、作畦、中耕等。

(一)耕翻

耕翻深度以25~30 cm为宜,加深耕作层可获增产。耕翻包括秋翻(冬前深耕冬灌)和春翻(早春化冻后进行第二次耕翻)两个时期。

(二)施基肥

基肥主要包括有机肥(如鸡粪、猪粪、牛粪、羊粪、生物有机肥、饼肥、油渣)和化肥(如磷钾肥、复合肥、氮肥和微肥)。

有机肥施用量:露地栽培3 000~5 000 kg/亩,设施栽培4 000~6 000 kg/亩,饼肥、油渣用量较少,为50~100 kg/亩。有机肥必须充分腐熟。

化肥施用量:钙、镁、磷肥25~500 kg/亩,钾肥多用硫酸钾,用量为15~20 kg/亩;复合肥多使用氮磷钾复合肥或磷酸二铵,用量为20~30 kg/亩;氮肥主要是尿素,用量为25~40 kg/亩;微肥每亩参考用量为硫酸亚铁2~3 kg、硼砂或硼酸1 kg、硫酸锌2~3 kg、硫酸铜1~2 kg、钼酸铵2 kg。

施肥方法有普遍施肥、集中施肥和分层施肥,分层施肥适用于施肥量大、产量高、宽窄行种植的果菜类、大白菜、结球甘蓝、马铃薯、生姜等蔬菜的施肥。

(三)耙地、耮地、镇压

耙地的作用是疏松表土,耙碎耕层土块,平整地面,保持墒情,为作畦及播种打好基础。耮地的作用是使地表形成覆盖层,减少土壤水分蒸发,也有平地、碎土和轻度镇压的作用。如土壤墒情及土壤细碎程度适宜时可以免除镇压。

活动 2 田间作畦

(一)畦的类型

(1)平畦。操作简单,土地利用率较高。

(2)低畦。利于蓄水和灌溉,保湿性好。但地面容易板结,影响土壤透气且阻碍蔬菜生长,土壤湿度偏高,容易诱发蔬菜病害。

(3)高畦。耕层加厚,排水方便,土壤透气性好,有利于根系发育;地温上升快;畦面比较干燥,可减轻病害蔓延;适宜种植嫁接蔬菜。

(4)高垄。可以控制浇水量,有利于控制土壤湿度,适合进行地膜下浇水,控制地面水分蒸发;春季地温上升快,有利于蔬菜生长;雨季排水方便,且浇水时不直接浸泡植株,可减轻病害传播。但垄沟占地较多,土地利用率不高,生产结束后平整垄沟较为费工。

菜畦主要类型如图 4-6 所示。

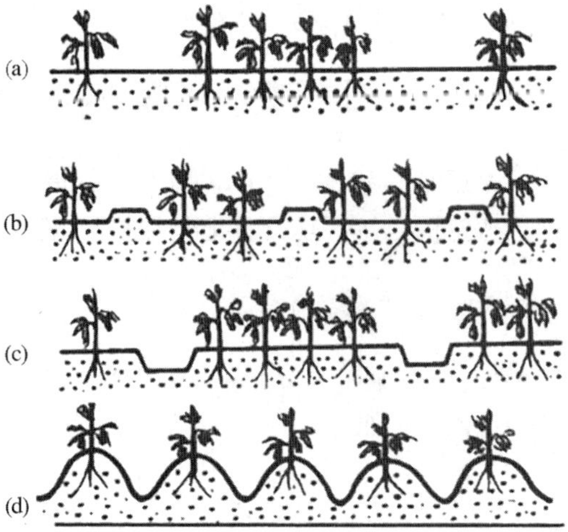

a. 平畦　b. 低畦　c. 高畦　d. 高垄

图 4-6　菜畦主要类型

(二)畦向

(1)露地栽培。冬春季节应采用东西向作畦,有利于保持畦内温度,促进植株生长;夏季南北向作畦,有利于田间通风排热,降低温度。

(2)设施栽培。温室一般采用南北向作畦,有利于通风透光;生产用塑料大棚多采用与棚长同向的方向作畦,以提高土地利用率;小拱棚、阳畦等畦向与设施的长向一致。

活动 3 蔬菜定植

(一)定植前的准备

在定植前应做好土地和秧苗的准备工作。整地作畦后定植前,按照确定的行株距开沟或挖定植穴，施入适量腐熟的有机肥和复合肥，与土壤拌匀后覆层细土，避免定植后秧苗根系与肥料直接接触。选择适龄幼苗定植，苗过小不易操作，过大则伤根严重，缓苗期长。一般叶菜类蔬菜以幼苗具5～6片真叶为宜；瓜类、豆类蔬菜根系再生能力弱，定植宜早，瓜类蔬菜幼苗多在5片真叶时定植，豆类蔬菜幼苗在具2片对称子叶，真叶未出时定植；茄果类蔬菜幼苗根系再生能力强，可带花或带果定植，但缓苗期长。定植前对秧苗进行蹲苗（适当控制浇水）锻炼，可提高其对定植后环境条件的适应，减少缓苗期。

（二）定植时期

由于各地气候条件不同，蔬菜种类繁多，各地应根据气候与土壤条件、蔬菜种类、产品上市时间及栽培方式等来确定适宜的播种与定植时期。设施栽培的定植时期主要考虑产品上市的时间、幼苗大小、土地情况及设施保温性能等。

露地栽培则更多考虑气候与土壤条件，在适宜的栽培季节，影响蔬菜定植时期的主导因素是温度。喜温性蔬菜，如茄果类、瓜类、豆类（豌豆、蚕豆除外）等冬季不能栽植，应在春季地上断霜、地温稳定在10～15 ℃时定植，一般霜期过后尽早定植；秋季则以初霜期为界，根据蔬菜栽培期长短确定定植期，如番茄、菜豆和黄瓜应从初霜期前推3个月左右定植。耐寒或半耐寒蔬菜，如豌豆、蚕豆、甘蓝、菠菜、芥菜等在长江以南地区多进行秋冬季栽培，以幼苗越冬；在北方地区冬季不能露地越冬，多在春季土壤解冻、地温达5～10 ℃时及早定植。华南热带和亚热带地区终年温暖，定植时期要求不太严格。

（三）定植密度

定植密度因蔬菜的株型、开展度以及栽培管理水平、环境条件等不同而异。合理密植是在保证蔬菜正常生长发育前提下，尽量增加定植密度，充分利用光、温、水、土、气、肥等环境条件，提高蔬菜产量及品质。在同等气候及土壤条件下，爬地生长的蔓生蔬菜定植密度应小，搭架栽培密度则应大；丛生的叶菜类和根菜类密度宜小；早熟品种或栽培条件不良时，密度宜大；晚熟品种或适宜条件下栽培的蔬菜密度应小。

（四）定植方法

在适宜的定植时期，根据定植密度，选择适宜的时间进行定植，定植方法有明水定植法与暗水定植法。

1.明水定植法

先按行、株距挖穴或开沟栽苗，栽完苗后及时浇定根水，这种定植方法称为明水定植法。该法浇水量大，地温降低明显，适用于高温季节。

2.暗水定植法

暗水定植法分为座水法和水稳苗法两种。

（1）座水法。按株行距开穴或开沟后先浇足水，将幼苗土坨或根部置于泥水中，水渗下后再覆土。该定植法不仅速度快，还可以保持土壤良好的透气性、促进幼苗发根和缓苗等作用。成活率较高。

（2）水稳苗法。按株行距开穴或开沟栽苗，栽苗后先少量覆土并适当压紧、浇水，待水全部渗下后，再覆盖干土。该法既能保证土壤湿度要求，又能增加地温，利于根系生长，适合冬春季节定植，一般秧苗、带土移栽及各种容器苗定植多采用此法。

栽植时应注意：一是尽量多带土，减少伤根；二是栽植深浅应适宜，一般以子叶下为宜，如“黄瓜露坨，茄子没脖”“深栽茄子，浅栽蒜”等，在潮湿地区不宜定植过深，避免下部根腐烂；三是选择合适的定植时间，一般寒冷季节选晴天，炎热季节选阴天或午后；四是定植后应及时浇足定根水。

活动4 田间施肥

（一）施肥的方式

1. 基肥（底肥）

基肥是蔬菜播种或定植前结合整地施入的肥料。其特点是施用量大、肥效长，不但能为蔬菜的整个生育时期提供养分，还能为蔬菜创造良好的土壤条件。基肥一般以有机肥为主，根据需要配合一定量的化肥，化肥应以迟效肥与速效肥兼用为标准。基肥的施用主要有以下几种方法。

（1）撒施。将肥料均匀地铺撒在田面，结合整地翻入土中，并使肥料与土壤充分混匀。

（2）沟施。栽培畦（垄）下开沟，将肥料均匀撒入沟内，施肥应集中，有利于提高肥效。

（3）穴施。先按株行距开好定植穴，在穴内施入适量的肥料。既可节约肥料，又能提高肥效。

用后两种方法时，应在肥料上覆一层土，防止种子或幼苗根系与肥料直接接触而烧种或烧根。

2. 追肥

追肥是在蔬菜生长期间施用的肥料。追肥以速效性化肥和充分腐熟的有机肥为主，施用量可根据基肥的多少、蔬菜种类和生长发育时期来确定。追肥的方法主要有以下几种。

（1）地下埋施。在蔬菜行间或株间开沟或开穴，将肥料施入后覆土并灌水。

（2）地面撒施。将肥料均匀撒于蔬菜行间并进行灌水。

（3）随水冲施。将肥料先溶解于水中，结合灌水施入蔬菜根部。

3. 叶面喷肥

叶面喷肥是将配制好的肥料溶液直接喷洒在蔬菜茎叶上的一种施肥方法。此法可以迅速提供蔬菜所需养分，避免土壤对养分的固定，提高肥料利用率和施用效果。用于叶面喷肥的肥料主要有磷酸二氢钾、复合肥及可溶性微肥，施用浓度因肥料种类而异，浓度过高易造成叶片伤害。

（二）合理施肥的依据

1. 不同蔬菜种类与施肥

不同蔬菜种类对养分吸收利用能力存在差异，如白菜、菠菜等叶菜类蔬菜喜氮肥，但在施用氮肥的同时，还需增施磷肥和钾肥；瓜类、茄果类和豆类等果菜类蔬菜，一般幼苗需氮较多，进入生殖生长期后，需磷量剧增，因此要增施磷肥，控制氮肥的用量；白萝卜、胡萝卜等根菜类蔬菜，其生长前期主要供应氮肥，到肉质根生长期则要多施钾肥，适当控制氮肥用量，以便形成肥大的肉质直根。

2. 不同生育时期与施肥

蔬菜各生育期对土壤营养条件的要求不同。幼苗期根系尚不发达,吸收养分数量不太多,但对养分要求很高,应适当施一些速效肥料;在营养生长盛期和结果期,植株需要吸收大量的养分,因此必须供给充足的肥料。

3. 不同栽培条件与施肥

沙质土壤保肥性差,故施肥应少量多次;高温多雨季节,植株生长迅速,对养分的需求量大,但应控制氮肥的施用量,以免造成营养生长过盛,导致生殖生长延退;在高寒地区,应增施磷肥、钾肥,提高植株的抗寒性。

4. 肥料种类与施肥

化肥种类繁多,性质各异,施用方法也不尽相同。铵态氮肥易溶于水,作物能直接吸收利用,肥效快,但其性质不稳定,遇碱遇热易分解挥发出氨气,因而施用时应深并及时覆土。尿素施入土壤后经微生物转化才能被吸收,所以尿素作追肥要提前施用,采取泵施、穴施、沟施,避免撒施。弱酸性磷肥宜施于酸性土壤,在石灰性土壤上施用效果差。硫酸钾、氯化钾、氯化铵、硫酸铵等化学中性、生理酸性肥料,最适合在中性或石灰性土壤上施用。

活动5　田间灌溉

(一)灌溉的主要方式

1. 明水灌溉

明水灌溉包括沟灌、畦灌和漫灌等,适用于水源充足、土地平整的地块。明水灌溉投资小,易实施。适用于露地大面积蔬菜生产,但费工费水,土壤易板结,故灌水后要及时中耕松土。

2. 暗水灌流

(1)渗灌。利用地下渗水管道系统,将水引入田间,借土壤毛细管作用自下而上湿润土壤。

(2)膜下暗灌。在地膜下开沟或铺设滴灌管进行灌溉。该法省水省力,使土壤蒸发量降至最低,低温期可减少地温的下降,适用于设施蔬菜栽培。

3. 微灌

(1)滴灌。通过输水管道和滴灌管上的滴孔(滴头),使灌溉水缓慢滴到蔬菜根际。这种方法不破坏土壤结构,同时能将化肥溶于水中一同滴入,省工省水,能适应复杂地形,尤其适用于干旱缺水地区。

(2)喷灌。采用低压管道将水流雾化喷洒到蔬菜或土壤表面。喷灌雾点小,均匀,土表不易板结,高温期间有降温、增湿的作用,适用于育苗或叶菜类生产。但喷灌易使植株产生微伤口,加之高温高湿,易导致真菌病害的发生。

(二)合理灌溉的依据

1. 根据季节、气候变化灌水

低温期尽量不浇水或少浇水,可通过勤中耕来保持土壤水分。必须浇水时,要在冷尾暖头的晴天进行,最好在中午前浇完。高温期间可通过增加浇水次数,加大浇水量的方法来满足蔬菜对水分的需求，并降低地温。高温期浇水最好选择在早晨或傍晚。

2.根据土壤情况灌水

土壤湿度是决定灌水的主要因素，缺水时应及时灌水。对于保水能力差的沙壤土，应多浇水，勤中耕；对于保水能力强的黏壤土，灌水量及灌水次数要少；盐碱地可明水大灌，防止返盐；低洼地则应小水勤浇，排水防碱。

3.根据蔬菜的种类、生育期和生长状况灌水

(1)根据蔬菜种类进行灌水。对白菜、黄瓜等根系浅而叶面积大的种类，要经常灌水；对番茄、茄子、豆类等根系深且叶面积大的种类，应保持畦面“见干见湿”；对速生性叶菜类应保持畦面湿润。

(2)根据不同生育期进行灌水。种子发芽期需水多，播种要灌足播种水；根系生长为主时，要求土壤湿度适宜，水分不能过多，以中耕保墒为主，一般少灌或不灌；地上部分功能叶及食用器官旺盛生长时需大量灌水。始花期既怕水分过多，又怕过于干旱，所以多采取先灌水后中耕。食用器官接近成熟时一般不灌水，以免延迟成熟或裂球裂果。

(3)根据植株长势进行灌水。根据叶片的外形变化和色泽深浅、茎节长短、蜡粉厚薄等，确定是否要灌水。如露地黄瓜，如果早晨叶片下垂，中午叶萎蔫严重，傍晚不易恢复；甘蓝、洋葱叶灰蓝，出现表面蜡粉增多，叶片脆硬等状态，说明缺水，要及时灌水。

任务2.2 植株调整技术

植株调整的作用主要是：平衡营养生长与生殖生长、地下部与地上部生长；促进产品器官形成与膨大；改善通风透光，提高光能利用率；减少病虫害和机械损伤。主要包括整枝、摘心、打杈、摘叶、束叶、疏花疏果、保花保果、压蔓、落蔓、搭架、绑蔓等。

活动1 蔬菜整枝

果菜类蔬菜栽培中，在植株具有足够的功能叶时，为控制营养生长，减少养分消耗，清除多余分枝，创造一定的株形，以促进果实发育的方法称为整枝。其作用是可使田间通风透光良好，提高对光能的利用率；平衡营养器官与产品器官生长，减少病虫为害；有利于增加单位面积株数，提高前期产量及总产量；改进产品品质。

活动2 蔬菜打杈

除掉侧枝或腋芽称为打杈，是植株在具有足够的功能叶时，为减少养分消耗，清除多余分枝的措施。当侧枝长到6～7 cm时打杈为宜，打杈可调整植株营养器官与生殖器官的比例，提高经济效益，达到高产的目的。

活动3 蔬菜摘心

摘心又称为掐尖或打顶，即除去生长枝梢的顶芽。摘心可抑制生长，促进花芽分化，调节营养生长和生殖生长的关系。对无限生长的瓜类和茄果类蔬菜，在保持植株有一定数量的果实和

相应的枝叶后，要及时将其顶芽去除。西瓜开花坐果期摘心，有利于提高坐果率。番茄、辣椒后期摘心有利于前期所结果实增重及产量提高。摘心时应注意果实上部要留几片叶子。

活动4　蔬菜摘叶和束叶

1. 摘叶

摘叶是指在蔬菜生长期间及时摘除病叶及下部老叶，以免不必要的营养消耗，利于维持适宜的群体结构，改善通风、透光条件。摘叶多选择晴天上午进行。摘叶不可过重，同化功能较为旺盛的叶片不宜摘除。在设施黄瓜、番茄等栽培中，要及时摘除植株下部的老叶、病叶、黄叶，以减少养分消耗，改善透风、透光条件。摘叶的适宜时期是在生长的中、后期，用剪刀剪除，留下一小段叶柄，剪除病叶后对剪刀做消毒处理，以避免病菌传染。

2. 束叶

束叶是将靠近产品器官周围的叶片尖端聚集在一起。多用于花球类和叶球类蔬菜，将部分叶片捆起来或折弯一部分叶片盖在花球上，可防止阳光对花球表面的曝晒，保护花球洁白柔嫩，叶球软化，提高产品商品性，此外还有一定防寒和防病害的作用。束叶不宜过早，应在光合同化功能微弱时进行，以免影响产量，严重时造成叶球、花球腐烂。一般在生长后期，叶球已充分灌心，花球充分膨大后或温度降低时束叶。

活动5　蔬菜疏花疏果

以营养器官为产品的蔬菜，疏花疏果有利于产品器官的形成，如马铃薯、莲藕、百合等摘除花蕾有利于地下器官的膨大。对于西瓜、番茄等果菜类蔬菜，疏花疏果则可提高单果重和果实品质。畸形果、病果、机械损伤的果实也应及早摘除。

活动6　蔬菜保花保果

植株营养不足、逆境影响(如干旱、低温或高温等)都可能造成花或果实自行脱落，应及时采取措施保花保果，如加强肥水管理、及时采摘成熟果实、整枝打杈等。此外，可以通过施用植物生长调节剂改善植株自身营养状况来保花保果。

活动7　蔬菜压蔓与落蔓

1. 压蔓

蔓性蔬菜，如南瓜、西瓜、冬瓜等爬地栽培时，通过压蔓可使植株排列整齐，受光良好，管理方便，促进果实发育，提升品质，同时可促生不定根，有防风和增加营养吸收的作用。

2. 落蔓

搭架栽培的蔓生或半蔓生蔬菜，生长后期基部叶落造成空间过疏，顶部空间不足，或设施栽培的番茄、黄瓜等蔬菜生育期长达9个月，导致茎蔓过长。为保证茎蔓有充分的生长空间，有效调节群内通风透光，可于生长期内进行多次落蔓。一般在茎蔓生长到架顶时开始落蔓，落蔓前先摘除下部老叶、黄叶、病叶，将基部茎蔓在地上盘绕。

活动8 蔬菜搭架与绑蔓

1. 搭架

蔓生蔬菜不能直立生长，常进行搭架栽培。搭架的主要作用是使植株充分利用空间，改善田间的通风、透光条件，达到减少病虫害、增加产量、改善品质的目的。常用的架型如下。

(1)单柱架。在每一植株旁插一架竿，架竿间不连接，架形简单，适用于分枝性弱、植株较小的豆类蔬菜。

(2)人字架。在相对应的两行植株旁相向各斜插一架竿，上端分组捆紧再横向连接固定，呈“人”字形。此架牢固程度高，承受重量大，较抗风吹，适用于菜豆、豇豆、黄瓜、番茄等植株较大的蔬菜。

(2)棚架。在植株旁或畦两侧插对称架竿，并在架竿上扎横杆，再用绳、杆编成网格状，有高、低棚两种，适用于生长期长、枝叶繁茂、瓜体较长的冬瓜、长丝瓜、长苦瓜等。搭架必须及时，宜在倒蔓前或初花期进行。

2. 绑蔓

对搭架栽培的蔬菜，需要进行人工引蔓和绑扎将其固定在架上。绑蔓松紧要适度，既不使茎蔓受伤或出现缢痕，又不能使茎蔓在架上随风摇摆磨伤。露地栽培蔬菜应采用“8”字扣绑蔓，使茎蔓不与架竿发生摩擦。绑蔓材料常用麻绳、稻草、塑料绳等。

任务2.3 植物生长调节剂的使用

活动1 浸蘸处理

浸蘸法多用于种子处理、果实催熟、贮藏保鲜、促进插条生根等，其中促进插条生根最为常用。

1. 快蘸法

将插条基部浸于高浓度的药液中，经2～5 s后取出晾干，即可扦插。

2. 慢蘸法

将插条基部浸于低浓度的药液中浸泡4～24 h，以促其发根，适合对嫩枝或发根较难的插条进行处理。

3. 蘸粉法

插条基部用水浸湿后，再蘸上混有植物生长调节剂的粉剂，蘸后要抖掉多余的粉。蘸粉法适于嫩枝扦插，具有简单快捷、插条不易腐烂、成活率较高等优点。

活动2 涂抹法处理

采用毛笔等工具将植物生长调节剂涂抹在需要处理的部位，以达到预期的处理效果。例如，把一定浓度的乙烯利涂抹在绿熟或白熟期的番茄果实上，可以催熟。

活动3　喷施法处理

将植物生长调节剂加少量表面活性剂配成一定浓度的药液，喷洒在植物的茎、叶、花、果等部位。喷洒要均匀，雾滴细小，喷湿为止。大面积使用还可以采用飞机施药。

活动4　浇灌法处理

将药液直接浇灌于土壤中通过根系吸收，达到化学调控的目的。该方法施药效果稳定，但应考虑某些植物生长调节剂在土壤中的残留状况。

活动5　熏蒸法

一些挥发性的植物生长调节剂，如萘乙酸甲酯、乙烯等，在使用时通常用熏蒸法。

知识链接

使用植物生长调节剂注意事项

1. 明确生长调节剂的性质，注意应用范围

使用植物生长调节剂必须配合水、肥等管理措施才能发挥其效果。注意使用范围，不能随意扩大。如防落素可安全有效地应用于茄科蔬菜的蘸花，但如果喷施在黄瓜、青椒、菜豆上就会使幼嫩叶片产生严重药害。

2. 正确把握浓度和剂量

植物生长调节剂的使用浓度范围极大（0.1～5 000 mg/L），具体应视植物生长调节剂的种类和使用目的而定。如乙烯利应用在黄瓜花芽分化期，即2～4片真叶期喷施，浓度3 000倍液以上；茄子、番茄用防落素正常浓度蘸花时，如果应用时不做标记，反复多次重复处理，相当于应用浓度过大，同样也会产生药害。

3. 注意使用方法

凡是在低浓度下能够对蔬菜产生药害的植物生长调节剂必须采取点涂方法，做局部处理，减少用药量，严禁采取喷雾法。对不易产生药害的，为提高工效，可根据需要选择喷雾、点涂等方法。另外，用植物生长调节剂蘸花，并不是把整个花朵浸在药液中，而是用药液涂抹花柄，否则就会产生药害，造成灰霉病病菌的传播。

4. 注意环境温度

施用植物生长调节剂应在一定温度范围内进行，应用浓度还要随着温度变化做相应的调整。高温时应用低剂量，低温时应用高剂量，否则高温时用高剂量易出现药害，而低温时用低剂量又达不到效果。一般保花保果类生长调节剂里含有2,4-D钠盐等一些易飘移的化学成分，高温时施用易因飘移而造成植株叶片或相邻敏感作物产生药害。

5. 注意应用时间

施用时期取决于植物生长调节剂的种类、药效延续的时间、预期达到的效果以及蔬菜植物生长发育的阶段等因素。蔬菜植物在不同的发育阶段,甚至同一发育阶段的不同器官对药剂有不同的反应。一般在植株生长旺盛的时期,施用浓度应降低,多在 100 mg/L 以下;而对于休眠部位,如种子、休眠芽等,施用浓度可高一些。

另外,大部分植物生长调节剂在高温、强光下易挥发、分解,所以环境因素对药效影响很大。施用时间夏季一般在上午 10:00 时前,下午 4:00 时后。在一定限度内,随着温度升高,植物吸收药剂增加;但如果温度过高,植物生长调节剂将会失去活性。高湿度也可促进药剂吸收,但如果喷药后遇到降雨应及时补喷。

6. 注意正确诊断

早春时因地温低,蹲苗时间长,植株根系活动弱,黄瓜、番茄易产生严重的花打顶和沤根现象。此时如果盲目大量喷施保花保果类植物生长调节剂,用以刺激植物生长,会加重花打顶、沤根等生理障碍。

7. 先试验,再推广

一般先做单株或小面积试验,再中试,最后才能大面积推广。不可盲目草率地推广,否则一旦造成损失,将难以挽回。

8. 消除激素万能的错误思想

虽然激素能够在一定程度上调节蔬菜的生长快慢以及开花结果,但其只能起到辅助的作用。要想从根本上控制蔬菜的生长和开花结果,要应用合理的栽培管理技术措施。另外,蔬菜上大量使用植物激素也不符合蔬菜无公害生产的要求。

任务 2.4 病虫害防治

蔬菜的品种繁多,复种指数高,常年种植给病虫害的繁殖和传播提供了良好的寄主,因此蔬菜病虫害较多,生产中应贯彻“预防为主,综合防治”的植保方针,突出“预防为主,防治结合”的原则,以农业防治和生物防治为主,结合物理防治和化学防治。

活动 1 农业防治

通过耕作栽培措施或利用选育抗病、抗虫作物品种防治有害生物的方法。其特点是:无须为防治有害生物而增加额外成本;无杀伤自然天敌、造成有害生物产生抗药性以及污染环境等不良副作用;一般具有预防作用;应用上常受地区、劳动力和季节的限制,效果不如药剂防治明显易见。

1. 及时清园,建立良好的耕作制度

蔬菜收获后要及时清除留在菜地的残枝败叶,铲除田边、沟边、路边的杂草,清理出来的残枝败叶及杂草要集中烧毁处理。

蔬菜的连作会导致同种病菌或害虫逐年增多,发病早而重,轮作换茬、水旱轮作对恶化病虫害生存环境，预防病虫发生，减轻损失有显著效果，尤其对土传病害效果更佳。生产上提倡十字花科蔬菜与豆类、瓜类轮作，茄果类与葱蒜类、薯芋类轮作，或者前茬种水稻后茬种蔬菜，以减少同类病害的发生。不同蔬菜的合理间套种也可有效防止土传病害。南方地区春夏季节雨水多，实行深沟高畦种植有利于大雨过后的排水，减少病菌侵染机会。

2. 选用抗病虫的优良品种

针对当地蔬菜生产中的主要病虫害，选择抗病、耐病的优良品种。利用品种的自身抗性抵御病虫为害。多年来，我国各地的科研育种单位选育、推广了各种蔬菜的抗病品种，如现在普遍种植的津春系列黄瓜品种、秦白系列大白菜品种，都表现出很好的抗病虫能力。

3. 进行种子及土壤消毒

有些病害和虫害可通过种子带菌或蛀入种子内传播，因此要选择颗粒饱满无虫口的种子进行播种育苗。带病菌的种子可通过种子消毒杀死附在种皮上的病菌，有虫口的种子可通过人工选种及温汤、药物浸种来消灭害虫。种苗的消毒处理也很重要，在幼苗出圃前1周内连续喷施2次防病虫的药液可减少幼苗种植大田后的发病率。播种、种植前将土地曝晒，前茬根系及土传病害严重的要进行药剂消毒，减少病虫为害。

4. 应用嫁接育苗技术

将品质优、价值高的蔬菜品种嫁接到抗病力强、适应性广的作物上，能大大提高蔬菜的抗病力。如把黄瓜幼苗嫁接到抗性强的黑籽南瓜苗上，可减轻黄瓜枯萎病、青枯病的发生。目前，黄瓜、甜瓜、西瓜、番茄、辣椒、茄子等土壤传播病害发生较严重的蔬菜利用嫁接防止病害发生的技术应用越来越广泛。

5. 实行科学的田间管理

通过科学的田间管理，如控制温度湿度条件、合理安排播种期、改善田间小气候、合理的植株调整、科学的施肥技术、地膜覆盖、土壤管理等措施。一是创造有利于蔬菜生长发育的环境，保持蔬菜较强的生长势，增强抗性；二是控制环境中的温度、水分、光照等因素，创造不利于病虫害发生和蔓延的条件。

活动2　生物防治

生物防治是利用生物或其代谢产物控制有害物种群的发生、繁殖或减轻其为害的方法，一般是指利用有害生物的寄生性、捕食性和病原性天敌来消灭有害生物。生物防治具有不污染环境、对人和其他生物安全、防治作用比较持久、易于同其他植物保护措施协调配合并能节约能源等优点，已成为植物病虫害和杂草综合治理中的一项重要措施。常用的生物防治方法有3种：一是利用害虫的天敌防治，如用丽蚜小蜂防治温室白粉虱；二是利用生物制剂防治，如印楝素、苦参碱、细菌农药Bt制剂、抗病毒制剂等防治某些病虫害；三是利用农用抗生素防治，如虫螨克乳油、农用链霉素、新植霉素等。

活动3　物理防治

物理防治是利用简单工具和各种物理因素（如光、热、电、温度、湿度、放射能、声波等）防治病虫害的措施。常见的有人工摘除、种子热力消毒、防虫网覆盖、黄板诱蚜、灯光诱杀某些成虫等，近年来频振式光波杀虫灯、黑光灯和高压电网灭虫器应用广泛。

活动 4 化学防治

化学防治即利用化学农药进行病虫害防治。目前化学农药在蔬菜产品上的残留以及环境污染问题日益受到关注。为保证蔬菜的无公害生产，在进行化学防治病虫害时，应注意以下几点：一是严格控制农药品种，严禁在蔬菜上使用高毒、高残留农药，选用对栽培环境无污染或污染小的药剂类型；二是适时防治，根据蔬菜病虫害的发生规律，在关键时期、关键部位喷药，减少用药量，注意农药安全间隔期；三是合理用药，掌握合理的施药技术，严格控制施药次数、浓度和施用量，避免无效用药或者产生抗药性。

案例

西瓜植株调整技术

西瓜整枝主要是让植株在田间按一定方向伸展，使蔓叶尽量均匀地占有空间，以便形成合理的群体结构。整枝方式因品种、种植密度和土壤肥力等条件而异，有单蔓、双蔓、三蔓和留蔓整枝等。

一、单蔓整枝

只保留 1 条主蔓，其余侧蔓全部摘除。由于其长势旺盛，又无侧蔓备用，故对技术要求较高。采用单蔓整枝，通常果实稍小，坐果率不高，但成熟较早，适于早熟密植栽培。进行高密度栽植的优点为利用肥水比较经济，西瓜果实重量占全部植株重量百分比高；缺点是费工，植株伤口较多，易染病，易形成空蔓。

二、双蔓整枝

保留主蔓和主蔓基部 1 条健壮侧蔓，其余侧蔓及早摘除。当株距较小、行距较大时，主、侧蔓可以向相反的方向生长；当株距较大、行距较小时，则以双蔓同向生长为宜。采用双蔓整枝叶数较多、叶面积较大，雌花较多，主、侧蔓均能坐瓜，果实较大。

三、三蔓整枝

除保留主蔓外，还要在主蔓茎部选留 2 条生长健壮、生长势基本相同的侧蔓，其他的侧蔓予以摘除。三蔓整枝又可分为老三蔓和两面拉等形式，老三蔓是在植株基部选留 2 条健壮侧蔓，与主蔓同向延伸；两面拉即 2 条侧蔓与主蔓反向延伸。三蔓整枝管理比较省工，植株伤口少，一旦主蔓受伤或坐不住瓜时，可再选留副蔓坐瓜。同时只要密度适宜，有效叶面积大，同样的品种三蔓要比单蔓和双蔓整枝结瓜多或单瓜重量大、产量高。三蔓整枝叶数多，叶面积大，雌花多，坐瓜节位选瓜的机会多，瓜大，是露地栽培和晚熟品种常用的整枝方法。缺点是不宜高密度栽植，瓜成熟较晚。

四、留蔓整枝

当主蔓长到 30 cm 左右时，选对称 2 个节位留 2 个侧蔓，在这之前的侧蔓应全部除掉。这种整枝方法形成的新的主蔓和侧蔓分明，主蔓生长粗壮有力，2条侧蔓不结瓜，主要是进行光合作用制造养分，雌花开放时幼瓜大、瓜蒂长而粗，花冠大且雌蕊壮，瓜形端正、瓜个大，产量高。另外还有一种整枝方法是当主蔓长到20～30 cm时从根部掐掉，选留2个侧蔓，利用侧蔓结瓜。该方法在初期表现为植株生长较弱，但后期长势强劲有力，抗病性强，结瓜大而均匀、产量高；缺点是成熟较晚。

项目4拓展资料

项目5
果树生产技术

任务1 实生苗的繁育

实生苗是指用种子播种培育而成的苗木，主要用于果树苗木嫁接和杂交育种，也可作为果苗。实生苗的特点有：种子来源广，繁殖系数高，繁育方法简单；主根明显，根系发达、生长强健，抗逆性强；具有明显的童期，进入结果期较迟，不宜直接用于果树生产；种子繁殖的实生苗存在较强的变异性和明显的性状分离现象，可利用变异性和分离现象选育优于亲本的子代；有些果树存在多胚现象。如柑橘和杧果种子，均存在杂种胚和多个珠心胚。珠心胚发育成的新生系除能保持母本特性，甚至比母本具有更多的优良性状外，新生系还不带病毒，可以用于无病毒苗木的繁殖。

学习目标

知识目标

1. 了解果树砧木种子成熟的基本知识和种子生活力测定的基本原理。
2. 掌握果树砧木种子的层积处理方法。
3. 掌握果树砧木苗培育的基本理论与基本知识。

能力目标

1. 能进行果树砧木种子采集。
2. 能进行实生苗培育的全过程操作与管理。

素质目标

1. 具有严谨求实、开拓创新的意识。
2. 具有团结协作、勇于担当的精神。

学习内容

任务1.1 种子的采集和处理

活动1 采集种子

(一)果实的采集

采集种子应选择丰产、稳产、质优、品种纯正、无病虫害的成年母株,从其上采集果实。

有些果树种子,其生理成熟和形态成熟在时期上几乎是一致的。生产上所说的成熟是指形态成熟。一般果实从绿色变成其固有的色泽;果肉变软;种子含水量减少,充实饱满,种皮色泽加深即表示达到成熟期,也就是已经到了采收期。有些果树种子形态成熟之后,隔一定时期才能达到生理成熟。还有的树种,种子形态成熟的时候,胚还没有成熟,需在采收后再经过一段后熟期,种子才有发芽能力。过早采收,种子尚未成熟,种胚发育不全,贮藏养分不足,生活力弱,发芽率低。主要果树砧木种子采收期、层积天数和播种量见表5-1。

表5-1 主要果树砧木种子采收期、层积天数和播种量

砧木名称	采收时期/月份	层积天数/d	层积要求	粒数/kg	播种时期/月份	播种量/(kg/hm²)	嫁接树种
枳壳	10—11		沙藏	4 400~6 000	2—3 7—8(嫩青)	450~600	柑橘
豆梨	8—9	30~50	0~5 ℃	8 000~9 000	2—3	7.8~22.5	梨
砂梨	8—9	—	0~5 ℃	20 000~40 000	2—3	20~30	梨
毛桃	7—8	80~100	沙藏	300~400	10—11, 2—3	450~600	桃、李
野生板栗	9—10	100~150	沙藏 0~5℃	120~300	2—3	1 500~2 250	板栗
君迁子	11	30~50	0~5℃	3 500~8 000	2—3	45~150	柿
枣	9	60~120	0~5℃	2 000~2 600	2—3	120~150	枣
甜樱桃	6—7	150~180	0~5℃	10 000~16 000	2—3	112.5~150	樱桃
枇杷	5—6	种沙 1:2		500~600	随采随播	750~1 125	枇杷
杨梅	6—7	150~180	沙藏	1 000~2 000	10 3	2 250~3 750	杨梅

(二)取种

从果实中取种的方法可根据果实利用特点而定。果肉有利用价值的果实,结合加工取种。但在加工过程中严禁用45 ℃以上温度处理,否则生活力和发芽率会大大下降。果肉没有利用价值的果实,如枳壳、毛桃、山桃、君迁子等,多用堆沤取种,板栗种子怕冻、怕热、怕风干(干燥),堆放过程中要根据堆内的温湿度适当洒水,待刺苞开裂,即可脱粒,脱粒后窖藏或埋于湿沙中。种子堆积过程中要注意堆积的温度不要超过70 ℃,并经常翻

种子的采集

动、查看，防止发热与发霉。果皮软化后，用竹筒或木棒轻轻挤压，取出种子，用清水淘洗后再用草木灰搓揉，或用温水洗涤 2～3 次，漂除残留果肉和果胶质、蜡质，然后铺在竹、木板或帆布上晾干，切忌曝晒。待搅动种子略有响声时去除种子中的夹杂物和空瘪粒，再用纸箱或麻袋包装。

活动 2 种子的调制与生活力测定

(一)种子干燥与分级

从肉质果实中取出的种子含水量高，不宜在阳光下曝晒。应在通风良好的地方摊放阴干，待达到安全含水量时进行贮藏。

种子贮藏前要进行净种和分级。净种是为了去掉混杂在种子中的杂物，如鳞片、果柄、枝叶碎片、土块、异类种子，为种子的运输、贮藏创造良好的条件。净种通常根据种子和夹杂物的比重和大小不一，采用风选、筛选、水选等方法。

净种后将种子按大小、饱满程度或重量进行分级。通常分为大、中、小三级。大粒种子人工选择分级，中、小粒种子可用不同的筛孔进行筛选分级。

(二)种子生活力鉴定

经过分级的种子，在种子贮藏前、播种前或购种时，均需要对种子进行质量检验，以确定种子的使用价值。检验的项目主要有种子的净度、纯度、生活力。检验生活力的方法有目测法、染色法和发芽试验法。

1. 目测法

凡种粒饱满，种皮有光泽，种粒重而有弹性，胚及子叶呈乳白色的，为有生活力的种子。核果类种壳坚硬，应检查胚及子叶的状况，然后计算有生活力种子的百分比。

2. 染色法

常用的染色试剂有靛蓝胭脂红、红墨水、曙红和四氮唑。根据胚及子叶染色情况判断。

用红墨水染色：先将种子浸水 1～2 d，待种皮柔软后剥去种皮，用 5%～10%红墨水染色 6～8 h，染色后用水漂洗，检查染色情况。凡胚和子叶没有染色的或稍有浅斑的，为有生活力的种子；胚和子叶部分染色的为生活力较差的种子；胚和子叶完全染色的，为无生活力的种子。最后计算各类种子的百分比。

3. 发芽试验法

用一定数量种子，在适宜条件下使其发芽，根据发芽种子占供检种子的百分比确定种子生活力。

活动 3 种子的贮藏

(一)种子的贮藏

一般果树砧木种子贮藏期间的空气相对湿度宜保持在 50%～80%，气温 0～8 ℃为宜。贮藏大量种子时，应注意种子堆内的通气状况，通气不良时会加剧种子的无氧呼吸，积累大量的二氧化碳，使种子中毒。特别是在温度、湿度较高的情况下更要注意通气和防止虫害、鼠害。

(二)种子的休眠和层积处理

1. 种子的休眠和后熟

种子休眠是果树在长期系统发育过程中形成的一种特性和抵御外界不良条件的适应能力。北方落叶果树的种子大都有自然休眠特性。果树种子在休眠期间,经过外部条件的作用,种子内部会发生一系列生理、生化变化,从而进入萌发状态,这一过程称为种子后熟阶段。解除种子休眠需要综合条件和一定的时间。已经后熟的种子吸水后,如遇不良环境条件可再次进入休眠状态,称为二次休眠或被迫休眠。

落叶果树的种子必须通过自然休眠才能在适宜的条件下发芽。常绿果树的种子多数没有或有很短的休眠期,采种后稍晾干,立即播种即可发芽;少数常绿果树种子有休眠期。

生产上使种子完成后熟的方法:一是秋季播种,种子在田间自然条件下通过休眠;二是春季播种,播种前需进行人工处理,最常用最有效的方法是层积处理。

2. 种子的层积处理

种子层积处理是指落叶果树种子在适宜的外界条件下,完成种胚的后熟过程和解除休眠促进萌发的一项措施。因处理时常以河沙为基质与种子分层放置,故又称沙藏处理。层积处理都在秋、冬季节进行。多数落叶果树需要在 2～7 ℃的低温、基质湿润和氧气充足的条件下,经过一定时间完成其后熟阶段。

层积期间,有效最低温度为－5 ℃,有效最高温度为 17 ℃,超过上限或下限种子不能发芽而转入二次休眠。种子层积需要良好的通气条件,降低氧气浓度也会导致二次休眠。层积后熟时间长短主要由不同树种的遗传特性所决定,但也与层积前贮藏条件有关。

层积前,将精选的种子用清水浸泡 1～3 d,每日换水并搅拌 1～2 次,使全部种子都能充分吸水。河沙要洁净,小粒种子河沙用量为种子体积的 3～5 倍,大粒种子为 5～10 倍。基质湿度对层积效果有重要作用,通常沙的湿度以手握成团而不滴水(约为最大持水量的 50%)为宜。

种子的层积处理一般在露天进行。方法是:在地形较高、排水良好的背阴处,挖一东西向,深宽均为 60～100 cm 的层积沟,长度随种子的数量而定。层积时,先在沟底铺 5～10 cm 的湿沙,然后将种子和湿沙混合均匀或分层相间放入,至离地面 10～20 cm 为止,上面再铺 10 cm 厚的湿沙,然后盖上一层稻草或薄膜,最后覆土,成屋脊形。层积沟的四周要挖排水沟,以防积水。另外,最好沿沟长方向,每隔 1～2 m 竖插一束从沟底到沟顶的秸秆或通气管,作为通气孔道(图 5-1、图 5-2)。层积完毕后,需挂好标签,注明种子名称、数量、来源及层积日期、操作人,并做好记录。

种子的层积处理也可在室内进行,要求层积期间室内温度在 2～7 ℃,选择平整、干燥且通气排水良好的地面,可以是水泥地面,也可以是砖石或坚实土壤地面。在地面先铺 5～10 cm 粗湿沙,再将种子与沙混合放置其上,其他要求与室外一致,但不要堆积过高,最好不要超过 60 cm,否则不方便层积期间的管理(图 5-3)。

层积期间应检查 2～3 次,并上下翻动,以便通气散热;如沙子变干,应适当洒水;发现霉烂种子应及时挑出;春季气温上升,应注意种子萌动情况,如果距离播种期较远而种子已萌动,应立即将其转移到冷凉处,延缓萌发。另外,应注意防止鼠害。

种子的贮藏与层积处理

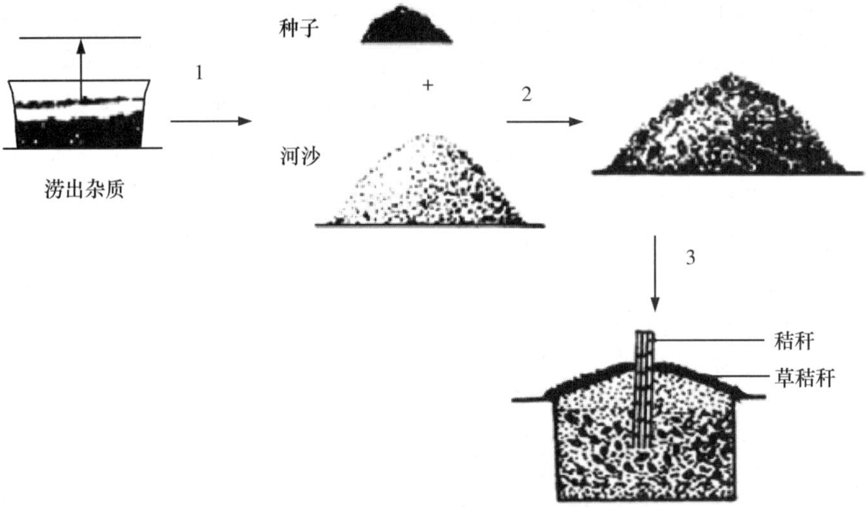

图 5-1　种子层积处理过程

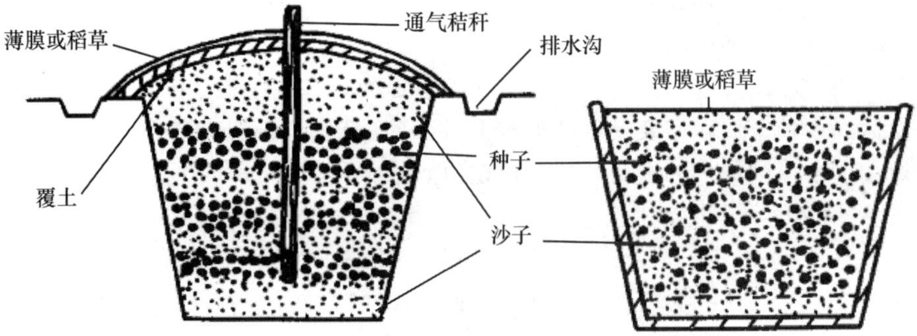

图 5-2　室外挖沟种子层积处理剖面图

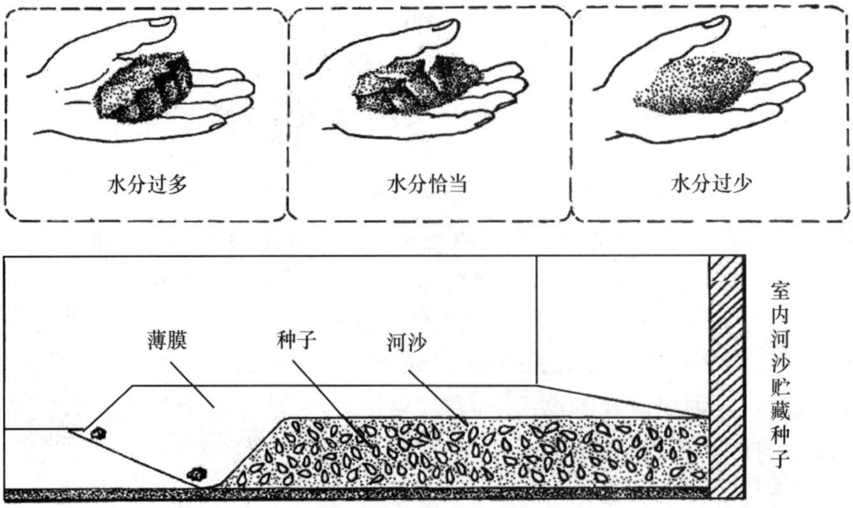

图 5-3　室内种子层积处理

任务1.2 苗床准备

活动1 土壤消毒

苗圃地下害虫对幼苗危害较大，在整地时对土壤进行处理，可起到事半功倍的效果。在病害中，以纹枯病、猝倒病、根腐病等病害危害较大。地下害虫中，蛴螬、地老虎、蝼蛄、金针虫等危害比较严重。常用土壤消毒药剂如下。

1. 福尔马林

40%的甲醛溶液称为福尔马林，用量为 50 mL/m²，稀释 100～200 倍，于播种前 10～20 d 喷洒在苗床上，用塑料薄膜覆盖严密，播前 1 周掀开薄膜，并多次翻地，加强通风，待甲醛气味全部消失后播种。或每立方米基质用 400～500 mL 甲醛，50～100 倍液，均匀撒拌，用塑料薄膜覆盖 2～4 h，然后揭开，经 3～4 d 使用。防治纹枯病、褐斑病、角斑病、炭疽病效果良好。此药的缺点是对许多土传病害如枯萎病、根癌病及线虫等，防治效果较差。

2. 硫酸亚铁

用 3%溶液处理土壤，每平方米用药 0.5 kg，也可与基肥混拌使用。可防治纹枯病，桃、梅缩叶病，兼治缺铁引起的黄化。

3. 五氯硝基苯

每平方米苗圃地用 75%五氯硝基苯 4 g、代森锌 5 g，混合后再与 12 kg 细土拌匀。播种时下垫上盖，防治炭疽病、纹枯病、猝倒病、菌核病等有特效。

4. 代森铵

代森铵杀菌力强，能渗入植物体内，在植物体内分解后仍有一定肥效。用 50%的水溶代森铵 350 倍液，每平方米苗圃土壤浇灌 3 kg 稀释液，可防治黑斑病、霜霉病、白粉病、纹枯病等多种病害。

5. 其他药剂

如用 50%多菌灵或 70%甲基托布津或 50%福美双，每亩地表喷撒 5～6 kg，翻入土壤，可防治病害。每亩用 50%辛硫磷 300 mL 或 40%甲基异硫磷 250 mL 拌土 25～30 kg，撒施于地表，然后耕翻入土，防治害虫。

活动2 整地作床

(一)整地

整地前，要先清理圃地，除去影响种子发芽的杂草、残根、石块等杂物。然后进行耕翻，耕翻多在春、秋两季，耕翻次数最好三耕三耙，大部分地区在秋季深耕一次，春季播种前浅耕一次。耕翻深度以 25～30 cm 为宜。

(二)施入基肥

基肥最好在整地前施入，即在土地耕翻前地表施放，耕翻时与土壤混合翻入下层，有利于培肥地力。基肥也可在作床后施入床面，翻入土壤。每亩施用2 500～4 000 kg腐熟有机肥，同时混入过磷酸钙25 kg，草木灰25 kg，或复合肥、果树专用肥。缺铁土壤，每亩施入硫酸亚铁10～15 kg，以防苗木黄化病的发生。

(三)整地作床

土壤经过耕翻平整，即可作床，播种床分为高床、平床和低床。降水量大，地下水位高的地区宜做高床，一般床面宽1 m、长10 m左右，步道宽30 cm，床面高出步道15～20 cm。步道同时也是厢沟，连接播种区四周的沟，便于排水防涝。

任务1.3 播种

活动1 种子催芽

厚壳或难以发芽的种子可用浸水或施加外力的办法，使皮壳裂开或破碎(不损伤种仁为度)；未层积的种子可用清水浸种1～2 d后放入1～5 ℃环境中处理15～20 d，打破休眠，然后催芽。催芽的方法也可分为低温层积催芽、变温层积催芽和高温催芽。生产上常用浸种催芽。

1. 冷水浸种

核桃、桃等大粒种子，可放入冷水中浸泡5～7 d，每天换水一次，以供给种子必需的氧气，排出有害的二氧化碳气体，然后捞出种子曝晒2～3 h。以后每浸泡1 d，曝晒2～3 h，这样反复进行，有40%～50%的种壳开裂即可播种。

2. 两开一凉热水浸种

大小粒种子均可放入两份开水兑一份凉水的热水中，不断搅拌，水温降至室温时停止搅拌，继续浸泡，每天换水一次，2～3 d后捞出，移到温度适宜的地方催芽。有10%～20%的小粒种子露白或大粒种子种壳开裂时，即可播种。

3. 开水烫种

开水烫种又称变温浸种，适于大粒种子。先把种子倒入开水中烫种并不断搅拌，5 min后立即捞出倒进冷水中浸泡，每天换水1次，2～3 d捞出种子催芽，部分种壳开裂即可播种。

活动2 播种

(一)确定播种时期

果树砧木种子的播种时期，有春播、秋播和采青果取种播种3种。主要采用春播和秋播，根据当地的土壤、气候条件和砧木种类来决定。

春播在初春土壤解冻后进行，是生产上常用的播种季节，通常在2月下旬至3月份进行。其优点是种子在土壤中停留的时间短，可以减少鸟、兽、病虫等为害。同时春播地表不发生板结，便于幼苗出土，适时春播，幼苗不易受低温、霜冻等自然灾害，但要注意种子出土所需天数，方可正确掌握播种的迟早。

秋播是秋末初冬地表尚未结冻之前播种，通常在10月下旬至12月上旬进行。其优点是种子在地里越冬，不必进行层积和催芽处理，第2年出土早且整齐。冬季风大、严寒，干旱地区土壤黏重地块和容易受冻害的种子不宜秋播。多用于发芽慢的或种皮坚硬的核果类大粒种子，如核桃、山桃、杏等种子。

对于不需层积贮藏的种子，可随采随播，如柑橘常用砧木枳壳，一般可在7月下旬至8月中旬，播后保温遮阴，发芽率可达90%，生长120 d左右时苗高可达18 cm左右。

(二)选择播种方法

播种方法有条播、点播和撒播。

1. 条播

条播多采用宽窄行播种，一般仁果类果树床宽100～120 cm，宽行40～50 cm，窄行20 cm，边行距床边至少10 cm；核果类宽行50～60 cm，窄行30 cm，床宽120 cm为宜。

播种时先按行距开沟，大粒种子宜深，小粒种子宜浅；土壤疏松的应深，土壤黏重的要浅。

2. 点播

按一定的株行距挖小穴将种子点种于穴内。点播多用于核桃、杏、桃、板栗等大粒种子。一般行距30 cm、株距15～20 cm。

3. 撒播

将种子均匀撒在床面上，然后撒土覆盖种子的播种方法。撒播适用于小粒种子和极小粒种子苗床密播，如杜梨、猕猴桃等种子。

播种覆土厚度一般为种子直径的1～3倍。在这一范围内，如果种子大，气候干燥、沙质土壤可深播；种子小、气候湿润、黏质土可浅播。秋播比春播深。在实际生产中，草莓、猕猴桃、无花果等种子播后不覆土，只需稍加镇压或覆以微薄细沙土，不见种子即可。

任务1.4　播种后管理

活动1　覆盖与喷水

播种后一般要进行覆盖，以防止土壤板结，保湿保温，防鸟害。也有利于提高发芽率，缩短出苗期。生产上常用薄膜、稻草或其他秸秆作覆盖物。播后至种子萌发前后需要保持土壤湿度，必要时需要喷水，喷水方式以喷灌和滴灌最好。

活动2　揭覆盖物

当幼苗有1/2以上萌芽出土后，应在傍晚或阴天分2～3次揭除覆盖物，过早揭除不利于出苗，过晚易造成幼苗弯曲，影响幼苗生长和苗木质量。

活动3　间苗与移栽

幼苗出土出现疏密不匀现象时，要及时去密留稀，去劣留优，去除病虫小苗。间苗与移栽是同时进行的，第一次间苗在幼苗长出2～3片真叶时进行，第二次在第一次之后20 d左右进行，并按株行距进行定苗移栽。间苗移栽后要立即灌一次透水。

活动4 断根

断根主要是指切断幼苗的主根。在苗高15～20 cm时，用小利铲在离苗10 cm左右倾斜45°角插入土中，切断主根。

活动5 中耕除草

幼苗出土后以及整个生长期间，要及时松土除草，做到圃地疏松无杂草，为苗木生长创造良好的环境条件。

活动6 追肥

播前要施足基肥，在此基础上根据苗木种类的生长特性，及时追施适宜的肥料，一般不少于2次土壤追肥。第一次土壤追肥在5—6月份，每亩施用尿素8～10 kg；第二次土壤追肥在7月初，每亩施用复合肥10～15 kg。

叶面喷肥每7～10 d 1次，生长前期喷0.3%～0.5%的尿素；8月上中旬以后喷0.5%的磷酸二氢钾。或交替使用有机腐殖酸液肥、氨基酸复合肥、光合微肥等叶面肥。

活动7 病虫害防治

发现病苗要立即拔除，并迅速带离苗圃，集中烧毁或深埋。发现幼苗被地下害虫为害，可用辛硫磷等药剂灌根处理，每亩用50%辛硫磷250 mL加水500～650 kg灌根；或用50%碘依可酯1 000～1 500倍液灌根。对地老虎、蝼蛄等地下害虫，可采用地面诱杀，可用嫩草、鲜菜叶切碎加90%晶体敌百虫按10∶1的比例混合，于傍晚撒施于苗圃内诱杀。还可利用趋光性进行黑光灯诱杀成虫。

对于幼苗根部病害采用铜铵合剂防治效果较好。配制方法是：将硫酸铜2 kg、碳酸铵11 kg、熟石灰（氢氧化钙）4 kg，混匀后密闭24 h，使用时取1 kg，加水400 kg，喷洒病苗及土壤。

苗期蚜虫可用黄板进行物理防治，也可选用10%吡虫啉3 000～5 000倍液、20%甲氰菊酯3 000倍液等进行药剂防治。

生产链接

桃砧木苗培育

目前，桃主要采用嫁接繁殖，少数地区采用实生繁殖、扦插繁殖也能成功。

（一）砧木种类

桃广泛应用的砧木是山桃和毛桃，杏、李、扁桃、毛樱桃、寿星桃、欧李等可以做桃的砧木。

1. 山桃

山桃新梢纤细，果实小，7—8月份成熟，不能食用，出种率35%～50%，每千克种子300～600粒。山桃的适应性强，耐旱，耐寒，较耐碱，但不耐湿，在地下水位高的地方有黄叶现象，并易得根瘤病和颈腐病，山桃嫁接亲和力强，容易成活，生长好，是华北、西北、东北以及河南、山东等地桃树的主要砧木。

2. 毛桃

新梢绿色或红褐色，果实较大，8月份成熟，可以食用，但品质差，果实出种率15%～30%，每千克种子200～400粒，毛桃适应性较强，耐旱，耐寒，耐湿，但不能积水，嫁接的亲和力强，生长快，结果早，果实品质好，是温暖多雨的南方桃区和气候干旱的西北、华北地区的适宜砧木。

(二)砧木种子的采集与处理

7—8月份，当山桃、毛桃等砧木果实成熟时，即可采摘，山桃果实采摘后，可用堆积软化水洗法取种、晾干、去杂后贮藏备用，毛桃可鲜食，可取种，也可加工收集种子，洗净晾干。

桃的砧木种子必须经过一定时期的后熟，解除休眠才能萌发。生产上最可靠的办法是沙藏层积处理，来不及层积的种子，播种前可用两开一凉热水浸种，也可以用开水烫种，浸泡2～3 d，催芽播种。

层积或浸种后的种子，要在春季播种前催芽。将种子拌少量的湿沙，放在背风、向阳、温暖的地方，白天用塑料薄膜扣好，夜间增加覆盖物保温，温度保持在15～20 ℃，每天翻动1～2次，有20%的种子发芽即可播种，种子不拌沙直接放在温暖地方催芽也行，但要注意每天早晚用清水冲洗种子，排出二氧化碳，以防霉变。

未经催芽或虽经催芽，但尚未萌发的种子，可以轻轻地敲开种壳，取出种仁，同时淘汰那些失去发芽能力的种子，取仁播种发芽率高，但有时苗子较弱。

(三)整地播种

苗圃地要深翻，并施足基肥，整地后通常作平畦播种即可，低洼易涝地区可用高畦或高垄育苗。

桃砧木种子播种时期分秋播和春播两种，秋播在11—12月份进行。种子不需要层积处理，但由于种子外壳坚硬，需水较多，播种前要进行浸种，浸种的方法是将种子放在凉水中浸泡3～5 d，经常搅动，每天换水1～2次，也可以将种子装入麻袋浸泡在流动的河水中3～5 d。秋播的种子出苗早，幼苗生长快，抗病力强，春播的种子发芽迅速、整齐，出苗率较高，但由于播种晚，幼苗出土迟，前期生长较弱。

播种前要灌足底水，水渗下1～2 d将畦面整平耙细，开沟播种，一般行距50～60 cm，每亩出苗5 000～8 000株。为了充分利用土地，增加单位面积出苗量，可以采用宽窄带状条播，宽行50～60 cm，窄行20～30 cm，每畦四行，每亩出苗10 000株左右。播种深度3～5 cm，每亩播种30～50 kg，播种后要及时覆土镇压。为了减少土壤水分蒸发，防止土壤板结，提高地温，畦面应覆盖0.5～1 cm的细沙或覆盖一层地膜。采用地膜覆盖育苗，可在播种前10～15 d盖好地膜，以提高地温，播种时按穴距在地膜上抠一小孔点播，覆盖湿土，快速育苗还可以加扣薄膜。

在土壤、气候条件较差，幼苗出土困难或来不及整地施肥时，可以采用类似育秧的办法集中育苗，然后定植于苗圃。

(四)砧木苗的管理

1. 撤除覆盖物

先播种后覆盖地膜的苗圃地要经常检查，幼苗出土后及时撕破地膜，让苗露于膜外，以防幼苗弯曲、黄化或干枯，集中育苗的苗床，幼苗部分出土后，要及时地撤除地膜，无论哪种方法育苗，加扣小棚膜的要先通风，待幼苗适应外界环境后，才可将棚膜撤除，注意撤除棚膜工作最好在阴天或傍晚进行。

2. 间苗与定苗

幼苗长出2～3片真叶时进行间苗，疏去密、弱小和受病虫为害的幼苗，及时在缺苗的地方进行移植补苗。细苗长至4～5片真叶时，按10～20 cm株距定苗，苗床集中育苗的，在幼苗长出1～2片真叶时即可定植于圃地。

3. 土壤管理

间苗、定苗要结合中耕除草，防止幼根裸露，漏风死苗，移植补苗要及时灌水，以利于幼苗成活。幼苗长至5～7片真叶时，要控制灌水，进行蹲苗，防止徒长。5—6月份，幼苗生长较快，天气比较干旱，必须注意灌水。结合灌水追肥1～2次，每亩每次施尿素5～10 kg，如果苗木细弱，7月上旬可再追施一次。

春季中耕能提高地温，有利于幼苗的生长，雨后、灌水后及时中耕，可以防止土壤板结和杂草丛生，中耕深度3～5 cm为宜，前期宜浅，后期可适当加深。

桃砧木苗培育

4. 摘心和副梢处理

桃砧木苗生长较快，且容易发生副梢，嫁接前1个月左右，苗高30 cm时，要进行摘心，促使其加粗生长，苗干距地面10 cm以内发生的副梢，应留基部叶片及早剪除，以利嫁接，其余副梢则应全部保留，以扩大叶面积，增加养分积累。

5. 病虫害防治

春季幼苗容易发生纹枯病和猝倒病，特别是在低温高湿的情况下会造成大量死苗，防治方法为幼苗出土后，地面撒粉或喷雾进行土壤消毒，施药后浅锄。如遇发病，要及时拔除病株，并在苗垄两侧开浅沟，用硫酸亚铁200倍液或65%的代森锌可湿性粉剂500倍液灌根。

任务2 嫁接苗培育

嫁接是将一种植物的枝或芽接到另一种植物的茎(枝)或根上，使之愈合生长在一起，形成一个独立植株的繁殖方法，是营养繁殖的方法之一。供嫁接用的枝、芽称为接穗或接芽，承受接穗或接芽的植株(根株、根段或枝段)称为砧木。用一段枝条作接穗的称为枝接，用芽作接穗的称为芽接。通过嫁接繁殖所得的苗木称为嫁接苗。

学习目标

知识目标

1. 了解嫁接的基本理论与基本知识。
2. 理解影响嫁接成活的因素。
3. 掌握嫁接苗的培育程序。

❖ 能力目标

1. 能进行嫁接的操作。
2. 能进行嫁接苗的培育管理。

❖ 素质目标

1. 具有严谨求实、开拓创新的意识。
2. 具有团结协作、勇于担当的精神。

生态农业的未来

学习内容

任务2.1　嫁接前的准备

活动1　准备砧木

果树砧木种类很多，各地又有各自适宜的树种。果树常用砧木见表5-2。

表5-2　果树常用砧木

树种	砧木名称	砧木特性
梨	豆梨	抗腐烂病能力强，抗旱耐涝、较耐盐碱，适应黏土或酸性土壤，较喜温暖湿润的气候，是长江流域及以南各省的主要砧木
	砂梨	砂梨实生苗根系发达，苗干发育好，抗涝能力强，耐湿热；较耐干旱，在长江流域及以南用其作砧木
柑橘	枳	须根发达，耐寒性、抗旱性强，嫁接亲和力强，对环境适应能力强，早果丰产；抗脚腐病、线虫病，抗天牛，是柑橘的主要砧木
	枳橙	根系发达，早果丰产；对土壤适应性强；抗旱，耐寒比较差；抗脚腐病、纹枯病
葡萄	贝达	抗寒，结果早，扦插易发根，嫁接亲和力良好
桃	毛桃	根系发达，生长旺盛，抗旱耐寒，耐高温；嫁接亲和力强，生长快，结果早；南方各地使用广泛，树体寿命较短
樱桃	考特	甜樱桃矮化砧木，根系发达，抗风能力强；嫁接亲和力强；嫁接甜樱桃品种结果早，丰产；易感根癌病，抗旱性差；适宜在比较潮湿的疏松透气的土壤中生长
板栗	普通板栗	共砧，适应性好
	茅栗	抗湿，耐瘠薄，适应性强，结果早
柿	共砧	适应性好，亲和力强
	君迁子	抗寒，抗旱，耐瘠薄，结果早，亲和力强
枣	野生酸枣	抗旱，抗寒，耐瘠薄，亲和力强

活动2　接穗准备

（1）接穗采集。要从良种母本园或采穗圃采集接穗，无母本园时，应从经营鉴定的优良品种成龄树上采取。严禁从疫区采集或调运接穗。

接穗与砧木的选择与处理

春季嫁接多采用一年生枝，个别树种也用多年生枝，如枣可用 1～4 年生枝。接穗采集应在秋季落叶后至春季萌芽前的休眠期内进行，最好结合冬季修剪采集，选择树冠外围发育健壮、木质化程度高、芽体饱满的一年生营养枝。采集好后，剪去穗条两端芽体不饱满的枝段，每 50～100 根一捆，标明品种、数量，贮藏备用。

夏季嫁接多用当年成熟的新梢，也可用贮藏的一年生枝或多年生枝；秋季嫁接选用当年生长充实的新梢作接穗。生长季嫁接用的接穗，选择树冠外围中上部生长健壮的当年生枝，接穗在清晨或上午进行。

(2)接穗处理。接穗采集后，剪去枝条上下两端芽眼不饱满的枝段，每 50～100 根成捆，标明品种名称，存放备用。生长期的接穗采下后立即剪去叶片，留下与芽相连的一小段叶柄，用湿布等包裹保湿。

(3)接穗贮藏。生长季采集的接穗短期贮藏常用水藏的方法：将接穗基部对齐，捆成小捆(50～100 根)，将其竖立在盛有深 5 cm 左右清水的盆或桶中，放置于阴凉处，避免阳光照射，每天换水 1 次，并向接穗上喷水 1～2 次，这样接穗可保存 7 d 左右。另外还有沙藏、窖藏、冷藏等方法。

休眠期采集的接穗，应在 0～5 ℃的低温，80%～90%的空气相对湿度及适当透气条件下存放。我国中部地区，冬季常用露地挖坑埋藏接穗。

接穗的采集与贮藏

(4)接穗运输。接穗如需远距离调运，应挂好品种标签，50～100 根一捆，用湿纸、湿锯末等保湿材料填充，用塑料薄膜包好，膜的两端留有空隙以便通气和排除多余水分，装箱寄运。

接穗运转，尽量缩短运输时间。夏秋季节运输接穗应特别注意降温、保湿，快装快运，以防腐烂。运到目的地后，立即打开，将接穗用湿沙埋于阴凉处。冬季运输注意保温。运达目的地后，接穗暂时无法使用时，要妥善贮藏。

活动 3 嫁接用具及材料准备

嫁接前要把嫁接使用的工具及材料准备齐全。芽接与枝接的工具和材料主要有以下几种。

(1)芽接的工具与材料。修枝剪、芽接刀、磨刀石、小水桶、包扎材料。

(2)枝接的工具与材料。修枝剪、枝接刀、手锯、劈接刀、镰刀、螺丝刀、磨刀石、水桶、小铁锤、包扎材料。

任务 2.2 嫁接

活动 1 选择嫁接时期

1. 春季

在 3—4 月份进行，多数果树在这一时期都能用枝条和带木质的芽片嫁接，当年可培养成合格的嫁接苗。只要接穗保存良好，处于尚未萌发状态，嫁接时间可以延续到砧木展叶以后，一般在砧木大量萌芽前结束为宜。

2. 初夏

5月中旬至6月上旬砧木和接穗皮层都能剥离时进行芽接，也可用嫩枝进行枝接，当年可培养成苗。

3. 夏秋季节

在7—8月份，日均温不低于15 ℃时进行芽接，我国中部可持续到9月中下旬。接芽当年不萌发，翌年春季剪砧后培养成嫁接苗。

嫁接基本知识

活动2 选择嫁接方法

1. 芽接

芽接分为带木质芽接和不带木质芽接两类。在皮层容易剥离的时期，用不带木质部的芽片嫁接，也可用带有少许木质部的芽片嫁接；皮层不易剥离时，只能进行带木质嵌芽接。

“T”形芽接

(1)“T”形芽接。“T”形芽接又称盾形芽接，是芽接中应用最广泛的一种方法。多用于一年生砧木苗，在砧木及接穗皮层易剥离时进行。接穗是当年生新梢，去掉叶片，保留叶柄。其操作程序如图5-4所示。

①砧木开口。用芽接刀在砧木距地面5 cm左右光滑处横切一刀，宽1 cm左右；再在横切口中间纵切一长1～2 cm的切口，深度均以切断皮层不伤木质部为准，使切口呈“T”形，然后用刀尖左右拔开成三角形开口。

②削取芽片。一只手顺拿握住接穗，另一只手持芽接刀，先自接穗上所选定的芽的上方0.5～0.8 cm横切一刀，深达木质部，宽度为接穗粗度的1/3～1/2，再自芽下方1.0～1.5 cm处斜削入木质部，由浅入深向上推刀，以刚穿过横切口处为止，取下盾形芽片，芽片一般不带木质部。

③插入芽片。用嫁接刀或骨柄将砧木切口皮层向左右轻轻拨开，用左手捏住削好的芽片左右两侧，将芽片尖端插入“T”形切口，顺着“T”形口向下推，使芽片上部横切口与砧木横切口对齐。

④绑扎。用塑料条或专用嫁接绑扎带，从接芽下方向上缠绑直到横切口上方，把切口包严，芽和叶柄外露（当年能萌发的）或不外露（来年才萌发的）均可。将叶柄留在外面，方便检查成活情况。

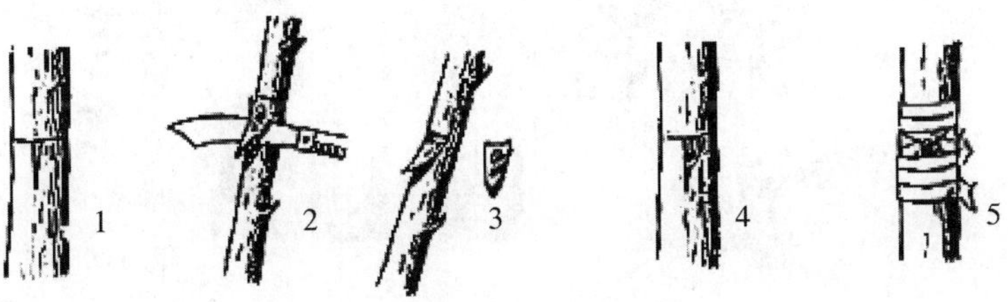

1. 砧木开口　2、3. 削取芽片　4. 插入芽片　5. 绑扎

图5-4 “T”形芽接

(2)嵌芽接。嵌芽接是芽接中应用较多的一种方法，对皮层难以剥离或枝条带有棱角沟纹的栗、枣等树种或砧木较大时，均可采用该方法进行嫁接。其操作方法如图5-5所示。

①削取带木质部盾形芽片。一只手倒拿握住接穗，另一只手持芽接刀，从芽上方1.0～1.2 cm处向下斜削入木质部，长约2 cm，略带木质，不宜过厚，然后在芽下方1 cm处呈30°斜切到第一刀口底部，取下带木质盾状芽片。

②削砧木。在砧木光滑部位，先斜切一刀，再在其上方2 cm处由上向下斜削入木质部，至下切口处相遇，去掉抠出的木质部分，砧木上留一个缺口，其形状与取下的芽片基本一致，只是砧木的长削面比接芽的稍长，宽度一致。

③插芽片。用左手拇指和食指捏住芽片两侧，将取下嵌入砧木缺口内，务必保证一边形成层对齐。砧木缺口上部露出一线白最为适宜。

④绑扎。用塑料薄膜条或专用绑扎带从砧木伤口下方自下而上缠绑至接口上方，绑紧包严。

嵌芽接

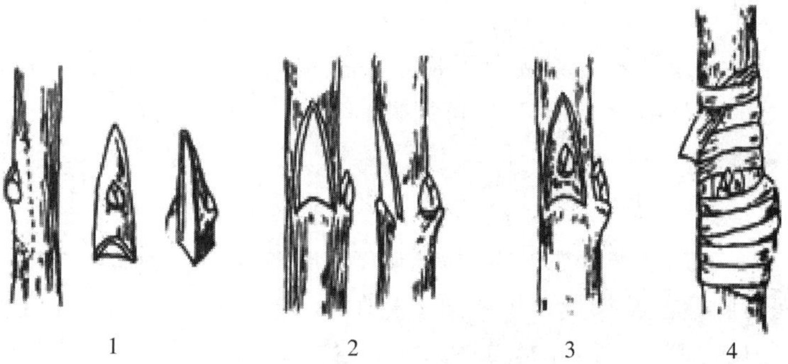

1.削取带木质部盾形芽片　2.削砧木　3.插芽片　4.绑扎

图5-5　嵌芽接

(3)方块形芽接。方块形芽接又称块状芽接，适用于核桃、柿等厚皮树种。其优点是芽片与砧木形成层接触面大，成活率高。但要求砧木与接穗的粗细要大体一致。

具体方法是用双刀片在芽的上下方各横切一刀，使两刀片切口恰好在芽的上下各1 cm左右处，再用一侧的单刀在芽的左右各纵割一刀，深达木质部，芽片宽1 cm左右，取下块状芽片；用同样的方法在砧木的光滑部位切下一块芽片大小的表皮或切成“工”字形剥开，迅速放入接芽片使其上下和一侧对齐，密切结合，然后用塑料条自下而上绑紧即可(图5-6)。

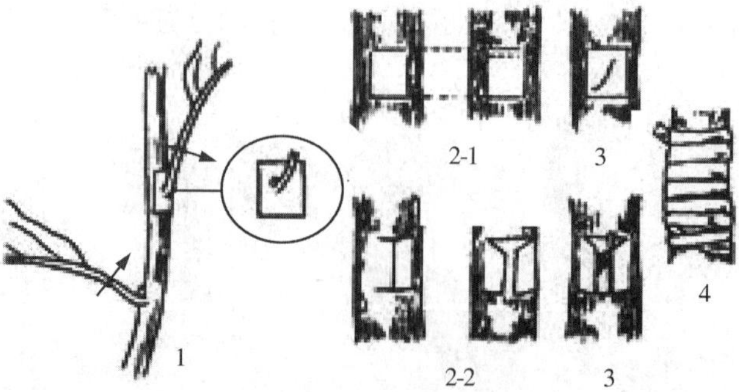

1.接穗去叶及削芽块　2-1.取下砧皮　2-2.砧皮切口　3.芽片嵌入　4.绑扎

图5-6　方块形芽接

2.枝接

用带有芽的一段枝条作接穗的嫁接方法称为枝接。砧木较粗、砧穗处于休眠、皮层不易剥离、高接换冠或野生果林改造时用此法较好。常见的方法有切接、劈接和插皮接等。

(1)切接。切接是枝接中最常用的方法之一，适用于大部分果树，在砧木略粗于接穗时采用。操作方便(图5-7)，容易掌握，成活率高，接后生长迅速。

①切砧木。选用直径1～2 cm的砧木，在距地面5～10 cm处剪断，修平剪口，在砧木切断面一侧略带木质部垂直切下，深2～3 cm。

②削接穗。将带有2～3个完整饱满芽的接穗一侧带木质部削一长斜切面，长度2～3 cm，然后在长削面背面切一短斜面，长约1 cm。

③插接穗。将削好的接穗长削面向里插入砧木切口中，保证砧、穗的一侧形成层对齐，削面紧密结合，插入深度以接穗“露白”为宜。

④绑扎。用塑料条或绑扎带由下向上捆扎紧密。必要时可在接口处涂蜡或泥土，以减少水分蒸发。

切接

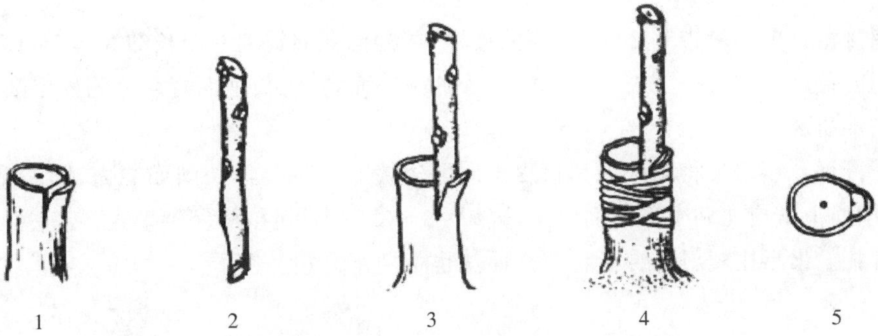

1.切砧木 1.削接穗 3.插接穗 4.绑扎 5.接穗与砧木形成层对齐

图5-7 切接

(2)劈接。劈接是应用广泛的一种枝接方法，在砧木比接穗粗较多或高接换种时常使用。高接换种或砧木很粗时要使用锯子、木棒等(图5-8)。

①劈砧木。先将砧木从嫁接处剪(锯)断，修平断面。然后在砧木断面中央劈一长3～4 cm的垂直切口。砧木如果过粗或操作不容易，劈口可稍偏向一侧。劈砧时不要用力过猛，以免劈口过长，失去夹力。

劈接

②削接穗。剪截一段带有2～4个饱满芽的接穗，在接穗的下端削一个3 cm左右的斜面，再在这个削面背后削一个相等的斜面，使接穗下端呈长楔形，插入砧木的内侧稍薄一点，外侧稍厚些，削面光滑、平整。

③插接穗。将接穗厚的一面朝外，薄的一面朝内插入砧木垂直切口，由于砧木与接穗粗细可能相差悬殊，这时要仔细观察，必须使砧木与接穗的形成层对准，削面紧密结合，接穗插入深度以接穗削面上端“露白”为宜。较粗砧木可插入两个接穗，劈口两端各一个，实际生产中即使两枝都成活也通常只保留一枝。

④绑扎。用塑料条由下向上捆扎紧密。必要时可在接口处涂上接蜡或泥土，以减少水分蒸发。较粗砧木要用方块薄膜覆盖伤口，或罩塑料袋，或罩锡铂纸袋，以免漏气失水，影响成活。

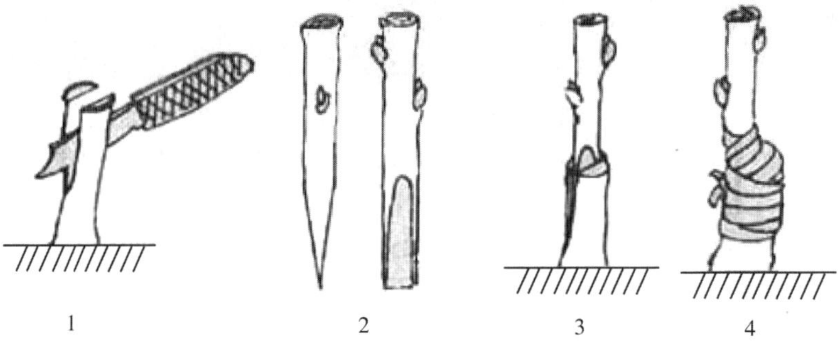

1. 劈砧木 2. 削接穗 3. 插接穗 4. 绑扎

图 5-8 劈接

(3)插皮接。插皮接又称皮下枝接。在砧木较粗，树皮容易剥离时进行，是枝接中运用较多的一种方法。其优点是方法简便，成活率高。砧木粗度以 2～4 cm 为宜(图 5-9)。

①切砧木。先在砧木近地面处选择光滑无瘢部位剪断，削平剪口，然后在砧木皮层光滑的一侧纵切一刀，长约 2 cm，以不伤木质部为宜。

②削接穗。剪一段带有 2～4 个芽的接穗，在接穗下端斜削一个长约 3 cm 的长削面，再在这个长削面背后尖端削一个长 0.5～0.5 cm 的短削面，并将长削面背后两侧皮层削去少许，但不要损伤木质部。

③插接穗。用刀尖将砧木纵切口皮层向两边拨开。将接穗长削面向内，紧贴砧木木质部插入，长削面上端应在砧木平断面之上外露 0.3～0.5 cm，使接穗保持垂直，接触紧密。

④绑扎。最后用塑料条绑紧包严。此法也常用于高接。

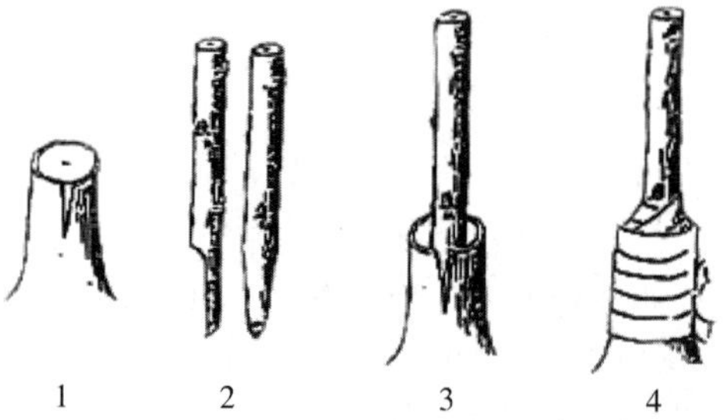

1. 切砧木 2. 削接穗 3. 插接穗 4. 绑扎

图 5-9 插皮接

任务 2.3 嫁接后的管理

活动 1 检查成活情况

大多数果树芽接后 10～15 d 即可检查是否成活，春季温度低时间长些。凡接芽新鲜，叶柄一触即落，表明已成活。如果芽片萎缩，颜色发黑，叶柄干枯不易脱落，说明没有成活。

枝接一般需 1 个月左右才能判断是否成活。如果接穗新鲜，伤口愈合良好，芽已萌动，表明已成活。

活动2　补接

嫁接未成活的，要及时补接。补接一般结合检查成活、剪砧、解绑同时进行。当年不能补接的可在翌年春季进行补接。补接时注意品种不要混杂。

活动3　解绑

生长季芽接检查成活的同时进行松绑或解绑，秋季芽接的也可来年春季解绑；枝接在新梢萌发并进入旺盛生长以后解绑；较粗砧木枝接时，先解除接穗上的绑扎物，接口愈合后再解除砧木上的绑扎物，特别粗的砧木可到第二年解绑。嵌芽接的待新梢旺长后再解绑。枝接套袋保湿的，萌芽后先把袋上部撕破，进行放风，待新梢旺长后再去袋解绑。

活动4　剪砧

芽接成活后，剪除接芽以上的砧木部分称为剪砧。春季芽接，在第2年春季萌芽前剪砧为宜。7月份以前嫁接的，成活后立即剪砧，接芽可当年萌发。

剪砧时，剪刀刃应迎向接芽一面，在芽片以上0.3～0.5 cm处下剪，剪口向接芽背面稍微下斜。

活动5　除萌、抹芽和摘心

剪砧后，砧木上长出萌蘖，应及时去掉，并且要多次进行。但桃嫁接后要保留部分萌蘖，尤其砧木苗夏季嫁接剪砧后更需保留基部3～5个砧木苗副梢，以利于嫁接枝芽的生长，但要控制其长势。

当枝梢生长到一定高度时及时摘心，促发侧枝，加速苗木提早成形。

活动6　土、肥、水管理

春季剪砧后及时追肥、灌水。一般每亩追施尿素10 kg左右。结合施肥进行灌水，并松土提高地温，促进根系发育。5月中下旬苗木旺长期，再追一次速效性肥料，此次追肥应增加磷、钾肥，促进苗木充实健壮。另外，还可根据苗木生长情况，进行根外追肥。每次土壤施肥要结合灌水，充分注意松土和除草。

活动7　防治病虫害

参见实生苗的繁育。

生产链接

快速培育桃树大苗

1. 苗圃选择

桃是喜光忌水型果树，育苗地要求选择光照充足、排灌条件良好、土层深厚、疏松肥沃的沙质壤土。

2. 整地施肥

秋冬季深翻晒土，桃砧定植前 20～30 d 施足基肥，即每亩施有机肥 1 000 kg、钙镁磷肥 75～100 kg。整地作畦，畦面宽 1.2～1.5 m，沟宽 0.3 m。

3. 科学嫁接

(1)砧木选择与准备。选用亲和性强、无病虫、生长健壮、根茎部 10 cm 处直径 0.5～1 cm 的一年生毛桃苗做砧木，选雨后转晴的天气移栽。移栽前把桃砧进行修剪，保留主干 15～20 cm，修整折裂根系。栽植密度 0.4 m×0.4 m，每亩移栽 4 000～4 200 株，如土壤干燥，移栽后要浇水。

(2)接穗采集与贮藏。嫁接前 2～5 d，在结果性能稳定的成年结果树上采集，选择树冠上部、外围长度 20～40 cm、芽眼饱满的健壮枝做接穗。接穗剪下后用湿棉布包扎，置于阴凉处保存。

(3)嫁接前工具准备。常用工具有枝剪、嫁接刀、磨刀石、嫁接膜、湿布等。

(4)嫁接。立春前后，气温回升，是桃树嫁接适宜时期。采用适用于较粗砧木的切接法，先将砧木于近地面 5～10 cm，树皮平滑处剪断，在砧木断面一侧切长 1～1.5 cm 的切口，然后将保留 1 个饱满芽的接穗插入砧木切口，对准形成层，严密绑扎，仅露接芽。

4. 嫁接后管理

(1)检查成活情况与补接。嫁接后 20～30 d，凡接穗上的芽已经萌发生长或仍保持新鲜的即已成活。若芽片已干枯变黑，没有萌动迹象，表明已经死亡。对枝接未成活的，可将砧木在接口稍下处剪去，重新采未萌发芽健壮枝作接穗嫁接。如果枝接时期已过，接穗已发芽，可在砧木萌发的枝条中选留一个生长健壮芽进行培养，待到夏季，用芽接法补接。

(2)抹芽和除蘖。嫁接成活后，砧木常萌发许多蘖芽，为集中养分供给新梢生长，要及时抹除砧木的萌芽和根蘖，一般需除蘖 2～3 次。

(3)定干与树型培养。分 2～3 次进行：5 月下旬至 6 月上旬当苗长至 45～50 cm 时，离地面 35～40 cm 处短剪定干；7 月上中旬，即定干后 30～40 d，对最顶端生长强旺、严重影响其他主枝健壮生长的主枝回缩剪除，保留其他主干上不同方向的 3～4 个主枝即可；9 月上中旬，对长至 50～60 cm 的主枝进行短剪，对主枝上着生 15～20 cm 的新梢进行扭枝，培养结果枝。

(4)土肥水管理：大苗培育重在施基肥，也要适当追肥，3 月下旬至 4 月上旬，结合浅耕除草，每亩追施复合肥 150～200 kg。

5. 病虫防治

桃树苗期重点防治为害新梢的蚜虫、桃蛀螟、梨小食心虫、炭疽病等。可选用 10%吡虫啉 1 000 倍液、25%噻嗪酮 2 000 倍液、20%氯虫苯甲酰胺 2 000 倍液等药剂中的一种。病害预防可选用 70%丙森锌 2 000 倍液、80%戊唑醇 3 000 倍液、25%吡唑醚菌酯 2 000 倍液等药剂中的一种。苗木落叶出圃前10～15 d，喷雾3～5 °Bé石硫合剂药液，减少病虫基数。

6.苗木出圃

冬季苗木落叶后即可出圃。通过精细管理的大苗，当年高度1.5～1.8 m，嫁接口上10 cm处直径有2～3 cm。因桃树成活率高，冬春季节大苗移栽种植不需带土球。出圃时，苗木要按品种、等级捆扎，避免品种混乱。

任务3　果园土肥水管理

果树的根系从土壤中吸取养分和水分以供其正常生长和开花结果的需要。土壤的营养水平关系到果树生长发育状况，土壤结构则决定养分对植株的供给。土壤管理的目的就是要创造良好的土壤环境，使分布其中的根系能充分地行使吸收功能。这对果树健壮生长、连年丰产稳产具有极其重要的意义。

学习目标

知识目标

1.了解土壤的管理制度。

2.了解主要营养元素及其作用。

3.掌握果园施肥方法。

能力目标

能根据不同土壤条件和果树的不同年龄进行基肥和追肥的操作。

素质目标

1.具有严谨求实、开拓创新的意识。

2.具有团结协作、勇于担当的精神。

学习内容

任务3.1　土壤管理

活动1　改良果园土壤情况

我国果园在土壤状况上存在着很大的差异。有的果园在建园时没有改土，有的虽经改土，但熟化的土壤少或没有。因此，应根据果园土壤状况采取相应的土壤改良措施。

1.深翻熟化

(1)深翻的作用。在有效土层浅的果园，对土壤进行深翻改良非常重要。深翻可改善根系分布层土壤的通透性和保水性，且对于改善根系生长和吸收环境、促进地上部生长、提高果树的产量和品质都有明显的作用。

在深翻的同时增施有机肥，使土壤改良的效果更明显。有机肥的分解不仅能增加土壤养分的含量，更重要的是能促进土壤团粒结构的形成，使土壤的物理性质得到改善。有机肥的种类包括家畜粪便、秸秆、草皮、生活垃圾以及其他堆积物。最好是将有机肥预先腐熟后再施入土壤，因为未腐熟的肥料和粗大有机物不仅肥效慢，而且还可能含有纹羽病菌等有害物质。

(2)深翻时期。土壤深翻在一年四季都可以进行，但通常以秋季深翻的效果最好。春夏季节深翻可以促发新根，但可能会影响地上部的生长发育。秋季深翻时由于地上部生长已趋于缓慢，果实已采收，养分开始回流，故对树体生长影响不大。而且由于秋季正值根系生长的第三次高峰，伤根易愈合，促发新根的效果也比较明显。

秋季深翻一般结合秋施基肥进行。深翻后如果立即灌水将有助于有机物的分解和根系的吸收。但在秋季少雨的地区，如遇灌溉困难，也可考虑在其他时期进行。春季深翻应在萌芽前进展，以利于新根萌发和伤口愈合；夏季深翻应在新梢停长和根系生长顶峰之后进行；冬季深翻的适期较长，但有冻害的地区应在入冬前完成。

(3)深翻深度。深翻的深度应略深于果树根系分布区。未抽槽的果园一般深度要到达 80 cm 左右。山地、黏性土壤、土层浅的果园要求达到 80～100 cm；沙质土壤、土层厚的果园宜浅。

(4)深翻方式。根据树龄、栽培方式等具体情况应采取不同的方式。通常采用的土壤深翻方式有两种：①深翻扩穴。多用于幼树、稀植树和庭院果树。幼树定植后沿树冠外围逐年向外深翻扩穴，直至树冠下方和株间全部深翻完为止。②隔行深翻。用于成行栽植、密植和等高梯田式果园。每年沿树冠外围隔行成条逐年向外深翻，直至行间全部翻完为止。这种深翻方式的优点是当年只伤及果树一侧的根系，以后逐年轮换进展，对树体的生长发育影响较小。等高梯田果园一般先浅翻外侧，翌年再深翻内侧，并将土压在外侧，可结合梯田的修整进行。此外还有全园深翻等方式。深翻应配合施入大量有机肥料及秸秆，特别要注意改良下层土壤。必要时进行客土。应尽量少伤大根，以减轻对植株生长结果的影响。

(5)深翻的注意事项。

①深翻应尽量少伤根，若伤了大根，应将断根伤口剪平滑，以利愈合，发生新根。

②深翻时根系不要暴露过久，以免根系失水死亡。

③深翻时必须结合施入有机肥，每平方米内施入 50 kg 以上，而且有机肥必须与土壤混合均匀施用。最好配合施入适量的磷肥、人畜粪尿，以利于土壤微生物的活动，利于诱根生长。

④深翻挖土时，要做到表土与底土分别放置，并将表土与肥料混合后先填入底层，将底土覆盖在地表。

⑤排水不良的土壤，要注意排水，以免深翻沟(坑)内积水，诱发根系腐烂。

调整土壤酸碱度

2. 开沟排水

海涂、沙滩和盐碱地及平地果园，一般地下水位高，每年雨季土壤湿度往往超过田间最大持水量，使下部根系的土层处于水浸状态，果树的根系处于缺氧状态，产生许多有毒物质，致使果树生长不良，树势衰退，严重的导致死亡。开沟排水，降低地下水位，是这类果园土壤改良的关键。

3. 培土

果园培土具有增厚土层、保护根系、增加肥力、压碱改酸和改良土壤结构的作用。培土的方法是把土块均匀分布在全园，经晾晒打碎，通过耕作把所培土与原来的土壤混合。土质黏重的应培含沙质较多的疏松肥土，含沙质多的可培塘泥、河泥等较黏重的肥土。培土厚度要适当，一般以 5～10 cm 为宜。南方多在干旱季节来临前或采果后冬季进行培土。

活动2　注意果园生草

生草法是在果园除树盘外，在行间种植禾本科、豆科等草种的土壤管理方法。它可分为永久性生草和短期生草两类：永久性生草是指在果园苗木定植的同时，在行间播种多年生牧草，定期刈割、不加翻耕；短期生草一般选择一二年生的豆科和禾本科的草类，逐年或越年播于行间，待果树花前或秋后刈割。

生草法可保持和改进土壤理化性状，增加土壤有机质和有效养分的含量，防止水土和养分流失；促进果实成熟和枝条充实；改善果园地表小气候，减少冬夏季节地表温度变化幅度；降低生产成本，有利于果园机械化作业。因此，生草法是许多国家广泛使用的果园土壤管理方法。我国北方果园多间作一二年生绿肥作物，自 20 世纪 70 年代开始推广永久性生草法。

(1)果园生草条件。在果园年降水大于 500 mm 的地区或水源充足的地区可进行生草栽培，若年降水小于 500 mm 且无灌溉条件，则不宜进行生草栽培。在行距为 5～6 m 的稀植果园，幼树期即可进行生草栽培，高密度果园不宜生草，宜覆草。目前果园管理采用行内生草、株间清耕的生草栽培模式。

(2)果园专用草种。主要有白三叶、红三叶、黑麦草、百脉根、百喜草、草木樨、毛苕子、田菁、苜蓿、光叶紫花苕子、紫云英等。

(3)生草方式与原则。果园生草一般采取行间生草方式。生草原则为：以草对果树的肥、水、光等竞争相对较小，又对土壤生态效应较好，且对土地的利用率较高为宜。

(4)种植时间。根据果园生草草种的特性决定。白三叶草、多年生黑麦草在春季或秋季均可播种；放牧型苜蓿在春季、夏季和秋季均可播种；百喜草只能在春季播种。

(5)播种方法。果园生草的播种方法应视所播草种的大小而定，对于种粒较小的种子，如白三叶草的种子，千粒重仅有 0.5～0.7 g，因而播种条件要求较高。播种前应施足基肥，以每亩播 2 000 kg 为宜；采用条播、撒播均可。为使种子播种均匀，小粒种子可以混入河沙拌匀撒播。播种深度以 1.0～1.5 cm 为宜，播种量为每亩 0.5～0.8 kg，播后要镇实保墒；苗期要加强田间管理，特别注意要清除杂草。

(6)苗期管理。种子播种后，视温度高低、种子大小及种皮结构，出苗时期长短也不同。大多数草种出苗时间在 5～15 d。出苗后加强肥水管理，促其旺盛生长。草高 30 cm 时刈割覆盖树盘，每年割 2～4 次。连续生草 5～7 年后，草会逐渐衰老甚至死亡；表层土壤板结时，应及时耕翻，休耕 1～2 年后重新播种。

果园生草注意事项

活动 3 果园覆盖

果园覆盖是利用多种覆盖材料，如作物秸秆、杂草、稻壳、塑料薄膜、沙砾和淤泥等对树盘、株间，甚至整个行间进行覆盖的方法。覆膜时期以夏秋季节为好，可延缓地温升降，保护浅表层根系，明显促进新根的产生。冬季覆膜可保温防冻；春季可提高地温，促进新根的发生发展；夏秋季节减少高温灼烧地表。覆盖有机物宜在春末至夏初进行，覆草厚度为 15～20 cm。还可采用上半年覆膜，下半年覆草的方式。覆草可招致病虫害，使果树根系变浅等，生产上应加以注意。

(1)覆盖绿肥。行间春播或夏播一年生耐阴绿肥作物(其迅速生长期要和果树大量需肥、水时期相错开，以免竞争肥水)，秋季刈割覆盖于树盘。厚度依草量多少而定，一般为 15～20 cm。

果园田间土壤管理制度

(2)覆盖作物秸秆。一般于秋季果实采收后，将作物秸秆、杂草、麦衣等覆于树盘，厚度15～20 cm，上面适当压土，以防作物秸秆被风刮走，并注意防火，待作物秸秆腐烂后翻入土中。也可于春季覆盖，春季覆盖宜早不宜迟，以免影响地温回升。

(3)地膜覆盖。地膜覆盖必须在覆盖前采取耕翻、施肥、灌水、耙地、作床、整地等一系列措施，为果树的生长创造一个良好的土壤环境条件。覆膜时间以早春萌芽前为好，覆膜的质量要求是：地膜与地面紧密接触，松紧适中，地膜平展无褶皱，无斜纹，膜边缘入土深度不小于5 cm，并且垂直压入沟内。人工覆膜时最好 3 人一组，即 1 人伸展并固定地膜，2 人分别对膜两侧培土，以固定压严地膜。覆膜宽度根据地膜种类确定，一般小树只覆盖树盘，大树可按行作床覆盖，以树冠投影为准。

任务 3.2 果树施肥管理

果树和其他植物一样，正常的生长结果需要从土壤中吸收各种营养元素。果树固定生长在一个地方，每年都要不断地从这里取得养分，即使原来是肥沃的土壤，逐渐也会缺乏某些元素。如果要保持果树的丰产优质，就必须陆续供给必要的营养，所以施肥是果园管理中必不可少的工作。

活动 1 确定施肥时期

1. 基肥

基肥是较长时期供给果树多种营养的根底肥料。其作用不但要从果树的萌芽期到成熟期能够均匀长效地供给营养，而且还要利于土壤理化性状的改善。

果树秋施基肥

基肥的组成以有机肥料为主，再配合完全的氮、磷、钾和微量元素。基肥是果树营养的主要来源，基肥施用量应占当年施肥总量的 70%以上。

基肥施用时期：一般在 9—11 月份，以早秋施用为好。其原因是：①此期温高，湿度大，微生物活跃，有利于基肥的腐熟分解，肥效高。从有机肥开场施用到成为可吸收状态需要一定的时间。以饼肥为例，其无机化率到达100%时，需8周时间，而且对温度有要求。因此，基肥应在温度尚高的9—10月份进行，这样才能保证其完全分解并为翌年春季所用。②秋施基肥时正值根系生长的第三次（后期）高峰，施肥后有利于伤根愈合和促发新根。③果树地上部新生器官趋于停长，有利于提高贮藏营养。

2. 追肥

追肥又称补肥，是果树急需营养的补充肥料。在土壤肥沃和基肥充足的情况下，没有追肥的必要。当土壤肥力较差或采收后未施入充足基肥时，树体常常表现营养不良，适时追肥可以补充树体营养的短期缺乏。追肥一般使用速效性化肥，追肥时期、种类和数量应结合树体产量、生长情况灵活确定。施用不合理，会给当年果树的生长、产量与品质带来严重的影响。

成龄树追肥主要考虑以下几个时期：

催芽肥。又称花前肥。果树早期萌芽、开花、抽枝、展叶都需要消耗大量的营养，树体处于消耗阶段，主要消耗上一年的贮藏营养。正确施用催芽肥，能促进春梢生长、提高坐果率和枝梢抽生的整齐度、促进幼果发育和花芽分化。注意以氮肥为主。

花后肥（5月上中旬）。幼果生长和新梢生长期需肥多，此时上一年贮藏的营养已经消耗殆尽，而新的光合产物还未大量形成。追肥除氮肥外，还应补充速效磷、钾肥，以提高坐果率，并使新梢充实强健，促进花芽分化。

果实膨大和花芽分化期追肥。此期是追肥的主要时期。氮、磷、钾肥配合施用。

壮果肥（果实膨大后期）。通常在果实迅速膨大、新梢第二次生长停止时施用，一般于7月份进行。施肥的目的在于促进果实膨大、提高果实品质、充实新梢、促进花芽的继续分化。肥料种类以磷、钾肥为主。

采后肥。通常称为还阳肥，为果实采收后的追肥。肥料种类以氮肥为主，并配以磷、钾肥。果树在生长期消耗大量营养满足新的枝叶、根系、果实等的生长需要，故采收后应尽早弥补其营养亏缺，以恢复树势。还阳肥常在果实采收后立即施用，但对果实在秋季成熟的果树，还阳肥一般可结合基肥一起施用。

土壤追肥

活动2 选择施肥方法

果树根系分布的深浅和范围大小依果树种类、砧木、树龄、土壤、管理方式、地下水位高低等不同。一般幼树的根系分布范围小，施肥可施在树干周边；成年树的根系是从树干周边扩展到树冠外，成同心圆状，因此施肥部位应在树冠投影沿线或树冠下骨干根之间。基肥宜深施，追肥宜浅施。

（1）土壤施肥。应在根系集中分布区施用肥料。

常见的施肥方法为：

①环状施肥。即沿树冠外围挖一环状沟进行施肥，一般多用于幼树。环状沟的规格是：沟宽30～50 cm，深40～60 cm，将肥料施入沟中后，覆土填平。幼树根系分布范围较小，如用此法，每年应随着根系扩展，逐渐扩大环形沟。若肥少，劳力不足，则可用半环状沟施，即每年挖半环施肥，分两年完成。环状施肥法在做追肥时，沟的深宽一般在20～40 cm。

果树环状沟施肥

果树放射状沟施肥

②放射状沟施。即沿树干向外，隔开骨干根并挖数条放射状沟进行施肥。此法伤根较少，多用于成年大树和庭院果树。方法是：离树干 1 m 左右处开始，向外挖放射沟 4～8 条，沟的深度是里浅外深，宽度与环状沟相同，长度达到树冠外缘，隔年更换开沟位置，加大施肥面积。

③条沟施肥。即对成行树和矮密果园，沿行间的树冠外围挖沟施肥。沟宽 50～100 cm，深 30～60 cm。将肥料施入沟内，覆土。如果两行树冠接近时，可采用隔行开沟，翌年更换的方法。此法具有整体性，且适于机械操作，是成龄果树施用基肥的快捷方法之一。

④全园施肥。全园撒施后浅翻。秋耕时将肥料均匀撒在地面，然后翻入土中。此法施肥较浅，仅 15～20 cm，根系有趋肥性，易使主要吸收根系上浮土表，果树抗旱力减弱，可与放射状沟施交叉使用。成年果园或密植果园适用此法。

⑤液态施肥。又称灌溉式施肥，是现代化果园水肥一体化管理的标志体现。是指在灌溉水中溶入适宜浓度的肥料一起注入土壤，此法适合在具有喷滴灌设施的果园采用，灌溉施肥具有肥料利用率高、肥效快、分布均匀、不伤根、节省劳力等优点，尤其对于追肥来说。灌溉施肥代表了果树施肥的发展方向。

夏压绿肥

⑥穴状施肥。于树冠下挖若干孔穴，穴深 20～50 cm。在穴内施入肥料。挖穴多少可根据树冠大小及需要而定。此法适用于追施磷、钾肥料或干旱地施肥。

⑦翻压绿肥。压绿肥的时期一般在绿肥作物的花期为宜。压绿肥的方法：可在行间或株间开沟，将绿肥压在沟内。一层绿肥，一层土。压后灌水，利于绿肥分解。

(2)叶面施肥。叶面施肥是根外追肥的重要方式。根系是植物吸收养分的主要器官，施肥时应主要考虑通过改进土壤的结构来促进根系的生长和吸收作用。而叶片作为光合作用的器官，其气孔和角质层也有一定吸收养分的功能。叶片吸收养分具有如下优点。

①防止某些养分在土壤中固定和流失。

②不受树体营养中心如顶端优势的影响，营养可就近分配利用，故可使果树的中小枝和下部也得到营养。

③营养吸收和发挥作用快，在缺素症矫正方面有时具有立竿见影的效果。

④简单易行，并可与喷施农药相结合。

叶面喷肥在解决急需养分需求方面最为有效。如在花期和幼果期喷施氮肥可提高其坐果率；在果实着色期喷施过磷酸钙可促进着色；在成花期喷施磷酸钾可促进花芽分化等。叶面喷肥在防治缺素症方面也具有独特的效果，特别是硼、镁、锌、铜、锰等元素的叶面喷肥的效果最明显。

为提高叶面喷肥的效果，选择适宜的喷施时间和部位非常重要。此外，应防止阴雨、低温或高温曝晒。一般选择在上午 9:00—11:00 和下午 15:00—17:00 喷施。喷施部位应选择幼嫩叶片和叶片反面，增进叶片对养分的吸收。

叶面施肥不能代替土壤施肥，只是施肥的辅助手段之一，树体的营养绝大部分仍要通过土壤施肥来供给。另外肥液浓度不宜过大，否则会引起药害。常见肥料的施用如表 5-3 所示。

表 5-3　常见肥料的施用

化肥名称	浓度/%	施用时间	施用次数/次
尿素	0.3～1.0	花后至采收后	2～4
	2～5	落叶前1个月	1～2
	5～10	落叶前2周	1～2
过磷酸钙	1～3	花后到采收前	3～4
硫酸钾	1	花后至采收前	3～4
磷酸二氢钾	0.2～0.6	花后至采收前	2～4
硫酸镁	2	花后至采收前	3～4
硝酸镁	0.5～0.7	花后至采收前	2～3
硫酸亚铁	0.5	花后至采收前	2～3
	2～4	休眠期	1
螯合铁	0.05～0.1	花后至采收前	2～3
氯化钙	1～2	花后4～5周内	1～7
	2.5～6.0	采收前1个月	1～3
硝酸钙	0.3～1.0	花后至采收前	1～7
	1	采收前1个月	1～3
硫酸锰	0.2～0.3	花后	1
硫酸铜	0.05	花后至6月底	1
	4.0	花后至采收前	1
硫酸锌	0.05～0.1	花期落瓣前、萌芽前	1
	2～4	休眠期	1
硼砂	0.2～0.3	花期落瓣前后	1
钼酸铵	0.3～0.6	花后	1～3

果树叶面喷肥

果园施肥

任务3.3　果园水分管理

水是果树的重要组成成分，枝、叶、根等器官含水量约为总重的50%，新鲜果实的含水量为80%～90%。水是有机物合成的主要原料，也是植物体有机物、无机物运输的主要载体。果树一切生命活动都与水有密切的关系。

活动1 选择果园浇灌方法

(1)地面灌溉。可分为全园漫灌、细流沟灌、畦灌、盘灌(树盘灌水)和穴灌等。但这类灌溉具有容易受果园地貌限制和水分浪费严重等缺陷。此外,在我国北方地区,早春大水漫灌会降低地温,导致果树物候期推迟。

(2)喷灌。喷灌又称人工降雨。其工作原理为模拟自然降雨状态,利用机械和动力设备将水射到空中,形成细小水滴来灌溉果园。喷灌对土壤结构破坏性较小,和漫灌相比能防止地面径流和水分的深层渗漏,节约用水。

(3)定位灌溉。定位灌溉包括滴灌和微量喷灌两类技术。滴灌是通过管道系统把水输送到每一棵果树的树冠下,由一个或几个滴头将水一滴一滴均匀缓慢地滴入土中;微量喷灌的灌溉原理与喷灌类似,但喷头小,并设置在树冠之下,雾化程度高,喷洒的距离小(一般直径为1 m左右),每个喷头的灌溉量很小。定位灌溉只对土壤水分始终处于较高的可利用状态,有利于根系对水分的吸收,并具有水压低和能进行加肥灌溉等优点。另外,将微喷的喷头安装在树冠上方,还能起到调节果园温度与湿度等小气候的作用。在春天低温到来时进展灌溉能减轻或防止晚霜危害的发生,在夏秋季可用于降低空气温度和增加空气湿度。

(4)地下灌溉。地下灌溉是利用埋在地下的透水管道,将灌溉水输送到地下的果树根系分布层的一种灌溉方式。由于管道铺设在地下,检修较困难,这限制了地下灌溉的应用。

活动2 确定果园灌溉时期

(1)灌水时期制订的依据。一是根据当地的气候特点,土壤状况;二是根据树体的物候期来确定灌水时期及灌水量;三是根据土壤含水量。

灌水注意事项,久旱后突然灌水,树体体温骤降容易造成裂果。

花期灌水的效果最为显著,据试验,花前灌水可提高坐果率22%,在枣产区的山西等地有开花期喷清水(浇枣花)的习惯,这是因为花期喷水有利于花粉管生长,提高坐果率。

(2)灌水时期。一是萌芽前灌水,能有效提高坐果率;二是新梢旺长期、幼果膨大期灌水,能促进新梢生长和幼果发育;三是果实膨大和花芽分化期灌水,对果实膨大和花芽分化有利;四是冻前灌水可减轻果树冻害的程度。

活动3 确定果园灌溉量

灌水量的多少很难确定,它与树种品种、年龄时期、物候期、生理状况、立地条件、灌溉方法等关系紧密。一般最适宜的果园灌水量要求果树根系分布层内的土壤含水量达到田间持水量的70%～80%。梨等深根性树种,要求一次灌水浸润0.6 m深的土层,而桃等浅根性树种约0.4 m。

活动4 防止果园积水

土壤水分过多,会造成根系呼吸困难,影响树体发育。果园排水主要是挖排水沟,低凹的涝地可以采用台田的方法。

一般平地果园排水应做到园内外“三沟”（小区内的集水沟、小区边缘的排水支沟和排水干沟）配套，排水入河。丘陵山地果园则应在做好水土保持工程的基础上采用迂回排水，降低流速，防止土壤冲刷。对已受涝的果树，应先排水抢救，将树盘适当深翻或将根茎部分的土壤扒开晾根，促使根系尽早恢复功能。

果园水分管理

生产链接

葡萄园土肥水管理

一、土壤管理

栽植后的幼龄葡萄园，逐年深耕扩穴，结合重施有机肥和种植间作物，改良土壤；成年葡萄园可在生长季节多次中耕除草或化学除草，秋季结合施基肥进行园地深翻（20～30 cm）。

二、施肥

葡萄是需肥量大的果树，氮、磷、钾肥的比例为10∶5∶12，对钾肥的需要量大，所以葡萄生长后期应当多施钾肥。

1. 幼树施肥

定植后的幼年树，施肥原则是勤施薄肥，浓度逐渐加大。当葡萄苗长到3～5片叶时开始追肥，以后每隔10～15 d追肥一次。8月份之前以速效氮肥为主，8月份之后，以磷、钾肥为主；10月上旬重施以有机肥为主的基肥，促使枝梢生长健壮充实，加速成形，提早结果。

2. 葡萄结果树施肥

结果树每年要重施一次基肥，在生长期根据树势强弱、挂果多少，因地制宜追肥2～4次。

一般基肥于9月下旬至10月上中旬，开深沟施入迟效性有机肥，以每株15～25 kg为宜，每亩5 000 kg以上。施肥量占全年的60%～70%。方法是距植株基部50～100 cm处，沿行向挖深、宽各40 cm的沟，将磷、钾肥混入有机肥埋入沟内，填土浇水。

土壤追肥宜浅施，深、宽各20 cm左右即可。土壤追肥各时期分别如下。

萌芽肥。早春萌芽前施入，以氮肥为主，每公顷施尿素225 kg（注意花前1周禁施氮肥）。

谢花壮果肥。谢花后至幼果膨大初施用，速效氮、磷、钾肥相结合，如1 hm^2施复合肥300 kg、氯化钾150 kg。

着色肥。浆果开始着色时施用，以钾肥为主配合施用适量磷肥，如氯化钾300 kg/hm^2。

采果壮梢肥。采果后早施，速效氮肥为主，恢复树势，保叶壮梢。

另外，还可以在葡萄枝梢生长和果实发育的关键时期，每7～15 d喷一次尿素、磷酸二氢钾的混合液肥，浓度分别为0.2%～0.3%和0.3%～0.5%。

3. 灌水与排水

葡萄虽然抗旱能力较强，但一年多次生长，枝梢生长量大，需要充足的肥水。所以在萌芽前、开花前10 d左右，都是需水多的时期，应注意灌水。果实坐果后至浆果成熟，都要保持水分的均衡供应，可结合液体施肥进行喷水。

葡萄园应加强灌排水基础设施建设，特别是春夏季节雨水多的时期，要注意清沟排渍。避雨栽培的要保证葡萄园通风良好，以减少病虫滋生。

葡萄园田间肥水管理

项目 5 拓展资料

项目6
中药材生产技术

习近平总书记2019年10月对中医药工作做出重要指示指出，中医药学包含着中华民族几千年的健康养生理念及其实践经验，是中华文明的瑰宝，凝聚着中国人民和中华民族的博大智慧。新中国成立以来，我国中医药事业取得显著成就，为增进人民健康做出了重要贡献。中药包括中药材、中药饮片和中成药，其中中药材是最基本的原料，其产量和品质奠定了中医药发展基础。我国是中药材生产与出口大国，中药材生产经历了从野生、人工试种、小规模种植到规模化、集约化、产业化种植的发展历程。自2003年开始实施中药材GAP(Good Agricultural Practice Chinese Crude Drugs，即中药材生产质量管理规范)认证以来，中药材规范化生产逐渐被社会各界认同。中药材种植的规范化及GAP基地建设，将进一步推动中药材品质的提升和供应的稳定性，降低行业经营风险。

中药材以药用植物来源为主，故俗称中草药。天麻属于息风止痉药，被列为药食同源物质，我国人工种植天麻有50多年历史，各地因地制宜形成了5种不同的种植方法。天麻属于食菌性兰科植物，天麻种子萌发需要借助萌发菌(如石斛小菇、紫萁小菇)，天麻地下块茎生长需要与蜜环菌建立共生关系。天麻对环境要求比较严格，田间管理中控制好温、湿度，防治杂菌感染和地下害虫，做到适时采收，加工过程中尽可能防止有效物质流失，贮藏过程中注意防止虫蛀、霉变、腐烂，确保商品天麻的质量。

(一)中药材、中药饮片和中成药

按照药品注册分类，人用药分为中药、化学药品和生物制品，其中中药按照加工的深度又分为中药材、中药饮片和中成药。

(1)中药材。将药用植物、动物、矿物等进行初加工得到的就是中药材。如中药材苍术是菊科植物茅苍术(南苍术)或北苍术的干燥根茎，春、秋两季采挖，除去泥沙，晒干，摘去须根(图6-1)。

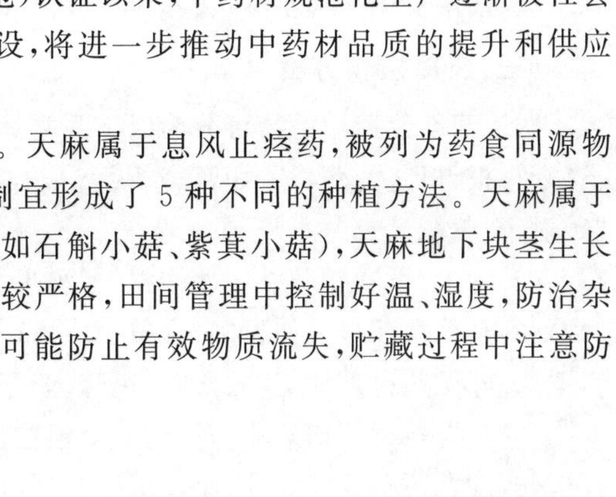

图6-1　中药材

(2)中药饮片。按照加工规范将中药材加工成一定形状(炮制)，供中医临床配方使用或作为制备中成药的原料(图6-2)。

(3)中成药。根据疗效确切、应用广泛的处方、验方或秘方，以中药材、中药饮片为原料配制加工而成的药品。如二妙丸(炒苍术、炒黄柏)主治燥湿清热，用于湿热下注白带过多，阴囊湿痒(图6-3)。

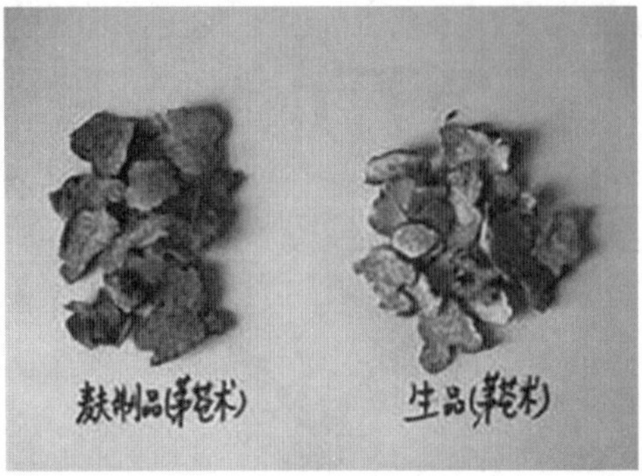

图 6-2 中药饮片

图 6-3 中成药

(二)中药材分类

从生物学分类角度来看,按照中药材来源,将中药材分为药用植物、药用动物、药用矿物和药用真菌 4 大类。

(1)药用植物(俗称中草药)。约占 87%,如天麻、苍术、艾叶、枸杞、益母草、厚朴等。

(2)药用动物。占 10%~12%,如阿胶、羚羊角、地龙、全蝎、水蛭、冬虫夏草等。

(3)药用矿物。占 1%~2%,如石膏、炉甘石、朱砂等。

(4)药用真菌。如茯苓、猪苓、灵芝等。

(三)药用植物分类

按入药部位药用植物可分为以下几类。

(1)根、根茎类药材。如百合、板蓝根、半夏、苍术、党参、葛根、黄连、黄芪、桔梗、甘草、天麻、射干、黄精等。

(2)种子、果实类药材。如枸杞、罗汉果、莲、山茱萸、连翘等。

(3)全草类药材。如石斛、麻黄、益母草、藿香等。

(4)叶类药材。如艾叶、桑叶、茵陈、紫苏等。

(5)花类药材。如菊花、番红花、金银花、丁香等。

(6)皮类药材。如杜仲、厚朴、黄柏、牡丹皮等。

(7)菌类药材。如茯苓、灵芝、猪苓等。

(四)道地中药材

所谓道地中药材就是经过中医临床长期应用优选出来的,产在特定地域,与其他地区所产同种中药材相比,品质和疗效更好,且质量稳定,具有较高知名度的中药材。如湖北蕲春县的蕲艾,湖北罗田县的苍术、茯苓,湖北英山县的茯苓、桔梗,湖北麻城市的福白菊等。

本项目具体介绍天麻、黄精、茅苍术、蕲艾、菘蓝、射干等 6 种中药材的生产技术,每种中药材从药用价值、植物学形态、生物学特征、栽培技术、采收和初加工及质量标准等 6 个方面进行阐述,其中栽培技术、采收和初加工部分尽量采用标准化、规范化技术,如射干、菘蓝及茅苍术的标准化生产技术。在理论学习的基础上,安排相应的实践环节,以期通过理论与实践结合,掌握该中药材生产的基本知识和技能,能初步完成该中药材栽培工作;培养依托中药材生产加工进行创业的能力,提高从事中药材生产的标准和质量意识,为乡村产业振兴提供智力和技术支撑。

任务1　天麻生产技术

学习目标

知识目标

1. 熟悉天麻的药用价值和形态特征。
2. 掌握天麻的生物学特征。

能力目标

1. 掌握天麻的几种种植方法。
2. 能根据天麻的生物学特性从事田间管理。
3. 能初步完成天麻种植、采收与初加工工作，培养中药材生产的标准意识和质量意识。

天麻

素质目标

1. 具有严谨求实、开拓创新的意识。
2. 具有团结协作、勇于担当的精神。

学习内容

任务1.1　认识天麻

活动1　了解药用价值

1. 基源

中药材天麻(图6-4)源于兰科植物天麻的干燥块茎。立冬后至翌年清明前采挖，立即洗净，蒸透，敞开低温干燥。

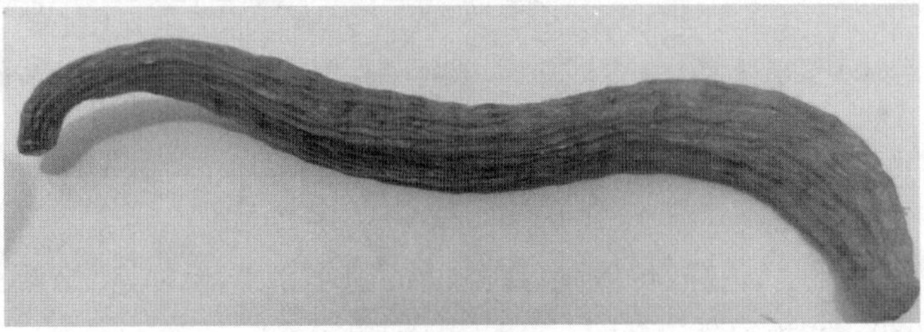

图6-4　天麻

2. 药用价值

(1)性味与归经。甘，平。归肝经。

(2)功能与主治。息风止痉，平抑肝阳，祛风通络。用于小儿惊风，癫痫抽搐，破伤风，头痛眩晕，手足不遂，肢体麻木，风湿痹痛。

(3)用法与用量。3～10 g。

(4)现代医药学研究表明。天麻素、对羟基苯甲醇为天麻的主要有效成分，具有抗抑郁、镇静催眠、降压等作用；2020 年版《中华人民共和国药典》将天麻素与对羟基苯甲醇含量之和列为控制指标，用于评价天麻的质量。

天麻中也含有大量的巴利森苷类化合物（巴利森苷 A、B、C、E），该类化合物可以明显改善大脑的学习记忆，具有抗抑郁、抗衰老等药理作用，是天麻的重要成分之一。

活动 2 认识天麻植株

天麻有红天麻、乌天麻、绿天麻、黄天麻等 4 种原变种，其中红天麻、乌天麻及乌红杂交天麻药用价值高。天麻为兰科天麻属植物，又称赤箭、定风草、独摇芝、鬼督邮等。属于食菌性草本植物。

天麻地上花茎直立、圆柱形，高 30～150 cm，呈黄褐色。无绿叶，叶鳞片状，膜质，互生，下部鞘状抱茎（图 6-5）。地下块茎肥厚，长椭圆形、卵状长椭圆形或哑铃形，长 10～20 cm，肉质，常平卧，有均匀的环节，节上轮生多数三角状广卵形的膜质鳞片，全株不含叶绿素，无根，与菌共生。须与白蘑科真菌蜜环菌和紫萁小菇共生，石斛小菇（或紫萁小菇等）为种子萌发提供营养，称为天麻的萌发菌；蜜环菌为原球茎长成天麻块茎提供营养，称为天麻的生长菌。

天麻地下块茎经历原球茎、米麻、白麻、箭麻到母麻的发育过程。原球茎：最开始形成的块茎即原球茎。白麻和米麻：都是天麻种子，白麻种植以后当年可直接长成品天麻，而米麻只有米粒大小，到翌年可长成白麻。箭麻：成品天麻（商品天麻）。母麻：箭麻抽薹开花结实后变成中空的天麻（图 6-6）。

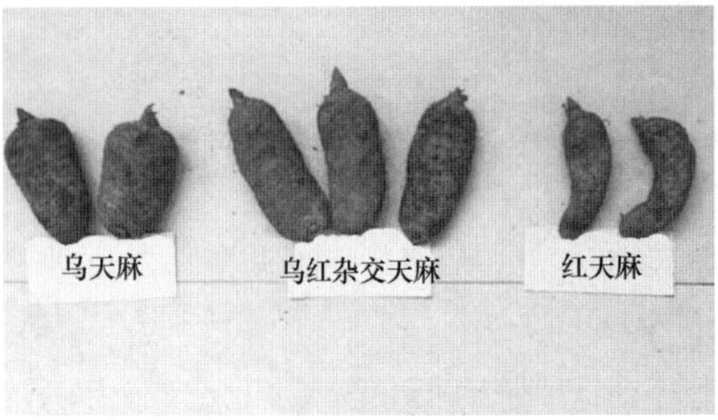

图 6-5 三种天麻的地下块茎

绿天麻 红天麻 乌天麻

图 6-6 三种天麻的地上部分

活动 3 了解天麻的生物学特性

天麻喜凉爽、潮湿环境，怕冻、怕旱、怕高温、怕积水。天麻无根，无绿叶，在 2 年的生活周期中，除有性期约 70 d 在地表外，常年以块茎潜居于土中。

营养方式特殊，从侵入体内的蜜环菌菌丝取得营养，供生长发育。一般 4—11 月份为天麻生长期，12 月至翌年 3 月为休眠期。

天麻常野生在海拔 1 000～1 800 m 山区林间，尤以常年多雨雾、富含腐殖质、土壤疏松、肥沃的地方较多。多生长在夏季气候凉爽，气温 20～25 ℃，年平均大气相对湿度 80%～90%，腐殖质丰富，疏松肥沃，pH 5.5～6.0，排水良好的沙土或沙壤土中。

任务1.2　天麻的栽培

活动1　学习繁殖方式

天麻繁殖方式有两种：一是有性繁殖，即种子繁殖；二是无性繁殖，即块茎繁殖。

一、有性繁殖

天麻有性繁殖是利用天麻种子繁殖天麻的技术。在天麻花期采取人工异株授粉后结成蒴果，果子成熟后采下摊放在容器内，待果子自然开裂后，利用萌发菌将种子进行播种栽培管理后，可获得大量人工栽培的麻籽，然后利用这些麻籽再进行无性繁殖栽培。有性繁殖培育的天麻生命力强，生长快，产量高，麻形好，可克服无性繁殖天麻种性退化问题。也可以将木材、天麻萌发菌、天麻有性繁殖种子、蜜环菌同时下种，一步到位培育商品天麻，这种种植方法俗称“四下窝”，一步到位的商品天麻栽培法。

二、无性繁殖

一般在天麻休眠期种植，即11月份至翌年4月份。发育完好、无病虫害、无损伤、新鲜健壮的0代种麻或1代个体重10 g以上白麻最佳。选用合格的蜜环菌三级栽培菌；选用合格的菌材：一般菌材树种有壳斗科、桦木科、豆科、蔷薇科。具体的栽培方法有菌棒伴栽法、菌棒加新棒栽培法、菌床栽培法、纯菌种伴栽法等。

(1)菌棒伴栽法：挖30～40 cm的坑，如是坡地，穴底顺着坡向做10°～15°的斜面。先栽下层，撒0.5 cm厚一薄层树叶，将已培育好的菌棒顺坡平摆在坑底，棒距3～5 cm，在各菌棒的两侧及两端放上种麻。放好一层后，用土填满空隙，再盖土3～5 cm。在盖好的土上撒一薄层树叶，然后再栽上面一层，同前法再放一层种麻，最后盖土5～10 cm，略高地面即可。

(2)菌棒加新棒栽培法：与菌材伴栽法相同，只是栽培时每隔一根菌棒加一根新棒，麻种应靠近菌棒摆放。

(3)菌床栽培法(固定菌床栽培法)：预先培育好菌床，栽种天麻时，挖开菌床，取出上层已长好蜜环菌的菌棒，下层菌棒保持原位不动，然后在下层菌棒间扒开覆土，在两侧及两端有菌索的部位放置种麻，覆土2～3 cm；放上同等数量的新树棒或菌棒。上层栽法同菌棒伴栽法，只是将原穴挖出的菌棒放还回去。

(4)纯菌种伴栽法(俗称“三下窝”栽培法)：挖穴深30 cm，穴大小以0.5 m^2 较适宜，穴底铺一层湿树叶及细树枝，新棒砍鱼鳞口后摆在树叶上，棒间放入种麻。从培养瓶中掏出三级蜜环菌小菌枝纯菌种，放在种麻与新棒之间，应靠紧新棒与麻种。可用纯沙或沙壤土填充棒间缝隙，盖土后用同法栽上层，窝顶覆土10 cm，穴顶盖10 cm厚一层落叶。

活动2　学习栽后田间管理

(1)防冻。在冬季土温≤－5 ℃时，于窖上覆盖厚土、落叶、杂草或塑料大棚等防冻过冬。

(2)降温。夏季温度≥30 ℃时，应采用搭荫棚和喷水降低土壤温度，使土壤温度在25 ℃以下。

(3)防旱。当空气相对湿度＜60％时，应及时淋水并盖草保湿。

(4)防涝。应开沟排水,防止积水,特别是雨季应注意排水防涝。

(5)覆盖。天麻栽种完毕,在畦上面用树叶和草覆盖保温保湿,防冻和抑制杂草生长,防止土壤板结,保持土壤透气。

活动 3 防治病虫害

天麻的主要病害有木腐性杂菌和块茎腐烂病,地下虫害有蛴螬、粉蚧、白蚁等。

1. 木腐性杂菌(霉菌)

病原有木霉、根霉、青霉、黄霉、绿霉、毛霉等。危害时在菌材或天麻表面呈片状或点状分布,部分发黏并有霉菌味,菌丝呈白色或其他颜色。

防治方法:一是选用新鲜木材培养菌材,尽可能缩短培养时间。二是种天麻的培养土要填实,不留空隙,保持适宜温度、湿度,可减少霉菌发生。三是采用小畦种植,有利蜜环菌和天麻生长。

2. 块茎腐烂病

病原有黑腐病、褐腐病,主要为害天麻块茎。染病块茎皮部萎黄、中心腐烂、有异臭。有的块茎内充满了黄白色或棕红色的蜜环菌索。染病块茎有的呈现紫褐色,有的手捏之后渗出白色浆状脓液。天麻窖内湿度过高或过低、透气不良有利于病害发生。

防治方法:一是选地势较高,不积水,土壤疏松,透气性好的地方种植天麻。二是加强窖场管理,做好防旱、防涝,保持窖内湿度稳定,提供蜜环菌生长的最佳条件,以抑制杂菌生长。三是选择完整、无破伤、色鲜的初生块茎作种源,采挖和运输时不要碰伤和日晒。四是用干净、无杂菌的腐殖质土、树叶、锯木屑等做培养料,并填满、填实、不留空隙。

3. 蛴螬

危害天麻的蛴螬在地下将天麻咬食成空洞,并在菌材上蛀洞越冬,毁坏菌材。

防治方法:设置黑光灯诱杀成虫。栽种天麻和天麻收获时,捕杀幼虫。

4. 粉蚧

粉蚧寄生于各种木本和草本植物的地上和地下部分,可由有粉蚧植物的根或树做的菌材在土中传染给天麻。群集天麻块茎及菌材上,使天麻块茎生长停滞,瘦小。

防治方法:天麻生长在土中防治不便,可在天麻收获时进行捕杀,将严重危害的菌材烧毁。

5. 白蚁

选择白蚁无外露迹象的地块,或至少应选择白蚁数量少、密度小的地块作栽培场地。栽培前用灭蚁灵或白蚁清制成诱杀毒饵,既可防白蚁又能杀白蚁。

活动 4 采收与初加工天麻

1. 采收

(1)采收时间。天麻的采收时间一般在立冬后至翌年清明前(即 11 月份至翌年 3 月份)。

(2)采收方法。采收天麻时要小心扒去覆土,翻出菌材以及填充料,然后轻轻地将天麻取出,注意不要损伤麻体。取出的天麻要进行分类,箭麻和大白麻可作为商品天麻,需及时初加工,也可作为繁殖育种材料使用;小白麻和米麻做种用。

2. 加工

天麻含水量为70%～85%。

(1)清洗。采收后用清洁的水洗净泥土，晾干。

(2)蒸煮。水煮法(水沸3～5 min)、蒸煮法(视大小分三级，蒸10～30 min不等)。观察整个天麻内有暗影，约1/5白心，称为透心。

(3)烘干。区分天麻块茎、天麻片(2～3 mm)，温度45～65 ℃，恒温或变温，烘干至含水量10%左右。

(4)天麻真空冷冻干燥工艺条件。预冻时间10 h，干燥温度45 ℃，干燥时间18 h。冻干工艺得到的天麻产品质量稳定，这种干燥工艺可以有效防止药效成分在干燥过程中被分解，同时最大限度地保留了产品原有的色、香、味。

3. 商品等级

以红天麻(冬麻)为例，商品天麻分为四等。其共同特性是：长圆柱形或长条形，略宽，稍弯曲，肩窄、不厚实；表面灰黄或浅棕色，纵皱纹细小；"芝麻点"小且少；环节纹浅且细，环节稀且多(15～25节)；"鹦哥嘴"红棕色，肥大；"肚脐眼"较粗大、下凹不明显；质坚硬，不易折断，断面平坦，黄白至淡棕色，角质样，无空心；气微、味略甜；无变色、不走油、无虫蛀、无霉变、无杂质。

一等：每千克16支以内，无空心、枯炕。

二等：每千克25支以内，无空心、枯炕。

三等：每千克50支以内，无空心、枯炕。

四等：每千克50支以外，以及不符合一、二、三等的碎块、空心、破损天麻均属此类。

活动5　学习天麻的包装、贮藏与运输

1. 包装

包装器材(袋、盒、箱)应是无污染的、新的，不易破损的材料；按等级包装：包装时必须有标签注明药材品名、产地、采收日期、采收单位、调出日期、调出单位、调出数量、注意事项，并附有质量合格标志。

2. 贮藏

天麻仓库应通风、干燥、避光、最好有空调及除湿设备，地面为混凝土，并具有防鼠、防虫设施。天麻包装应存放在货架上，与墙壁保持足够距离，并定期抽查，防止虫蛀、霉变、腐烂等。

3. 运输

天麻批量运输时，不应与其他有毒、有害物质混装；运输容器应具有较好的通气性，以保持干燥，遇阴天应严密防潮。

活动6　控制天麻质量

1. 药材性状

椭圆形或长条形，略扁，皱缩而稍弯曲，长3～15 cm，宽1.5～6 cm，厚0.5～2 cm。表面黄白色至黄棕色，有纵皱纹及由潜伏芽排列而成的横环纹多轮，有时可见棕褐色菌索。顶端有红棕色至深棕色鹦嘴状的芽或残留茎基(俗称鹦哥嘴)；另端有圆脐形瘢痕(俗称肚脐眼)。质坚

硬，不易折断，断面较平坦，黄白色至淡棕色，角质样。气微，味甘。无虫蛀、无霉烂斑。

2. 质量检查

(1)水分。不得超过 15.0%。

(2)总灰分。不得超过 4.5%。

(3)二氧化硫残留量。不得过 400 mg/kg。

(4)浸出物。不得少于 15.0%。

(5)含量测定。按干燥品计算，含天麻素和对羟基苯甲醇的总量不得少于 0.25%。

任务 2 黄精生产技术

学习目标

知识目标

1. 了解黄精的药用价值、形态特征。
2. 掌握黄精的适生环境。

能力目标

1. 掌握黄精栽培的技术要点。
2. 能用根茎繁殖方法初步完成黄精的栽培及管理工作。

素质目标

1. 具有严谨求实、开拓创新的意识。
2. 具有团结协作、勇于担当的精神。

学习内容

任务 2.1 黄精的特性

黄精

黄精，又称鸡头参、老虎姜、九蒸姜、野山姜、千年运等，为百合科黄精属的多年生草本植物，根茎入药，是我国传统的"药食同源"滋补中药材之一，具有补气养阴，健脾，润肺，益肾之功效(图 6-7)。生产上通常采用根茎繁殖，黄精喜阴湿环境，可以选择林下、阴坡、间作玉米等种植模式，病虫害方面要加强对黑斑病和蛴螬的防治。为了保证质量，黄精要栽培 3～4 年后才能采收和加工后入药。

活动 1 明确药用价值

中药材黄精源于百合科植物滇黄精、黄精、多花黄精的干燥根茎。按形状不同，又称"大黄精""鸡头黄精""姜形黄精"。春秋两季采挖，除去须根，洗净，置沸水中略烫或蒸至透心，干燥。

性味与归经：甘，平。归脾、肺、肾经。

功能与主治：补气养阴，健脾，润肺，益肾。用于脾胃气虚，体倦乏力，胃阴不足，口干食少，肺虚燥咳，劳嗽咳血，精血不足，腰膝酸软，须发早白，内热消渴。与麦冬、枸杞、玄参、石斛等同为养阴药。

图 6-7　黄精药材及饮片

活动 2　选择栽培条件

一、多花黄精植物形态

多年生草本植物，根状茎肥厚、横走，通常连珠或结节成块，茎高可达 100 cm，叶互生，椭圆形、卵状披针形至矩圆状披针形，2～4 朵花组成伞形花序(图 6-8)，花被黄绿色，浆果黑色，3～9 颗种子，花期 5—6 月份，果期 8—9 月份(图 6-9)。

图 6-8　黄精植物形态

图 6-9　多花姜形黄精

二、适生环境

生于阴湿的林下、灌丛或阴坡。耐寒，幼苗能在田间越冬，但不宜在干燥地区生长。忌水、耐肥。

任务2.2 黄精的栽培

活动1 繁殖黄精

1. 根状茎繁殖

于早春(3月下旬前后)种植时，选1～2年生健壮、无病虫害的植株根茎，取先端幼嫩部分，截成数段，每段有3～4节。伤口消毒、晾干后按行距22～24 cm，株距10～16 cm，深5 cm栽种，覆土后稍加镇压并浇水，以后每隔3～5 d浇水1次，使土壤保持湿润。

于秋末种植时，加圈肥和草以保暖。

2. 种子繁殖

8月份种子成熟后选取成熟饱满的种子立即进行沙藏处理：种子1份，沙土3份混合均匀。藏于背阴处30 cm深的坑内，保持湿润。

翌年3月下旬筛出种子，浸种催芽后，沾草木灰按行距12～15 cm均匀撒播于畦面的浅沟内，盖土约1.5 cm，稍压后浇水，并盖一层草保湿。

出苗前去掉盖草，苗高6～9 cm时，过密处可适当间苗，1年后移栽，为满足黄精生长所需的荫蔽条件，可在畦埂上种植玉米。

活动2 选地整地

选择湿润和有充分荫蔽的地块，土壤以质地疏松、保水力好的壤土或沙壤土为宜。播种前先深翻1遍，结合整地每亩施农家肥2 000 kg，翻入土中作基肥，然后耙细整平，作畦，畦宽1.2 m。

活动3 田间管理

(1)除草。生长前期要经常中耕除草，每年于4、6、9、11月份各进行1次，宜浅锄并适当培土；后期拔草即可。

(2)浇水。若遇干旱或种在较向阳、干旱地方的需要及时浇水。黄精忌水，梅雨季节应注意排水。

(3)追肥。每年结合中耕除草进行追肥，前3次中耕后每亩施用土杂肥1 500 kg，与过磷酸钙50 kg，饼肥50 kg，混合拌匀后于行间开沟施入，施后覆土盖肥。

(4)遮阴。喜荫蔽，可以间作玉米。

活动4 防治病虫害

1. 黑斑病

多于春夏秋季节发生，为害叶片。发病初期，叶片从叶尖出现不规则黄褐色斑，病健部交界处有紫红色边缘；以后病斑向下蔓延，雨季则更严重，病部叶片枯黄。

防治方法：收获时清园，消灭病残体；前期喷施 1∶1∶100 波尔多液，每 7 d 喷 1 次，连续 3 次。

2. 蛴螬

幼虫为害根部，咬断幼苗或嚼食苗根，造成断苗或根部空洞，危害严重。

防治方法：可用 75%辛硫磷乳油按种子量 0.1%拌种预防；或在田间发生期，用 90%敌百虫 1 000 倍液浇灌。

活动 5　采收与初加工

一般于春秋两季采收，以秋季采收质量最好，栽培 3～4 年秋季地上部枯萎后采收，挖取根茎，除去地上部分及须根，洗去泥土，置蒸笼内蒸至呈现油润时，取出晒干或烘干，或置水中煮沸后，捞出晒干或烘干。

活动 6　控制黄精质量

1. 药材性状

(1)大黄精：呈肥厚肉质的结节块状，结节长可达 10 cm 以上，宽 3～6 cm，厚 2～3 cm，表面淡黄色至黄棕色，具环节，有皱纹及须根痕，结节上侧茎痕呈圆盘状，圆周凹入，中部突出。质硬而韧，不易折断，断面角质，淡黄色至黄棕色。气微，味甜，嚼之有黏性。

(2)鸡头黄精：呈结节状弯柱形，长 3～10 cm，直径 0.5～1.5 cm，结节长 2～4 cm，略呈圆锥形，常有分枝。表面黄白色或灰黄色，半透明，有纵皱纹，茎痕圆形，直径 5～8 mm。

(3)姜形黄精：呈长条结节块状，长短不等，常数个块状结节相连。表面灰黄色或黄褐色，粗糙，结节上侧有突出的圆盘状茎痕，直径 0.8～1.5 cm。味苦者不可药用。

2. 检验指标

水分不得超过 18%；总灰分不得超过 4%。

重金属及有害元素：铅不得超过 5 mg/kg；镉不得超过 1 mg/kg；砷不得超过 2 mg/kg；汞不得超过 0.2 mg/kg；铜不得超过 20 mg/kg。醇溶性浸出物(热浸法)不得少于 45%；含黄精多糖，糖以无水葡萄糖计不得少于 7%。

任务 3　茅苍术生产技术

学习目标

知识目标

1. 了解苍术的药用价值以及茅苍术的形态特征和质量标准。

2. 掌握苍术的生物学特征。

◈ 能力目标

1. 掌握茅苍术栽培、采收和初加工的技术要点。
2. 能初步完成茅苍术的栽培和田间管理工作。

◈ 素质目标

1. 具有严谨求实、开拓创新的意识。
2. 具有团结协作、勇于担当的精神。

学习内容

任务 3.1 苍术的特征

中药材苍术(图 6-10)源于菊科植物茅苍术(南苍术)或北苍术的干燥根茎,具有燥湿健脾,祛风散寒,明目之功效。茅苍术是湖北省罗田县的道地药材,素有“罗苍”之称,生产上茅苍术采用种子繁殖或根茎繁殖,2012 年由湖北中医药大学牵头制订了茅苍术规范化种植标准操作规程(SOP),实现了茅苍术的标准化生产。

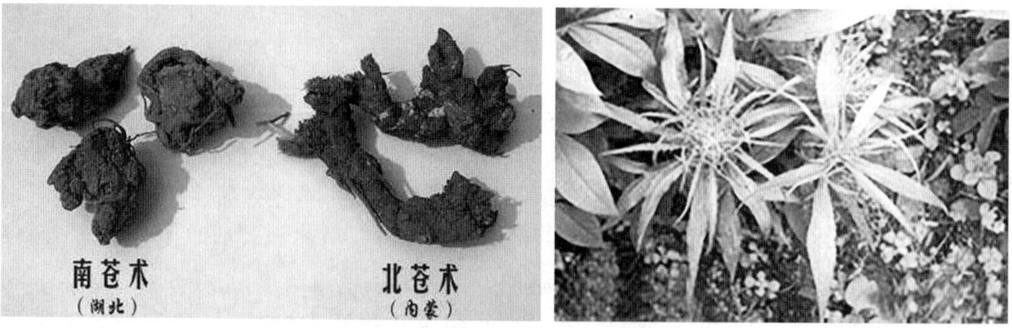

图 6-10 中药材苍术与茅苍术植物

活动 1 明确药用价值

本品为菊科植物茅苍术或北苍术的干燥根茎。春秋两季采挖,除去泥沙,晒干,摘去须根。

性味归经:辛、苦,温。归脾、胃、肝经。

功能与主治:燥湿健脾,祛风散寒,明目。用于湿阻中焦,脘腹胀满,泄泻,水肿,脚气痿躄,风湿痹痛,风寒感冒,夜盲,眼目昏涩。

与厚朴、砂仁等同属化湿药。

活动 2 选择适宜种植条件

(一)茅苍术植物形态特征

多年生草本,高 30～70 cm。茎直立或上部少分枝。叶互生,革质,卵状披针形或椭圆形,边缘具刺状齿,上部叶多不裂,无柄;下部叶常 3 裂,有柄或无柄。

头状花序顶生,下有羽裂叶状总苞一轮;总苞圆柱形,总苞片 6～8 层;花两性或单性,多异株;两性花有羽状长冠毛;花冠白色,细长管状,花期 8—10 月份。瘦果被黄白色毛,果期 9—10 月份。

(二)茅苍术生物学特征

1. 生长发育特点

3 月下旬气温升高，冬芽萌动并开始生长。4 月底地上茎叶生长盛期。5—6 月份地下根茎开始膨大，8—9 月份根茎生长迅速，10 月份停止生长，每年只长 1～2 节。9 月下旬开花，11 月上旬开始倒苗，转入休眠期。

2. 适生环境

喜光照，忌强光，喜温和湿润环境，但高温、高湿条件易染病或发生倒伏现象，耐寒性较强，在－15 ℃环境条件下，一年生幼苗可安全越冬。

对土壤要求不太严格，但在排水良好、地下水位低、土壤结构疏松、富含腐殖质的沙质土壤上生长最好。忌低洼地，水浸根易腐烂。

多与禾本科植物在荒坡树荫下伴生。

任务 3.2 茅苍术的规范化种植

活动 1 繁殖种子

1. 种子贮藏

当年 11 月份采收的种子需贮藏至翌年 3 月播种，应充分晒干，筛选后置于清洁的布袋里低温(4 ℃左右)存放。

2. 种子育苗

3 月下旬至 4 月上旬播种，当地温升至 12 ℃以上时应及时播种。

播种前种子的预处理：把种子放入 25～30 ℃的温水中浸泡 24 h 后，捞出装入清洁的麻袋内，置于 25 ℃左右的室内，每天早晚用温水冲淋 1 次，经 4～5 d 种子开始萌动，即可播种。

3. 播种方法

条播：在整好的厢面上横向开沟，行距 15 cm，播幅 7～9 cm，先在沟内撒入混有过磷酸钙的有机肥做种肥，盖上一层细土后，再将已出芽的种子均匀地撒入沟内，上覆细土，其上再盖草木灰，以不见种子为度。最后厢面盖草保温、保湿。待出苗初期，选阴天或晴天下午移除厢面覆盖物。播种量为 5～6 kg/亩。

4. 施肥

种肥：每亩用 1 000 kg 有机肥(含水量 70%左右)与 50 kg 过磷酸钙混合拌匀，草木灰适量。结合播种时施用。

追肥：幼苗长出 2～3 片真叶时进行第 1 次追肥，结合中耕除草，施入尿素 10 kg/亩至行间。7 月下旬进行第 2 次追肥，结合中耕除草，施入尿素 10 kg/亩、磷酸二氢钾 10 kg/亩至行间。

5. 田间管理

在生长期如遇天气干旱，应在傍晚浇水，以湿润耕作层为度。雨季应及时疏沟排水。中耕除草时间与追肥同步。

6. 育苗移栽

整地：整前在选好的地块上，将地表杂物堆积起来，或铺上一层杂草放火烧荒，火粪返田。

施基肥：有机肥 1 500 kg/亩左右（含水量 70%左右），复合肥（15-15-15）25 kg/亩。混匀后均匀撒施。

作畦：在田块处理好并均匀施肥后，进行翻耕，耕层至少 30 cm，耙平耙细后作厢。根据地块的大小做成宽 1.2 m、长 10 m 以内的厢，厢沟宽 30～40 cm，深 15 cm 左右，厢面成龟背形，做到雨停后厢面和沟中无积水为度。

选苗：一级种子，育苗当年移栽；二级和三级种子，育苗第 2 年移栽。待地上部分枯萎后，逐行挖取地下根茎（带须根），选 3 g 以上的作种苗用（表 6-1）。

定植：时间为 10 月底至 12 月底，待种苗地上部分完全枯萎后。

栽种材料预处理：将育苗田中挖起的种苗用多菌灵（25%可湿性粉剂）800 倍液喷雾或浸种消毒。

栽种方法：开行沟点种，栽种时要将种苗出芽部分朝上，然后盖细土，上面再薄薄地盖一层稻草。

行株距及栽种深度：行距 30 cm，株距 15 cm。栽种深度 6～7 cm。

表 6-1 茅苍术种子质量标准

分级指标	一级（不低于）	二级（不低于）	三级（不低于）
绝对千粒重/g	11.2	9.2	6.5
发芽率/%	95.0	92.0	90.0
发芽势（23 ℃；6 d）/%	91.0	89.0	87.0
含水量/%	8.1	8.2	8.7
生活力/%	90.5	84.0	80.0
净度/%	96	93	91
种子形态	倒卵圆形，长 6.5～7.5 mm，宽 2.4～2.8 mm，表面被稠密顺向贴伏的白色长直毛，顶有冠毛脱落环痕	倒卵圆形，长 5.5～6.5 mm，宽 2.0～2.4 mm，表面被稠密顺向贴伏的白色长直毛，顶有冠毛脱落环痕。大小较均匀，较饱满，干燥，有少数瘪粒及杂质	倒卵圆形，长 4.3～5.5 mm，宽 1.4～2.0 mm，表面被稠密顺向贴伏的白色长直毛，顶有冠毛脱落环痕。大小不甚均匀，不甚饱满，干燥，有一些瘪粒，杂质较多

7. 大田管理

（1）追肥。肥料为 45%复合肥（15－15－15）。肥料的施用量为 50 kg/亩。

肥料施用时间及比例：第 1 次于第 2 年年底结合培土施入复合肥 25 kg/亩。第 2 次于第 3 年苗出齐后结合第 4 次除草施入复合肥 25 kg/亩。上述追肥时间和比例主要针对壤土，如土壤质地偏沙，应增加追肥次数，并相应降低每次追肥数量，做到“少量多餐”。

（2）摘蕾。

时间：第 3 年现蕾初期（10%）至末期共摘 3 次；摘蕾要选晴天上午露水干后进行。

方法：先用大剪浅剪1次（除花蕾外，其他部分尽量少剪），然后用花枝剪剪掉漏剪的花蕾。

（3）除草。

时间：第1次为定植后第2年3月底至4月上中旬。第2次为定植后第2年苗高25 cm左右时。第3次为定植后第2年8月份。第4次为定植后第3年3月底至4月上中旬。第5次为定植后第3年苗高25 cm左右时。

方法：结合施肥的除草（第4次），应先施肥再除草，第2年的除草（第1次至第3次）应结合松土。8月份除草（第3次）后应在行间盖上薄薄一层稻草。注意不要在雨天或露水未干时除草。

（4）烧荒。

时间：第2年12月中下旬地上部分枯黄时。

方法：追加一层薄稻草或其他可燃草，放火烧掉。

（5）培土。

时间：烧荒后应及时培土。

方法：结合施肥（45%复合肥，25 kg/亩），先均匀撒施复合肥于厢面，然后从厢沟挖土，以盖没复合肥为度，并保证厢高在20 cm以上。

（6）田间排灌。

排水：大田里不可见明水，排水的方式主要为收好"三沟"，即横、纵、边沟。

灌水：苍术耐旱性强，一般不需要灌溉。如遇极端干旱天气，应在傍晚浇水（使土壤耕作层湿润即可），切忌中午浇水。

活动2　繁殖种茎

1. 种茎切制前的处理

将有病虫害和发育不良的种茎剔除，不可将带有病虫害的种茎混入大田栽种，以免交叉感染。

播种前应将种茎集中用多菌灵（25%可湿性粉剂）800倍液喷雾消毒，将种茎上的须根用剪刀剪除，严禁用手拔。

2. 种茎切制

按自然节横切，禁止纵切。太小的种茎可不切制，但必须在尾部破皮。切制大小需符合种茎质量标准（表6-2）。

表6-2　茅苍术种茎质量标准

分级指标	级别		
	一级	二级	三级
根茎重量/g	15～20	10～15	5～10
芽头数量/个	带芽头	带芽头	—

3. 种茎切制后的处理

将切制好的种茎晾晒半天或1 d后，用草木灰拌种收浆。如果收浆后的种茎不立即栽种，可放置在土质地面的室内贮藏备用。方法是一层粗黄沙（2 cm厚）、一层种茎交替堆积，堆积高度不超过1 m,以免发热腐烂。种茎堆的中央用稻草柱留1个通气孔。

4. 种茎的定植

同种子繁殖的育苗移栽(略)。

活动3 防治病虫害

(一)防治病害

1. 白绢病(又名根茎腐烂病)

症状:4月下旬始发,6月上旬至8月中旬渐趋严重,危害根茎及茎基。发病初期,地上部分无明显症状,随着温度和湿度的提高,根茎内白色菌丝穿出土层,向土表伸展,形成呈乳白色或米黄色,最后呈茶褐色似油菜籽状的菌核。在高温、高湿条件下,菌核病症蔓延很快,最后根茎溃烂,有臭味,植株枯萎死亡。

防治方法1:挑选无病术苗,并用50%多菌灵800倍液浸渍3~5 min,晾干后栽种。

防治方法2:切忌与易感病的茄科、豆科及瓜类等作物连作。

防治方法3:及时拔除发病病株,带土移出后集中烧毁,并在穴中撒施生石灰粉消毒。

防治方法4:选用10%三唑酮可湿性粉剂200 mg/mL或70%代森锰锌可湿性粉剂200 mg/mL,兑水喷雾防治。

防治方法5:生物防治在育苗阶段和病害发生初期,施用哈氏木霉生防菌进行土壤防病。

2. 根腐病(又名烂根病)

症状:4月下旬至5月上旬发病,6—8月份发病严重。发病初期,先是须根变成褐色干枯,后逐渐蔓延至根茎、主茎,使整个茎秆变成褐色,阻止养分的输送,使地上茎叶很快死亡。

防治方法1:与禾本科作物轮作3~5年。

防治方法2:术苗栽种前用50%多菌灵800倍液浸渍3~5 min,晾干后栽种。

防治方法3:连根拔起发病病株深埋或烧毁,在病株地用波尔多液进行消毒喷施。

防治方法4:发病初期及高峰期来临之前,用50%多菌灵800倍液或50%托布津500倍液灌兜。也可用波尔多液灌兜。

3. 纹枯病(又名立枯病)

症状:受害幼苗茎基出现水渍状椭圆形黄褐色病斑,随后扩大呈黑褐色,干缩凹陷,地上部分出现萎蔫现象,严重时病株倒伏死亡。

防治方法1:雨后及时松土,防止土壤板结,开沟排水,降低土壤湿度。

防治方法2:栽种前用五氯硝基苯处理土壤,1 kg/亩。

防治方法3:发病初期用70%可湿性五氯硝基苯200倍液浇灌病区,或用1∶25的70%五氯硝基苯拌细土施在病区或病株周围。也可用5%石灰水淋灌,或用地灰和石灰(1∶1)撒施厢面,每7 d 1次,连续2~3次。

4. 铁叶病(又名锈病)

症状:发病之初,在叶片上生黄绿色小斑点,后逐渐扩大,并相互连接,呈多角形或不规则形,很快布满整个叶片,病叶呈黑铁色(中央有灰白色病斑),最后蔓延至全株,植株枯死。

防治方法1：发病初期喷1∶1∶100的波尔多液，每15 d 1次，连续2～3次。

防治方法2：发病后期，用50%托布津或50%多菌灵喷施。

5.黑斑病

症状：一般5月中旬开始发病，7—8月份病害达高峰。主要为害叶片。发病初期由茎基部叶片开始，逐渐向上蔓延，病斑圆形或不规则，两面均生黑色霉层，多由叶尖或叶缘扩展至叶片，病斑连片，灰褐色，叶片枯落。

防治方法1：选用无病健壮的种苗或根茎种植。

防治方法2：冬季清园，病枝枯叶集中烧毁。

防治方法3：发病初期，叶面喷500 mg/L的70%代森锰锌可湿性粉、25%多菌灵可湿剂、25%阿西米达悬乳剂或10%世高水分散粒剂。

（二）防治虫害

1.长管蚜

主要为害苍术的嫩茎，用敌敌畏稀释后喷施或用一遍净稀释后喷施。

2.术籽螟

主要为害花托、种子。

防治方法1：深翻土壤或水旱轮作，消灭越冬虫原。

防治方法2：花期喷50%敌敌畏800倍溶液，每9～10 d 1次，连续3～4次。

3.地老虎

防治方法1：用90%敌百虫1 000倍液灌溉被害地块。

防治方法2：用敌百虫粉剂与炒香的菜籽或菜饼制成毒饵，撒施行间诱杀。

活动4 采收与初加工

1.采收

最佳采收期：10月底至12月底。

方法：选晴天用挖锄逐行挖出，尽量避免挖断根茎或擦破根茎的表皮。

2.初加工

（1）去泥沙。在大田里应边挖边除去可除掉的泥沙。

（2）除水气。挖出后，可就地晾晒半天至一天，待水气基本去净后运回。

（3）杀芽。将个头过大的根茎用刀按自然节破开，以大小较为一致的形状入烘房杀芽，温度45 ℃左右，时间4～6 h。

3.干燥

（1）晒干。晒干的前提条件是选择已杀芽的苍术块茎，如天气晴好可放至室外清洁的水泥地面或晒垫上晾晒。方法：晾晒时上覆盖薄膜，待水分渗出体外后揭开薄膜再行晒干，晒干水气后再盖薄膜，如此循环（晒干—发汗—再晒干—再发汗）直至干透。

（2）烘干。烘干的前提条件是选择已杀芽的苍术根茎。方法：烘房温度控制在40 ℃左右。烘制（直到无水气，根茎表面干燥后）—冷却发汗—再烘制—再冷却发汗—直至干透（含水量13.0%以下）。

4. 上撞笼

干燥后的苍术放入撞笼(又称打毛机)中撞去须根和泥沙。撞笼的旋转速度不宜过快,以免撞破根茎的表皮。

5. 复干

经上述操作后,如仍然感觉有潮气或须根不尽,可在 40 ℃的温度下进行复干,时间为 50 min 左右,再上撞笼。

活动5 控制茅苍术质量

1. 药材性状(外在质量)

呈不规则连珠状或结节状圆柱形,略弯曲,偶有分枝,或呈不规则结节团块状,长 3～10 cm,直径 1～3 cm。表面灰棕色,有时具白色绵状细针形结晶,有皱纹、横曲纹及残留须根,顶端具茎痕或残留茎基。质坚实,断面黄白色或灰白色,散有橙黄色或棕红色油室(朱砂点),暴露稍久,可析出白色细针状结晶。气香特异,味微甘、辛、苦。

2. 仪器检验

(1)水分。不得超过 13%。

(2)总灰分。不得超过 7%。

(3)重金属。重金属总量≤20 mg/kg。铅(Pb)≤5.0 mg/kg,镉(Cd)≤0.3 mg/kg,汞(Hg)≤0.2 mg/kg,砷(As)≤0.2 mg/kg。

(4)农药残留量。六六六(总 BHC)≤0.1 mg/kg,滴滴涕(DDT)≤0.1 mg/kg,五氯硝基苯≤0.1 mg/kg。

(5)浸出物。水浸出物不得少于 25%,醇浸出物不得少于 4%,醚浸出物不得少于 2%。

(6)含量测定。总挥发油不得少于 4%;按干燥品计算,含苍术素不得少于 0.3%。

活动6 包装、运输与贮藏

1. 包装

(1)包装前检查。包装前应再次检查是否已充分干燥,并清除劣质品及异物。

(2)包装材料。具有塑料薄膜内胆的编织袋,或者根据出口或购货商的要求而定。

(3)包装要求。在每件药材包装上,标明品名、规格、产地、批号、生产与包装日期、生产单位,并附有质量合格的标志。

2. 运输

运输工具或容器应具有较好的通气性,以保持干燥,并且应有防潮设施。应尽可能地缩短运输时间。不得与其他有毒有害物质混装。

3. 贮藏

贮藏期间质量变异情况如下。

(1)走油。

原因:贮藏温度过高(超过 30 ℃),时间过长。

防治方法:控制仓库温度和湿度,低温贮藏,经常检查。

(2)霉变。

原因:药材含水量过高,或受潮,仓库内湿度过大。

表征:表面生白色毛状物(菌丝)。应与白色针状结晶区别。

防治方法:控制药材含水量及仓库内湿度、温度。

(3)贮藏期间发生的虫害。

虫害种类:本品因香气较浓,虫害较少。主要有黑毛皮蠹、大谷盗、米扁虫等。

防治方法:定期检查,经常翻晒,采用密封抽氧充氮养护,磷化铝熏蒸。

任务4 蕲艾生产技术

学习目标

知识目标

1. 了解艾叶的药用价值、蕲艾的形态特征。
2. 掌握蕲艾的生物学特征。

能力目标

1. 掌握蕲艾种植技术要点。
2. 能初步完成蕲艾的规范化种植工作。

素质目标

1. 具有严谨求实、开拓创新的意识。
2. 具有团结协作、勇于担当的精神。

学习内容

任务4.1 艾叶的特性

中药材艾叶为菊科植物艾的干燥叶,温经止血,散寒止痛;外用有祛湿止痒之功效。《本草纲目》中对艾叶的产区做了详细的记载,并首次将湖北蕲州所产的艾叶命名为“蕲艾”。2010年国家质检总局批准对“蕲艾”实施地理标志产品保护,2012年蕲春县开始规模化种植蕲艾,2019年蕲艾被评为湖北省道地药材“一县一品”优势品种。

活动1 明确艾叶的药用价值

1. 艾叶的药性

中药材艾叶在夏季花未开时采摘,除去杂质,晒干。

性味与归经:辛、苦,温;有小毒。归肝、脾、肾经。

功能与主治:温经止血,散寒止痛;外用祛湿止痒。用于吐血,衄血,崩漏,月经过多,胎漏下血,少腹冷痛,经寒不调,宫冷不孕;外治皮肤瘙痒。醋艾叶温经止血,用于虚寒性出血。属于温经止血药。

用法与用量：内服 3～9 g；外用适量，供灸治或熏洗用。

2. 蕲艾的植物学形态

蕲艾属菊科蒿属多年生草本植物，植株高大，高 150～250 cm，香气浓烈；叶厚纸质，被毛密而厚，中部叶羽状浅裂，上部叶不分裂，椭圆形，叶揉之常成棉絮状；头状花序，果实瘦果（图 6-11）。

图 6-11　蕲艾植物

活动 2　了解艾叶的适宜生长环境

1. 蕲艾的适宜生长环境

蕲艾极易繁衍生长、种植，对气候和土壤的适应性较强；在潮湿肥沃的土壤中生长较好；耐寒耐旱，田边、地头、山坡、荒地均可选为种植地。喜阳喜暖。

2. 蕲艾的生长发育特征

1—2 月份为蕲艾根状茎发芽出土成莲座苗期，3—6 月份为长茎拔节生长期，5 月中下旬至 6 月中旬为叶片采收期，7—10 月份为开花结实期，11—12 月份为茎秆倒伏期。

任务 4.2　蕲艾的标准化生产

活动 1　选地整地

1. 选地

根据种植的适宜生长环境特点，选择适宜的种植地。

2. 整地

根据种植地土层结构特点，适度掌握犁耙次数，结合整地过程施足经充分腐熟达到无公害标准的土杂肥，每亩施量 1 500～2 000 kg，均匀混合翻入土壤内。然后修沟作厢待种。

活动 2　准备种子、种苗

蕲艾种植方法多采用分株繁殖和根状茎繁殖(当年),翌年可采用种子繁殖。

1. 种子准备

于分株繁殖或根茎繁殖的当年大田内采收,11 月上旬割取全茎,阴干打下种子,用布袋装好待种。

2. 根状茎准备

春季发芽前将根挖出,选取嫩根状茎,截成 10～15 cm 长的小段保鲜待种。

3. 分株苗准备

3—4 月份从母株上分割出分蘖的幼苗。

活动 3　栽种(春季进行)

1. 根茎繁殖宜于春季发芽前进行

最好选雨后按株行距 35 cm×50 cm 开沟,平放覆土压实,使厢面平整,晴天栽种必须浇水保湿。

2. 分株繁殖宜于雨天后进行

土壤充分湿润后按株行距 30 cm×40 cm 栽苗,覆土压实正苗,厢面保持平整,晴天栽苗必须滴水保墒。

3. 种子繁殖

(1)苗床准备。选一块土层深厚、疏松、肥沃、排水、排气、保肥能力较强,富含腐殖质的沙质壤土作为苗床地,三犁三耙,将土层整松,厢面充分整平压实,并结合整地施足经无公害处理的杂肥,每亩 1 000～2 000 kg。

(2)播种。播种期为 2 月 4 日立春后进行。播种量为 0.5 kg/亩。播种方法为撒播。由于蕲艾种子细小且轻,播前与装种布袋在 25～28 ℃温水浸种 30 min,然后摊开与细小粉土充分混合,选无风日,请有经验老药农轻撒均匀。由于种子细小,不能填土覆盖,只能选择保温、保湿,通风透气能力较好的光亮稻草(不能选择烂、霉稻草)薄层覆盖。每亩使用稻草 100 kg。

(3)苗床管理。

洒水:注意观察苗床墒情,如厢面干燥可适时用多孔撒水壶洒水,厢面达到土壤含水量 60%为宜(手抓土捏紧成团,放手摔成松散状态),一般撒 2～3 次即可。

揭草:蕲艾幼苗出芽率达 80%,长出 7～8 片真叶,苗高达 3～4 cm 时揭草,动作要轻柔,防止伤及幼苗,揭开的稻草要带离田园,焚烧处理。中耕管理即水、肥、草、幼苗的管理。

灌水:根据天气干燥程度、苗床土面干湿度和幼苗生长墒情酌情掌握,土壤含水量需达 60%为宜。

施肥:苗期需施氮肥。一般施尿素;施肥量一般为每亩 2～4 kg;施肥的方法有两种:一种是将尿素与水混合撒施,一种是雨前直接于厢面均撒。

除草：第 1 次于出苗现出 2～3 片真叶没有揭草时，用手轻扯；第 2 次于揭草时也用手轻扯；第 3 次于出苗前间苗时视草情清除。

间苗：根据合理密植原理留强去弱，间下来的弱、瘦、残苗带离田园深埋。出圃的时间为 4 月上旬。

出圃的方法：从厢面一头起顺势深掏。起苗时达到不伤皮、不伤叶、不伤根，主根完整，须根不折。出圃苗须迅速移植，按株行距 40 cm×50 cm 定栽。

活动 4 田间管理

（1）除草。在栽种当年中耕除草 3 次，即 5 月份、7 月份、11 月份收获后除草，以后每年也要在春季萌发后，于 6 月份第一次收获和 11 月份第二次收获后各除 1 次。

（2）追肥。每次除草后进行追肥，以尿素或无公害化处理的人畜粪尿为主。

活动 5 防治病虫害

蕲艾由于含挥发油较多，气味浓郁，穿透性强，生产中病虫害很少。

活动 6 采收

（1）采收期。不同用途的艾叶其采收方法及采收时间不同，根据蕲艾研究及生产老药工经验，如果是制作艾绒的艾叶多要求是嫩艾，应提前到农历四月上旬采收。而药用（外灸、内服）的艾叶则每年端午节前后 3 d 的中午（12:00—14:00）为采集的最佳时间。如果是作为提取挥发油用，则可连嫩茎一起采收。

（2）采收方法。割取全株，取下叶片或直接采下叶片，阴干。

活动 7 包装和贮藏

（1）包装。蕲艾由于含挥发油，包装要打捆成机械包，外层包装材料选用干净麻袋，用竹片定型、铁丝打捆成包。

（2）贮藏。应贮藏在干燥、清洁、阴凉、通风、无异味的专用仓库中。

活动 8 控制艾叶质量

（1）性状。本品多皱缩、破碎，有短柄。完整叶片展平后呈卵状椭圆形，羽状深裂，裂片椭圆状披针形，边缘有不规则的粗锯齿；上表面灰绿色或深黄绿色，有稀疏的柔毛和腺点；下表面密生灰白色绒毛。质柔软。气清香，味苦。

（2）检查。水分不得超过 15%，总灰分不得超过 12%。本品按干燥品计算，按照气相色谱法测定含桉油精不得少于 0.05%，含龙脑不得少于 0.02%。

任务5　菘蓝生产技术

学习目标

知识目标

1. 了解板蓝根的药用价值、质量标准。
2. 掌握板蓝根的生物学特征。

能力目标

1. 掌握菘蓝栽培和初加工技术。
2. 能初步完成菘蓝的栽培工作。

素质目标

1. 具有严谨求实、开拓创新的意识。
2. 具有团结协作、勇于担当的精神。

板蓝根

学习内容

任务5.1　板蓝根的特性

板蓝根是十字花科植物菘蓝的干燥根,菘蓝的干燥叶是中药材大青叶(图6-12)。板蓝根是我国的大宗药材,具有清热解毒,凉血利咽的功效。在流感、大小疫情来临(如禽流感、甲肝、手足口病、非典、新冠等)时发挥着独特作用。菘蓝当年种植当年见效,既收获根(板蓝根)又收获叶(大青叶);菘蓝适应范围广,河北、河南、山东、山西、湖北、陕西、黑龙江等20多个省份都有种植。

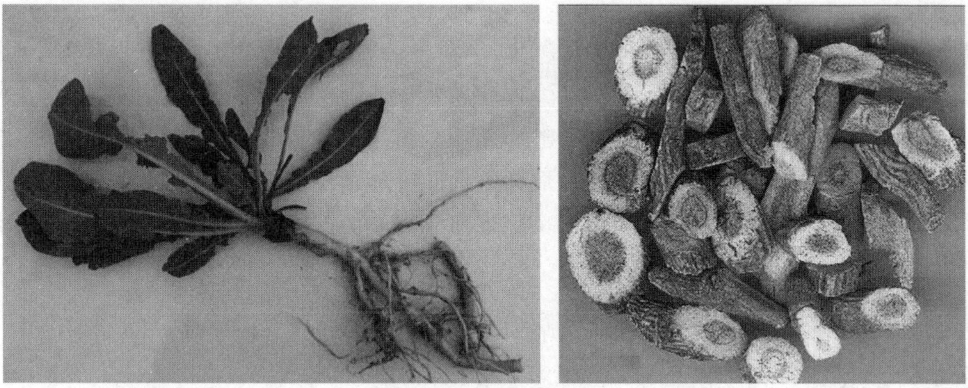

图6-12　植物与饮片

活动1　了解菘蓝的药用价值

板蓝根:十字花科植物菘蓝的干燥根。味苦,性寒;归心、胃经;清热解毒,凉血利咽;用于治疗瘟疫时毒、发热咽痛、温毒发斑、痄腮、烂喉丹痧、大头瘟疫、丹毒、痈肿。

大青叶:十字花科植物菘蓝的干燥叶。味苦,性寒;归心、胃经;清热解毒,凉血消斑;用于治疗温病高热、神昏、发斑发疹、痄腮、喉痹、丹毒、痈肿。

活动 2 选择生长环境

1. 植物形态特征

菘蓝为二年生草本。第一年叶丛生，无茎，仅长基生叶(叶匍匐地面，有柄)，叶片呈倒卵形或倒披针形，蓝绿色，肥厚，上有一层白粉。主根粗壮，肉质肥厚，呈长圆柱形，灰黄色。第二年抽茎，茎直立，不弯曲，很多植株 40 cm 以上，甚至可达 120 cm，茎生叶(无柄)。

花序：复总状花序(十字花科的典型特征之一)，花梗细长，花瓣 4 个、黄色。

果实：短角果，矩圆形，扁平状，紫色。

种子：成熟种子黑紫色(未成熟种子黄色)，椭圆形，果实中的种子一般 1 粒，少数 2～3 粒。

2. 生长习性

按照自然生长规律，秋播出苗后，进行营养生长，露地越冬经过春化阶段(低温刺激才能抽薹开花)，于翌年抽茎、开花、结实、枯死，完成整个生命周期，全生育期 9～10 个月。花期 3—4 月份，果期 5—6 月份(物候期)。

但生产上为了利用植株的根和叶片，往往要延长营养生长时间，因而多于春季播种，秋季或冬初收根，其间还可收割 1～3 次叶片，以增加经济效益。

菘蓝属深根性植物：根深长，根长可达 30～40 cm，喜土层深厚、疏松肥沃的沙质壤土，土质黏重地不宜种植。对气候条件要求不严，喜欢阳光，也喜欢温凉天气，比较耐寒。怕涝，怕积水：田间有积水容易引起根腐病，选排水良好地块种植，地势低洼易积水土地不宜种植。微碱性(pH 6.5～8)的土壤较适宜。

任务 5.2 菘蓝的栽培

活动 1 选地、整地

选地：选择疏松肥沃、排水良好的沙质壤土(深根性植物、怕积水，易烂根)；前茬豆科植物或玉米浅根性植物为好(非十字花科植物，保证后期生长得到充分养分)；坡度 15°以下(防土壤流失)。

整地：深翻 30 cm 以上，结合翻耕，每亩施入充分腐熟的农家肥 2 000～4 000 kg，氮、磷、钾复合肥 15～20 kg；整平耙细，作成宽 1.5～2 m，高 20 cm 的高畦(南方雨水多)，四周开较深的排水沟，以防积水。即深沟高畦下足基肥。

活动 2 播种

春播(多采用)、夏播、秋播；直播方式；春季气温稳定 12 ℃以上；采用深紫色、微有光泽、前一年新种子。

条播：播种时，在整好的畦面上，按 20～25 cm 行距开 2 cm 左右浅沟，将用 35 ℃温水浸泡 4 h 的种子均匀播入播种沟中，覆土 1 cm 左右，稍镇压，保持土壤湿润，每亩约 3 kg 播种量。也可撒播，每亩 4 kg 播种量。为了保温、保湿、防杂草，地膜覆盖后应打孔通风(7～10 d)→揭膜(约 15 d，5～6 片真叶)。

活动3　间苗、定苗

当幼苗长到5～6片真叶时按株距6～8 cm定苗，间苗时要去小留大，去弱留强，断垄缺苗，及时补苗。

活动4　中耕、除草

揭膜后，根据土壤墒情、杂草情况及时中耕（浅耕2～3 cm）、除草，以后每隔半个月左右中耕除草1次，保持田间无杂草，封行后停止中耕除草。

活动5　追肥

收大青叶为主的菘蓝，每年要追肥3次。第1次是在定植后，在行间开浅沟，每亩施入10～15 kg尿素，及时浇水保湿。第2次和第3次是在收完大青叶以后追肥，为使植株生长健壮旺盛，可以用农家肥适当配施磷、钾肥。收板蓝根为主的菘蓝，在生长旺盛的时期不割大青叶，并且少施氮肥，适当配施磷、钾肥和草木灰，以促进根部生长粗大，提高产量。

活动6　管理水分措施

播种后，若遇干旱天气，及时浇水。雨后及时清沟排水，防止内涝。

活动7　防治病虫害

1. 霜霉病

霜霉病为常见病害，多雨季节发病，危害地上部分叶片、叶柄。

症状：发病初期，叶片产生黄白色病斑，叶背出现白色霉状物；随着病情加重，叶片变黄色、褐色，直至叶片干枯，严重时整个植株死亡。

农业防治：合理轮作、合理密植、清除病株、水肥管理。

化学防治：发病初期，用1∶1∶100的波尔多液（保护剂）或65%的代森锌可湿性粉剂500倍液喷雾防治（治疗剂），每隔7～10 d喷1次，连喷2～3次。

2. 根腐病

症状：在多雨季节易发生，导致根部腐烂，全株枯死。

农业防治：防止积水、清除病株。

化学防治：发病初期，用多菌灵（50%可湿性粉剂）800倍液或甲基硫菌灵（70%可湿性粉剂）1 000倍液淋穴（治疗剂）；病窝撒石灰。

3. 菜粉蝶

症状：幼虫（菜青虫）咬食叶片成大小不等的孔洞，严重时仅留叶脉、叶柄。

农业防治：前茬及周围不种植十字花科植物（如白菜、萝卜、油菜）；清除虫源。

生物防治：20%阿维菌素1.5 g兑水3 000倍液（加0.1%洗衣粉作为黏着剂，提高防治效果）；苏云金杆菌2 500倍100～150 g防治。

化学防治：用90%的晶体敌百虫800倍液喷杀（主要是胃毒作用）。

活动8 采收与初加工

1. 板蓝根

秋后当地上部茎叶枯萎时，挖取根部。先在畦沟的一边开60 cm的深沟，然后向另一边挖取，勿伤根或断根。运回后，去掉泥土及茎叶，洗净，晒至七八成干时，扎成小捆，晒至全干。板蓝根以根条粗壮均匀、条长整齐、粉性足实者为佳。

2. 大青叶

春播的可于7月上旬、9月上旬、10月中旬采收3次；收割大青叶时，要从植株基部离地面2 cm处割取，以促其重新萌发新枝叶，继续采收。割取后晒至七八成干时，扎成小把，继续晾晒至全干。大青叶以无杂质、完整、色暗灰绿者为佳。

活动9 菘蓝生产质量控制

1. 板蓝根性状指标

板蓝根呈圆柱形，稍扭曲，长10～20 cm，直径0.5～1 cm。表面淡灰黄色或淡棕黄色，有纵皱纹、横长皮孔样突起及支根痕。根头略膨大，可见暗绿色或暗棕色轮状排列的叶柄残基和密集的疣状突起。体实，质略软，断面皮部黄白色，木部黄色。气微，味先微甜后苦涩。

2. 板蓝根（药材）内在质量指标

水分：不得超过15%；总灰分不得超过9%；酸不溶性灰分不得超过2%。

浸出物：醇溶性浸出物不得少于25%。按干燥品计算，含（R，S）-告依春（C_5H_7NOS）不得少于0.02%。

3. 大青叶性状指标

本品多皱缩卷曲，有的破碎。完整叶片展平后呈长椭圆形至长圆状倒披针形，长5～20 cm，宽2～6 cm；上表面暗灰绿色，有的可见色较深稍突起的小点；先端钝，全缘或微波状，基部狭窄下延至叶柄呈翼状；叶柄长4～10 cm，淡棕黄色。质脆。气微，味微酸、苦、涩。

4. 大青叶内在质量指标

水分不得过13%；醇溶性浸出物不得少于16%；按干燥品计算，含靛玉红（$C_{16}H_{10}N_2O_2$）不得少于0.02%。

知识链接

（1）菘蓝属二年生植物，根和叶子当年收获，种子第二年收获。

（2）菘蓝是深根性植物、怕积水，选沙质壤土。

（3）菜粉蝶危害严重，前茬及周围地块不种植十字花科植物。

（4）贮藏过程中防治根、叶药材发霉。

任务6 射干生产技术

学习目标

知识目标

了解射干的药用价值、形态特征和药材的质量标准。

能力目标

1. 掌握射干的适宜生长环境。

2. 掌握射干规范化种植、采收和初加工的技术要点。

3. 能初步完成射干的规范化种植工作。

素质目标

1. 具有严谨求实、开拓创新的意识。

2. 具有团结协作、勇于担当的精神。

学习内容

任务6.1 射干的特性

中药材射干源于鸢尾科植物射干的干燥根茎，具清热解毒、消痰利咽之功效，是湖北省团风县的道地药材。生产上通常采用种子或根茎繁殖进行栽培。湖北中医药大学于2011年制订了射干规范化生产标准操作规程(SOP)。

活动1 射干的药用价值

射干源于鸢尾科植物射干的干燥根茎。春初刚发芽或秋末茎叶枯萎时采挖，除去须根和泥沙，干燥。

性味与归经：苦，寒，归肺经。

功能与主治：清热解毒，消痰利咽。用于热毒痰火郁结，咽喉肿痛，痰涎壅盛，咳嗽气喘。

用法与用量：3～10 g。属止咳化痰药。

活动2 适宜生长环境

1. 射干的生物学特征

射干是多年生草本植物。根状茎，不规则的块状，斜伸，呈黄色或黄褐色；须根多数，黄色。茎直立，茎高1～1.5 m，实心。叶互生，基部鞘状抱茎，顶端渐尖，无中脉(图6-13)。

花序顶生，叉状分枝，每分枝的顶端聚生有数朵花；花橙红色，散生紫褐色的斑点。蒴果倒卵形或长椭圆形，黄绿色。

种子圆球形，黑紫色。花期6—8月份，果期7—9月份。

图 6-13 射干植物形态

2. 射干的适宜生长环境

生于林缘或山坡草地，大部分生于海拔较低的地方，但在西南山区，海拔 2 000～2 200 m 处也可生长。喜温暖和阳光，耐干旱和寒冷。对土壤要求不严，山坡旱地均能栽培，以土质肥沃疏松为宜。地势较高、排水良好的沙质壤土为好。中性壤土或微碱性适宜，忌低洼地和盐碱地。

任务 6.2 射干的栽培

活动 1 选地、整地

(1)选地。选择地形开阔、地势较高、阳光充足、排灌方便、土壤较肥沃的壤土或沙壤土，pH 5.6～7.4，沃土层 30 cm 以上。

(2)整地。深翻土地 20 cm 以上，结合整地每亩施入腐熟厩肥或土杂肥 500 kg、过磷酸钙 50 kg、氯化钾 20 kg。3～5 d 后再深耕细耙 1 次。做成高 20 cm、宽 1.2 m 的畦，畦与畦之间的沟宽 40 cm，四周开好排水沟。

活动 2 繁殖

采用种子繁殖和根茎繁殖。

1. 种子繁殖

(1)留种。种子基地要求在一般大田管理的基础上，于 7 月中旬每亩增施过磷酸钙 25 kg、氯化钾 10 kg，促使多开花结实，籽粒饱满。

(2)采种。9 月下旬至 10 月上旬，当果皮变黄色将要裂开时，连果柄剪下，置室内通风处晾干后脱粒。

(3)种子质量。应符合“射干种子质量标”三级及三级以上标准(表 6-3)。

(4)种子贮藏。将种子与 3 倍量的清洁湿润河沙混合均匀，放入木箱或室内阴凉地面上堆积贮藏，翌年春季播种。

表 6-3　射干种子质量标准

分级指标	级别		
	一级	二级	三级
绝对千粒重/g	32.94	28.07	23.61
发芽率[33 ℃(昼)、15 ℃(夜)]/%	60	58	50
含水量/%	40	38	32
生活力/%	96	94	84
净度/%	99.3	98.7	94.1
形态	近球形,直径 5 mm,外具黑色有光泽的假种皮,种皮绿色及黑色,坚硬,大小均匀,饱满、干燥、无杂质	近球形,直径 5 mm,外具黑色有光泽的假种皮,种皮绿色及黑色,坚硬,大小较均匀,干燥、有少数瘪粒及杂质	近球形,直径 5 mm,外具黑色有光泽的假种皮,种皮绿色及黑色,坚硬,大小不太均匀,干燥、有一些瘪粒和杂质

(5)种子处理。用 0.5%多菌灵溶液浸泡 24 h,或者用 50%多菌灵可湿性粉剂按种子重量的 0.2%～0.5%拌种,然后播种。

(6)播种(直播)。

①播种时间:春播于 3 月下旬至 4 月上旬进行;秋播于 9 月下旬至 10 月中旬进行。以秋播为佳。

②播种方法:穴播。在整好的播种地上,按行株距 20 cm×15 cm 开穴,穴深 3 cm 左右,每穴播种 5～8 粒,浇水。

③播种量:3～5 kg/亩。

(7)育苗。

播种时间:9 月下旬至 10 月上旬。

播种方法:在整好的育苗地畦面上,按行距 10 cm 横向开沟,沟深 3 cm,宽 5 cm,将处理过的种子均匀撒播于沟面,覆土约 2 cm 厚,晴天浇水,加盖草。

播种量:6～7 kg/亩。

苗期管理:在气温 18 ℃以上的条件下,播种后 20～25 d 可出苗,此时应揭去盖草,天气干燥时浇水,除草。出苗后 1 个月,追肥 2～3 次,第一次用 1%的尿素水淋浇,以后每隔 30 d 左右施 1 次,浓度加至 2%。

(8)定植。

定植时间:清明节前后,当苗高 20 cm 以上时定植。

定植方法:在整好的种植地上,按行株距 20 cm×15 cm 开穴,穴深 8 cm,每穴栽苗 1～2 株,覆土、压实后浇水。

2.根茎繁殖

种茎的选择:生长两年以上的实生苗或一年以上根茎繁殖,选择生长健壮、颜色鲜黄、无病虫害的根茎作为种茎。其质量应符合“射干种茎质量标准”三级及三级以上标准(表 6-4)。

种茎的处理:将选择的种茎切断后置于通风处稍晾干,待切口干后将种茎浸入 50 mg/L

ABT4 号生根粉溶液中，浸泡 3 h 后再播种。

栽种时间：9—10 月份或翌年 3 月份收获射干时进行。

栽种密度：同种子繁殖。

栽种方法：在整好的种植地上按行株距 20 cm×15 cm 开穴，穴深 10 cm，每穴栽入种茎一段，芽头向上，覆土厚 6～7 cm，稍压紧，浇水。

表 6-4 射干根茎(种茎)质量标准

项目	级别		
	一级	二级	三级
根茎重量/g	10～15	5～10	<5
芽头数量	带 3～5 个芽头	带 3～5 个芽头	带 2～3 个芽头

活动 3 田间管理

1. 中耕除草

时间：3 月份、4 月份、5 月份各 1 次。

深度：10～15 cm。

要求：中耕均匀不漏耕，清除杂草。

培土：5 月下旬至 6 月份封垄前，结合最后一次中耕进行培土。

2. 追肥

时间：生长期，每年的 5 月份、6 月份、7 月份、8 月上旬。

肥料种类与施肥量：第 1 次每亩施碳酸氢铵 30 kg 或尿素 15 kg；第 2 次每亩施碳酸氢氨 25 kg、过磷酸钙 15 kg；第 3 次每亩施复合肥 15 kg；第 4 次每亩施复合肥 20 kg。

方法：用小铲将苗株根际周围的土扒开。施下肥料，覆土封严。

3. 排水、灌水

时间：生长期，每年的 4—9 月份。

方法：沟灌，傍晚灌水，次日早上排水。

要求：如遇天气干旱时应早晚灌水，全园灌溉，不漏灌，不积水。土壤湿度超过 80%时应及时清沟排水，以防涝渍。

4. 打顶摘蕾

时间：生长期中，除留种植株外，见花薹抽出，应及时摘除。

方法：用剪刀剪除，严禁用手摘。

活动 4 病虫害防治

1. 原则

坚持贯彻“保护环境，维护生态平衡”的环保方针及“预防为主，防治结合”的原则。

采用农业防治、生物防治和化学防治相结合的防治方法，做好病虫害的预测预报和药效试验，提高防治效果，禁止使用国家禁用的农药，将病虫害的危害降到最低程度。

2. 农业防治

清理园地：于早春和晚秋清理种植地射干的残叶枯茎和种植地周围的枯草落叶，集中烧毁，消灭病虫源。

土壤耕作：早春土壤浅耕、中耕除草、开穴施肥、灌水封闭，杀灭土层中的羽化虫体，降低虫口密度。

3. 化学防治

(1)锈病。

发病时间：8月上旬至9月上旬。

症状：发病初期，老叶片或嫩茎上产生微隆起的疮斑，破裂后散出橙黄色或锈色粉末，这是病菌的夏孢子，后期发芽部位长出黑色粉末状物，这是病菌的冬孢子。发病后叶片干枯脱落，严重的苗株死亡。

最佳防治期：发病初期。

防治方法：发病初期喷洒25%粉锈宁1 000～1 500倍液，或20%萎锈宁200倍液，或65%代森锌500倍液，每周1次，连续2～3次。

射干的病害还有根腐病、叶枯病、叶斑病、纹枯病等，如有发生，可选用多菌灵等药剂喷洒及采取综合防治措施。

(2)射干钻心虫。

为害时间：4—8月份。

症状：幼虫喜食射干嫩叶及叶鞘，寄食在苗株的叶鞘及中下部叶片上。初期食叶肉，长大后连叶表皮都食。当叶片被食1/3时，叶片就停止生长，一遇干旱，苗株便倒伏枯死。

农药品种：5%西维因粉剂、50%磷胺乳油、90%敌百虫。

最佳防治期：幼虫期。

防治方法：越冬卵孵化盛期喷施5%西维因粉剂，每亩用量1.5～2.5 kg；幼虫期用50%磷胺乳油2 000倍液喷洒，或于根际用90%敌百虫800倍液浇灌。

(3)大青叶蝉。

为害时间：4月上旬。

最佳防治期：若虫孵化期。

农药品种：40%乐果乳油、50%杀螟松乳油、90%敌百虫。

防治方法：4月初第1代若虫刚刚孵化时，喷洒40%乐果乳油1 000倍液或50%杀螟松乳油1 000倍液或90%敌百虫1 000倍液防治。

射干的虫害除上述2种外，还有地老虎、蛴螬等，这些虫害在采用农业防治和化学防治其他虫害时兼而防治。

活动5 采收与初加工

1. 采收

根茎繁殖的于栽后第2年采收，种子繁殖的则在第3年10月下旬或11月上旬当射干苗株全部枯死后采收。采收方法是先除去茎干,然后挖起地下根茎,除去泥土。

2. 加工

根茎采挖运回后,洗净泥沙,晒干,搓去须根,再烘至全干。阴雨天气,则置烘房内烘干,搓去须根,再烘至全干,温度不超过 70 ℃,保证根茎含水量不超过 10%。

活动 6 包装、贮藏与运输

1. 包装

所使用的包装材料应无污染、清洁、干燥、无破损。在每件药材包装上应注明品名、规格、产地、批号、包装日期、生产日期、生产单位,并附有质量检验单。

2. 贮藏

产品应贮藏在清洁、干燥、通风、阴凉、无异味、无鼠、虫害的专用仓库中,不得与有毒有害物品混合贮藏。药材应堆放在货架上,货架与墙壁间应有 50 cm 的距离。贮藏期间应定期检查有无霉变、虫蛀、腐烂等现象发生。

3. 运输

运输工具应洁净卫生,无异味。药材批量运输时不得与其他有毒有害物品混运。运输途中应注意防止曝晒、雨淋。

活动 7 射干质量控制

1. 药材性状指标

呈不规则结节状,长 3～10 cm,直径 12 cm。表面黄褐色、棕褐色或黑褐色,皱缩,有较密的环纹。上面有数个圆盘状凹陷的茎痕,偶有茎基残存;下面有残留细根及根痕。质硬,断面黄色,颗粒性。气微,味苦、微辛(图 6-14)。

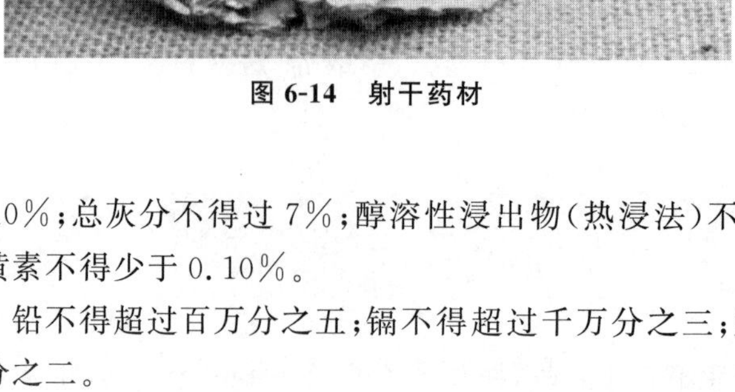

图 6-14 射干药材

2. 质量指标

(1)水分不得过 10%;总灰分不得过 7%;醇溶性浸出物(热浸法)不得少于 18%;按干燥品计算,含次野鸢尾黄素不得少于 0.10%。

(2)重金属含量。铅不得超过百万分之五;镉不得超过千万分之三;汞不得超过千万分之二;砷不得超过百万分之二。

(3)有机氯农药残留。六六六不得超过千万分之一;滴滴涕(DDT)不得超过千万分之一;五氯硝基苯不得超过千万分之一。

项目6拓展资料

项目7
植物病虫害防治技术

任务1 识别病虫害

学习目标

知识目标

了解昆虫的外部形态及植物病害概念与症状。

能力目标

能识别昆虫的外部形态及植物病害症状。

素质目标

具有认真观察的意识;具备实事求是、严谨认真、一丝不苟、精益求精的职业素养。

学习内容

任务1.1 识别昆虫

活动1 识别昆虫外部形态

昆虫成虫的体躯一般由头、胸、腹3个体段组成,头部是感觉和取食中心,着生1个口器、1对触角、1对复眼,通常有2~3个单眼或无。胸部是运动中心,由前胸、中胸和后胸3个体节组成,每体节着生1对足,共3对足,通常中胸和后胸各生1对翅,共2对翅(图7-1)。腹部是新陈代谢和生殖的中心,各种内脏器官大都在腹部内。

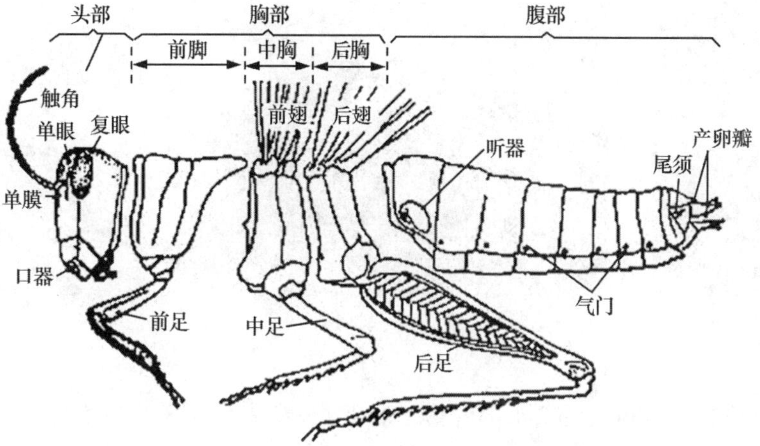

图 7-1　昆虫外部形态的一般构造

1.昆虫的头部

(1)头壳的分区。头壳通常高度骨化,并由内陷的沟划分为若干区域。这些沟、缝、区都有专门名称(如蝗虫),具体名称如图 7-2 所示。

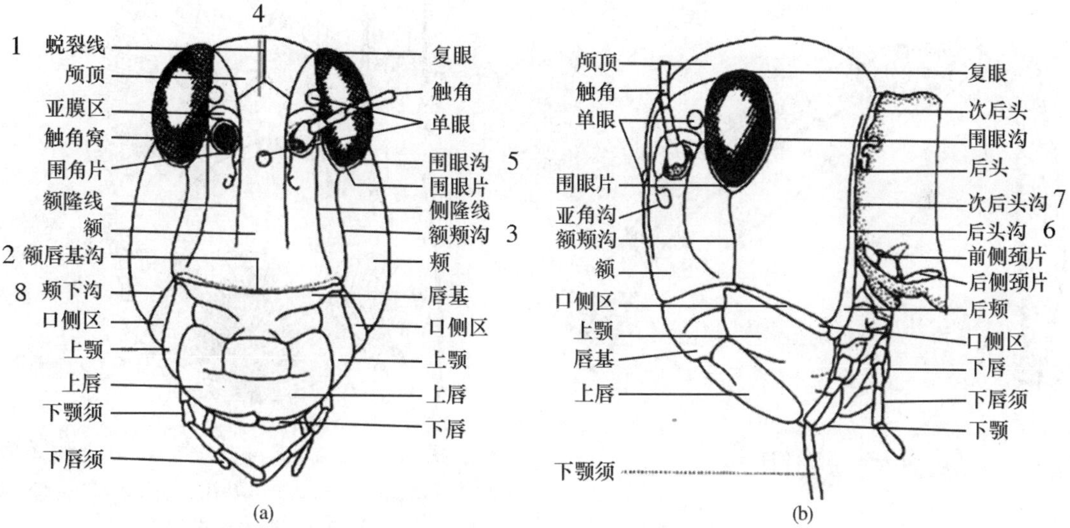

图 7-2　蝗虫头壳的分区及具体名称(a 正面观,b 侧面观)

(2)头部的形式。昆虫头部的形式简称头式,包括下口式、前口式、后口式 3 种类型。

①下口式。口器向下,其轴线与体躯的纵轴垂直,如蝗虫、螽斯和鳞翅目的幼虫等,一般为植食性昆虫(图 7-3)。

② 前口式。口器前伸,其轴线与体躯的纵轴成一钝角或近于平行,如步甲和蚜狮等,一般为肉食性昆虫(图 7-4)。

③后口式。口器向腹面后方倾斜,轴线与体躯的纵轴成一锐角,口器可紧贴腹面,适于刺吸植物或动物的汁液,如蝉、蚜虫和椿象等(图 7-5)。

图 7-3 下口式

图 7-4 前口式

图 7-5 后口式

(3)触角。

①触角的构造。触角是昆虫头部的第 1 对附肢，着生在额区的触角窝内，可自由活动，分为柄节、梗节和鞭节 3 部分。鞭节可分若干亚节，变异性特别大(图 7-6)。

②触角的类型。触角类型包括丝状(如蟋蟀、天牛)；刚毛状(如蜻蜓、蝉)；念珠状(如白蚁)；锯齿状(如芫菁)；栉齿状(如雄绿豆象)；羽状(如大蚕蛾)；膝状(如蜜蜂、象甲)；具芒状(如蝇类)；环毛状(如雄蚊)；球杆状(如蝶类)；锤状(如郭公甲)；鳃叶状(如金龟甲)(图 7-7)。

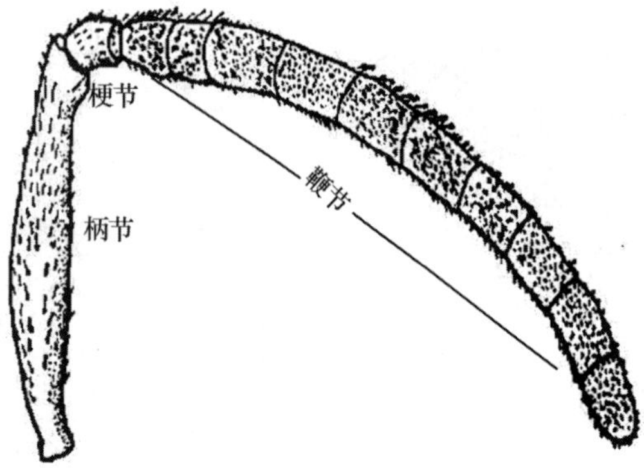

图 7-6 触角的构造

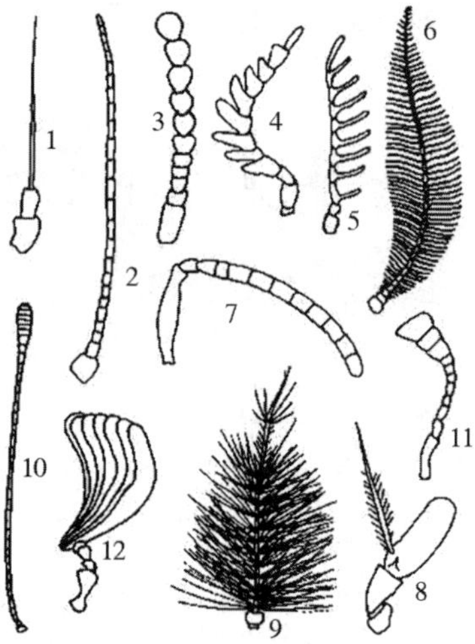

1. 丝状 2. 刚毛状 3. 念珠状 4. 锯齿状 5. 栉齿状 6. 羽状 7. 膝状 8. 具芒状 9. 环毛状 10. 球杆状 11. 锤状 12. 鳃叶状

图 7-7 触角的类型

③触角的功能。昆虫的触角鞭节上有着非常丰富的感觉器，其功能主要是在觅食、聚集、求偶和寻找适当产卵场所时起嗅觉、触觉和听觉作用。

④触角的意义。触角是鉴别昆虫种类的重要依据，是鉴别某些种类昆虫雌雄的依据；根据嗅觉不同诱集或驱避虫体，应用于害虫的绿色防控。

(4)眼。

①复眼(图 7-8)。昆虫的复眼有 1 对，位于额上方两侧，较大，多为圆形或椭圆形，突出于体壁，复眼的构造由许多六角形柱状的小眼组成，类似于蜂窝状，复眼越大，小眼越多，视力越强。昆虫主要用复眼观察物体的形象和色彩，对运动中的物体较敏感。

②单眼(图 7-9)。单眼，顾名思义，是单独的 1 个小眼面，它又有背单眼和侧单眼之分。背

单眼多见于昆虫成虫，可有1～3个，如蜻蜓，在额部上方2复眼之间有3个单眼；而侧单眼多见于幼虫。在昆虫成虫中，有翅善飞的昆虫在复眼间常有背单眼2～3个，也有许多只有复眼而没有单眼的。单眼虽有感光功能，但不能调节，也不能成像，它能协助复眼判别物体的距离及移动，尤其是一些社会性昆虫（如蚁和蜜蜂）在黑暗环境中利用单眼以分辨明暗和物体位置。

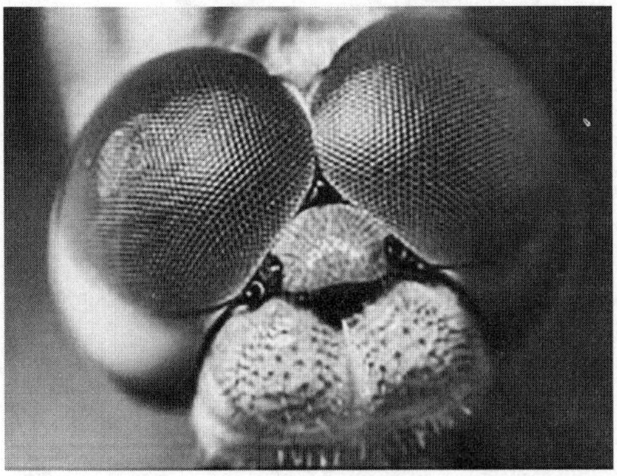

图7-8　复眼

图7-9　单眼

(5)口器。昆虫的口器是由头部后面的3对附肢和一部分头部结构联合组成的，主要有摄食、感觉等功能，典型构造由上唇、上颚、下颚、下唇和舌5部分组成。上唇和舌属头壳的构造，上颚、下颚和下唇是3对附肢。

因食性和取食方式不同，构造和类型发生很多变异：取食固体食物的为咀嚼式口器，取食液体食物的为刺吸式口器。还有锉吸式口器、虹吸式口器、嚼吸式口器等，其中咀嚼式是最原始的，其他类型均由咀嚼式口器演化而来。

①咀嚼式口器（图7-10）。把口腔分成食窦和唾窦，唾腺开口于舌基部，一对上颚尤为发达，为主要取食器官，用以咀嚼固体食物，其中以直翅目最为典型。

②刺吸式口器（图7-11）。由咀嚼式口器演变而成，下唇延伸成喙，3～4节，前方中央纵裂开口称中沟；上、下颚均延长成颚针，嵌合一体藏于中沟，1对上颚针对合成细管，针的端部常有倒刺，1对下颚针则对合于上颚针管内，每个下颚针的内壁具有2条纵槽，左右合成两细微管道，前方的称为食物道，后方的称为唾液道；上唇成为一狭长的三角形小片，覆于喙基前。取食刺吸式害虫时，先以喙接触食物表面，接着上、下颚针交替刺入寄主组织中，喙则弯曲以托持口针。刺吸破坏了植物细胞以及正常的生理生化代谢过程，如在受害的茶树叶片呈现褪色的斑点、卷曲、皱缩、畸形以至枯萎；或因部分组织受唾液酶类的刺激，而致细胞增生，形成局部膨大的虫瘿。口针刺伤植物细胞的过程中，还会传播植物病毒，有些植物的病毒病就是由刺吸式口器害虫传播的。具有刺吸式口器的昆虫有同翅目和半翅目的成虫、若虫等。

③口器的意义。口器类型不同，为害方式也不同，对寄主造成的损害也不同，咀嚼式口器害虫，以上颚咬食植物，造成寄主机械损伤，残缺不全，甚至将作物吃成光秆，造成颗粒无收。刺吸式口器害虫，主要对寄主造成生理伤害和传播病害，植物受害后，出现斑点、变色、皱缩、卷曲、萎蔫、畸形或形成虫瘿等，严重时会引起整株死亡。

了解口器类型和为害特点，有助于选择科学有效的防治方法和措施。

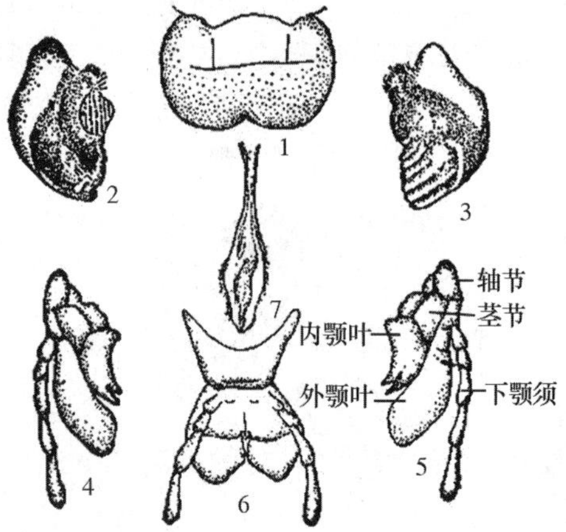

1. 上唇　2、3. 上颚　4、5. 下颚　6. 下唇　7. 舌

图 7-10　咀嚼式口器

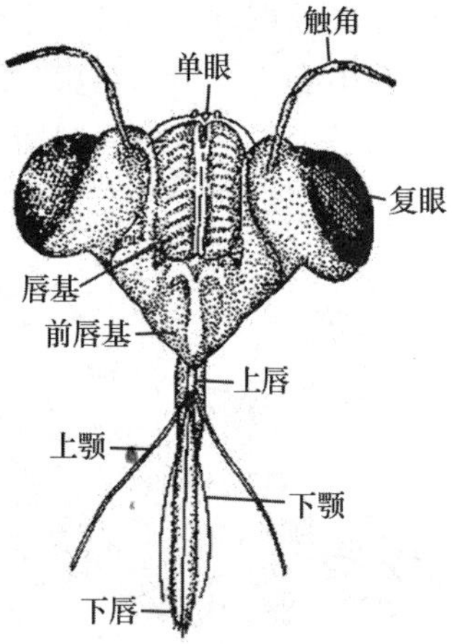

图 7-11　刺吸式口器

2. 昆虫的胸部

胸部是昆虫的第 2 体段，由 3 个体节组成，依次称为前胸、中胸和后胸。每个胸节上各有 1 对足，分别称为前足、中足和后足。中后胸称为具翅胸节，通常各有 1 对翅，分别称为前翅和后翅。

(1)胸节的构造。胸部 3 节肌肉发达，体壁较坚硬，连接紧密，支持着足和翅的活动。每个胸节均由 4 块骨板构成：背面的称被背板，腹面的称腹板，两侧的称侧板。前胸的构造一般较简单，无明显的特化现象。具翅腹节较复杂，各骨板被若干沟、缝划分成一些骨片。

(2)足。着生于胸部，有 3 对胸足，分别为前足、中足和后足。1 对着生于前胸，1 对着生于中胸，1 对着生于后胸下部，若前、后胸退化，3 对足位于中胸。

①足基本构造。每足分 5～7 节：基节、转节、股节（1～2 节）、胫节和跗节（1～5 节），节之间有关节和发达的肌肉连接，足末端有爪和爪垫，足上着生有毛、刺及鳞片，昆虫足在种类的鉴定中具有重要意义（图 7-12）。

②胸足类型。昆虫足通常有 8 种类型：步行足（蚜虫、步甲的足）；捕捉足（螳螂、猎蝽的前足）；跳跃足（蝗虫、蟋蟀的后足）；开掘足（蝼蛄、金龟甲的前足）；游泳足（龙虱、水龟虫的足）；携粉足（蜜蜂的后足）；抱握足（雄龙虱的前足）；攀缘足（虱类的足）等（图 7-13）。

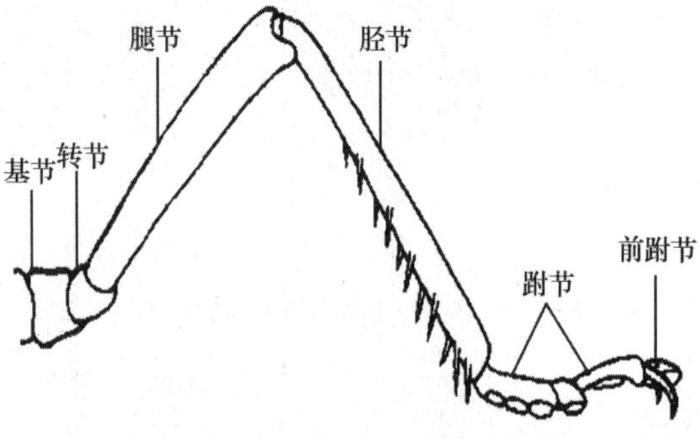

图 7-12　昆虫足的基本构造

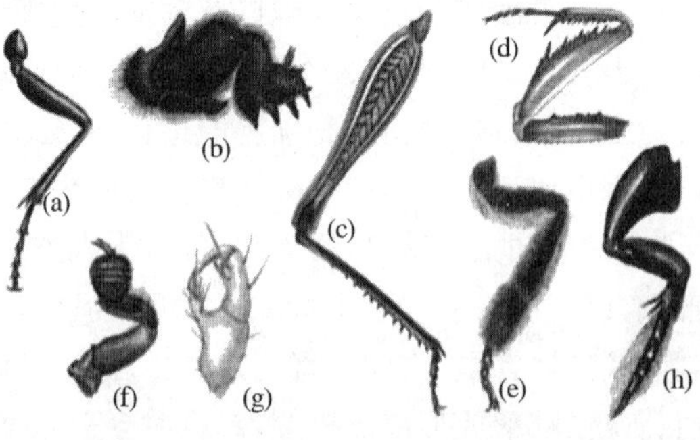

a. 步行足　b. 开掘足　c. 跳跃足　d. 捕捉足
e. 携粉足　f. 抱握足　g. 攀缘足　h. 游泳足

图 7-13　昆虫足的基本类型

(3)翅。昆虫是地球上最早开始具有飞行构造的动物,翅是昆虫的飞行依靠,昆虫的翅是由胸部的横截面转变的,不像脊椎动物的翅有骨骼和肌肉。下面介绍翅的构造、翅的类型等知识。

①翅的构造。昆虫的翅多呈三角形,展开时朝向前面的边缘称为前缘,朝向后面的边缘称为后缘或内缘,外面的边缘称为外缘,与体躯相连的角称为肩角或基角,翅尖的角称为顶角,外缘与后缘所成的角称为臀角,整个翅分为臀前区、臀区、轭区和腋区(图 7-14)。

②翅的类型。类型主要有 8 种,是昆虫分类的主要依据,其特点如下。

膜翅(图 7-15a):翅膜质透明,翅脉明显,如蚜虫、蜂类的翅等。

缨翅(图 7-15b):翅膜质,狭长,边缘着生很多细长的缨毛,如蓟马的翅。

毛翅(图 7-15c):翅膜质,翅面密生细毛,如石蛾的翅。

鳞翅(图 7-15d):翅膜质,翅面上有一层鳞片,如蛾、蝶的翅。

覆翅(图 7-15e):翅质加厚成革质,半透明,仍然保留翅脉,兼有飞翔和保护的作用,如蝗虫、蝼蛄、蟋蟀的翅。

半翅(图 7-15f):翅的基半部为革质,端半部为膜质,如蝽的前翅。

鞘翅(图 7-15g):翅角质坚硬,翅脉消失,仅有保护身体的作用,如金龟甲、叶甲、天牛等甲虫的前翅。

平衡棒(图 7-15h):翅退化成很小的棍棒状,飞翔时用来平衡身体。

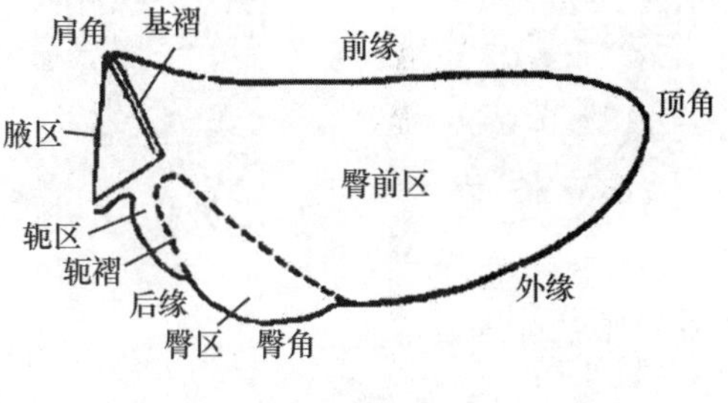

图 7-14 昆虫翅的基本构造

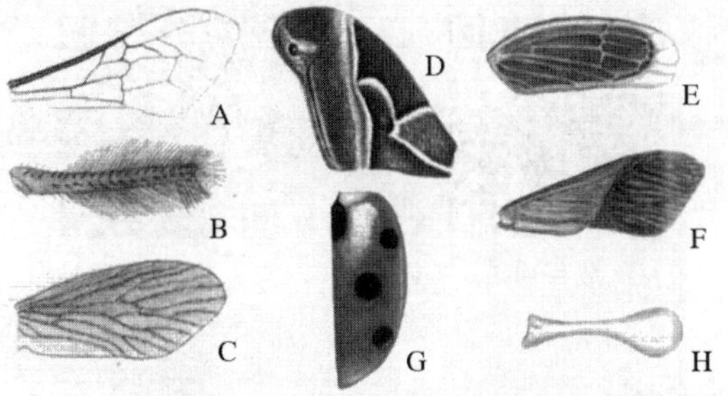

a.膜翅 b.缨翅 c.毛翅 d.鳞翅
e.覆翅 f.半翅 g.鞘翅 h.平衡棒

图 7-15 昆虫翅的基本类型

3.昆虫的腹部

腹部一般由 11 个体节组成,但常有减少的现象,大部分体节的附肢已消失,仅有末几节的附肢特化成外生殖器和尾须,内脏器官大部分位于这一体段,所以腹部是昆虫营养(内脏活动)和生殖的中心。腹部是昆虫的第 3 个体段,前面与胸部紧密相连,末端有尾须及外生殖器,两侧有气门,部分内脏器官在腹腔内。

腹部的基本构造通常为 11 节,第 1～8 腹节两侧常有气门 1 对,腹节的构造较简单,每腹节只有背板和腹板,侧极退化为侧膜,节与节之间由节间膜相连,附肢多退化,唯生殖节保留外生殖器附肢,原始类群第 11 节上生有尾须,背板成为肛上板,侧板成为肛侧板。

4.昆虫的体壁

昆虫体壁是昆虫体躯(包括附肢)最外层的组织,它的功能归纳起来主要有以下几点:①它构成昆虫身体外形,并供肌肉着生,起着高等动物的骨骼作用,因此有“外骨骼”之称;②它对昆虫起保护作用,一方面防止体内水分过度蒸发,这点对陆生昆虫维持体内水分平衡是十分重要的,另一方面防止外来物种的侵入,如病原微生物和杀虫剂等的侵入,这对于我们施用杀虫剂时是必须注意的;③它上面有许多感觉器官,是昆虫接受刺激并产生反应的场所;④由它形成的各种皮细胞腺起着特殊的分泌作用;⑤它还可以起着一定的呼吸和排泄作用。

活动 2 了解昆虫与药剂防治的关系

昆虫的体壁具有延展性、坚硬性和不透水性等。在化学防治中许多杀虫剂需接触并透过体壁才能毒杀昆虫。一般地说,硬厚的体壁较柔软的体壁难以穿透,上表皮的蜡质层密切关系着药液的绷着、展布和穿透。蜡质越厚,熔点越高,药滴的接触角越大,则展布力越小。蜡层的不透(亲)水性,使许多水溶性药剂无法进入。同一种昆虫,幼龄(1~3 龄)幼虫体壁较薄,易于毒杀;高龄幼虫体壁加厚,抗药性相应增强。同一虫体,体壁各部的厚度、化学组成等理化性质不一,药剂易透过膜质区进入虫体。触杀性药剂一旦透过体壁,则会直接破坏神经而杀死昆虫。人工合成的杀虫剂是根据昆虫体壁特性制造的,如有机磷杀虫剂、拟除虫菊酯类等,都对昆虫体壁具有强烈的亲和力,能很好地附着体壁,使药剂的毒效成分溶解于蜡质,为药剂进入虫体打开通道,能很快地杀死害虫。人工合成的灭幼脲类,也是根据体壁特性制造的。这类药剂具有抗蜕皮激素的作用,当药剂进入幼虫体内,体内会抑制几丁质的合成,导致不能生出新的表皮,因而使幼虫蜕不下表皮,受阻而死。

敌百虫

常见内吸传导性杀虫剂品种

强化豇豆用药监管守护舌尖上的安全

灭幼脲

任务 1.2 识别植物病害

活动 1 了解植物病害概念与症状

1. 植物病害的概念

植物在生长发育过程和贮藏运输过程中,遭受病原生物的侵染或不利非生物的影响,使生长发育受到阻碍,导致产量降低,品质变劣,甚至死亡的现象称为植物病害。植物病害的发生具有一定的病理变化过程,即植物感病以后,先引起生理功能的变化,然后造成细胞、组织结构的改变,最后发病植物外观表现出病态,这个逐渐加深、持续发展的过程,称为病理程序。

菰黑粉菌是一种什么菌?在茭白生长中有何作用

植物受到的虫伤、机械伤、风雹等,由于没有病理程序,不称为病害而称为伤害。此外,有些植物受生物或非生物因素的影响,尽管发生了一些病理变化,如茭白受黑粉菌侵染刺激形成白嫩肥厚的茎,在弱光下栽培的韭黄和葱白等,这些现象对植物自身是病态,但对人类而言却提高了经济价值，一般不当作病害。病害对农业生产影响较大，作物感病以后，会导致农作物的产量减少，农产品的质量降低，有些病害侵染的农产品，食用后还会引起人畜中毒。

2. 植物病害的分类

植物病害种类繁多，依据不同的分类方法和目的要求，可分为粮食作物病害、果树病害、蔬菜病害、林木病害、观赏植物病害、药用植物病害、牧草病害等；根据植物发病部位不同，可分为叶部病害、茎秆病害、果实病害、根部病害等；根据病原物传播途径的不同，可分为气传病害、水传病害、土传病害、种传病害、虫传病害等。但一般根据致病因素的性质，将植物病害分为侵染性病害和非侵染性病害两大类。

(1)非侵染性病害。由非生物因素，即由不适宜的环境条件而引起的植物病害，称为非侵染性病害。因为不能在植物个体间相互传染，故又称为非传染性病害或生理性病害。引起植物发生非侵染性病害的不适宜的环境条件，归纳起来主要有植物养分失调、水分过多或不足、温度过高或过低，以及土壤和空气中有毒物质的毒害等。在生产实践中，常见的有肥料或农药使用不当形成肥害或药害、缺少必须营养元素形成的缺素症、土壤水分不足或过量形成的旱害或渍害、低温或高温形成冻害或灼伤、光照过弱或过强形成黄化或叶烧等。

(2)侵染性病害。由生物因素，即病原生物侵袭而引起的植物病害，称为侵染性病害。因为能够在植物个体间相互传染，故又称为传染性病害。引起植物发生侵染性病害的生物主要有菌物(包括真菌和卵菌)、病毒、细菌、线虫、原生动物及寄生性种子植物等。

侵染性病害与非侵染型病害关系密切，在一定条件下常可以相互影响。非传染性病害可以导致植物生长发育不良，降低对病原物的抵抗力，容易诱发或加重传染性病害，如早春的低温冻害可以加重引起水稻烂秧的绵霉病发生；有些侵染性病害发生后，又可以促使非侵染性病害的发生，如患病的果树容易发生冻害。非侵染性病害的发生取决于植物与环境条件的关系，而侵染性病害的发生除寄主植物与病原物的相互作用外，还应该包括环境条件的影响。寄主植物与病原物同处一定的环境中，环境条件不仅影响寄主植物的抗病性，同时也影响病原物的致病性。所以，植物病害的发生是寄主植物和病原物在一定的环境条件下相互作用的结果。

3. 植物病害的症状

症状是指植物受到病原物的侵染或不良环境因素的影响后，在组织内部或外表显露出来的异常状态。症状通常可分为病状和病征两个部分。病状是指植物自身外部表现的异常状态；病征是指病原物在植物病部表面形成的结构。植物病害都有病状，而病征只有在由菌物、细菌所引起的病害上才表现明显。病毒、类病毒在植物细胞内寄生，外部没有病征表现。各种病害的症状都有一定的特征，又具有相对稳定性，是诊断病害的重要依据。但是不同的病害可能有相似的症状，而同一病害发生在植物不同的部位、不同生育期、不同发病阶段和不同环境条件下，也可表现出不同的症状。

(1)病状类型。

①变色。变色是指植物感病后，病部细胞内的叶绿素被破坏或形成受到抑制，以及其他色素形成过多，局部或全株失去正常绿色或发生颜色变化。变色的主要表现有褪绿、花叶、斑驳、黄花、红叶等。叶绿素的减少而使叶片变为淡绿色，称为褪绿；叶片发生不均匀的褪色，呈黄绿相间，称为花叶；叶绿素减少到一定程度叶片变黄，称为黄化；叶绿素的合成受到抑制，而花青素生成过盛，使得叶色变红或紫红，称为红叶。

②坏死。坏死是指植物细胞和组织死亡。植物感病后，最常见的坏死是病斑。病斑可以发生在植物的根、茎、叶、果实等各个部位，其形状、大小和颜色各不相同，但轮廓一般都比较清楚。病斑根据形状可分为角斑、轮纹斑、条斑、条纹斑等。病斑根据颜色可分为褐斑、黑斑、灰斑、白斑等；有的病斑组织坏死程度不同，形成穿孔；有的病斑不断扩大或多个联合，造成枯死；有的病组织木栓化，病部表面隆起、粗糙，形成疮痂；有的树木茎干的皮层坏死，病部凹陷，边缘木栓化形成溃疡。

③腐烂。腐烂是指植物细胞和组织发生较大面积的消解和破坏。腐烂与坏死的区别为腐烂是组织受到破坏和消解，而坏死则多少还保持原有组织的轮廓。植物组织腐烂时，细胞消解较慢，腐烂组织中的水分能及时蒸发而消失，称为干腐；细胞消解较快，腐烂组织不能及时蒸发失水，称为湿腐；细胞壁中胶层先受到破坏，出现细胞离析，然后再发生细胞消解，称为软腐。植物的根、茎、叶、花果实等都可以发生腐烂，幼嫩或多肉的组织更容易发生。根据腐烂发生的部位，可以分为根腐、基腐、茎腐、花腐、果腐、穗腐等。

④萎蔫。萎蔫是指植物整株或局部出现的凋萎现象。由于土壤中含水量过少，或高温时过强的蒸腾作用而使植物暂时缺水，若及时供水，则植物可以恢复正常，称为生理性萎蔫。由于植物根或者茎的维管组织受到破坏，而发生供水不足出现的凋萎现象，称为病理性萎蔫。这种萎蔫大多不能恢复，最终会导致植株死亡。根据植物萎蔫时的状况，又分为黄萎、枯萎、青枯等。

⑤畸形。畸形是指植物发病后，由于病组织或细胞生长受阻或过度增生而造成的形态异常。这是病原物会产生激素或毒素所致。常见的畸形有肿瘤、徒长、矮化、小叶、小果、丛枝、丛生、皱缩、卷叶等。有的病组织过度增生肿大，形成肿瘤；有的植株生长特别快，发生徒长；有的植株生长受抑制，造成矮缩、小叶、小果；有的植株过度分化，造成丛枝、丛生；有的病组织生长不均匀，引起皱缩、卷叶等。

(2)病征类型。病征是鉴别病原物和诊断病害的重要依据。需要注意的是：病征往往要在病害发展到某一阶段且环境条件适宜时才出现，而有的病害根本就没有病征。常见的病征多属菌物的菌丝体和繁殖体，而细菌性病害的病征多为胶状菌脓。病征主要有下列几类。

①霉状物。病原菌物在寄主植物病部形成各种毛绒状的霉层，其颜色、质地和结构变化较大，如青霉、绿霉、霜霉、灰霉、黑霉、烟霉、赤霉、小麦赤霉病、柑橘青霉病、油菜霜霉病等。

②粉状物。病原菌在寄主植物病部形成各种颜色的粉状物。如白粉、黑粉、锈粉、小麦白粉病的白粉状物、小麦锈病的锈粉状物等。

③粒状物。菌物性病原菌在寄主植物病部产生大小、形状和着生情况差异很大的粒状物。如水稻纹枯病的褐色菜籽状菌核，油菜菌核病的鼠粪状菌核。还有半埋于病部组织表皮下的小黑点，如柑橘炭疽病病部的小黑点。

④线状物。菌物性病原菌在寄主植物病部产生的白色、紫红色或深色的棉线状物，如茄子白绢病的白色丝状物、甘薯紫纹羽病的紫红色线状物。

⑤脓状物。植物感病后，在潮湿的条件下病部溢出黄褐色、胶黏状黏液，干后成黄褐色胶质颗粒或菌膜，这是细菌性病害特有的病征，如水稻白叶枯病的菌脓。

4.植物侵染性病害的发生和流行

植物侵染性病害的发生、发展和流行是病原物和寄主植物在一定外界条件下，相互斗争的具体表现。不同类别的病原物和寄主植物相结合，植物是否发病或发病轻重，取决于二者的相互作用和关系。掌握植物侵染性病害发生、发展和流行的各个环节，是制订植物病害防治策略、确定防治措施的重要依据。

任务2 走近病虫害

学习目标

知识目标

了解昆虫的世代和生活史及植物侵染性病害的发生和流行等知识。

能力目标

能掌握昆虫的世代和生活史及植物侵染性病害的发生和流行的职业能力。

素质目标

具有观察、分析、思考和解决问题的能力;具备实事求是、严谨认真、一丝不苟、精益求精的职业素养。

学习内容

任务2.1 走近虫害

活动1 走近昆虫的世代和生活史

1.昆虫的世代

昆虫自卵或幼体离开母体到成虫性成熟产生后代为止的个体发育周期,称为一个世代。各种昆虫完成一个世代所需的时间不同,在一年内完成的世代数也不同,如大地老虎、日本龟蜡蚧一年发生一代;棉卷叶野螟等一年内完成五个世代;桑天牛等需两年才完成一个世代;有的甚至十几年才能完成一个世代,如美洲十七年蝉完成一个世代需十七年。昆虫完成一个世代所需的时间和一年内发生的代数,除因昆虫的种类不同外,往往与所在地理位置、环境因素有密切的关系。

一年发生多代的昆虫,由于成虫发生期长和产卵期先后不一,同一时期内,在一个地区可同时出现同一种昆虫的不同虫态,造成上下世代间重叠的现象,称为世代重叠。

对一年发生二代和多代的昆虫,划分世代顺序均以卵期开始,依先后出现的次序称第一代、第二代等,但应注意跨年虫态的世代顺序,习惯上是凡以卵越冬的,越冬卵就是翌年的第一代卵。如梧桐木虱,1990年秋末产卵越冬,卵至翌年4—5月份孵化,此越冬卵是1991年的第一代卵。以其他虫态越冬的都不是翌年的第一代而是前一年的最后一代,称为越冬代。如马尾松毛虫1990年11月中旬以4龄幼虫越冬,此越冬幼虫称为1990年的越冬代幼虫。

2.昆虫的生活史

一种昆虫一年内的发育史,更准确地说,是由当年的越冬虫态开始活动起,到第二年越冬代结束的发育经过,称为生活史,又称年生活史。包括越冬虫态,一年中发生的世代,越冬后开始活动的时期,各代历期、各虫态的历期、生活习性等。了解害虫的生活史,掌握害虫的发生规

图 7-16 蝶类生活史

律，是防治害虫的可靠依据。

昆虫的年生活史除用文字进行叙述外，也可以用图来表示(图 7-16)。

活动 2 了解昆虫的休眠和滞育

昆虫在一年的生长发育过程中，常出现暂时停止发育的现象，即通常所称的越冬和越夏，这种现象从其本身的生物学和生理学特性来看，可分为休眠和滞育两类。

1. 休眠

休眠是由不良环境条件引起的，当不良环境条件解除后，即可恢复正常的生命活动。休眠发生在炎热的夏季称为夏蛰(或越夏)；发生在严寒的冬季称为冬眠(或越冬)，各种昆虫的休眠虫态不一。如小地老虎在北京以蛹越冬，在长江流域以蛹和老熟幼虫越冬，在广西南宁以成虫越冬。

2. 滞育

滞育是由环境条件引起的，但通常不是由不良环境条件引起的。在自然情况下，当不利的环境条件还远未到来之前，具有滞育特性的昆虫就进入滞育状态，而且一旦进入滞育，即使给以最适宜的条件，也不能解除滞育，所以滞育是昆虫长期适应不良环境而形成的遗传特性。如樟叶蜂以老熟幼虫在 7 月上、中旬于土中滞育，至第二年 2 月上、中旬才恢复生长发育。

活动 3 了解昆虫生活习性

昆虫种类众多，分布极广，在长期演化过程中，为适应在各种复杂的环境条件下生存，各种昆虫具有许多不同的习性，如食性、趋性、假死性等。我们掌握了昆虫的这些习性，就可以正确地进行虫情调查、预测预报，寻找害虫的薄弱环节，采取各种有效措施消灭害虫。

1. 周期性节律活动

昆虫对昼夜和季节的变化常表现出各种周期性的节律活动，如昼夜活动规律和季节活动规律。蟑螂和蚊子在白天和夜间大部分时间处于休息静蛰状态，但在黄昏时则表现出高度活性；蝴蝶总是白天活动，而蛾类总是夜间活动，分为日出性和夜出性。昆虫在 1 年中什么时候越冬，什么时候苏醒，也表现出一定的规律性。人们常将这类节律活动现象称为“生物钟”或“昆虫钟”。

2. 食性

各种昆虫在自然界的长期活动中，逐渐形成了一定的食物范围。按照取食的对象一般可分为以下几类。

(1)植食性昆虫。以活的植物的各个部位为食物的昆虫，大多数是农业林业害虫，如马尾松毛虫、刺蛾、叶甲等；少数种类对人类有益，如柞蚕、家蚕等。

植食性昆虫根据昆虫所吃食物种类的多少，又可分为以下几类。

①单食性昆虫。只以一种或几种近缘种植物为食物的昆虫。如三化螟、落叶松鞘蛾等。

②寡食性昆虫。以一科或几种近缘科的植物为食物的昆虫，如菜粉蝶、马尾松毛虫等。

③多食性昆虫。以多种非近缘科的植物为食物的昆虫，如刺蛾、棉蚜、蓑蛾等。

(2)肉食性昆虫。以其他动物为食物的昆虫,如瓢虫、螳螂、食虫虻、胡蜂等;寄生在害虫体内的寄生蝇、寄生蜂等;对人类有害的蚊、虱等。

(3)腐食性昆虫。以动物、植物残体或粪便为食物的昆虫,如粪金龟子等。

(4)杂食性昆虫。以植物或动物为食,又可腐食,如蜚蠊。

3.趋性

趋性是指昆虫对各种刺激物所引起的反应,趋向刺激物的活动称为正趋性;避开刺激物的活动称为负趋性。各种刺激物主要有光、温度、化学物质等。因而趋性也就有趋光性、趋化性、趋温性等。

如何利用黄板诱杀害虫

(1)趋光性。趋光性是昆虫视觉器官对光线刺激所引起的趋向活动(图7-17、图7-18)。

图7-17　黄色板诱蚜

图7-18　黑光灯诱虫

(2)趋化性。趋化性是昆虫嗅觉器官对化学物质刺激所引起的嗜好活动(图7-19)。

(3)趋温性。趋温性是昆虫感觉器官对温度刺激所引起的趋性活动。

利用昆虫的趋性可设置黑光灯诱杀有趋光性的昆虫,如马尾松毛虫、夜蛾等;用糖醋液来诱杀地老虎类。另外可利用昆虫的趋性来进行预测预报,采集标本。

4.其他

(1)假死性。有一些昆虫在取食爬行时,当受到外界突然振动惊扰后,往往立即从树上掉落地面、卷缩肢体不动或在爬行中缩做一团不动,这种行为称为假死性。如象甲、叶甲、金龟子等成虫遇惊吓即假死下坠,3～6龄的松毛虫幼虫受振落地等。可利用害虫的假死习性进行人工扑杀和虫情调查(图7-20)。

图7-19　趋化性

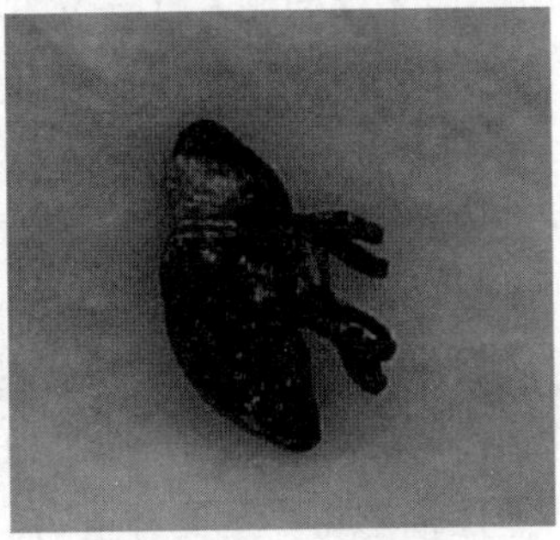

图7-20　假死性

(2)群集性。同种昆虫的大量个体高密度聚集在一起的习性,如马尾松毛虫1～2龄幼虫、刺蛾的幼龄幼虫、金龟子一些种类的成虫都有群集危害的特性(图7-21)。

(3)社会性。昆虫营群居生活,一个群体中个体有多型现象,有不同分工(图7-22)。如蜜蜂(有蜂王、雄蜂、工蜂)、白蚁(有蚁王、蚁后、有翅生殖蚁、兵蚁、工蚁等)。

(4)拟态和保护色。竹节虫、尺蛾的一些幼虫等昆虫的形态与植物某些部位的形态很像,从而获得了保护自己的好处的现象,称为拟态(图7-23)。保护色是指某些昆虫具有同它的生活环境中的背景相似的颜色,这有利于躲避捕食性动物的视线而得到保护自己的效果,如蚱蜢、枯叶蝶、尺蠖成虫。

图7-21 红脊长蝽群集性

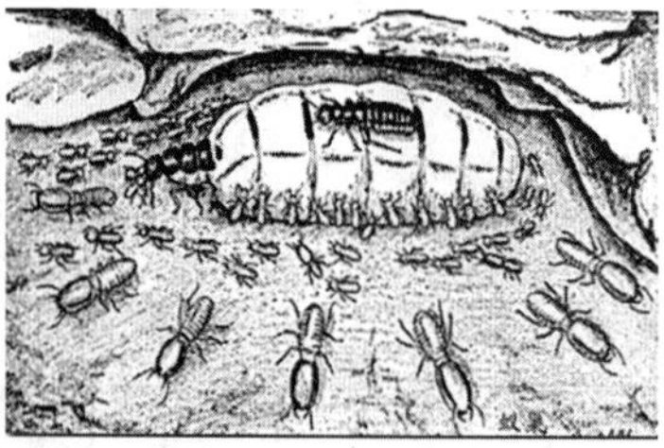
图7-22 白蚁社会性

图7-23 竹节虫拟态

5.昆虫的生活习性与防治的关系

昆虫的生活习性最早利用的是毒饵诱杀、糖水等气味诱导,后利用黑光灯诱杀、黄板诱杀蚜虫、特定光谱诱杀超声波振荡趋离、性诱剂诱杀等方法。掌握昆虫的生活习性便可以更好地利用害虫的某些薄弱环节,制订出有效的防治措施。

任务2.2 识别植物病害

活动1 植物侵染性病害的发生和流行

植物侵染性病害的发生、发展和流行是病原物和寄主植物在一定外界条件下相互斗争的具体表现。不同类别的病原物和寄主植物相结合,植物是否发病或发病轻重,取决于二者的相互作用和关系。掌握植物侵染性病害发生、发展和流行的各个环节,是制订植物病害防治策略、确定防治措施的重要依据。

植物病原物都是寄生物,寄生物一般都有诱发植物发病的能力。所以病原物既有寄生性,又有致病性,两者之间既有联系又有区别。

(1)病原物的寄生性。病原物的寄生性是指病原物从活的细胞或组织中获得养分而生存的能力。根据寄生能力的强弱,寄生物可以分为两类。

①专性寄生物。这类寄生物寄生能力最强,它们能且只能从活的寄主细胞或组织中获得养分。当寄主细胞或组织死亡后,寄生物也停止生长和发育。在植物病原物中,植物病毒、植原体、寄生性种子植物,大部分病原线虫和部分菌物,如霜霉菌、白粉菌、锈菌等都属于专性寄生物。它们一般不能在人工培养基上培养。

②非专性寄生物。这类寄生物既能在寄主活组织上营寄生生活,又能在死亡的病组织上营腐生生活,故都能在人工培养基上培养。这类病原物包括大多数病原菌物和病原细菌,其寄

生性有强有弱。有些病原物通常在植物活体上寄生，寄主死亡后还能在其残体上腐生，大多数叶斑病类病原属于这一类型。另有一类病原物，如部分子囊菌，它们的无性阶段寄生性强，常引起寄主各部位发病，但其有性阶段寄生性弱，主要在寄主残体上营腐生生活。

在长期进化过程中，寄生物种内不同个体对寄主植物的某些种和品种产生了寄生适应性，而逐渐失去了在其他种和品种上的寄生能力，这种寄生物对寄主的种和品种的寄生选择性，称为寄生专化性。寄生专化性最强的表现是生理小种。生理小种是病原物种内形态相同，但对寄主植物的品种的致病力不同的专化类群。寄生转化现象在很多病原物中普遍存在。细菌中的生理小种一般称为菌系，病毒中的生理小种称为毒株或株系。

(2)病原物的致病性。致病性是指病原物在寄生过程中对寄主植物的破坏和毒害能力。病原物的寄生性并不等于致病性，通常寄生性强的病原物对寄主细胞和组织的直接破坏性反而小，如油菜霜霉病病原；而寄生性弱的病原物对寄主细胞和组织的直接破坏性反而大，如苹果树腐烂病病原。

专性寄生物和寄生性强的病原物由于要从活的细胞中吸收养分，入侵寄主后，并不马上杀死细胞，致病作用较为缓慢，但不等于不引起严重病害。非专性寄生物虽然寄生能力弱，但它们侵入寄主后，由于酶或毒素的作用，会很快杀死寄主细胞，使组织腐烂，然后从细胞中获得养分。随着病原物在寄主组织中扩展，其对寄主的破坏作用就更加明显。

病原物的致病性仅仅是决定病害是否严重的一个重要因素，但不是唯一因素，还要受环境条件、寄主植物的抗病性等方面的影响。

活动 2　知悉寄主植物的抗病性

植物的抗病性是指植物抵抗病原物侵染及侵染后造成损失的一种特性，是植物与病原物在长期进化过程中相互适应和选择的结果。这种特性具有一定的稳定性，但也可以发生变异。

1. 植物的抗病表现

寄主植物对病原物侵入和寄生表现出不同的反应，一般寄主对病原物侵染的反应有下列几种类型。

(1)免疫。寄主植物在病原物的作用下，完全不发病。

(2)抗病。寄主植物受病原物侵染后，表现轻微发病，病原物被限制在很小范围内，不能扩展，对寄主的危害不大。

(3)耐病。寄主植物受病原物侵染后，能够发病，症状也明显，由于寄主植物自身的补偿作用，受害较轻，对寄主植物的产量和质量影响不大。

(4)感病。寄主植物受病原物侵染后，发病严重，表现典型症状，对寄主植物的生长发育、产量、品质影响较大。

(5)避病。从时间、空间上病原物的盛发时期和寄主植物的易感病时期错开，而不被病原物感染，从而不发病，这种现象称为植物的避病性。避病并不是植物本身的抗病性，若运用得当，在生产实践中有其实用的价值。

2. 植物抗病性的类型

按照寄主植物和病原物之间有无特异性的相互关系，把植物的抗病性分为两类，即垂直抗性和水平抗性。

(1)垂直抗性。寄主品种对病原物某一个或某几个特定生理小种是高抗的或免疫的,而对其他小种是感病的,具有这种抗病性的品种与病原物小种之间有特异性相互关系,所以又称为小种专化抗病性。垂直抗性是由单基因或寡基因控制的,抗性效能高,表现为免疫或者高度抗病,被当前育种工作广泛应用,具有这种抗性的植物,一旦遇到病原物其他致病性强的生理小种时,就会变得高度感病,其抗性容易丧失,这是当前农业生产中十分突出的问题。

(2)水平抗性。寄主品种对病原物绝大多数生理小种都具有同等水平抗性。寄主品种和病原物小种之间没有明显的特异性相互作用,所以又称为非小种专化抗病性。它是由多基因控制的,一般表现为中度抗病,但抗性可以稳定、持久发挥,不会因病原小种的变化而丧失抗病性。在田间表现为病害发展缓慢,不会流行成灾。

3.植物侵染性病害的侵染过程与抗病机制

(1)植物侵染性病害的侵染过程。侵染性病害的侵染过程是指病原物与寄主植物可侵染部位接触,并侵入寄主植物,在植物体内繁殖和扩展,使寄主植物显示症状的全过程,简称病程。病程是一个连续的过程,为了便于分析,一般人为地分为接触期、侵入期、潜育期和发病期4个时期。

①接触期。接触期是指病原物与寄主植物感病部位相接触到产生侵入机构的这一时期。

病原物的营养体、繁殖体或休眠体通过各种途径传播到寄主的感病点,在寄主表面或根部周围常有一段侵入前的活动阶段。如真菌孢子的萌发、细菌的分裂繁殖等,这些生长活动都有利于病原物的侵入。

在接触期病原物处于寄主体外复杂的环境中,容易受到各种因素的影响,如寄主体表的淋溶物和根围存在的各种分泌物有的可以促使菌物休眠体或孢子的萌发,有的可以引诱病原物的聚集;存在于植物体表或土壤中的拮抗微生物可以抑制病原物的活动;环境中的温、湿度会促进或抑制病原菌物孢子的萌发,处于比较脆弱的阶段,这一阶段是防止病原物侵染的有利时期。

②侵入期。侵入期是从病原物侵入寄主,到与寄主建立寄生关系为止的一段时期。

病原物侵入寄主途径的途径主要有3个:一是直接侵入,病原物直接穿过植物表皮的角质层;二是通过寄主的气孔、水孔、皮孔、蜜腺等自然孔口侵入;三是通过自然或人为造成的伤口侵入。不同病原物侵入寄主的途径不同,如植物病原真菌可以直接侵入、自然孔口侵入、伤口侵入,大多数病原可直接侵入;植物病原细菌只能从自然孔口和伤口侵入;病毒、质原体、类病毒只能从微小伤口或经昆虫口器侵入。

环境条件对病原物侵入有较大的影响。在各种环境条件中,湿度和温度尤为重要。湿度对病原物侵入的影响最大,因为大多数菌物孢子的萌发、细菌的繁殖都必须在有水的情况下才能进行。一般来说,植物表面保持相当湿度(高湿)并有水膜存在是病原物存在的必要条件。温度主要影响真菌孢子萌发和侵入的速度。在适宜温度下,病菌孢子萌发率高,萌发所需要的时间短,侵入率也随之提高。

③潜育期。潜育期是从病原物与寄主植物建立寄生关系到寄主表现明显症状为止的时期。潜育期是病原物在寄主体内吸收营养和不断扩展蔓延的时期,也是病原物与寄主相互斗争的时期。病原物在寄主体内扩展,有的局限在侵染点附近,形成局部的或点发性的侵染,称为局部侵染,如许多病原真菌和细菌侵染引起的斑点;有的则从侵染点向多个部位蔓延,甚至扩展到全株,称为系统侵染,如病毒病就是系统侵染的典例。

植物病害潜育期长短不一。如在适宜的条件下,水稻白叶枯病潜育期只有3 d左右,有的果树病毒类病害的潜育期长达一年至数年。同一病害影响潜育期长短的主要因素是温度，在适宜的温度范围内，病原菌生长发育速度最快，潜育期也最短。温度过高、过低都会限制其发育，此时潜育期延长或终止。湿度对潜育期的影响远不如侵入期那么重要。因为病原物侵入寄主后，几乎不受空气湿度的影响，寄主细胞内有足够的水分满足病原物生长繁殖的需要。

潜育期的长短还与寄主的生长状况密切相关。凡生长健壮的植物，抗病性强，潜育期相应延长；而营养不良、长势弱或氮肥施用过多、徒长的，潜育期短、发病快。在潜育期采取有利于植物生长的栽培管理措施或使用合适的杀菌剂可减轻病害的发生。

在潜育期，有的病原物侵入寄主植物后，由于寄主植物的抗病性或对寄主体内环境不适应等，病原物在寄主体内潜伏而不表现症状，这种现象称为潜伏侵染。许多病毒病害有潜伏侵染现象。

④发病期。发病期是指从寄主出现明显症状开始，到病害进一步发展、加重的时期。其间病原物在寄主的感病部位不断地产生繁殖体，构成各种特征性的病征，如菌物病害的病部会产生大量的无性繁殖体，表现为各种霉状物、粉状物、粒状物、丝状物等。新产生的大量繁殖体可成为再侵染的来源。发病后期一般则产生有性繁殖体，大多用于越冬或越夏。细菌病害在病部产生脓状物，其中含有的大量细菌个体是进行再侵染的病菌来源。

发病期同样受环境条件的影响，适宜的环境条件(如适温高湿)有利于繁殖体产生，有利于病害流行。

(2)植物抗病机制。植物的抗病机制是由多因素引起的，也是十分复杂的。有先天具有的被动抗病性因素，也有病原物侵染后所诱导的主动抗病性因素。

①避病。避病是指寄主植物的抗接触特性，并不是植物本身的抗病性，而是寄主植物由于某一因素避开了病原物的侵染而减轻发病或不发病。如有一些作物的感病阶段错开了病原物的盛发期，因而避开了病原物的侵染。避病虽然不是真正的抗病性，若运用得当，在生产实践中有其实用价值。

②抗侵入。由于植物的形态特征，表皮组织结构及体表分泌物等，阻止病原物侵入或减少病原物侵入机会，称为抗侵入。如水稻表皮细胞硅质化程度高的品种抗稻瘟病菌侵入的能力强；金柑气孔分布稀，数量少，中隙小，因而抗溃疡病；水稻叶表分泌的碳酸钾能抑制稻瘟病菌丝生长，影响孢子正常发芽，可阻止病菌侵入。

③抗扩展。由于植物内在因素，病原物侵入后，不能在植物体内生存，或者被限制不能扩展的特性，称为抗扩展。病原物侵入寄主后在植物体内扩展的过程中，一方面植物体内的抗生素、植物碱、酚等会对病原产生作用；另一方面寄主植物会从组织结构、细胞结构和生理生化方面表现主动地防御反应，如病原物的侵染点周围细胞的木质化和木栓化等亚细胞或细胞形态结构的改变和产生植物保卫素等，都是寄主植物抵抗病原物扩展的重要表现。

4. 植物病害的侵染循环

侵染循环是指病害从一个生长季节开始发病，到下一个生长季节再度发病的过程。植物病害的侵染循环主要包括病原物的越冬和越夏、病原物的传播、病害的初侵染和再侵染3个环节，切断其中的任何一个环节，都能达到防治病害的目的。

(1)病原物的越冬和越夏。病原物的越冬和越夏是指病原物以一定的方式在特定的场所度过不利其生存和生长的冬天及夏天的过程。各种病原物越冬或越夏的方式是不同的。活体营养生物，如霜霉菌、白粉菌、锈菌等，只能在受害的植物组织内以寄生的方式或者寄主体外以休眠体进行越冬或越夏。死体营养生物包括多数病原真菌和细菌，通常在病株残体和土壤中以腐生的方式或以休眠结构越冬或越夏。植物病毒和菌原体大都只能在活的植物体和传播介体内生存。一般病原物的越冬、越夏场所会为下一生长季节病害发生提供初侵染源。病原物越冬或越夏的场所主要有以下几种。

①田间病株。田间病株或其他场所的寄主植物不仅是当年的病原物来源，往往也是病原物休眠越冬的场所。活体寄生的病原物必须在活的寄主上寄生才能存活，如小麦锈菌的越冬和越夏，在我国都要寄生在田间生长的小麦上；果树病毒病等在田间病株上越冬。两年生或多年生的病株不仅是当年的病原物来源，往往也是病原物休眠越冬的场所，如柑橘溃疡病和果树病毒病等都是在田间病株上越冬；病原物还可在野生寄主和转主寄主上越冬、越夏。所以处理田间病株、清洁田园、铲除杂草等都是消灭病原物初侵染来源、控制发病的重要措施。

②病株残体。绝大多数非专性寄生的菌物、细菌都能在感病寄主的枯枝、落叶、落果、残根等组织中存活，并以腐生的方式越冬、越夏。如稻瘟病菌、玉米大小斑病菌、水稻白叶枯病菌等，都是以病株残体为主要的越冬场所。因此在作物收获后，清洁田园，处理病残体，都有利于杜绝病害的初侵染来源。

清洁田园对预防病虫上起什么作用

③种子、苗木和其他繁殖材料。种子、苗木和其他繁殖材料携带病原物，往往是下一年初侵染最有效的来源。病原物在种苗萌发生长时引起侵染，由种子、苗木和其他繁殖材料带菌而引起的病株，往往成为田间发病中心向四周扩展。

真菌和细菌可附着在种子表面或潜伏在种子内部，成为苗期病害的来源。如菌核、菟丝子的种子、线虫病的虫瘿混在种子中越冬、越夏；黑粉菌厚壁孢子黏附在种子表面越夏；小麦散黑穗病的菌丝潜伏在种子内越冬。不少病原物如病毒等可以潜伏在苗木、接穗、块根、块茎中或黏附在其表面越冬、越夏。

所以播种前进行种子消毒或进行苗木、种薯、接穗消毒，对控制病害扩散十分重要。

④土壤、肥料。土壤是多种病原物越冬、越夏的主要场所。病株上或病株残体上的病原物容易掉落在土壤里，成为下一生长季节的侵染源。菌物的冬孢子、卵孢子、厚壁孢子及菌核，线虫的胞囊、菟丝子的种子等都可以在土壤中存活一年到多年。

未充分腐熟的肥料中，有不少病原菌混入，并随肥料进入田间。所以农家肥必须充分腐熟再施用，以防病原物随之进入田间。

⑤传病介体。经昆虫等传病介体传播的持久性病毒，在传毒昆虫体内越冬、越夏。

了解病原物的越冬、越夏方式和场所，并及时消灭或减少初侵染源，可减轻下一季节病害发生程度。

(2)病原物的传播。病原物从越冬、越夏场所到达寄主的感病部位，或者从已形成的发病中心向四周扩散，均需要经过传播才能实现。各种病原物传播的方式和途径不尽相同。有些病原物可以由自身的活动，进行有限范围的传播，如真菌物游动孢子、有鞭毛的细菌可在水中游动传播；有些菌物孢子可自动弹射传播；菌物菌丝、菌索能在土壤中或寄主上生长蔓延；线虫在土壤和寄主上的蠕动；菟丝子通过茎蔓生长而扩展传播等。这种传播距离和范围有限，仅对病原物的传播为害起一定的辅助作用。病原物的传播，主要还是借助外力的动力，如气流、雨水、昆虫及人为因素等进行传播。病原菌物以气流传播为主，雨水传播也很重要；病原细菌以雨水传播为主；植物病毒则主要由昆虫介体传播。

①气流传播。气流传播是一些重要病原菌物的主要传播方式。菌物孢子数量大、体积小、

质量轻，容易随气流进行中远距离或近距离传播。有些菌物的子实体能将孢子弹射到空中，利于气流传播。细菌和病毒虽不能直接借风力传播，但是细菌的病残体可随风飘扬；病毒的媒介昆虫有些也借气流作远距离迁移，风力对这些病害起间接的传播作用。

气流传播的病害在防治上比较困难。除要消灭本地菌源外，还要防止外地菌源的传入，有时还需要组织大面积联防，才能收到较好的防治效果。当然利用抗病品种是防治气流传播病害的有效措施。

②雨水传播。雨水传播是普遍存在的，但其传播距离较近。植物病原细菌和部分具有胶性的真菌孢子必须经雨水溶解后，才能散出或随水滴的飞溅而传播。所以雨水是这类病原物传播必不可少的条件。特别是暴风雨能使病原物在田间大范围传播，如水稻白叶枯病原细菌等。雨水还可将病株上的病原物冲洗到下部或土壤中，土壤中的病原物又可随流水传播，借雨滴的飞溅，把土壤表面的病原物传播到距地面较近的寄主组织上。

③昆虫及其他介体传播。昆虫是传播病毒病的主要传播介体。昆虫不仅携带病原物，还为害寄主植物，造成伤口，方便病原物的侵入。蚜虫、叶蝉、飞虱等刺吸式口器的昆虫可以传播病毒、类病毒、植原体等病原物。另外有些线虫、菌物、菟丝子能传播病毒，鸟类也能传播。

④人为因素传播。人们在进行农业活动中，常会无意识地帮助病原物进行传播。如调运带病种子、苗木、接穗、植物产品及其包装材料，施用带有病残体又未完全腐熟的农家肥，以及各种农事操作都可能传播多种病原物。这种人为传播帮助病原物克服了自然条件和地理条件的限制，造成了病区的扩大和新病区的形成。

(3)病害的初侵染和再侵染。越冬、越夏后的病原物，在植物一个生长季节中最初引起的侵染称为初侵染或初次侵染。在初侵染感病后新产生的病原物繁殖体通过各种传播方式引起的侵染称为再侵染。在一个生长季节中，再侵染可能发生许多次。再侵染次数多，病程较短，田间病情发展快，因而病害易流行，如水稻稻瘟病、小麦锈病、白粉病等。只有初侵染而没有再侵染或再侵染不是很重要的病害，若初侵染量大则病害发生重，若初侵染量小则病害发生轻，如小麦黑粉病有、棉花枯萎病、棉花黄萎病等。

对于只有初侵染的病害，只要集中力量消灭初侵染源或防止初侵染的发生，就基本能控制。而对于有再侵染的病害，除控制初侵染源外，在寄主生长期还要根据田间病害发生情况和环境条件，采取各种有效措施进行防治。

5.植物病害的流行

植物病害在一个地区短期内大面积严重发生，并对作物造成重大损失的现象称为病害流行，经常流行的病害称为流行性病害。

侵染性病害的流行必须具备3个方面的条件，即有大量的感病寄主植物、有强致病性的病原物和适宜病害发生的环境条件，三者缺一不可，否则病害就不可能流行。

(1)有大量的感病寄主植物。易感病寄主植物大量而集中的存在是病害流行的必要条件。大面积种植同一感病品种，容易造成病害流行。即使是抗病品种，若长期单一化大面积种植，也会因病原物的变异，出现新的生理小种而造成病害流行。因此在制订种植计划时，要考虑品种的合理布局和品种轮换，以减轻病害流行程度。

(2)有强致病性强的病原物。病害的流行必须有大量的强致病性的病原物存在，并能很快地传播到寄主上。病原物生理小种的变化，即新的生理小种的产生往往是引起病害流行的重要因素。病原物群体数量也是影响病害流行的重要因素。对于只有初侵染没有再侵染的病害，其流行程度取决于越冬、越夏的初侵染菌量；对于有多次再侵染的病害，其流行程度不仅取决于越冬、越夏的初侵染菌量，还取决于病原物的繁殖速度和再侵染的次数。若病害潜育期短，病原物繁殖速度快，积累多，再侵染次数多，病害就容易流行。

(3)适宜病害发生的环境条件。在前2个因素具备的前提下，病害能否流行，在很大程度上取决于环境条件。环境条件主要是气象条件、栽培条件和土壤条件。气象条件中以温度、湿度和光照对病害流行影响较大；栽培条件中轮作或连作、肥水管理、品种布局与病害流行关系密切；土壤条件主要是土壤温湿度和土壤特性对寄主植物的根系和土壤中病原物生长繁殖的影响。

任务3 有害生物的综合治理

学习目标

知识目标

了解有害生物综合治理基础知识、熟悉综合防治的主要措施，掌握综合防治方案制订方法。

能力目标

能掌握综合防治方案制订方法。

素质目标

具有观察、分析、思考、解决问题的能力；具备实事求是、严谨认真、一丝不苟、精益求精的职业素养。

学习内容

任务3.1 概述有害生物综合治理

在农业生产中，每年因有害生物造成的损失巨大。根据联合国粮食及农业组织(FAO)统计，全世界农业生产中每年因虫害、病害和杂草危害造成的损失占总产值的37%。其中虫害占14%，病害占12%，杂草占11%。因此有害生物防治是农业生产中的一个重要环节，也是农业生态系统中的一个重要组成部分，它直接影响农业的可持续发展。

任务3.2 综合防治措施

有害生物综合防治措施包括植物检疫、农业防治、物理防治、生物防治以及化学防治等。

活动1 植物检疫

植物检疫又称法规防治，是防治病虫害的基本措施之一，也是实施“综合治理”措施的有利保证。

1. 植物检疫的概念

植物检疫是指一个国家或地方政府颁布法令，设立专门机构，禁止或限制危险性病、虫、杂草等人为地传入或传出，或者传入后，为限制其继续扩展所采取的一系列措施。

2. 植物检疫的必要性

在自然情况下，病、虫、杂草等的分布虽然可以通过气流等自然动力和自身活动扩散，不断扩大其分布范围，但这种能力是有限的。再加上有高山、海洋、沙漠等天然屏障的阻隔，病虫杂草的分布有一定的地域局限性。但是一旦借助人为因素，就可以附着在种子、苗木、接穗、插条及其他植物产品上跨越这些天然屏障，由一个地区传到另一个地区或由一个国家传到另一个国家。当这些病、虫及杂草离开了原产地，到达一个新的地区后，原来制约病虫害发生发展的一些环境因素会被打破，条件适宜时就会迅速扩展蔓延，猖獗成灾。为了防止危险性病、虫及杂草的传播，各国政府都制订了检疫法令，设立了检疫机构，进行植物病虫害及杂草的检疫。

植物检疫有何重要性

3. 植物检疫的措施

我国对植物检疫采取了以下措施。

(1)对内检疫和对外检疫。对内检疫(国内检疫)是国内各级检疫机关，会同交通运输、邮电、供销及其他有关部门根据检疫条例，对所调运的植物及其产品进行检验和处理，以防止仅在国内局部地区发生的危险性病、虫及杂草传播蔓延。我国对内检疫主要以产地检疫为主，道路检疫为辅。对外检疫(国际检疫)是国家在对外港口、国际机场及国际交通要道设立检疫机构，对出口的植物及其产品进行检疫处理，防止国外新的或在国内还是局部发生的危险性病、虫及杂草的输入；同时也防止国内某些危险性的病、虫及杂草的输出。

对内检疫是对外检疫的基础，对外检疫是对内检疫的保障，二者紧密配合，互相促进，达到保护植物的目的。

(2)植物检疫对象。在植物检疫工作中，凡是被列入植物检疫对象的，都是危险性的有害生物，它们的共同特点如下。

①国内或当地尚未发现或局部已发生而正在消灭的。

②繁殖力强、适应性广，一旦传入对植物危害大，经济损失严重，难以根除的。

③可人为随种子、苗木、农产品及包装物等运输，作远距离传播的。

检疫对象名单并不是固定不变的，应根据实际情况的变化及时修订或补充。

(3)划定疫区和保护区。有检疫对象发生的地区为疫区，对疫区要严加控制，禁止检疫对象传出，并采取积极的防治措施，逐步消灭检疫对象。未发生检疫对象，但有可能传入检疫对象的地区划定为保护区，对保护区要严防检疫对象传入，充分做好预防工作。

(4)其他措施。包括建立和健全植物检疫机构、建立无检疫对象的种苗繁育基地、加强植物检疫科研工作等。

活动 2　农业防治

农业防治法是通过适宜的栽培措施，降低有害生物种群数量或减少其浸染可能性，培育健壮植物，增强植物抗害、耐害和自身补偿能力或避免有害生物危害的一种植物保护措施。这种方法是最经济、最基本的防治方法，其优点是不需要过多的额外投入，且易与其他措施相配套，而且预防作用强，可以长久控制植物病虫害，它是综合防治的基础。其局限性有防治效果比较慢，对暴发性病虫的危害不能迅速控制，而且地域性、季节性较强等。

1.选用抗病虫品种

培育和推广抗病虫品种是最经济有效的防治措施。目前，我国在水稻、小麦、玉米、棉花、烟草等植物上已培育出一大批具有抗性的优良品种，随着现代生物技术的发展，利用基因工程等新技术培育抗性品种，将会在今后的有害生物综合治理中发挥更大作用。在抗病虫品种的利用上，要防止抗性品种的单一化种植，注意抗性品种的轮换，合理布局具有不同抗性基因的品种，同时配以其他综合防治措施，提高利用抗病虫品种的效果，充分发挥植物自身对病虫害的调控作用。

2.改革耕作制度

实行合理的轮作倒茬可以恶化病虫发生的环境，正确的间套作有助于天敌的生存繁衍或直接减少害虫的发生，合理调整植物布局可以造成病虫的病害循环或年生活史中某一段时间的寄主或食料缺乏，达到减轻危害的目的。

3.加强田间管理

综合运用各种农业技术措施，加强田间管理，有助于防治植物各种病虫害。

(1)合理密植。一般而言，种植密度大，田间荫蔽，会影响通风透光，导致湿度大，从而加重大多数高湿性病害和喜阴好湿性害虫发生危害。因而合理密植能使植物群体生长健壮整齐，提高对病虫的抵抗力。

(2)科学管水。控制田间湿度，防止植物生长过嫩过绿，可以减轻多种病虫的发生。如稻田春耕灌水，可以杀死稻桩内越冬的粪虫；稻田适时排水晒田，可有效地控制稻瘿蚊、稻飞虱和水稻纹枯病等病虫害的发生。

(3)配方施肥。采用测土配方施肥技术，肥料元素养分齐全、均衡，适合植物生长需求，植物抗病虫害能力也明显增强，可显著地减轻蚜虫、稻瘟病、纹枯病和枯萎病等病虫害的发生，控制病虫害发病率，从而有利于控制化肥、农药的使用量，减少植物有害成分的残留，保护农田生态环境。

(4)健康栽培。通过农事操作，清除农田内的有害生物及其滋生场所，改善农田生态环境，保持田园卫生，减少有害生物发生危害。主要措施有：植物的间苗、打杈、摘顶，清除田间的枯枝落叶、落果等各种植物残余物。

活动3 物理防治

利用各种简单的器械和各种物理因素来防治病虫害的方法称为物理防治法。这种方法既包括古老、简单的人工捕杀，也包括近代物理新技术的应用。此法成本较低，不污染环境，而且见效快，但有些措施费时费工，需要特殊的设备，有些方法对天敌也有影响。一般作为一种辅助防治措施。

物理防治的主要措施之一为诱杀法，是利用害虫的趋性或其他习性诱集并杀灭害虫。常用方法有以下几种。

1.灯光诱杀

利用害虫对灯光的趋光性，人为设置灯光诱杀害虫，采用黑光灯、双色灯或高压汞灯，结合诱集箱、水坑或高压电网诱杀害虫的方法。

2. 色彩板诱杀

将黄色粘胶板设置在栽培区域，可诱杀大量的翅蚜、白粉虱、斑潜蝇等成虫。将蓝色粘胶板设置在栽培区域，可诱杀蓟马、种蝇等。

3. 食饵诱杀

利用害虫对食物的趋化性，通过配制合适的食饵来诱杀害虫。如用糖酒醋液可以诱杀小地老虎和黏虫成虫，利用新鲜马粪可诱杀蝼蛄等。

4. 汰选法

利用健全种子和被害种子大小、比重上的差异进行机械、液相或固相分离，剔除带有病虫的种子。常用方法有手选、筛选、盐水选、风选等。如油菜播种前，用10% NaCl溶液选种，用清水冲洗干净后播种，可降低油菜菌核病的发病率。

5. 阻隔法

人为设置各种障碍，以切断病虫害的侵害途径称为阻隔法，又称障碍物法。如在设施农业中利用适宜孔径的防虫网覆盖温室和塑料大棚，以人工构建的屏障，防止害虫侵害温室花卉和蔬菜，从而有效控制各类害虫，如蚜虫、跳甲、甜菜夜蛾、美洲斑潜蝇、斜纹夜蛾等的危害。又如果园果实套袋可以阻止多种食心虫在果实上产卵，防止病虫侵害水果。

6. 高温处理

害虫和病菌对高温的忍受力都较差，通过提高温度来杀死病菌或害虫的方法称为高温处理法，又称热处理。如在37 ℃条件下对感染马铃薯卷叶病毒的马铃薯块茎处理25 d，就可以生产出无毒的植株；甘薯薯块用34～37 ℃处理4 d，可有效地防治甘薯黑斑病菌；在一年中最炎热的月份，用塑料薄膜覆盖潮湿土壤4周以上，提高耕作层土壤的温度，可以杀死或减少土壤中的有害生物，控制或减轻土传病害的发生。

此外，还可用缺氧窒息、高频电流、超声波、激光、原子能辐射等物理技术防治病虫。

活动4 生物防治

利用自然界中各种有益生物或有益生物的代谢产物来防治有害生物的方法称为生物防治法。生物防治的特点是：对人、畜、植物安全，害虫不产生抗性，不污染生态环境，且有长期的抑制作用，而且生物防治的自然资源比较丰富，成本比使用化学农药低。但具有一定的局限性，如作用缓慢、受气候和地域生态环境影响大，效果不稳定、作用范围窄，控制的有害生物数量有限、人工开发周期长，技术要求高等。所以生物防治必须与其他防治方法相结合。

生物防治的主要措施如下所述。

1. 以虫治虫

以害虫作为食物的昆虫称为天敌昆虫。利用天敌昆虫来防治害虫，称为“以虫治虫”。以虫治虫的主要途径有以下3个方面。

(1)保护利用本地自然天敌昆虫。如合理用药，避免农药杀伤天敌昆虫。

果园里的战斗
——生物防治

(2)人工大量繁殖和释放天敌昆虫。目前,国际上有130余种天敌昆虫已经商品化生产,其中主要种类为赤眼蜂、丽蚜小蜂、草蛉、瓢虫、小花蝽、捕食螨等。

(3)引进外地天敌昆虫。如1978年我国从英国引进丽蚜小蜂防治温室白粉虱取得成功等。

2. 以菌治虫

以菌治虫,就是利用害虫的病原微生物及其代谢产物来防治害虫。该方法具有对人、畜、植物和水生动物无害、无残毒、不污染环境、不杀伤害虫的天敌、持效期长等优点,因此特别适用于植物害虫的生物防治。

能使昆虫得病而死的病原微生物有真菌、细菌、病毒、立克次体、原生动物及线虫等。目前,生产上应用较多的是前3类。

3. 以菌治菌(病)

某些微生物在生长发育过程中能分泌一些抗菌物质,抑制其他微生物的生长,这种现象称为拮抗作用。利用有拮抗作用的微生物来防治植物病害,有的已获得成功。如我国研制的井冈霉素是由吸水链霉菌井冈变种产生的水溶性抗生素,已经广泛应用于水稻纹枯病和麦类纹枯病的防治。目前,以菌治病多用于土壤传播的病害。

4. 其他有益生物的应用

在自然界,还有很多有益动物能有效地控制害虫。如蜘蛛和捕食螨同属于节肢动物门、蛛形纲,主要捕食昆虫。农田常见的有草间小黑蛛、八斑球腹蛛、拟水狼蛛、三突花蟹蛛等,主要捕食各种飞虱、叶蝉、螨类、蚜虫、蝗螨、蝶蛾类卵和幼虫等。很多捕食性螨类是植食性螨类的重要天敌,重要科有植绥螨科、长须螨科。这两个科中有的种类,如胡瓜钝绥螨、尼氏钝绥螨、拟长毛钝绥螨已能人工饲养繁殖并释放于农田、果园和茶园。如以应用胡瓜钝绥螨为主的"以螨治螨"生物防治技术,自1997年以来已在全国20个省市的500余个县市的柑橘、棉花、茶叶等12种植物上应用,用以防治柑橘全爪螨、柑橘锈壁虱、柑橘始叶螨、二斑叶螨、截形叶螨、土耳其斯坦叶螨、山楂叶螨、苹果全爪螨、侧多食跗线螨,茶橙瘿螨、咖啡小爪螨、南京裂爪螨、竹裂爪螨、竹缺爪螨等害螨的危害。年可减少农药使用量40%~60%,防治成本仅为化学防治的1/3,具有操作方便、省工省本、无毒、无公害的特点,成为各地受欢迎的一个优良的天敌品种。

5. 昆虫性信息素在害虫防治中的应用

昆虫性信息素是由同种昆虫的某一性别分泌于体外,能被同种异性个体的感受器所接受,并引起异性个体产生一定的行为反应或生理效应。多数昆虫种类由雌虫释放,以引诱雄虫。每只昆虫的性外激素含量极微,一般在0.005~1 μg。甚至只有极少量挥发到空气中,就能把几十米、几百米,甚至几千米以外的异性昆虫吸引来,因此可以利用一些害虫对性外激素敏感的原理,来进一步诱杀大量的雄蛾。而用人工合成的性信息素或类似物,通常称为昆虫性引诱剂,又称性诱剂。性诱剂制作成诱芯(性诱剂的载体),再由诱芯和捕虫器两部分组成诱捕器。诱捕器可用来诱杀大量的雄蛾,并减少雄蛾与雌蛾的交配机会,因而对降低田间卵量、减少害虫的种

如何利用昆虫信息素防治害虫,昆虫信息素为什么是生物防治

群数量起到良好的作用。

目前，本法已经应用在二化螟、小菜蛾、甜菜夜蛾和斜纹夜蛾的防治中，在农药的使用次数和使用量大幅度削减、减低农药残留的同时，虫害得到有效控制，保护了自然天敌和生物多样性。

活动5 化学防治

化学防治是指用各种有毒的化学药剂来防治病虫害、杂草等有害生物的一种方法。化学防治的重要性主要体现在以下几个方面。

(1)合理运用化学防治法，对农业增产效果显著。一般每使用1元钱的农药，能使农业产值增加5～8元。

(2)目前，在病虫害生物防治系统中，还缺乏很多有效、可靠的非化学控制法。如生产技术的作用通常是有限的；抗性品种还不很普遍，对多数有害生物来讲抗性品种还不是很有效；有效的生物控制技术多数还处在试验阶段，有的虽然表现出很大希望，但实际效果有时还不稳定。

(3)化学防治有其他防治措施所无法代替的优点。

虽然化学防治在有害生物综合防治中占有重要地位，但化学防治仍存在一定的局限性。①引起病菌、害虫、杂草等产生抗药性。很多害虫一旦对农药产生抗性，则这种抗性很难消失。许多害虫和害螨对农药会发生交互抗性。②杀害有益生物，破坏生态平衡。化学防治虽然能有效地控制有害生物的危害，但也杀伤了大量的有益生物，改变了生物群落的结构，破坏了生态平衡，会使原来已经被控制的重要害虫因抗药性的产生而形成害虫再猖獗的现象。

任务3.3 综合防治方案制订

综合治理的最终目标是要创造出一个良好的农田环境，即在农田中一切有害生物被抑制到不会危及植物的产量，而植物和有益生物都能够有最有利的条件生长发育和繁殖。当然不可能一步就达到这种目标，必须努力创造一定的必要条件，必须进行长期的艰苦工作。

活动1 熟悉综合治理条件

1.摸清整个农田生态系统的基本情况

摸清整个农田生物群落与它们周围环境的相互关系，明确哪些是有害生物、哪些是有益生物，哪些是优势种、哪些是次要种，以及它们的数量。

2.掌握主要有害生物和它们天敌的发生规律

对于农田中的主要有害生物和它们的天敌，要进一步调查清楚它们的发生规律，以便更好地控制和利用。如对于害虫和天敌，要调查清楚它们的年生活史及习性、发生条件；对于病害，要掌握它们的病害循环和发病条件的规律。

3. 加强预测预报

在掌握了农田主要有害生物和它们的天敌发生规律的基础上，进行科学准确地预测预报，为指导综合防治、科学合理使用化学农药服务。

活动 2 熟悉综合治理原则

1. 生态原则

植物、病虫、天敌三者之间有的相互依存，有的相互制约。当它们共同生活在一个环境中时，它们的发生、消长、生存又与这个环境的状态关系极为密切。这些生物与环境共同构成一个生态系统。

综合治理就是在育苗、移栽和管理过程中，通过有针对性地调节和操纵生态系统里某些组成部分，创造一个有利于植物及病虫天敌的生存、而不利于病虫滋生和发展的环境条件，从而预防或减少病虫的发生与为害。

当前，安全农产品的生产对有害生物治理的生态原则提出了更新的要求。如有机农产品在土地生产转型方面有严格规定，考虑到某些物质在环境中会残留相当一段时间，土地从生产其他农产品到生产有机农产品需要 2～3 年的转换期。

2. 安全原则

根据农田生态系统里各组成成分的运动规律和彼此之间的相互关系，针对不同对象，又考虑对整个生态系统当时和以后的影响，灵活、协调地选用一种或几种适合植物生长条件的有效技术和方法。如病虫天敌的保护和利用、物理机械防治、化学防治等措施。对不同的病虫害，采用不同对策。几项措施取长补短，相互辅佐，注意实施的时间和方法，达到最好的效果。同时将对生态系统内外产生的副作用降到最低限度，既控制了病虫为害，又保护了人、畜、天敌和植物的安全。

当前，农产品安全成为社会普遍关注的问题，无公害农产品、绿色农产品和有机农产品也得到大力推广。安全农产品的生产对有害生物治理提出了更高的要求。因此，在生产不同类型的安全农产品时，应完全按照其生产标准和技术规程开展有害生物的治理，对产品实行“从土地到餐桌”全程质量控制。

3. 经济效益原则

防治病虫的目的是控制病虫的为害，使其为害程度降低到不足以造成经济损失。因而经济允许水平（经济阈值）是综合治理的一个重要概念。人们必须研究病虫的数量发展到何种程度，才能采取防治措施，阻止病虫达到造成经济损失的程度，这就是防治指标。病虫为害程度低于防治指标，可不防治；否则必须掌握有利时机，及时防治。

如麦田蚜虫防治指标为有蚜株（茎）率超过 25%，百株蚜量 250 头以上，因此它是一种“容忍哲学”，即把害虫控制在“有虫无害”的水平。综合治理所采用措施必须要有利于维护生态平衡，避免对生态平衡的破坏及对生态环境的污染；必须要符合社会公德及伦理道德，避免对人、畜的健康造成损害。总之进行综合治理,目标是实现“三大效益”,即在追求经济效益的同时也要重视生态效益和社会效益。

4. 综合原则

防治方法多种多样,但任何一种方法并非万能,且各种方法各有利弊,有的对一种病虫有效,而对另一种的防治不利。综合防治不是许多防治方法的机械拼凑和组合,各种防治措施必须从经济、生态、社会效益等方面综合加以考虑,有机地结合,辩证地配合,取长补短,相辅相成。

有害生物综合治理的策略要求协调应用各种防治措施,其中特别重视自然控制因素的作用。为了充分发挥自然控制因素的作用,必须贯彻落实“预防为主,综合防治”的植保方针,所有人为的防治措施应该与自然控制因素相协调,要有机地协调农业防治、物理防治、生物防治和化学防治四者之间的关系。以农业防治为基础,充分发挥物理防治和生物防治对病虫害的控制作用,合理运用科学防治技术,将防治措施对农业生态系统产生的不利影响降至最低限度。

必须指出,我国的植物保护方针是“预防为主,综合防治”,这是必须长期坚持的方针。但在生物灾害如此严峻的形势下,我们还要创新植物保护观念,树立“公共植保、绿色植保”新理念。

“公共植保”就是把植物保护工作与农村公共卫生事业视为同等重要,是政府部门公共管理、公共服务的一项基本职能,必须采用行政法规进行管理或强制实施,把公益性的植物保护工作纳入依法管理轨道上,努力建成以县级以上国家公共植保机构为主导、乡镇公共植保人员为纽带的多元化专业服务组织为基础的新型植保体系。强化“公共”性质(公共植保)和“公共”管理,开展“公共”服务,提供“公共”产品,着力服务“四大安全”,即农业生产安全、农产品质量安全、农业生态安全和农业贸易安全。

“绿色植保”就是把植保工作作为人与自然和谐系统的重要组成部分,突出其对植物高产、优质、高效、生态安全的保障和支撑作用,着力服务资源节约型、环境友好型农业。在当前形势下,“公共植保、绿色植保”为21世纪的植保工作指明了方向。如以昆虫性诱剂组装的绿色防控模式,在蔬菜上用性诱+色板、性诱+微生物农药等,节约成本75～225元/(公顷·年),减少施药50%以上;在水稻上采用佳多频振式杀虫灯+养鸭/养鱼等技术,在16个省、市、自治区应用;在玉米上推广释放赤眼蜂、白僵菌封垛、投撒颗粒剂等防治玉米螟技术;在果树、茶树上推广以螨治螨生物防治技术等。这些都为“公共植保、绿色植保”提供了新经验和新途径,从而催生出绿色防控技术体系的集成创新以及专业化统防统治重大举措的贯彻落实。绿色防控是专业化统防统治的技术支撑,专业化统防统治是绿色防控的组织保障。

植物病虫害综合治理是一个病虫控制的系统工程,即从生态学观点出发,在整个植物生产过程中,都要有计划地应用、改善栽培技术,调节生态环境,预防病虫害的发生,降低病虫害发生程度,不使其形成超出为害标准要求的策略及措施。要使自然防治和人为防治手段有机地结合起来,有意识地加强自然防治能力。

通过绿色植保,怎样优化农业资源

任务 4 防治常见病虫害

学习目标

知识目标

了解虫害中的桃蚜、斜纹夜蛾的防治及植物病害中的葡萄霜霉病、十字花科蔬菜软腐病基础知识。

能力目标

能掌握虫害中的桃蚜、斜纹夜蛾的防治及病害中的葡萄霜霉病、十字花科蔬菜软腐病综合防治方法。

素质目标

具有观察、分析、思考、解决问题的能力；具备实事求是、严谨认真、一丝不苟、精益求精的职业素养。

学习内容

任务 4.1 虫害的防治

活动 1 桃蚜防治

桃蚜是蚜虫大家族中的一员。蚜虫是植物上非常常见的一种虫害，目前世界已知 2 000 多种，我国近 300 种，在分类上属于同翅目昆虫，习惯上蚜虫还有很多别称(如腻虫、蜜虫、油汗等)。日常比较常见的蚜虫种类有棉蚜、桃蚜、萝卜蚜、甘蓝蚜、麦长管蚜、麦二叉蚜、梨二叉蚜等。有的时候我们习惯把一种植物上发生的蚜虫称为某植物蚜虫，如在玉米田发生的蚜虫(玉米蚜虫)，实际是指玉米田中玉米蚜、棉蚜、麦二叉蚜、麦长管蚜、禾谷缢管蚜等种类的统称。

1. 桃蚜的危害特点

桃蚜可危害桃、李、杏、梨树、柑橘、马铃薯、油菜、甜菜、莴苣、白菜、萝卜、芥菜、菠菜、甘蓝、辣椒、茄子、瓜类、芝麻、棉花和人参等 350 多种植物。以成虫和若虫群集在叶片和嫩茎上吸食植物的汁液，受害叶片向叶背面横卷或不规则卷缩、黄化，甚至枯萎，导致植株生长不良，同时还会分泌蜜露，污染植物叶片，造成霉污病。该虫还是多种(约 115 种)植物病毒病的传播媒介。

2. 桃蚜的形态特征

有翅胎生雌蚜：体长 1.7～2.2 mm，宽约 1 mm，头部、胸部、触角和腹管均黑色，腹部淡绿色或红褐色；腹部第八节背面有 1 对小突起；腹管细长，中部缢缩，顶端平，基部有膨大现象；尾片圆锥形，每侧有刺毛 3 根。

无翅胎生雌蚜：体长约 2.6 mm，宽约 1.1 mm。体卵圆形，体色变化大，一般淡绿色、黄绿色或樱红色。头部色较深，复眼红色，额瘤显著。触角比体短，腹管长筒形，向端部变细，中部稍膨大，端部黑色。尾片圆锥形，黑褐色，有曲毛6～7根。

有翅雄蚜：体长1.3～1.9 mm，体色有深绿色、灰黄色、暗红色、红褐色。头胸部黑色。

若虫：与无翅蚜相似，体小，大多为淡红色。

卵：长不到1 mm，椭圆形，初为绿色，后变成黑色而有光泽。

3. 桃蚜的发生规律

长江流域一年发生20～30代。发育起始点温度为5 ℃以内，越冬场所较多，以卵在冬季越冬；以成虫、若虫在温室中越冬；以无翅蚜在贴近地面的油菜叶背面等处。虽然越冬寄主多，但在不同越冬寄主上的虫源，第二年在不同寄主上繁殖发育差异较大。

当气温达5 ℃时桃蚜开始活动，种群能增长的温度范围为5～29 ℃，数量增长最快温度范围为16～24 ℃，当温度高于28 ℃则会开始抑制其发育和数量增长。桃蚜生长发育除受温度影响大外，另一较大因素就是湿度，湿度过高或过低均抑制其繁殖。降雨特别是暴风雨会使蚜虫数量短时期内急剧下降，但雨后气候适宜种群又可快速增长。

4. 桃蚜的防治方法

(1)农业防治。

①选用抗蚜虫植物品种。

②在作物周边尽量不种植越冬寄主。

③清洁田园，及时铲除田边杂草，减低虫口基数。

(2)生物防治。

①保护利用多种蚜虫天敌，如七星瓢虫、异色瓢虫、龟纹瓢虫、中华草蛉等，对蚜虫有显著的抑制作用。可以在蚜虫发生初期人工释放瓢虫、草蛉、蚜茧蜂等天敌，来控制蚜虫的发生。

②利用蚜虫报警信息素。该类信息素施用于田间，可使蚜虫的虫口密度控制在一定阈值内而减轻其对作物的影响。

(3)物理防治。

①黄板诱蚜。按300片/hm^2在田间均匀悬挂黄板，黄板大小为30 cm×60 cm，黄板上均匀涂抹黄油，诱杀有翅成蚜。黄板悬挂高度以高出植株40～50 cm为宜。

②银膜避蚜。在田边或地内间隔铺设银灰色地膜或悬挂银灰色膜条，可抑制有翅蚜的着落和定居。

(4)化学防治。防治蚜虫药剂非常多，根据其口器特点，选用内吸性药剂较好，大量发生时其大部分都是无翅蚜，移动能力弱，用触杀类药剂效果也较好。

活动2 斜纹夜蛾防治

斜纹夜蛾属鳞翅目夜蛾科害虫，别称莲纹夜蛾，俗称夜盗虫、乌头虫等。过去是一种间歇性暴发的害虫，现为常发性农业害虫。

1. 斜纹夜蛾的危害特点

斜纹夜蛾是典型的多食性昆虫，我国已记载的寄主达109科近400种。如甘蓝、白菜、茄子、马铃薯、番茄、大豆、花生、芝麻、棉花、烟草、甜菜、萝卜、莲藕、玉米、高粱、荷花等。斜纹夜蛾以幼虫取食植物叶、花蕾、花及果实。初孵幼虫群集在叶背取食叶肉，只留一层表皮和叶脉；

2龄时会取食花蕾和花；3龄后分散为害，把叶片啃成缺刻，严重时只留主脉，甚至咬食幼嫩茎秆；5～6龄时可蛀食角果。

2. 斜纹夜蛾的形态特征

成虫：体长14～19 mm，翅展33～45 mm，胸部背面有白色丛毛，前翅灰褐色，内横线及外横线灰白色，环状纹不明显，肾状纹前部呈白色，后部黑色，环状纹和肾状纹之间有3条明显的较宽斜纹白线，后翅银白色，无斑纹，外缘暗褐色。

卵：扁平的半球状（馒头形），直径不到1 mm，表面有细的纵横脊纹，初产黄白色，近孵化时暗褐色，产卵成块，常3、4层不规则重叠排列，每块几十粒至几百粒，上覆黄褐色绒毛。

幼虫：共6龄，初龄幼虫体灰色，老熟幼虫体躯颜色多变，有黑褐色、土黄色、青黄色、灰褐色或暗绿色，背线、亚背线及气门下线均为暗黄色，亚背线上方每节两侧各有1个半月形或三角形黑斑，其中腹部第一节和第八节上的最大，中胸至第八腹节气门上方各有1个黑褐色不规则斑点；气门线暗褐色，气门椭圆形，黑色，其上有黑点；腹足俱全，但1龄、2龄幼虫有时会缺前两对腹足；胸足近黑色，腹足暗褐色。

蛹：长15～21 mm，赭红色，圆筒形，末端细小。胸部背面有细横皱纹，腹部光滑，尾部有1对短刺。

3. 斜纹夜蛾的发生规律

斜纹夜蛾年发生世代数由南向北逐渐减少，南宁发生9代，南昌发生6～7代，湖北（武汉、荆州）、南京、上海发生5～6代，河南发生4代。在福建以南无越冬现象，在江西以幼虫或蛹越冬。斜纹夜蛾是一种喜温性昆虫，不耐低温，长时间在0 ℃左右环境中易死亡。钟国洪等研究表明，在18～34 ℃，斜纹夜蛾发育速率与温度呈正相关，温度越高，其发育速率越快，最适发育温度为28～32 ℃。初孵幼虫群集于卵块附近取食，2龄开始分散取食，3龄前仅食叶片下表皮及叶肉，幼虫老熟后入土1～3 cm化蛹，土壤干燥时会在土缝中或枯枝落叶下化蛹。另外斜纹夜蛾对寄主植物有嗜食偏好，如取食莲藕或甘蓝其发育期比非嗜食短很多，发生量大很多。

4. 斜纹夜蛾的防治方法

（1）农业防治。清洁田园（将残株落叶就地处理，杀灭部分幼虫和蛹）；摘除卵块和人工捕杀低龄幼虫；耕翻灭蛹；搭配种植诱集作物，种植斜纹夜蛾最喜欢产卵的芋、大豆、甘蓝等作物，能诱集斜纹夜蛾集中产卵，然后集中歼灭。

（2）物理防治。斜纹夜蛾有较强的趋光性和趋化性，通常利用杀虫灯诱杀成虫；使用糖醋液诱杀成虫；也可将残留菜叶剁碎，拌杀虫剂，撒施于菜田地面，诱杀高龄幼虫。另外覆盖防虫网防治效果也比较好。

（3）生物防治。保护利用天敌，斜纹夜蛾的天敌种类很多，如瓢虫、蜘蛛、青蛙、姬蜂等；利用性引诱剂诱杀雄蛾。

（4）化学防治。药剂防治斜纹夜蛾应在低龄幼虫分散前施药，防治时间宜选择傍晚。由于斜纹夜蛾抗药性产生较快，药剂可轮换选用，如氯虫苯甲酰胺、甲氨基阿维菌素苯甲酸盐、氟虫脲、氟啶脲、氟铃脲、氰氟虫腙、虫酰肼、甲氧虫酰肼、虱螨脲、茚虫威、虫螨腈、高效氯氟氰菊酯等。从实践来看，单用这些药剂效果要差些，最好复配用药，如甲氨基阿维菌素苯甲酸盐和虫螨腈，茚虫威和虫螨腈等。

果园里的战争——梨小食心虫的生物防治

任务4.2　病害的防治

活动1　葡萄霜霉病防治

葡萄霜霉病属于卵菌门单轴霉属类病菌，病原为葡萄生单轴霉，是专性寄生真菌。

1. 葡萄霜霉病的危害特点

葡萄霜霉病能侵染葡萄的叶、茎、果等绿色部位，主要危害叶片；一般先侵染嫩叶，发病初期叶片正面出现浅绿色的不规则斑点，继续发展会出现近似圆形或多角形黄色病斑，被侵染的部位逐渐变褐、枯死，严重时整个叶片枯黄；潮湿时在病部的叶背会出现白色霜霉状霉层(孢子囊及孢囊梗)；侵染老叶多数在叶正面出现黄色至红褐色小的角形病斑，叶背一样有白色霉层；侵染花序、嫩枝、叶柄、卷须及果梗后，侵染部位会出现淡黄色水渍状斑点，后会略凹陷变褐且扭曲、畸形，湿度大时病斑表面出现大量白色霉层；侵染果实后，果实颜色会发生变化，湿度大时果实表面也会形成白色霉层。

2. 葡萄霜霉病形态特征

葡萄霜霉病病原菌的菌丝管状、有瘤状吸器；条件适宜时孢囊梗4～6根成簇从气孔伸出，单轴直角分枝3～6次，分枝末端有2～4个小梗，顶生1个孢子囊；孢子囊卵形，无色，顶端有乳头状突起，长不超过30 μm，宽不超过20 μm，每个孢子囊产生4～8个游动孢子；游动孢子侧生双鞭毛，肾形；病菌产生的有性孢子为卵孢子，褐色、球形、壁厚，表面平滑，萌发时产生芽管，芽管顶端形成芽孢囊，当芽孢囊萌发时可产生超过60个的游动孢子。

大棚黄瓜霜霉病的防治

3. 葡萄霜霉病发生规律

葡萄霜霉病的发生与温湿度密切相关。在温度适宜情况下，湿度高低决定葡萄霜霉病发生的严重程度，孢囊梗和孢子囊的产生、孢子囊和游动孢子的萌发和侵入，都需要水(雨、露珠)，且孢子囊的形成需要4 h的黑暗；孢子囊在高温干燥的情况下，只能存活4～6 d，低温下可存活14～16 d，温度在9～36 ℃都能产生孢子囊，15 ℃是最适温度；5～21 ℃是孢子囊能萌发的温度，10～15 ℃是最适温度，但孢子囊在阳光下暴露数小时即失去活力；病原菌以卵孢子在病组织中或随病残体在土壤中越冬，卵孢子在病残体腐烂后，仍可在土壤中存活2年以上，翌年春季当土温在13 ℃左右时萌发产生芽孢囊，借风雨传播到葡萄上后，萌发产生游动孢子。游动孢子在寄主表面有水膜时产生芽管，经气孔侵入，菌丝在细胞间隙生长，通过吸器伸入寄主细胞内吸取营养，然后从叶背气孔伸出孢囊梗，产生孢子囊，借风雨进行再侵染。

4. 葡萄霜霉病防治方法

(1)农业防治。建园时，在长江流域及长江以南地区(生长季节雨水多的地区)尽量选用抗病品种，一般欧美杂交种较抗病，欧亚种品种群较感病，如巨峰、玫瑰露、红富士、金星无核、森田尼无核等品种较抗病，而红地球、美人指、里扎马特、绯红、无核白鸡心、玫瑰香等品种较感病。发现有病组织时应及时清除深埋，收获及修剪后及时清除(烧毁或深埋)果园中的病僵果、枯枝落叶等，可有效减少病原菌的侵染来源。加强栽培管理，提高植株抗病能力，注意田间排灌系统顺畅；注意科学合理修剪（及时摘心、抹梢、绑蔓及疏除近地面枝条），使架面通风透光好。采用避雨栽培措施，能有效地预防和减少葡萄霜霉病的发生。

(2)化学防治。用化学药剂防治葡萄霜霉病尽量在病害发生前或初发阶段，一旦发生就要采取适宜的化学防治手段。

在落叶期至早春萌芽前，全园喷 4～5 °Bé 石硫合剂，压低越冬菌源基数；发病前喷施一些保护性杀菌剂，如波尔多液、代森锌、代森铁、福美双、代森锰锌、嘧菌酯、吡唑醚菌酯等；发病后，每隔 7～10 d 喷 1 次，连喷 2～3 次，雨季最好连续使用杀菌剂（间隔 7～10 d 喷 1 次），如精甲霜灵、三乙膦酸铝、氰霜唑、烯酰吗啉、嘧菌酯、吡唑醚菌酯、氟吗啉·锰锌、甲霜灵·锰锌、缬霉威·丙森锌、氟吡菌胺·霜霉威等，另外需注意的是防治葡萄霜霉病药剂有很多，但有较多药剂抗性较高，在选用时应避开以前常用药剂，替换不经常使用或没使用过的药剂。

活动 2　十字花科蔬菜软腐病防治

十字花科蔬菜软腐病的病菌属于薄壁菌门果胶杆菌属，病原为胡萝卜果胶杆菌胡萝卜亚种，别称为水烂、烂疙瘩。除侵染十字花科蔬菜外，还侵染番茄、辣椒、莴苣、芹菜、胡萝卜、大葱、洋葱、马铃薯及石刁柏等植物。

大棚生菜软腐病的防治

1. 十字花科蔬菜软腐病的危害特点

十字花科蔬菜软腐病菌侵染十字花科蔬菜后，典型特征是病部腐烂后都会发出恶臭，一般会出现灰黄色或污白色黏液。常见症状有 3 种表现：第一种是外叶柄基部先发病，病部开始水渍状，后变褐腐，严重时菜株轻碰即倒；第二种是叶球顶部叶片开始发病，病部开始呈水渍状、淡褐色腐烂，严重时叶球内也软腐；第三种是叶球基部开始发病，开始症状与前一种一样，后叶心萎蔫，外叶的叶柄逐渐腐烂，发病组织又黏又滑。另外也有些植株表现为外叶湿腐，干燥时病叶会变成薄纸状，紧贴叶球。

2. 十字花科蔬菜软腐病形态特征

十字花科蔬菜软腐病的病菌菌体短杆状，周鞭 2～8 根，不产生芽孢，阴性菌，在培养基上的菌落一般呈圆形灰白色。

3. 十字花科蔬菜软腐病发生规律

十字花科蔬菜软腐病的发生与品种、栽培管理水平、病菌侵染源的量、气象条件及植株伤口的有无等条件有关。一般前茬作物为该病的寄主植物，且收获后田间没做处理，病害就可能发作严重，如十字花科、茄科、瓜类等作物轮作发病重，而十字花科蔬菜与禾本科或豆科作物轮作发病轻。北方病原菌主要在病残体、土壤及没腐熟农家肥中越冬，通过雨水、土壤、昆虫等多种途径传播，伤口与自然孔口是其侵入的重要途径，自然裂口也可侵入；温暖或设施菜区，无明显越冬期，主要在十字花科蔬菜上交替发病；能生长发育温度为 4～36 ℃，适宜温度为 25～30 ℃；一般在低温、高湿的条件下，软腐病极易流行。

十字花科蔬菜软腐病

4. 十字花科蔬菜软腐病防治方法

(1)农业防治。种植抗病品种，它是防治十字花科蔬菜软腐病非常经济有效的方法；收获后翻耕曝晒，有利于减少菌数，减轻该病的发生；加强栽培管理，如在地势高及排水良好的壤土、沙壤土里种植十字花科蔬菜、合理施肥、雨季应及时排水等措施；病田避免连作，可与麦类、豆类等作物轮作。

（2）化学防治。用化学药剂防治十字花科蔬菜软腐病。一是防治好害虫，如黄曲条跳甲、菜蝽、菜粉蝶、地蛆、金针虫、蛴螬、蝼蛄及甘蓝蝇等害虫；二是田间防治，勤查病情，发病初期可用中生菌素、噻菌铜、络氨铜、氢氧化铜、氧化亚铜等药剂喷施；发病较多时可用水合霉素、噻唑锌等。

任务5 合理使用农药

学习目标

知识目标

了解农药的分类基础知识，掌握科学使用农药的方法。

能力目标

能掌握科学使用农药的方法。

素质目标

具有观察、分析、思考、解决问题的能力；具备实事求是、严谨认真、一丝不苟、精益求精的职业素养。

农药使用规范：如何做到合理安全使用农药

学习内容

任务5.1 农药分类

农药是指用于预防、消灭或者控制为害农业、林业的病、虫、草和其他有害生物以及有目的地调节植物、昆虫生长的化学合成物，或者来源于生物、其他天然物质的一种物质或者几种物质的混合物及其制剂。

农药种类繁多。可分为化学农药、植物性农药、微生物农药。

活动1 根据原料性质分类

1. 化学农药

化学农药又可分为有机农药和无机农药两大类。有机农药多通过人工合成，这类农药已经在许多国家实现大规模的生产，成为当今农药的主体，其特点是：药效高，用量少，见效快，用途广，可适应各种环境的需要，但污染环境，有害生物易产生抗药性，对人畜不安全。无机农药大多是由矿物质原料制成的，可直接杀伤有害生物，如石灰、硫黄、磷化铝、硫酸铜等。

2. 植物性农药

植物性农药是由天然植物加工成的，所含有效成分是天然有机物质，如除虫菊、苦参素、印楝素、烟草等。这类农药对人畜安全，对植物无药害，不易使有害生物产生抗药性，但药效低，残效期短。

3. 微生物农药

微生物农药是微生物及其代谢产物生产的农药，如 BT、井冈霉素、农用抗生素等。

活动 2 根据主要防治对象分类

根据主要防治对象分类可分为：杀虫剂、杀螨剂、杀菌剂、除草剂、杀鼠剂、植物生长调节剂（芸薹素、赤霉素、多效唑）。

（1）杀虫剂：用来防治有害昆虫的药剂。

（2）杀螨剂：用来防治蛛形纲中有害种类的药剂。

（3）杀菌剂：用来防治植物病原微生物的药剂。

（4）除草剂：用以防除农田杂草的药剂。

（5）杀鼠剂：用来防治害鼠的药剂。

（6）植物生长调节剂：用来促进或抑制农林作物生长发育的药剂。

活动 3 根据作用方式分类

1. 杀虫、杀螨剂可分为

（1）触杀剂。药剂接触到害虫后，通过体壁及气门进入害虫及害螨体内，使之中毒死亡。其步骤为：表皮（体壁）→血液→作用部位（神经系统）。

（2）胃毒剂。药剂通过害虫取食而进入消化系统，使之中毒死亡。其步骤为：口腔→消化道（中肠）→血液→作用部位。

（3）内吸剂。药剂被植物的根、茎、叶吸收进入植物体内，并在植物体内扩散或产生更毒的代谢物，使取食植物的害虫中毒死亡。其步骤为：植物吸收→植物汁液（药剂）→口器→消化道→作用部位。

（4）熏蒸剂。药剂能在常温下化为有毒气体，通过呼吸道进入害虫体内，使其死亡。其步骤为：气门→气管→微气管→血液→作用部位。

诱虫烯

（5）昆虫生长调节剂。药剂能阻碍害虫的正常生理功能，防止昆虫变态，形成没有生命能力或不能繁殖的畸形个体，如扑虱灵。这类调节剂活性高，毒性低，无残留，具有明显的选择性，但杀虫速度慢。

（6）引诱剂。药剂以微量的气态分子，将害虫引诱到一处，集而歼之。这类药剂又可分为食物诱剂、性诱剂、迷向剂。

（7）不育剂。药剂进入害虫体内后，可直接干扰或破坏害虫的生殖系统。

2. 杀菌剂

（1）保护剂。植物发病前或发病初期，将药剂喷在植物表体，消灭病原微生物或阻止病原物微生物的入侵蔓延，保护植物免疫系统的危害，这类药剂不易使病原微生物产生抗药性，但必须在植物发病前使用，一旦病原物侵入植物体内，则效果较差，目前使用较多的有波尔多液、无氯硝基苯、百菌清、敌克松、代森铵、代森锰锌等。

（2）治疗剂。植物发病后使用，通过内吸进入植物体内，传导到未施药的部位，对植物体内的病原微生物产生毒性，抑制或消灭病原微生物，具有保护剂达不到的效果，如多菌灵、甲基托布津、三环唑、粉锈宁等。

(3)铲除剂。对病原微生物有强烈的杀伤作用的药剂。这类药剂植物生长期不能忍受，故一般用于播前土壤处理，植物休眠期和种苗处理。

3.除草剂

(1)按作用方式分。

①选择性除草剂。即在一定的浓度和剂量范围内对某些杂草有效而对作物安全的药剂。如敌稗可杀死稗草但不伤害水稻。选择性除草剂也可分为单子叶除草剂和双子叶除草剂。

②灭生性除草剂。在常用剂量下可以杀死所有接触到药剂的绿色植物体的药剂，如克无踪、草甘膦等。

(2)按疏导性能分。

①内吸传导型除草剂。施用后通过内吸作用传至植物的其他部位或整个植株，使之中毒死亡的药剂。

②触杀型除草剂。不能在植物体内传导移动，只能杀死所接触到的植物组织的药剂。

任务5.2 科学使用农药

活动1 掌握使用原则

1.对症下药

农药的种类很多，各种农药都有一定的防治对象、适用范围、作用方式和残留期长短等，根据防治对象及作物的特点，选择对症药剂。如防治蚜虫、飞虱等刺吸式口器害虫选用内吸性杀虫剂效果好；波尔多液防治霜霉病效果好，对绵腐病、锈病效果差。蔬菜用药要选用毒性低残留期短的药剂。化学防治时，如果选错了药剂，不仅浪费人力物力、达不到防治效果、延误时机，甚至还可能造成药害。

2024年这些农药将禁止销售和使用

2.适时用药

掌握有利时机，适时用药，才能发挥农药应有的防治效果。如防治虫害一般在低龄幼虫盛期，这时低龄幼虫抗药能力弱，容易被杀死，高龄幼虫抗药能力强，加大用药浓度或药量仍不一定能被杀死；有些害虫低龄时集中为害，用药能集中消灭。有杀卵作用的杀虫剂在卵高峰期用。由于大多数杀菌剂是保护性杀菌剂，在病害发生初期用药，病害容易被控制，所以防治作物病害宜在病害发生初期。防治草害就选在杂草幼苗期。

3.适宜的施药方法

田间施药，要根据病虫在作物上的危害部位，把农药施在要害处。不同的农药剂型，应采用不同的施药方法。乳油、可湿性粉剂、水剂等以对水喷雾为主；颗粒剂以撒施可深层施药为主。防治地下害虫可用拌种、浸种、毒饵、毒土等。

4. 合理混用农药

混用的原则：一是混合后药效提高的可以混用。二是混合后发生不良的物理或化学变化，如出现浑浊物、分层、沉淀的不可以混用。三是混合后产生药害的不能混用。四是混合后毒性提高的不能混用。常见的混用问题是遇到碱性物质易分解、失效的农药，不能与碱性农药、肥料或碱性物质混用。

5. 轮换或交替使用农药

抗药性是指在同一地区连续使用同一种农药而引起有害生物对药剂抵抗力提高（即敏感度下降）的现象。长期单一使用某种农药防治病虫害，就会导致抗药性产生。合理轮换使用农药，可以延缓抗药性产生，还可以延长优良农药品种的使用寿命。

6. 严格执行安全间隔期

农药的安全间隔是指最后一次施药至收获农作物前的时期，即自施药到残留量降至允许残留量所需的时间。安全间隔期因农药、农作物种类等不同而异。最后一次施药与收获之间的时间必须大于安全间隔期，不允许在安全间隔期内收获农作物，以防人畜中毒。

活动2 注意农药使用事项

（1）使用农药前认真阅读农药使用说明书，正确安全使用农药。

（2）配药应在远离饮用水和居民点的地方进行，用后的农药包装物要烧毁或深埋，切不可用农药瓶、农药袋来装食品和饮用水。

（3）配药、施药和搬药时，要戴口罩、胶手套、穿长袖衣服、鞋袜，防止药剂沾染皮肤、眼睛。

（4）施药、搬药过程中不得喝酒、饮水、抽烟、吃东西，不能讲话、嬉戏，不能用手擦嘴、脸和眼睛。喷药后若要进食、饮水、抽烟应先洗手、洗脸、漱口。每天搬药、施药时间不要超过6 h。

（5）使用喷雾器喷药时不要迎风操作，不要左右两边同时喷射，应隔行喷雾，最好能倒退行走操作。大风和中午高温时应停止施药。

（6）不要让儿童、孕妇、哺乳期的妇女施药。

项目7拓展资源

项目8
畜禽生产技术

任务1 猪的生产与管理

我国是猪生产和猪肉消费大国，猪肉在肉类总量中占到64%左右，养猪成为促进农民增收和保障食品安全供应的基础产业。我国虽是养猪大国，但不是养猪强国，我国养猪业面临生产力水平低、养殖环境恶化、疫病横行、滥用药物、品种单一等诸多问题，影响猪肉质量和出口，与美国、丹麦等养猪业发达国家相比，在养殖理念、种猪生产、经营管理等方面仍有不小的差距。

学习目标

知识目标

1. 掌握常见猪种的生产性能。
2. 掌握猪的生物学特性。
3. 掌握猪一般饲养原则。
4. 了解种猪的饲养管理与营养需要。

能力目标

1. 能够分辨常见的猪种。
2. 熟悉猪的特点并采取相应的饲养管理措施。
3. 能够采购猪饲料。

素质目标

1. 培养环保意识、食品安全意识和猪生产的风险意识。
2. 培养热爱岗位、勇于担责的职业习惯。

学习内容

任务 1.1 常见猪种的认知

活动 1 认知猪的经济类型

1. 猪的经济类型

猪的经济类型主要由 3 种因素决定：①消费者的消费习惯；②当地可利用的饲料资源；③符合消费者需求，生产能力突出的猪种。

按照瘦肉率高低，猪的经济类型分为脂肪型、兼用型（腌肉型）和瘦肉型 3 种（表 8-1）。

表 8-1 猪的经济类型

类型	主要特征
脂肪型	90 kg 胴体瘦肉率在 45%以下，背膘厚度 5～7 cm，体躯深、宽，全身肥胖，四肢短，头颈粗，体长与胸围大致相等。
兼用型	90 kg 胴体瘦肉率在 45%～55%，体格大，体躯长短适中，结构匀称，体长比胸围大 5 cm 以上。
瘦肉型	90 kg 胴体瘦肉率在 55%以上，背稍成弓形，背宽、腰窄而体长，体长大于胸围 15～20 cm。

2. 猪的品种

品种是指通过人工选育产生的具有经济价值和育种价值的家畜类群。作为品种必须遗传性能稳定，具有相同或相似的外形外貌特征和一定的数量与结构。

据统计全世界家猪品种约 300 多个。我国第一部《中国猪品种志》将我国地方猪种归纳为 48 个，培育品种 12 个。

活动 2 认识我国地方猪种

（一）我国地方猪种类型

我国地方猪种可划分为华北型、华南型、华中型、江海型、西南型和高原型 6 个大类。

1. 华北型

分布：主要在淮河、秦岭以北。包括东北、华北、内蒙古、新疆、宁夏，以及陕西、湖北、安徽、江苏 4 省的北部地区和青海的西宁市、四川省广元市附近的小部分地区。

品种特征：毛色多为黑色，体躯较大，四肢粗壮；头较平直，嘴筒较长；耳大下垂，额间多纵行皱纹；皮厚多皱褶，毛粗密，鬃毛发达，冬季密生绒毛，抗寒力强。

生产性能：乳头 8 对左右，产仔数一般在 12 头以上，母性强，泌乳性能好，耐粗饲，消化能力强。

代表猪种：东北民猪、八眉猪、黄淮海黑猪、汉江黑猪和沂蒙黑猪等。

2. 华南型

分布：云南省西南部和南部边缘，广西和广东偏南的大部分地区，以及福建的南部等。

品种特征：毛色多为黑白花，在头、臀部多为黑色，腹部多为白色，体躯偏小，体形丰满，背腰宽阔下陷，腹大下垂，皮薄毛稀，耳小直立或向两侧平伸。

生产性能：性成熟早，乳头多为5～7对，产仔数较少，每胎6～10头；脂肪偏多。

代表猪种：两广小花猪、海南猪、滇南小耳猪、香猪等。

3. 华中型

分布：长江南岸到北回归线之间的大巴山和武陵山以东的地区，包括江西、湖南和浙江南部以及福建、广东和广西的北部，安徽和贵州也有局部地区。

品种特征：体躯较华南型猪大，体形则与华南型猪相似。毛色以黑白花为主，头尾多为黑色，体躯中部有大小不等的黑斑，个别有全黑者，体质较疏松，骨骼细致，背腰较宽而多下凹。

生产性能：乳头6～7对，每窝产仔10～13头；肉质细嫩。

代表猪种：宁乡猪、金华猪、大花白猪、华中两头乌猪等。

4. 江海型

分布：主要分布于汉水和长江中下游沿岸以及东南沿海地区。

品种特征：江海型猪种的毛色从地理分布上看，自北向南由全黑逐步向黑白花过渡，个别猪种为全白色。骨骼粗壮，皮厚而松，多皱褶，耳大下垂。

生产性能：繁殖力高，乳头多为8～9对，窝产仔13头以上，高者达15头以上；脂肪多，瘦肉少。

代表猪种：太湖猪、姜曲海猪、虹桥猪等。

5. 西南型

分布：主要分布在云贵高原和四川盆地的大部分地区，以及湘鄂西部。

品种特征：毛色多为全黑和相当数量的黑白花，“六白”或不完全“六白”等，但也有少量红毛猪。头大，腿较粗短，额部多有旋毛或纵行皱纹。

生产性能：乳头多为6～7对，产仔数一般为8～10头；屠宰率低，脂肪多。

代表猪种：内江猪、荣昌猪、乌金猪等。

6. 高原型

分布：主要分布在青藏高原。

品种特征：被毛多为全黑色，少数为黑白花和红毛。头狭长，嘴筒直尖，犬齿发达，耳小竖立，体形紧凑，四肢坚实，形似野猪。

生产性能：乳头多为5对，每窝产仔5～6头；生长慢，胴体瘦肉多；背毛粗长，绒毛密生，适应高寒气候。

代表猪种：藏猪为典型代表。

(二)地方猪种的优良遗传特性

与国外猪种相比，我国地方猪种具有以下优良遗传特性。

1. 繁殖力高

我国地方猪种的性成熟早。初情期平均为98日龄，而国外主要猪种在200日龄左右，几乎是我国地方猪种的2倍。普遍具有很高的产仔数，如东北民猪每窝平均产仔13.5头，尤其是太湖猪平均窝产仔15.8头。其次是我国地方猪种的胚胎死亡率低。

2. 肉质优良

我国地方土猪肌肉颜色鲜红，系水力强，肌肉大理石纹适中，肌内脂肪含量高。食用口感是“肉嫩多汁，肉香味美”。

3. 抗应激和适应性强

我国猪种具有较强的适应性和抗应激能力，如对严寒（民猪）、酷暑（华南型猪）和高海拔条件（藏猪和内江猪）的适应性很强。

4. 矮小特性

我国贵州和广西的香猪、海南的五指山猪、云南的版纳微型猪，成年体高在 35～45 cm，体重只有 40 kg 左右，是我国特有的遗传资源。

我国地方猪种虽具有以上优良特性，但存在生长慢、脂肪多和皮厚等缺点，需要扬长避短，合理利用。

（三）地方主要猪种简介

1. 民猪

民猪是东北地区古老的华北型地方猪种，具有产仔多、肉质好、抗寒、耐粗饲的突出特点，受到国内外的重视。

产地与分布：辽宁、黑龙江、河北、内蒙古。

体形外貌：全身被毛为黑色，体质强健，头中等大，面直长，耳大下垂，背腰狭窄，单脊，乳头 7～8 对，四肢粗壮，猪鬃良好，冬季密绒毛。

繁殖性能：在正常饲养管理条件下，3～4 月龄仔猪即有发情表现。发情周期为 18～24 d，持续期 3～5 d，多至 7 d。公母猪 6～7 月龄，体重 50～60 kg 即开始配种。成年母猪受胎率一般为 98%；妊娠期 114～115 d，每窝产仔数为 14.7 头。种公猪的利用年限较短，一般为 3～4 年，母猪为 5～6 年。

生长肥育性能：240 日龄育肥猪体重为 98～101.2 kg，日增重 495 g，料肉比 4.23∶1，屠宰率为 75.6%，胴体瘦肉率为 40.29%。

主要特点：抗寒力强、体质强健、产仔数多，与大白猪、长白猪杂交效果好。

2. 太湖猪

太湖猪产于江苏、浙江的太湖地区，是我国乃至世界猪种中繁殖力最高，产仔数最多的品种。

产地与分布：长江下游，江苏、浙江和上海交界的太湖流域。

外貌特征：体形中等，以梅山猪较大，二花脸、枫泾和嘉兴黑猪次之。太湖猪头大额宽，颈部皱褶多、深，耳特大、稍软而下垂，耳尖同嘴角齐或超过嘴角，形成大蒲扇。全身被毛黑色或青灰色，毛稀，也有鼻吻白色或尾尖白色的，梅山猪的四肢末端为白色。成年公猪体重 150～200 kg，成年母猪体重 150～180 kg。

繁殖性能：太湖猪性成熟早。公猪 4～5 月龄时，精液品质已基本达到成年公猪的水平。二花脸母猪 64 日龄、体重 15 kg 时首次发情。母猪在一个发情期内的排卵数较多，二花脸母猪 8 月龄时排卵 26 枚，成年枫泾母猪 31 枚，成年嘉兴黑母猪 25 枚，成年梅山母猪 29 枚。太湖猪初产仔数 12 头以上，产活仔数 11 头以上；2 胎产仔数 14 头以上，产活仔数 13 头以上；

3胎以上产仔数16头,产活仔数14头以上。

生长育肥性能:梅山猪在体重25～90 kg阶段,日增重400 g;枫泾猪在体重15～75 kg阶段,日增重444 g。太湖猪屠宰率65%～70%,胴体瘦肉率较低;宰前体重75 kg的枫泾猪,胴体瘦肉率为39.9%;宰前体重74 kg的嘉兴黑猪,胴体瘦肉率为45%。

主要特点:产仔力高、品种结构丰富、肉质好,与长白猪、大白猪杂交效果好。

3. 金华猪

金华猪产于浙江省金华市,具有性成熟早、繁殖力高、皮薄骨细、肉质好等特点,以金华猪加工而成的金华火腿驰名中外。

产地与分布:浙江省金华地区的东阳、义乌和金华等地。

体形外貌:体形中等偏小,耳中等大、下垂。背微凹,腹大微下垂,臀较倾斜。四肢细短,蹄坚实。毛色以中间白、两头黑为特征,即头颈和臀尾部为黑皮黑毛,体躯中间为白皮白毛,故又称"两头乌"或"金华两头乌猪"。成年公猪体重110 kg,体长127 cm;成年母猪体重97 kg,体长122 cm。

繁殖性能:金华猪具有性情温顺,母性好,性成熟早和产仔多等优良特性,公猪100日龄已能采得精液,其质量已近似成年公猪;母猪110日龄、体重28 kg时开始排卵。母猪初产仔数平均10.5头,成活数10.2头;3胎以上产仔数13.8头,成活数13.4头。

生长育肥性能:在体重17～76 kg阶段,平均饲养期127 d,日增重464 g,体重67 kg屠宰,屠宰率72%,胴体瘦肉率43%。

主要特点:繁殖力高,肉质好,适宜腌制火腿,与长白、大白、杜洛克和汉普夏等品种杂交效果好。

4. 荣昌猪

荣昌猪具有适应性强、瘦肉率较高、配合力较好和品质优良等特点。

产地与分布:主要分布于四川省荣昌、隆昌、永川、泸县、泸州、宜宾等地,以及重庆市。

外貌特征:体形较大,头大小适中,面微凹,耳中等大、下垂,额面皱纹横行、有旋毛,背腰微凹,腹大面深,臀稍倾斜,四肢结实,除两眼四周或头部有大小不等的黑斑外,被毛均为白色。成年公猪体重158 kg,成年母猪体重144 kg。

繁殖性能:公猪4月龄性成熟,5～6月龄可用于配种。母猪初情期为71～113 d,初配以7～8月龄、体重50～60 kg为宜。母猪初产仔数7头左右,3胎以上母猪产仔数10.2头。

生长育肥性能:在体重15～90 kg阶段,日增重633 g,体重87 kg屠宰,屠宰率69%,瘦肉率39%～46%。

主要特点:适应性强、胴体瘦肉率较高、鬃质优良,与长白、大白等品种杂交效果好。

5. 两广小花猪

产地与分布:分布于广东、广西相邻的浔江、西江流域的南部,中心产区有陆川、玉林、合浦、高州、化州、吴川、郁南等地。

外貌特征:两广小花猪体短和腿矮为其特征,表现为头短、颈短、耳短、身短、脚短、尾短,故又称为六短猪,额较宽,有Y形或棱形皱纹,中有白斑三角星,耳小向外平伸,背腰宽而凹下,腹大多拖地,体长与胸围几乎相等,被毛稀疏,毛色均为黑白花,黑白交界处有4～5 cm宽的晕带,乳头6～7对。

繁殖性能：性成熟较早，小母猪4～5月龄、体重不到30 kg即开始发情，多在6～7月龄、体重40 kg时初配，初产仔数平均8头，3胎以上平均产仔10头。

生长育肥性能：育肥猪11～87 kg，日增重309 g，每千克增重消耗混合料4.22 kg、青料3.42 kg；体重75 kg屠宰，屠宰率67.72％，瘦肉率37.2％。

主要特点：皮薄、肉嫩美，与长白、大白等品种杂交效果好。

6. 香猪

香猪的突出特点是体形小、体重小。

产地与分布：黔、桂交界的榕江、荔波及融水等县。

外貌特征：体躯矮小，头较直，额部皱纹浅而小，耳较小而薄，略向两侧平伸或稍下垂。背腰宽而微凹，腹大、丰圆触地，后躯较丰满。四肢短细，后肢多卧系。皮薄肉细。毛色多全黑，但也有“六白”或不完全“六白”的特征。

繁殖性能：性成熟早，公猪170日龄配种，母猪120日龄初配，成年母猪体重41.1 kg，头胎产仔4.5头，3胎以上5～6头。

生长育肥性能：育肥期较好条件下日增重为210 g，香猪早熟易肥，宜于早期屠宰。屠宰率为65.7％，膘厚3 cm，眼肌面积12.7 cm^2，瘦肉率为46.7％。肉质鲜嫩宜做腊肉和烤乳猪。

主要特点：体形小、胴体瘦肉率较高、肉嫩味鲜，适宜于做烤乳猪，也适宜作为实验动物。

（四）我国地方猪的开发利用

我国丰富的猪种资源一直被国外养猪同行所羡慕，我国地方猪种有着产仔多、肉质好、抗应激、适应性强及耐粗饲等优良遗传特性，经常用于母本。我国地方猪种开发利用主要集中在以下几个方面。

1. 在杂交繁育中作为母本品系

良好的繁殖性能是杂交利用中母本品系的必备条件。我国地方猪种普遍符合母本品系应具备的条件，作为父本品系较少。采用地方猪品种作为母本，以引进的优良瘦肉猪种作为父本，进行二元或三元杂交（俗称内三元）生产商品肉猪，既能充分利用地方品种和引入品种各自的特点，又可适应当前农村生态经济条件而提高生产水平。

2. 作为育成新品种（系）的原始素材

为使育成新品种对当地的环境和饲养管理条件有良好的适应性，经常利用地方品种和外来品种杂交。如东北民猪与约克夏猪等杂交，培育成的哈白猪、三江白猪等品种，就很好地保留了民猪抗寒性、繁殖力高和肉质好的特点。

3. 改善商品瘦肉猪的肉质

我国地方猪种肉质优良，在肉色、大理石纹、系水力及肌间脂肪含量等方面一般优于国外肉用型猪，故杂交后代肉质一般也优于国外品种。猪的瘦肉率与肉质之间存在一定的负相关，因此，很多养猪专家建议通过适当降低瘦肉率的追求，来改善商品肉猪的肉质。我国地方猪种在改善肉质方面是一个非常理想的杂交母本。

4. 利用特殊基因资源开发产品

在我国地方猪种的特殊基因库中，最值得一提的是微型基因，我国微型猪资源丰富，品质优良，香猪、藏猪、五指山猪、版纳微型猪等，其成年体重多在40～50 kg，比国外小型猪都要小得多，可作为烤乳猪、生物医学的实验动物及人体组织器官移植的原材料。

活动3 认识引入品种

1. 长白猪

引进简况：长白猪原产于丹麦，原名兰德瑞斯，是一个著名的瘦肉型品种猪，也是当今世界上最为流行的品种之一。长白猪引入我国后，由于其体躯长，毛色全白，故称为长白猪。

品种特征：长白猪的颜面直，耳大下垂或前倾向下并覆盖颜面。颈部、肩部较轻，背腰长直，体侧长深，腹开张良好但不下垂，腹线平直。腿臀丰满，蹄质结实。全身被毛为白色，皮肤薄、骨细结实。乳头6～7对。

生产性能：成年公猪体重约246 kg，母猪约218 kg。产仔数平均为11～12头。育肥猪在良好条件下，日增重可达800 g以上，胴体瘦肉率为60%～63%，各地依据来源不同，饲养水平不同，有较大差异。

利用：我国各地根据自身的实际情况，因地制宜地开展了以长白猪为父本的二元或三元杂交工作，对提高我国养猪生产水平方面起到了积极的作用。长白猪的引进，在我国新品种培育中也起到了重要的作用。

2. 大白猪

引进简况：大白猪又称大约克夏猪，原产于英国的约克郡。约克夏猪在1852年正式确定为品种，以后又逐渐分化成了大、中、小三个类型，并各自形成独立的品种，分别为大白猪(大约克夏猪)、中白猪(中约克夏猪)、小白猪(小约克夏猪)。

品种特征：大白猪的体格较大，体形匀称。颜面宽而略凹；鼻直、耳立。四肢高大，背腰略呈流线型。全身白色，少数猪只的额部有很小的青斑。乳头数7对左右。在饲养条件较差的地区，大白猪的体形变小，腹围增大。

生产性能：成年公猪体重约263 kg，母猪约224 kg。产仔数平均为11～12头。育肥猪在良好条件下，日增重可达850 g以上，胴体瘦肉率为61%，各地因饲料水平与饲养条件不同而有所差异。

利用：以大白猪作为父本与我国地方猪品种进行杂交，都能取得良好的效果。与民猪、荣昌猪、内江猪、两头乌猪及大花白猪等杂交，其一代杂种的日增重比其母本提高20%以上。

3. 杜洛克猪

引进简况：杜洛克猪原产于美国，是美国目前分布最广的品种，也是当今世界较为流行的品种之一。

品种特征：杜洛克猪颜面微凹，耳中等大小，为半垂耳。体躯深广，背腰稍弓，较宽，肌肉丰满，四肢粗长。毛色为红棕色，深浅不一，从枯草黄色到暗红色。乳头数6对左右。

生产性能：成年公猪体重约250 kg，母猪约300 kg。产仔数平均为8～9头。在育肥猪20～90 kg阶段，日增重可达850 g以上，胴体瘦肉率为62%～63%。

利用：杜洛克猪的适应性强，对饲料要求较低，食欲好，耐低温，对高温的耐受性差。杜洛克猪以生长快、饲料转化率高而闻名，利用杜洛克猪作为父本，进行杂交生产商品肉猪，能大幅度地提高商品代的增重速度和饲料转化率。一般多用于三元杂交的终端父本。

4. 皮特兰猪

引进简况：皮特兰猪原产于比利时的布拉帮特地区，是欧洲近年来比较流行的一个瘦肉型品种猪。1950年确定为新品种，我国从20世纪80年代开始引进。

品种特征：皮特兰猪的毛色大多呈现灰白花色，或是大块的黑白花色。耳中等大小，略向前倾。背腰宽大，平直，体躯短。腿臀丰满，方臀。全身的肌肉丰满，体形呈圆桶形。

生产性能：皮特兰猪以胴体瘦肉率高而著称，90 kg体重时胴体瘦肉率高达70%左右，但繁殖性能欠佳，产仔数平均为10～11头。

利用：皮特兰猪胴体瘦肉率高，背膘薄，后腿发达，是其他品种所无法比拟的。用皮特兰猪作为父本与其他品种猪进行杂交，胴体瘦肉率能得到明显的提高。

5. 汉普夏猪

引进简况：汉普夏猪原产于美国，是北美分布较广的品种。由于该猪的肩部及其前肢为一白色的环所覆盖，故称之为"白带猪"。

品种特征：汉普夏猪的嘴筒长直，耳中等大小且直立。体形较大，体躯较长，四肢稍短而健壮。背腰微弓，较宽。腿臀丰满。毛色为黑色，在猪体的肩部、前肢有一个白色的毛环。乳头6对以上，排列整齐。

生产性能：成年公猪体重为315～410 kg，母猪为250～340 kg。产仔数平均为9～10头。在育肥猪20～90 kg阶段，日增重可达725～845 g，胴体瘦肉率为64%左右。

利用：汉普夏猪突出的优点是眼肌面积大，胴体瘦肉率高，不足之处是繁殖力偏低。为此，汉普夏猪主要作为杂交的父本(特别是终端父本)利用，以提高商品猪的胴体瘦肉率。国内常见的杂交组合有：汉太(太湖猪)组合、汉长桃组合、汉长梅组合及汉长华组合等。

活动4 认识培育品种

在19世纪后期我国开始从国外引进猪种进行杂交育种，也有利用血统不明的杂种猪群加以整理选育而成的，至今培育新品种或品系约有38个，其中已通过鉴定的有12个，有6个品种曾作为优良肉用型品种在全国推广。与引入品种相比，培育品种具有发情明显、繁殖力高、抗逆性强、肉质鲜嫩、无应激综合征和PSE肉的特点。与地方品种相比，培育品种皮较薄，背腰宽平，大腿丰满，采食量大，生长速度、屠宰率和瘦肉率明显提高。培育品种平均产仔数9～12头/窝，20～90 kg阶段日增重达600 g，瘦肉率可达53%。因培育品种在选育程度上远不及引入品种，所以品种外形整齐度差，体躯(后躯)结构不够理想，生长速度、料重比、瘦肉率均低于引入品种，还有一些培育品种生产性能退化严重。

1. 哈白猪

产地和分布：哈白猪产于黑龙江省南部和中部地区，以哈尔滨市及其周围各县饲养较多，并广泛分布于滨州、滨绥、滨北及牡佳等铁路沿线。

品种特征：体形较大，被毛全白，头中等大小，两耳直立，颜面微凹，背腰平直，腹稍大但不下垂，腿臀丰满。四肢粗壮，体质结实，乳头7对以上。

生产性能：一般生产条件下，成年公猪体重222 kg，母猪172 kg。平均产仔数为11～12头。在育肥猪15～120 kg阶段，平均日增重587 g，屠宰率74%，胴体瘦肉率45.05%。

利用:哈白猪与民猪、三江白猪和东北花猪进行正反交,所得一代杂种猪,在日增重和饲料转化率上均有较高的杂种优势。以其作为母本,与引入品种进行二、三元杂交也可取得很好的效果。

2. 三江白猪

产地和分布:三江白猪主要产于黑龙江省东部合江地区的红兴隆农场管理局,主要分布于所属农场及其附近的市、县,是我国在特定条件下培育而成的国内第一个瘦肉型新品种。

品种特征:三江白猪头轻嘴直,两耳下垂或稍前倾。背腰平直,腿臀丰满。四肢粗壮,蹄质坚实,被毛全白,毛丛稍密。乳头7对。

生产性能:8月龄公猪体重达111.5 kg,母猪107.5 kg。产仔数平均为12头。在育肥猪20～90 kg阶段,平均日增重600 g。体重90 kg时,胴体瘦肉率59%。

利用:三江白猪与国外引入品种、国内培育品种以及地方品种都有很好的杂交配合力,是肉猪生产中常用的亲本品种之一。

3. 北京黑猪

产地和分布:北京黑猪属于瘦肉型的配套母系品种猪。北京黑猪的中心产区是北京市国有北郊农场和双桥农场,分布于北京的昌平、顺义、通州等京郊的各区县,并向河北、山西、河南等25个省、市输出。北京黑猪品种又分为2个品系:以繁殖性能为主的"多产系"和以胴体瘦肉率为主的"体长系"。

品种特征:北京黑猪头清秀,两耳向前上方直立或平伸,面部微凹,额部较宽,嘴筒直。颈肩结合良好。背腰平直、宽,四肢强健,腿臀丰满,腹部平。被毛黑色。乳头7对以上。

生产性能:成年公猪体重约260 kg,产仔数平均为11～12头。在育肥猪20～90 kg体重阶段,日增重609 g,屠宰率72%,胴体瘦肉率51.5%。

利用:北京黑猪在猪的杂交繁育体系中是一个较好的配套母系品种。与大白猪、长白猪进行杂交,可获得较好的杂交优势。杂种一代猪的日增重在650 g以上,料肉比为(3.0～3.2):1,胴体瘦肉率达到56%～58%。三元杂交的商品后代的胴体瘦肉率可达58%以上。

活动5　选择与引进种猪

(一)种猪选择的基本要求

良好的种猪是成功生产的基础,种猪的选择取决于养猪的生产方向和种猪的生产性能,也与人们的消费习惯、当地的饲料资源和气候条件等有关联。

一般要求种母猪产仔数多,种公猪精液品质好,育肥猪生长快,饲料转化率高,瘦肉率高。

1. 一般标准

健康无病,无外伤、无疫病、无皮肤病表现;无遗传疾患(主要指阴囊疝、脐疝、瞎乳头、隐睾、六趾、卧系等);符合品种外貌特点。

2. 特殊标准

生殖器官发育正常;公猪尿包大小适中,睾丸大小整齐均匀一致,对已经进入繁殖年龄的公猪,要求精液质量良好;母猪不能有瞎乳头,乳头排列均匀,6对以上,阴门明显。

(二)种猪的引进

从外地引进种猪时,必须注意以下问题。

1. 制订引种计划

猪场应该结合自身的实际情况,根据种群更新计划,确定所需品种和数量,购进能提高本场种猪某种性能,并与自己的猪群健康状况相同的优良个体。

2. 选择符合需要的品种

首先,引种必须考虑社会发展的需要和引入后的用途;其次,引入品种应具有良好的经济价值、育种价值和适应性,适应性是高产的先决条件。

3. 引入品种要注意个体选择

在选择个体时,除注意该品种的特征外,还要进行系谱审查,要求供种场提供该场免疫程序及所购买的种猪免疫接种情况,并注明各种疫苗注射的日期。种公猪最好经测定后出售,并附测定资料和种猪三代系谱。注意亲本或同胞间生产性能的表现、遗传疾病和血缘关系等。

4. 引种时,应切实做好检疫工作,严格执行隔离观察制度

引种是提高猪群生产水平的主要措施之一,但容易引来疫病。因此,引种时要确认引种地无重大的疫病发生;引进的种猪,至少隔离饲养 30 d,在此期间进行观察、检疫,经兽医检查确定为健康合格后,才可混群饲养。种畜禽调运检疫技术规范主要有以下几方面的内容。

(1)调出种畜禽起运前的检疫。调出种畜禽于起运前 15～30 d,在原种畜禽场或隔离场进行检疫。调查了解该畜禽场近 6 个月内的疫情情况,若发现有一类传染病及炭疽、布鲁氏菌病、猪密螺旋体痢疾的疫情时,停止调运易感畜禽。查看调出种畜禽的档案和预防接种记录,然后进行群体和个体检疫,并做详细记录。经检查确定为健康者,发给“健康合格证”,准予起运。

(2)种畜禽运输时的检疫。种畜禽装运时,当地畜禽检疫部门应派人到现场进行监督检查。运载种畜禽的车辆、船舶、机舱以及饲养用具等必须在装货前进行清扫、洗刷和消毒;经当地畜禽检疫部门检查合格,发给运输检疫证明。

(3)种畜禽到达目的地后的检疫。种畜禽到场后,根据检疫需要,在隔离场观察 15～30 d。在隔离观察期间,须进行群体检疫、个体检疫、临床检查和实验室检验的检疫。经检疫确定为健康动物后,方可供繁殖,生产使用。

5. 妥善安排运输

为使引入猪种安全到达目的地,防止意外事故发生,运输时要准备充足的饲料,尤其是青绿饲料。夏天做好防暑降温工作,冬天注意防寒保暖。

6. 种猪到场后的饲养管理

(1)新引进的种猪,应先饲养在隔离舍,而不能直接转进猪场生产区,否则将可能带来新的疫病,或者由不同菌株引发相同疾病。

(2)种猪到达目的地后,立即对装猪台、车辆、猪体及卸车周围地面进行消毒,然后将种猪卸下,按大小、公母进行分群饲养,有损伤、脱肛等情况的种猪应立即隔开单栏饲养,并及时治疗处理。

(3)先提供饮水,休息 6～12 h 后方可供给少量饲料,第 2 天开始可逐渐增加饲喂量。种

猪到场后的前2周，由于疲劳加上环境的变化，机体对疫病的抵抗力会降低，应注意尽量减少应激，可在饲料中添加抗生素（可用泰妙菌素50 mg/kg、金霉素150 mg/kg）和多维素，使种猪尽快恢复正常状态。

（4）隔离与观察：种猪到场后必须在隔离舍隔离饲养30～45 d，严格检疫。

（5）种猪到场1周开始，应按本场的免疫程序接种猪瘟等各类疫苗，7月龄的后备种猪在此期间可做一些防止引起繁殖障碍疾病的防疫注射，如细小病毒病、乙型脑炎疫苗等。

（6）种猪在隔离期内，接种完各种疫苗后，进行1次全面驱虫。可使用多拉霉素或长效伊维菌素等广谱驱虫剂，皮下注射进行驱虫。隔离期结束后，对该批种猪进行体表消毒，再转入生产区。

7. 进行引种试验及观察

判断引入品种价值高低的最可靠办法，就是进行引种试验。先引入少量个体，进行观察，经证明该品种既有良好的经济价值和种用价值，又能适应当地的自然条件后，再大规模进行引种。

任务1.2 猪生物学特性的认知

活动1 认知猪生物学特性

1. 性成熟早，多胎高产

猪性成熟较早，常年发情，多胎高产。地方母猪一般4～6月龄达到性成熟，6～8月龄即可初次配种；妊娠期为110～118 d，平均114 d。在正常情况下，一头母猪每年至少可分娩2胎，每胎产仔数10～12头，若缩短哺乳期，每年可产2.5胎。我国太湖猪窝产活仔数平均超过14头，个别高产母猪1窝产仔数超过22头，最高纪录为窝产仔数42头。

2. 生长速度快，沉积脂肪能力强

猪的初生重较小，平均为1～1.5 kg，仅占成年猪体重的1%左右。但生后生长速度很快，30日龄时体重达6～10 kg，60日龄时体重达18～20 kg，160～170日龄时体重可达90～120 kg。猪的生长特点不仅在于体重的增加很快，而且体组织的变化也呈现明显的规律性。一般情况下，保育猪（1～2月龄）阶段骨骼生长较快，进入生长猪（3～4月龄）阶段肌肉生长加快，育肥猪（5～6月龄）阶段脂肪沉积速度显著加快。生产中应根据这一规律科学饲养后备种猪和育肥猪，即在猪的生长发育前期充分饲养，后期可适当限饲，这样不但能提高肉猪的胴体瘦肉率，而且有利于降低饲料消耗。

3. 食性广，饲料转化率高

猪是杂食动物，猪胃的结构属食肉动物单胃和反刍动物复胃之间的中间类型，容量较大。正是这样的消化道结构，使猪能够广泛采食动物性、植物性和矿物质等饲料，并且采食量大、消化能力强、利用率高。猪对精料有机物的消化率为76.7%，对青草和优质干草的消化率分别为64.6%和51.2%。但应注意，猪对含纤维素多、体积较大的粗饲料利用能力差。由于猪的采食量大，对精料消化利用率高，所以，猪的饲粮应以精料为主，并控制粗纤维在日粮中的适当比例。

4.嗅觉和听觉灵敏,视觉较差

猪嗅黏膜的绒毛面积大,嗅区的神经非常密集,因此猪的嗅觉非常灵敏。仔猪在生后几小时便能依靠嗅觉辨别气味,寻找乳头,3 d内即可固定乳头;猪还能依靠灵敏的嗅觉有效地寻找埋在地下的食物,识别同群内的个体,辨别自己的圈舍,并对外来的猪只迅速识别,加以驱逐;同时,猪灵敏的嗅觉在性活动当中,也占有重要地位,如发情母猪闻到公猪特有的气味,即使公猪不在场,也会出现“呆立”反应。

猪具有外形大、内腔深而广的耳朵,因而听觉相当发达,即便很微弱的声音都能敏锐地觉察到;这种特点虽有利于管理猪群,但也容易使猪群产生应激反应。

5.对温湿度敏感,喜欢清洁,容易调教

猪对温度和湿度的反应比较敏感。大猪怕热,小猪怕冷,尤其是初生仔猪。另外,猪在阴暗潮湿的环境中易患感冒、肺炎、皮肤病和其他疾病,特别是高温高湿和低温高湿的环境条件,对猪群的健康和生产有着明显影响。生产中为了使猪群的生产性能得到充分发挥,应给不同类别的猪群创造适宜的环境条件。

猪是爱清洁的动物,采食、趴卧和排泄粪尿往往都有固定的地点,通过调教训练可有效地培养猪群采食、趴卧休息和排粪尿“三点定位”的良好习性。

6.定居漫游,群体位次明显

猪群在开放式饲养或散养情况下,表现出定居漫游的习性。但在圈养时又表现出一定的群居性和明显的位次秩序。生产中应根据这一特点,合理安排猪群的饲养密度,及时进行调教,保证猪群健康有序的生活,以利生产性能的提高。

养猪生产中,可根据猪的这些特性对猪群进行合理的调教、分群、合群、发情鉴定、采精训练和猪舍建设等,以方便管理;同时要求饲养员不要粗暴对待猪只,影响猪只的生产性能。

活动2 认知猪的行为习性

随着养猪生产的发展,猪的行为活动方式越来越被生产者重视,人们对这些行为加以训练和调教,在创造适合于猪生活习性的环境条件同时,使其后天行为符合现代化生产要求,以充分发挥猪自身的生产潜能,获得较好的经济效益。近几十年来,通过对猪行为的观察与研究表明,猪的行为一般可分为以下几个类型。

1.采食行为

猪的采食行为包括摄食与饮水,并具有各种年龄特征。

猪生来就具有拱土的遗传特性,因此在建设猪栏的时候,水泥地面一定要牢固。猪的采食具有选择性,特别喜欢甜食,喜食颗粒料大于粉料,喜食湿料大于干料。猪的采食具有竞争性,群饲的猪比单饲的猪吃得多、吃得快,增重也高。猪在白天采食6～8次,比夜间多1～3次,每次采食时间10～20 min,限饲时少于10 min。自由采食不仅采食时间长,而且表现每头猪的嗜好与个性。仔猪每昼夜吸吮次数因日龄不同而异,一般为15～25次,占昼夜总时间的10%～20%。

在多数情况下,饮水与采食同时进行。猪的饮水量相当大,仔猪出生后就要饮水,主要来自母乳,仔猪吃料时饮水量约为干料的3倍,即水与料之比为3∶1;成年猪的需水量除饲料组成外，很大程度取决于环境温度(表8-2)。吃混合料的小猪每昼夜饮水9～10次，吃湿料的平均2～3次，吃干料的猪每次采食后立即需要饮水，自由采食的猪通常采食与饮水交替进行，直到满意为止，限制饲喂的猪则在吃完料后才饮水。仔猪出生1周就可学会使用自动饮水器饮水。

表8-2　不同环境温度下猪的需水量　L

项目	体重/kg	室温		
		9 ℃	20 ℃	30 ℃
每千克体重需水量	20	0.088	0.116	0.170
	60	0.066	0.087	0.118
每千克饲料的需水量	20	2.53	2.86	4.06
	60	2.47	2.91	4.45

2.排泄行为

猪不在吃的地方排粪尿，在良好的管理条件下，猪是家畜中最爱干净的动物。猪能够保持睡窝干净，能在猪栏内远离窝床的一个固定地点排泄。排泄有一定的时间，一般多在采食、饮水后或起卧时。猪选择阴暗潮湿或污浊的角落排泄，且受近邻猪的影响，因此我国有些猪场根据猪的这些特征，发明了猪用厕所。

据观察，生长猪在采食过程中不排粪，饱食后约5 min开始排粪1～2次，多为先排粪再排尿，在饲喂前也有排泄的，但多为先排尿后排粪，在2次饲喂的间隔里猪多为排尿而很少排粪，夜间一般排粪2～3次，早晨的排泄量最大。

3.活动和睡眠

猪的行为有明显的昼夜节律。猪的活动大部分在白天，夜间也活动和采食；猪的躺卧和睡眠时间很多，延长休息和睡眠时间是正常的功能行为。

昼夜活动因年龄及生产特性不同而有差别，仔猪昼夜休息时间占60%～70%，种猪占70%，母猪占80%～85%，肥猪为75%～85%，根据年龄、体重和机能状况有很大的变动，体重小的猪躺卧时间占63%，体重大的休息时间占73%，妊娠母猪休息时间占95%，休息高峰在半夜，清晨休息最少。

哺乳母猪在哺乳期内白昼各阶段睡卧次数无明显规律，随哺乳天数的增加睡卧时间逐渐减少。哺乳母猪睡卧休息有两种：一种属静卧，休息姿势多为侧卧，少有伏卧，呼吸轻微而均匀，虽闭眼但易惊醒；另一种是熟睡，为侧卧，呼吸深长，有鼾声且常有皮毛抖动，不易惊醒。

仔猪生后3 d内，除吃乳和排泄外，几乎全是酣睡不动。随着日龄增长和体质的增强，活动量逐渐增加，睡眠相应减少。大约在出生后5 d，随母猪活动；出生后10 d左右，开始同窝仔猪群体活动，单独活动减少。睡眠休息主要表现为群体睡卧。

在饲养管理中，工作人员应能识别猪只正常睡眠和休息形式，以便发现有异常症状情况，同时，尽可能少地干扰猪只正常生理行为的节奏，既有利于增重，又可提高饲料利用率。

4.热调节行为

猪从出生到成年，随着在体格大小和体重的变化，对温度耐受力也发生了较大变化，即对冷的耐受力提高，对热的耐受力降低。对成年猪而言，热应激比冷应激影响更大。因此，在高温时，猪喜欢在泥浆中打滚，或躺在阴凉的地面上，四肢张开，同时表现喘气。夏天，猪在睡觉时，充分伸展身体，以使身体表面得到最大程度的暴露。

新生仔猪适应环境温度的能力是极其有限的，在它们出生时若环境温度偏低，则仔猪的体温很快下降，所以保温是提高仔猪成活率的重要措施之一。

5. 探究行为

探究行为包括探查和体验行为，这种探查和体验行为促进了猪对新事物的学习和适应能力。猪的一般活动大部分来源于探究行为，大多数是通过看、听、闻、尝、啃、拱和触摸等感官进行探究。

探究行为在仔猪中表现最为明显，如仔猪出生后约 2 min 即能站起来，并开始用鼻子拱掘，来探查搜寻母猪的乳头，可见猪的探究行为是一种本能。仔猪还用鼻拱或口咬周围环境中所有东西来认识新的事物。

摄食行为与探查行为有密切联系，猪在觅食时，采用拱掘动作，这就是一种探究行为。如仔猪在接触到食物时，首先是闻，然后用鼻拱或嘴啃，当诱食料合乎其口味时，仔猪便会经常去采食，训练仔猪吃料便易于成功。再如母仔彼此能准确认识、仔猪吮吸母猪乳头的序位等都是通过嗅觉探查而建立起来的。

6. 争斗行为

争斗行为包括防御、进攻（侵袭）、躲避和守势的活动。争斗行为常发生在相互陌生的两头猪或两群猪之间，它的作用是确立等级。在生产中常见到的争斗行为，是群体内为了争夺饲料和地盘所引起的。新合并猪群内相互交锋，除争夺饲料和地盘外，还有调整群居结构的作用（这方面因素起主导）。猪第一次放在一起时，彼此会发生猛烈争斗，争斗激烈的程度取决于双方之间的坚韧性。故对成年猪群的管理甚为重要，尤其是在混群时，必须十分小心。实践证明，当猪群的组成发生变动时，常使用镇静剂和能掩盖气味的气雾剂喷洒，可以减少猪群的对抗和攻击行为，降低经济上的损失。

猪的争斗行为除受个性特征影响外，主要受饲养密度的影响，饲养的群体过大或密度增加，猪的争斗频率也随之增加。因而，大群猪或高密度饲养时，猪的采食量和饲料利用率都有所下降，严重的表现为只吃不长。

7. 群居行为

猪是群居家畜，在野生状态下，常以母猪带领它们的仔猪组成群体，一般 3～4 头母猪和它们的仔猪形成一群。

在组群时，群内个体体重差异不宜悬殊太大，更不宜将不同品种的猪混养，以免抢食和采食不均造成生长发育不整齐。另外，建立优势序列的猪群，应与动物交往中能够相互识别群内个体的头数相适应，一般猪以 20 头为宜，如果头数过多，就难以建立等级关系，相互争斗频率高而影响休息和吃食。

虽然现代化的养猪使猪的许多生活习性发生了变化，但我们必须重视猪的生物学特性。据研究，猪对不熟悉人或饲养员的粗暴动作，会产生恐惧的心理行为反应，饲养员的亲和友善行为，有助于猪的生长。抚摩和对话都有利于建立良好的人猪关系。

活动3　保障猪的福利

人类在生产中追求高额利润的同时，采用大量技术来提高劳动效率，这对自然生长的动物肯定会产生许多负面作用，即牺牲了动物的福利。猪的福利包括很多方面，如运动、人为的伤害、应激、长途运输、屠宰等。

1. 分娩栏

在猪生产中应用的分娩栏是为了防止母猪对仔猪的挤压，减少仔猪的死亡率。最初只是在产前第一天到产后第二天使用，这是仔猪最易遭受挤压的危险时期。由于分娩栏方便了生产者的管理，故应用于整个哺乳期。分娩栏使母猪无法运动，阻碍了母猪与仔猪的交流，妨碍了母猪产前正常行为，增大青年母猪攻击仔猪的可能性，还容易造成母猪的皮肤损伤。很多养猪从业人员把母猪体质和生产性能下降归结于分娩栏。

2. 应激和繁殖性能

正常情况下母猪在 115 d 的妊娠期内会失去 20%～30%的胚胎，应激会导致母体对胚胎产生排异反应。随着仔猪早期断奶的普及，应激对猪的影响越来越严重，早期断奶的母猪更易失去胚胎。母猪将经历三大应激：分娩、断奶、在妊娠期间与其他母猪合圈。早期断奶使两大应激(分娩、断奶)的时间靠近，导致母猪缺乏足够的恢复时间，加重应激的影响。如今的建议是，母猪在配种后 4 周内不要离开配种区域与不熟悉的母猪合圈，否则三大应激连在一起，产生更严重的影响。

将妊娠母猪与熟悉的母猪合圈会提高产仔数，妊娠早期的母猪如果处于社会关系比较稳定的群体将有助于提高它的繁殖性能。应激也会影响母猪的发情表现，高饲养密度下后备母猪繁殖性能下降，部分原因是母猪的发情不明显。

正常情况下，一头独立觅食的泌乳母猪白天要采食 5 次，夜间还要采食 1 次。当发生热应激时，它会减少采食次数，第一次采食时间常常推迟到早晨的晚些时候，而每次的采食量一般保持不变，使总的采食量减少。泌乳母猪适宜温度的上限为 22 ℃。高温会降低公猪的性欲和精子质量，会导致母猪隐性发情并且发情周期不固定，胚胎早期损失严重。

给母猪和公猪降温以防热应激，另外可以通过适当的安排解决热应激带来的繁殖问题：如果夏季对大群母猪的配种率影响严重，可重新安排小母猪的分娩时间，留下淘汰母猪重新配种以弥补夏季配种率低导致的分娩不足。在天气炎热的时候(尤其是公猪受天气影响严重的时候)选择在舍内配种。胚胎着床期要尽量减少母猪应激，在圈舍内放置足够多的饲料以减少母猪之间的争斗。

3. 饥饿

饥饿会引起群养舍饲的妊娠母猪狂躁不安，进而会导致争斗的发生。这可以通过改变饲喂方式或加大喂料量来解决。一些国家使用甜菜渣这一优质粗饲料来降低妊娠母猪的饥饿感。与传统的大麦、豆粕日粮相比，甜菜渣可减少母猪的争斗行为和陈规行为。添加甜菜渣的饲料能够增长猪饱腹感的时间，这可能与甜菜渣占据的肠道容积较大或者后肠道对甜菜渣发酵时间较长有关，目前还不清楚肠道容积增大是否会增加母猪分娩时出现脱肛的危险，但是目前已有报道发现母猪分娩时肠脱肛的发生率增加的现象。

4. 母猪的使用寿命

现代养猪生产模式一直受到人们的抨击，认为母猪的使用寿命不断减短是过度提高猪的生产性能的一种表现。繁殖障碍是导致母猪使用寿命减短的主要原因。对瘦肉率的持续选育可让母猪提早发情并能够提高每胎产仔数。但是瘦肉品系母猪的繁殖寿命减短，降低了母猪的使用寿命。

一些地方为了限制母猪的生长，获得成熟体重小的母猪，往往在母猪第一次发情时（体重100 kg）进行配种。这样做不仅节约饲料，而且体形小的猪比较灵活，不易压伤仔猪。与第3次发情才配种的母猪（体重120 kg）相比，这些母猪蹄病的发病率明显降低。但过早产仔对母猪会有很大危害，这不仅会缩短母猪使用年限，而且产下的仔猪个体较小。如果通过限饲的方法来降低母猪的体重，那么母猪的使用寿命也会缩短。

5. 断奶

断奶时仔猪的消化道需要适应从乳汁到谷物饲料的骤变。在断奶初期适应固体饲料之前，仔猪的采食量可能会不足。在这个时期，仔猪胃内容物的pH会上升，饲料的消化率下降，直到胰腺和消化道分泌的酶适应了这种变化，pH和消化率才会趋于正常。未消化的固体饲料经过小肠，在后段肠道内发酵，可能会导致仔猪发生渗透性的断奶后腹泻。胃内pH上升会降低蛋白质的消化率和造成致病性大肠埃希菌的大量繁殖。致病性大肠埃希菌伴随富含蛋白质的未消化饲料一同进入小肠，此时肠黏膜由于固体饲料的摩擦而损伤，而且肠道的免疫能力低下，故很容易发生分泌型腹泻。在这种情况下，通常使用药物治疗，但营养学家认为营养调控更可取，但没有一个更好的断奶后的饲喂方案。

断奶腹泻是养猪生产中一个严重的福利问题。感染的猪群中80%以上的猪会发病，严重时死亡率超过25%，猪粪中大肠埃希菌的数量将会增加10^3～10^4倍。断奶对仔猪来说是一个短暂的应激，断奶2 d后，仔猪就会出现玩耍行为。

相当数量的仔猪在21日龄以前并不采食补料。但在早期断奶中要求仔猪在19日龄内断奶。为确保断奶对仔猪生长抑制影响较小，断奶仔猪要求体重大且均一。因此对断奶仔猪和断奶时间的选择非常重要。每窝在6～10头仔猪时，仔猪的生长速度最快，体重变异最小，这些仔猪早期个体之间体重变异也不会太大。在天气炎热的时候可以将早期断奶的时间推迟一些，因为母猪的产奶量会下降，导致仔猪的体重也相应降低。

与3周龄断奶相比，早期断奶（9～12日龄）会导致仔猪以后出现更多的争斗行为。设置公共的补饲区，让断奶前不同窝的仔猪在那儿混合，有助于减少它们之间的争斗行为。与28 d断奶的仔猪相比，早期断奶的仔猪嗅腹部更加频繁，逃跑行为和咀嚼行为也明显增多。

瑞典的仔猪通常在5周龄断奶，这常常会导致母猪产奶紊乱，表现为母猪3周后停止泌乳。发生产奶紊乱的原因并不清楚，但已经怀疑与乳腺炎有关。在一些猪群里产奶紊乱的发病率高达10%，遗传力高达0.7，所以产奶紊乱可能与猪的遗传有关。

6. 阉割

阉割用于改善生长公猪的肉品质。一些国家已经停止了对公猪的阉割，因为阉割令公猪感到痛苦，并影响公猪的经济性能。首先，阉割会降低猪的生长速度，而且公猪在性成熟前屠宰并不影响猪肉风味；其次，阉割会影响猪的体液免疫应答。阉割的时间应在仔猪10日龄或更晚一些。

目前，一些屠宰用猪的性成熟提前了，这就增加了阉割的需要。在育种时引入梅山品种可以使后代性成熟提前，并提高母系的繁殖性能，但也容易使杂交后代的猪肉出现公猪味，因此需要阉割。除了阉割还有一种办法，在生长猪的饲料中添加一定量的糖浆，这可以减少粪臭素在胴体脂肪中的沉积，粪臭素是产生公猪味的重要物质之一。

活动4　猪的基本饲养原则

1. 科学配制日粮

根据猪体对各种营养物质的需要量及各类饲料中营养物质的种类和数量来科学配合日粮，多种饲料合理搭配，千万不可长期饲喂单一的饲料。

2. 分群分圈饲养

为有效地利用饲料和圈舍，提高劳动生产率，降低生产成本，应按品种、性别、年龄、体重、强弱、吃食快慢等进行分群喂养，以保证各类猪的正常生长发育。但成年公猪和妊娠后期的母猪应单圈饲养。

3. 不同的猪群采用不同的饲养方案

为使各类猪只正常生长发育，应根据各猪群的生理阶段和体况对营养的需求，拟订合理的饲养方案，做到精确饲喂。

4. 坚持“四定”喂猪

根据猪的生活习性，应建立“四定”生活制度，即：定时饲喂、定量饲喂、定温饲喂、定质饲喂。

5. 合理调制饲料

应根据饲料的性质，采取适宜的调制方法。

6. 改进饲喂方法

不同的饲喂方法，对饲料利用率和胴体品质均有一定影响。应普及生饲料喂猪，一般以湿拌料、稠粥料或生干粉料喂猪，并应积极发展利用颗粒饲料饲喂。

7. 供给充足饮水

每天必须供应充足而清洁的饮水，猪在夏季需水多，冬季需水少；喂干粉料需水多，喂稠料需水少。猪每采食1 kg干饲料需水1.9～2.5 kg，而夏季天气炎热时每采食1 kg干饲料需水4～4.5 kg。

8. 加强猪的护理

低温会造成猪能量消耗，高温会引起猪的食欲降低，冬季应搞好防寒保温，夏季应注意防暑降温。圈养密度过大，会导致增重速度和饲料利用率降低。训练猪只养成固定地点排泄、采食、睡觉和接近人的习惯，有助于提高管理工作的效率。防疫卫生是管理中的一项经常性工作，应经常保持圈舍的清洁卫生，定期进行消毒、防疫和驱虫。

任务1.3　后备猪的饲养与管理

后备猪就是指仔猪育成到初次配种前留做种用的猪。此阶段饲养管理对后备猪的培育起着十分重要的作用，也将直接影响将来种猪的体质健康、生产性能以及终生的繁殖性能。

活动1 了解后备猪生长发育规律

1. 体重的增长

体重是身体各部位及组织生长的综合度量指标。体重的增长因品种类型不同而异。在正常的饲养管理条件下，体重的绝对增长随年龄的增加而增大。

2. 猪体组织的生长

猪体的骨骼、肌肉、脂肪生长顺序和强度，随年龄的增长而出现规律性变化。即在不同的时期和不同阶段各有侧重。以瘦肉型猪为例，骨骼从出生到4月龄相对生长速度最快，以后较稳定；肌肉一直在生长，但4～5月龄以后生长速度稍有减慢；脂肪6月龄以前生长较慢，6月龄以后生长速度加快。

活动2 学习后备猪的饲养管理

1. 适宜的营养水平和饲养方式

后备猪不同于生长肉猪，其生长速度并不是越快越好。生长速度过快会使将来体质不结实，种用效果不理想，特别是影响后备母猪终生的繁殖和泌乳，主要造成后备母猪发情配种困难。应通过限量饲喂的方法来培育后备猪，控制其生长速度。我国瘦肉型后备猪饲养标准要求，每千克饲粮中含有可消化能12.55～12.13 MJ、粗蛋白质14%～16%。美国NRC(1998)要求饲粮中赖氨酸含量0.76%～0.88%、钙0.95%、总磷0.80%。后备母猪在8月龄左右，体重控制在110 kg左右；后备公猪9～10月龄，体重控制在110～120 kg。

2. 科学管理

(1)分群。后备猪育成阶段每栏可饲养8～10头，60 kg以后每栏饲养4～6头。在限制饲养时要准备充足的饲槽，防止个别胆小后备猪抢不上槽，影响生长，降低全栏后备猪的整齐度。每栏的饲养密度不要过大，防止出现咬尾、咬耳、咬架等现象。

(2)运动。为了增强后备猪的体质，在培育过程中必须安排适量运动。有条件的猪场最好实行放牧运动，使后备猪充分接触土壤，春夏秋季节放牧可采食一些青草野菜，补充体内营养。不能放牧的猪场可在场内建运动场，驱赶运动时要求公母分开运动；后备公猪间应分开饲养和运动，防止相互爬跨和争斗咬架。

(3)调教。饲养员应经常接触后备猪，为以后调教和使用打下基础。后备公猪5月龄以后每天按摩睾丸10 min左右，配种使用前2周左右安排后备公猪进行观摩配种和采精训练；后备母猪后期认真记录好初次发情时间，便于制订合理的配种方案。

(4)定期称重。为了使后备猪稳步均匀地生长发育，后备猪应每月进行一次称重，检验饲养效果，及时调整饲粮和日粮。根据各个品种培育要求进行饲养和培育，以达到种用要求。

(5)其他方面。后备猪在配种前和3～5月龄时要进行驱虫和必要的免疫接种工作。

任务1.4　种公猪的饲养与管理

公猪在养猪生产中，虽然饲养的头数比母猪要少得多，但是公猪在养猪生产中所起的作用很大。无论从其产生后代的数量，还是从其对后代生长速度和胴体品质的影响程度上都远远超过母猪。在本交季节性配种的情况下，1头公猪1年要负担20～30头母猪的配种任务，则1头公猪1年可以产生400～700头后代；如果实行人工授精技术，1头公猪1年至少可以完成200头左右母猪的输精任务，则1头公猪1年可以产生4 000头左右的后代。公猪种质的质量将直接影响着后代的生长速度和胴体品质，选择种质好的公猪并实施科学饲养管理是提高养猪生产水平和经济效益的重要基础。

活动1　认识常见的种公猪

种公猪有纯种和杂种之分。纯种公猪产生的后代可用于种用和商品肉猪生产，而杂种公猪产生的后代只能用于商品肉猪生产。杂种公猪与纯种公猪比较，前者具有适应性强、性欲旺盛(性冲动迅速)等优点，因此日益被养猪生产者所接受。

近几年，在我国养猪生产中常用的纯种公猪有：长白猪、大白猪、杜洛克猪、皮特兰猪等。杂种公猪常用长白×大白、杜洛克×汉普夏、皮特兰×杜洛克等。生产实践证明，利用杂种公猪进行商品肉猪生产其后代的生长速度和胴体瘦肉率均得到较大的提高。在使用引进品种做父本时有一点应引起注意，生产实践中发现凡是含汉普夏血统的商品肉猪，出现了肌肉颜色较浅等问题，影响消费者对猪肉的外观选择。

活动2　认知种公猪的生长特点及营养需要

1.种公猪生长特点

年龄是决定公猪繁殖性能的重要因素，公猪比母猪性成熟晚，12～18月龄才能达到完全性成熟。公猪较母猪生长得更快，成年体重也更大。因此，应严格控制青年公猪的生长速度和使用频率。在保持繁殖性能方面，公猪的背膘厚没有母猪那样重要，因此，需要通过限制饲喂来控制公猪的体重和体况，以便延长其使用年限。

睾丸重量和精液容量决定了公猪的繁殖力，公猪的睾丸会一直生长到12月龄。而精液产量需18个月才能达到最高水平，因此12月龄以上的公猪，其产仔率和产仔数会明显提高。在成熟阶段，对公猪的过度使用或使用不当都会降低其终生性能，因此，1岁以前的公猪不应被看作成年公猪，而仍应给予特殊的关照。

2.种公猪的营养需要

配种公猪营养需要包括维持、配种活动、精液生成和自身生长发育需要。所需主要营养包括能量、蛋白质(实质是氨基酸)、矿物质、维生素等。各种营养物质的需要量应根据其品种、类型、体重、生产情况而定。

(1)能量的需要。一般瘦肉型成年公猪(体重120～150 kg)每天在非配种期的消化能需要量为25.1～31.3 MJ，配种期消化能需要量为32.4～38.9 MJ。北方冬季，圈舍温度不到15～

20 ℃时，能量需要应在原标准基础上增加10%～20%。南方夏季天气炎热，公猪食欲降低，按正常饲养标准营养浓度进行饲粮配合，公猪很难全部采食所需营养。能量供给过高或过低对公猪均不利。

（2）蛋白质和氨基酸的需要。公猪日粮中蛋白质数量和质量、氨基酸水平直接影响公猪的性成熟、身体素质和精液品质，但目前公猪的营养研究并不深入。对成年公猪来说，日粮中蛋白质含量一般以14%左右为宜，不要过高或过低。在考虑蛋白质数量同时，还应注重蛋白质质量，即必需氨基酸的平衡，特别是玉米-豆粕型日粮中赖氨酸、蛋氨酸、色氨酸尤为重要。目前国外先进的做法是以计算氨基酸含量来平衡饲料中含氮物营养。根据美国NRC(1998)建议，配种公猪日粮中赖氨酸水平为0.60%。其他氨基酸可以参照美国NRC(1998)标准酌情添加。

（3）矿物质的需要。矿物质对公猪精子产生和体质健康影响较大。美国NRC(1998)建议，公猪日粮中钙含量为0.75%，总磷为0.60%，有效磷为0.35%。

（4）维生素的需要。维生素营养对于种公猪也十分重要，在封闭饲养条件下更应注意维生素添加，否则，容易导致维生素缺乏症。NRC提供的数据，只是一般情况下最低必需量，在实际生产中可酌情增加。一般维生素添加量应是标准的2～5倍。

（5）水的需要。除上述各种营养物质外，水也是公猪不可缺少的营养物质。因此，必须按其日粮的3～4倍量提供清洁、卫生、爽口的饮水。

活动3 种公猪的饲养与管理

1. 分群

公猪一般在4月龄有性行为，5月龄后有精子产生。因此，公、母猪应在5月龄后分开饲养，防止偷配。此外，群饲的种公猪，到5月龄时爬跨现象频繁，由于处于生长发育阶段，被爬跨猪的腰、四肢容易受损，爬跨的小公猪阴茎也容易受到损伤，严重者则丧失配种能力。所以5月龄后，后备公猪要单饲。

2. 配种管理

青年后备公猪早期的配种经验对其将来的性行为和配种性能有着决定性的作用，应注意加强对后备公猪的配种调教。后备公猪一般在6月龄进入种群，此时虽然已经性成熟，但身体发育还未完成，青年公猪应在回避母猪的情况下熟悉配种圈。

一般建议国内品种宜在出生后8～9个月、体重在80 kg以上进行初配，国外引进品种在出生后10个月以上、体重在100 kg以上进行初配。在自然交配的时候需要有配种员帮助其完成初配。在选择初次配种对象时，应选择体格较小、产过多胎、站立稳定、无攻击性的母猪。建议成年公猪每天配种1次，配种5 d休息1 d，必要时可1 d配种2次，但必须间隔8 h以上；初配公猪每周配种1～2次为宜。

3. 选留与调教

后备公猪的选留要经过2月龄、4月龄和6月龄三个阶段，其间淘汰体形变异、睾丸过小或不均以及发育落后者。4月龄以后每栏饲养5～6头为宜，不要让其过肥和增长过快，每日给予适量的运动。体重达95 kg时测定背膘厚度、眼肌面积，调教人工采精并化验精液质量，把背膘薄、精液品质好的留下继续调教。5月龄分成单栏饲养，让其适应配种相互刺激，提高后备公猪的性欲，并让其观看成年公猪的配种。

8月龄以上后备公猪即可与发情稳定的小母猪调教配种，每周1～2次，经过2～3周成功的配种可增加其配种的信心和经验。对于调教成功的合格后备公猪，每天保持适量的运动，适当的接触后备母猪，待其9月龄、体重达120 kg时即可正式使用。

4. 采精训练

实行人工授精的猪场，应在公猪使用前进行采精训练。具体做法是：使用金属或木制的与母猪体形相似、大小相近的台猪，固定在坚实的水泥地上。前几次采精训练前应涂上发情母猪尿液或黏液，便于引诱公猪爬跨。首先，将公猪包皮内残留尿液挤出来，并用0.1%高锰酸钾溶液将包皮周围消毒。然后，将发情母猪赶到台猪的侧面，让被训练公猪爬跨发情母猪，当公猪达到性欲高潮时，立即将母猪赶离采精室，再引导公猪爬跨台猪。当阴茎勃起伸出后，进行徒手采精或使用假阴道采精。

采精训练成功后应连续训练5～6 d，以巩固其建立起来的条件反射。训练成功的公猪，一般不要再进行本交配种。训练公猪采精时要有耐心，采精室要求卫生清洁、安静、光线要好、温度15～20 ℃，要防止噪声和异味干扰。

5. 定期检查精液品质和称重

无论是自然交配还是人工授精，都要定期检查种公猪的精液品质，以便根据精液的质量对饲养管理做出相应的调整。公猪在使用前2周左右应进行精液品质检查，防止因精液品质低劣影响母猪受胎率和产仔数，最好3～5 d检查一次，对于精子活力0.7以下、密度1亿个/mL以下、畸形率18%以上的精液不宜进行人工授精。其次要定期进行称重，了解其体重变化，调整日粮营养水平及运动强度。

6. 合理饲喂

在满足种公猪应验需要的前提下，要采取限制饲喂，定时定量，每顿不能吃得过饱，要求日粮容积不能太大。否则，容易上膘造成腹围增大，影响配种能力；臃肿的体重也会影响健康，产生肢蹄病，使生殖机能衰退，严重时会完全丧失生殖能力。若喂量过少，尤其是低温的冬季，公猪采食的营养大部分转化成热能用于自身御寒，就会造成精液品质下降。成年种公猪的饲喂量，在非配种季节，每天每头2.5～3 kg，分2次喂完，全天24 h供应新鲜饮水；寒冷的冬天，要适当增加饲喂量，同时饲喂时要根据个体的膘情适当增减。特别反对用自由采食的方法来饲喂公猪。

7. 加强运动

合理的运动是增强种公猪体质、提高配种能力、保证精液品质的良好措施。在晴好天气，每天进行1～2次圈外驱赶或自由运动，每次50 min，但速度不能太快，夏季炎热时，需在早晚凉爽时进行，冬季可在中午运动。如果遇到酷热或严寒、刮风下雨等恶劣天气时，应停止运动。

8. 肢蹄保护

肢蹄不良对公猪来说是致命的，所以日常应特别注意对肢蹄的保护。公猪舍地面平坦、不光滑，但也不能过于粗糙。舍内地面若受损，高低不平，要及时修补，以免公猪滑倒或扭伤肢、蹄和肘。同时，舍内地面上要放少许垫草或锯末，以便公猪躺卧时保护肢、蹄或关节。

9. 刷拭

在驱赶运动中,可用硬毛刷刷拭猪体,增加血液循环,促进新陈代谢,增强种公猪体质,也可以起到预防皮肤病、体外寄生虫的作用。经常刷拭也能使种公猪性情温顺,便于采精和防疫注射等。

10. 切除犬齿和防止咬架

公猪的犬齿生长很快,并且尖端锐利,极易伤害饲养管理人员和母猪,所以兽医人员要定期切除公猪的犬齿。

公猪好斗,有时相遇就会咬架。此时可以迅速放出发情母猪将其引走,或用木板将公猪隔开,也可以用水冲公猪眼部将其撵走。

11. 环境管理

公猪的最适温度为18~20 ℃,30 ℃以上就会对公猪产生热应激,公猪遭受热应激后会降低精液品质,并在4~6周后降低繁殖配种性能,主要表现为返情率高和产仔数少,因此,在夏天对公猪进行有效的防暑降温,将圈舍温度控制在30 ℃以内是十分重要的。

在公猪饲养管理中,光照最容易被忽视,光照时间太长或太短都会降低公猪的繁殖配种性能,适宜的光照时间为每天10 h左右,在猪舍建设时要考虑公猪的光照需要。

活动4 注意种公猪的配种事项

公猪的配种能力和使用年限与公猪使用强度关系较大,如果公猪使用强度过大,将导致公猪体质衰退,降低配种成绩,造成种公猪过早淘汰。种公猪使用年限一般为3年左右,在国外利用年限平均为2~2.5年。

活动5 选择、更新和淘汰种公猪

1. 种公猪选择

在养猪生产上要选择生长速度快、饲料转化率高、背膘薄的品种或品系作为配种公猪,从而提高后代的生长速度和胴体品质。其外形要求身体结实强壮,四肢端正,腹线平直,睾丸大并且对称,乳头6对以上并且排列整齐,无瞎乳头。

2. 淘汰更新

公猪更新淘汰率一般为35%~40%,那些配种成绩较低,配种使用3年以上,或患有国家明令禁止的传染病或难以治愈和治疗意义不大的其他疾病的公猪应进行淘汰。

任务1.5 种母猪的饲养与管理

活动1 配种前的母猪饲养与管理

配种前母猪分两种,一种是仔猪断奶后至配种的经产母猪,也称空怀母猪;另一种是初情期至初次配种的后备母猪。

(一)母猪配种前总体要求

母猪配种前的饲养管理目标是多排卵、多产仔。母猪的排卵是观察不到的,只能通过母猪的膘情来推断饲养效果。生产实践中,要求母猪在配种前应具有一个良好的繁殖体况,不肥不瘦,七八成膘。具体地讲就是母猪外观看不到骨骼轮廓,也不能因肥胖出现“夹裆肉”,以用手稍用力触摸背部可以触到脊柱为宜。有条件的猪场使用超声波来测定母猪背膘厚度,根据背膘厚度来判定母猪饲养效果,判定母猪的膘情是否适宜配种。母猪适宜配种的背中部膘厚一般为16～18 mm。因此过肥过瘦都不利于繁殖,将来均会出现发情排卵和产仔泌乳异常等不良后果。

(二)母猪配种前营养需要

母猪空怀时间较短,往往参照妊娠母猪饲养标准进行饲粮配合和饲养。后备母猪饲粮在蛋白质、氨基酸、主要矿物质供给水平上,应略高于经产母猪,以满足其自身发育和繁殖的需要。营养物质需要量参照美国NRC(1998)标准,酌情执行。

1. 能量需要

能量水平与后备母猪初情期关系密切。一般情况下,能量水平偏高可使后备母猪初情期提前;能量水平低,后备母猪生长缓慢,初情期延迟。对于经产母猪能量水平过高或过低同样影响其发情排卵,甚至不孕。因此,后备母猪日供给消化能应为35.52 MJ,经产母猪为28.42 MJ。

2. 蛋白质、氨基酸需要

后备母猪日粮中粗蛋白质含量为14%～16%,赖氨酸为0.7%左右;经产母猪日粮中粗蛋白质含量为12%～13%,赖氨酸0.50%～0.55%。

3. 矿物质需要

后备母猪日粮中的钙含量为0.95%,总磷为0.80%;经产母猪日粮中钙含量为0.75%,总磷为0.60%。对于其他营养物质供给量可参照美国NRC(1998)妊娠母猪营养需要标准酌情执行,但要注重各种营养物质之间的平衡。

4. 维生素需要

维生素使用与否或使用数量,将直接关系到母猪繁殖和健康。

5. 水的需要

由于配种前母猪饲粮中粗纤维含量往往较高,所以需要水较多,一般为日粮的4～5倍,即每日每头12～15 L,饮水不足将会影响母猪健康和生产。

(三)母猪配种前饲养

根据后备母猪和经产母猪的饲养标准科学地配合日粮,满足其能量、蛋白质、氨基酸、矿物质和维生素的需要。经产空怀母猪一般每日每头给混合饲料2.5 kg左右;后备母猪每日每头给混合饲料2 kg左右。北方冬季圈舍温度达不到15～20 ℃时,可以增加日粮给量10%～20%。为了增加母猪排卵数,尤其是初配母猪排卵数,可以对后备母猪实施短期优饲。具体做法是:在配种前1～2周至配种结束,增加日粮给量2～3 kg,这样不仅可以增加排卵数1～

2枚，而且可以提高卵子质量。

(四)母猪配种前管理

母猪配种前要认真观察发情，特别是后备母猪初次发情，症状不明显，持续时间较短，因此，一定要认真观察并做好记录，以便安排母猪配种。

母猪配种前多实行群养，群养一般每栏饲养6～8头为宜，不要过多，以免影响观察发情或强夺弱食，影响生产。要求舍内光线良好，一般采光系数为1∶10，同时地面不要过于光滑，防止跌倒摔伤和损伤肢蹄。有条件的猪场，舍外应设运动场。

此外，还应注意母猪配种前免疫接种，防止传染病发生。每个猪场应根据流行病学调查结果(查找以往发病史)、血清学检查结果等适时适量地进行传染病疫苗接种。

(五)母猪的选择与淘汰更新

1. 母猪的选择

进行纯种繁殖的猪场，应选择相同品种但无亲缘关系的公母猪；生产杂种母猪的猪场，应选择经过配合力测定或经多年生产实践证明杂交效果较好的杂交组合品种；生产商品肉猪的猪场，根据生产需要，选择二元或三元杂种母猪进行生产，目前多选择长大杂种母猪。母猪应该食欲旺盛，发情正常，体质结实健康，四肢端正，活动良好，背腰平直或略拱，腹线开张良好。乳头6对以上，并且排列整齐，无瞎乳头、内凹乳头、外翻乳头等畸形。外阴大小适中无上翘。

2. 母猪的淘汰更新

正常情况下母猪生产7～8胎应淘汰。但遇到下列情形之一者应随时淘汰。

(1)产仔数低于7头。

(2)连续2胎少乳或无乳(在营养、管理正常情况下)。

(3)断奶后2个发情期不能发情配种。

(4)食仔或咬人。

(5)患有国家明令禁止的传染病或难以治愈和治疗意义不大的其他疾病(如口蹄疫、猪繁殖与呼吸障碍综合征、圆环病毒病)。

(6)肢蹄损伤。

(7)后代有畸形(如疝气、隐睾、脑水肿)。

(8)母性差。

(9)体形过大，行动不灵活，压踩仔猪。

(10)后代的生长速度和胴体品质指标均低于猪群平均值。

(六)母猪繁殖障碍及解决方法

1. 母猪繁殖障碍的原因

繁殖障碍是母猪不能正常地发情排卵，其原因有以下几个方面。

(1)疾病性繁殖障碍。主要是由卵泡囊肿、黄体囊肿、永久性黄体而引起的。

(2)营养性繁殖障碍。不合理的营养会造成母猪的繁殖障碍，如长期营养水平偏高或偏低，母猪过度肥胖或消瘦，导致母猪发情和排卵失常；母猪长期缺乏维生素和矿物质，导致母猪不能按期发情排卵。

2.解决母猪繁殖障碍的方法

母猪出现繁殖障碍，要分析查找原因。封闭式饲养管理条件下，首先要考虑营养因素，其次考虑疾病或卵巢功能问题。如果是营养方面的原因，要及时调整饲粮配方，满足繁殖母猪所需要的各种营养物质；如果是疾病原因造成的母猪繁殖障碍，有治疗可能的应积极治疗，否则应及时淘汰。

后备母猪初次发情配种困难比较常见，可以通过诱情办法来解决。具体做法是：每天早饲后或晚饲后将体质强壮、性欲旺盛的公猪与不发情母猪放在同一栏内一段时间，每次 30 min 左右，公猪爬跨行为和外激素刺激可以促进母猪发情，一般经过 1 周左右即可以使母猪发情。

通过以下几种做法也能刺激母猪发情排卵：①母猪运输或转移到一个新猪舍，在应激刺激作用下可使母猪发情排卵。②重新组群。③将正在发情时期的母猪与不发情母猪同栏饲养。④封闭式饲养条件下的母猪安排几日户外活动，接触土壤及青草野菜。

母猪的繁殖障碍形成因素比较复杂，要根据实际情况进行试验性的探究，即使是营养或疾病的因素，解决的办法也要根据实际情况确定。

活动 2　妊娠母猪饲养与管理

(一)妊娠母猪早期表现

母猪配种妊娠后在采食、睡眠、行为活动和体形等方面会发生一系列变化，表现为食欲旺盛、喜欢睡眠、行动稳重、性情温顺、喜欢趴卧，尾巴常下垂不爱摇摆，被毛渐有光泽，体重有增加的迹象。观其阴门，可见收缩紧闭成一条线，这些均为妊娠母猪的综合表征。但个别母猪在配种后 3 周左右出现假发情现象，发情持续时间短，一般只有 1～2 d。对公猪不敏感，虽然稍有不安，但不影响采食。

(二)胚胎生长发育规律及影响因素

1.胚胎生长发育规律

精子与卵子在输卵管上三分之一壶腹部完成受精后形成合子。一般猪胚胎在输卵管内停留 2 d 左右，然后移行到子宫角内，在子宫角内游离生活 5～6 d，第 13～14 天开始与子宫壁疏松附着(着床)。在第 18 天左右着床完成。着床以前胚胎营养来源是，在输卵管内靠卵子本身，在子宫角内靠子宫乳供养。第 4 周左右胚胎具备与母体胎盘进行物质交换的能力，而胚胎在没有利用胎盘与母体建立交换物质的联系之前是很危险的时期，此时胚胎死亡率占受精合子的 30%～40%。妊娠 41～80 d，胚胎生长速度达到高峰。仔猪初生重的 60%～70%在此期间生长完成。可见妊娠后期是个关键时期，母猪的饲养管理将直接影响仔猪初生重。

2.胚胎生长发育的影响因素

母猪每次发情排卵为 20～30 枚，完成受精形成合子乃至胚胎的为 17～18 个，但真正形成胎儿出生的仅有 10～15 头。造成这种情况的原因主要是胚胎各时期的死亡。引起胚胎死亡或者母猪流产的因素有以下几个方面。

(1)遗传因素。公猪或母猪染色体畸形可以引起胚胎死亡，对这种情况应进行实验室遗传学检查,淘汰染色体畸形的种猪。另外,近亲繁殖使得胚胎的生活力降低,从而导致胚胎中途死亡数量增加或者胚胎生存质量下降,弱仔增多,产仔数降低。

(2)营养因素。母猪日粮中维生素 A、维生素 E、维生素 D、维生素 B_1、维生素 B_2、维生素 B_6、维生素 B_{12}、泛酸、叶酸、胆碱、硒、锰、碘、锌等不足会导致胚胎死亡、胚胎畸形、仔猪早产、仔猪出生后出现"劈叉症"、母猪"假妊娠"等。母猪在妊娠前期能量水平过高,母猪过于肥胖,引起子宫壁血液循环受阻,导致胚胎死亡。

(3)环境因素。母猪妊娠期间所居环境温度,对胚胎发育也有一定的影响。高温条件下容易导致子宫内环境发生不良变化,造成胚胎附植受阻,胚胎存活率降低,产仔数减少,木乃伊、死胎、畸形增加。这种现象常发生在每年 7—9 月份配种的母猪群中,猪场应在饲料中添加一些抗应激物质如维生素 C、维生素 E、硒、镁等,同时注意母猪所居环境的防暑降温、通风换气,以便减少繁殖损失。

(4)疾病因素。某些疾病对母猪的繁殖形成障碍。临床上出现母猪"假妊娠",死胎、木乃伊增加,产弱仔、产后即死和母猪流产等不良后果,如猪瘟、猪繁殖与呼吸障碍综合征、日本乙型脑炎、衣原体病、猪伪狂犬病、猪细小病毒病、布鲁氏菌病等。

(5)其他方面。母猪铅、汞、砷、有机磷、霉菌、龙葵素中毒,药物使用不当,疫苗反应,核污染,公猪精液品质不佳或配种时机把握不准等,均会引起胚胎畸形、死亡乃至流产。

(三)妊娠母猪的饲养管理

妊娠母猪饲养要达到三个指标:一是生产出体大、健壮、数量多的活仔猪;二是产后母猪乳腺发育正常,产奶多;三是尽可能地节省饲料,降低初生仔猪生产成本。所以妊娠母猪饲养是既简单又复杂的一项工作。

1. 妊娠母猪的特点

母猪在整个妊娠期要完成子宫、胎衣、羊水的增长和胚胎的生长发育以及乳腺系统的发育,对于身体尚未成熟的青年母猪还要进行自身继续生长发育。母猪妊娠末期,子宫重量是空怀时子宫的 10～17 倍,胚胎生长主要集中在妊娠期的最后四分之一时间内。对于青年母猪自身还要继续生长发育,青年母猪在妊娠期间自身体重增长为 5～10 kg,经过 2 次妊娠和泌乳,可以完成其体成熟的生长发育。

2. 妊娠母猪营养需要

(1)能量需要。1998 年 NRC 推荐的妊娠母猪消化能为 25.56～27.84 MJ/d。妊娠母猪能量供给过多会影响母猪繁殖成绩和将来的泌乳,乃至整个生产。过高的能量水平会降低胚胎的存活。配种后 4～6 周胚胎的存活率为 67%～74%,而低能量日粮[ME 20.90 MJ/(d·头)]的存活率为 77%～80%。仔猪初生重大小主要取决于能量水平,特别是妊娠后期能量水平高低对仔猪初生重影响较显著。妊娠母猪能量水平对将来泌乳影响较大,妊娠期间能量水平过高,母猪体重增加过多,泌乳期间母猪体重就会失重过大,不但浪费饲料增加饲养成本,而且还会出现泌乳母猪产后食欲不旺,泌乳性能下降,母猪过度消瘦,并且断奶后发情配种也将受到影响。

(2)蛋白质、氨基酸需要。为了使母猪正常进行繁殖泌乳,并且身体不受损,保证正常产仔 7～8 胎,NRC(1998)建议,妊娠母猪日粮中粗蛋白质含量为 12%～12.9%。玉米-麸子-豆粕型日粮，赖氨酸是第一限制性氨基酸，在配制日粮时不容忽视。NRC(1998)推荐赖氨酸水平为0.52%～0.58%，其他氨基酸的需要参照NRC(1998)标准酌情执行。

(3)矿物质需要。矿物质对妊娠母猪的身体健康和胚胎生长发育影响较大。NRC(1998)推荐日粮中钙含量0.75%，总磷0.60%，有效磷0.35%，氯化钠0.35%左右。在考虑数量的同时还要考虑质量，配合日粮时要选择容易被吸收，重金属等杂质含量低的矿物质原料。

(4)维生素需要。妊娠母猪对维生素的需要有13种，日粮中缺乏维生素将会出现母猪繁殖障碍乃至终生不育，现推荐NRC(1998)妊娠母猪维生素需要量，配合日粮时可酌情添加。

(5)水的需要。妊娠母猪日粮量虽然较少，但为了防止饥饿和增加饱腹感，粗纤维含量相对较高，一般为8%～12%，所以对水的需要量较多，一般每头妊娠母猪日需要饮水12～15 L。

(四)妊娠母猪饲养

根据胚胎生长发育规律和妊娠母猪本身营养特点，整个妊娠期本着"低妊娠、高泌乳"的原则，即削减妊娠期间的饲料给量，但要保证矿物质和维生素的供给。

一般175～180 kg经产七八成膘妊娠母猪的日粮给量为：前期(40 d内)2 kg左右，中期(41～80 d)2.1～2.3 kg，后期(81 d以后)2.5 kg左右。青年母猪可相应增加日粮量10%～20%，以确保自身继续生长发育的需要；圈舍寒冷的可增加日粮量10%～20%。

整个妊娠期间严禁饲喂发霉变质饲料和过冷的饲料。并且控制粗饲料喂量。近几年，国内外有些猪场在母猪产前2～4周至仔猪断奶，向母猪日粮中添加3%～5%动物脂肪，有利于提高仔猪初生重和育成率，有利于泌乳。

生产实践证明，妊娠母猪限制饲养有许多益处：①可以增加胚胎存活；②减少母猪难产；③减少母猪压死出生仔猪可能性；④减少母猪哺乳期失重；⑤有利于母猪泌乳期食欲旺盛；⑥降低养猪饲料成本；⑦减少乳腺炎发病率；⑧减少肢蹄病发生率；⑨延长母猪使用寿命。

妊娠母猪限制饲喂的方法如下。

(1)单栏饲养法。针对体况过肥的母猪，单独饲喂，适当减料。

(2)隔日饲喂法。此饲养方法适用于群养母猪，也就是将一群母猪1周的日粮集中3 d喂饲，使用前应设计一个饲喂计划表(表8-3)，允许母猪在1周的3 d中每日自由采食8 h，剩余4 d不再投料，但要保证清洁爽口的饮水。

表8-3　饲喂计划表实例

周一	周三	周五
8 h自由采食	8 h自由采食	8 h自由采食
5.5～6.3 kg	5.5～6.3 kg	5.5～6.3 kg

(3)日粮稀释法。在日粮配合时使用一些高纤维饲料，如苜蓿草粉、干燥的酒糟、麦麸等，降低日粮的能量浓度。稀释后的日粮具有较好的饱腹感，防止母猪饥饿躁动，影响其他母猪休息，同时也降低了饲料成本。

(五)妊娠母猪管理

1.饲养方式

妊娠母猪多采取群养的饲养方式，一般每栏饲养6～8头为宜。

2. 运动

有条件的猪场可以进行放牧运动，即有利于母猪健康和胚胎发育，也有利于将来的分娩。

3. 创造良好环境

妊娠舍要求卫生、清洁，地面不过于光滑，注意通风换气。妊娠猪舍要安静，防止强声刺激引起流产。

4. 其他方面

初配母猪妊娠后期应进行乳房按摩，有利于乳腺系统发育，有利于泌乳。猪场根据本地区传染病流行情况，在妊娠后期进行疫苗的免疫接种工作。如果发现有寄生虫还要进行体内外寄生虫的驱除工作。

(六)防止流产

1. 流产原因

(1)营养性流产。妊娠母猪日粮中长期严重缺乏蛋白质会导致流产。母猪采食发霉变质饲料、有毒有害物质、冰冷饲料等也能引起流产。

(2)疾病性流产。当妊娠母猪患有卵巢炎、子宫炎、阴道炎、感冒发烧时可能会引起母猪流产。有些传染病和寄生虫病将引起母猪终止妊娠或影响妊娠母猪正常产仔。

(3)管理不当造成流产。夏季高温天气可诱发母猪流产。妊娠母猪舍地面过于光滑，行走摔倒，出入圈门挤撞，饲养员拳打脚踢或不正确的驱赶、突发性惊吓刺激等都将造成母猪流产或影响正常产仔。

(4)其他方面。不合理用药、免疫接种不良反应。

2. 防止流产的措施

在妊娠母猪日粮配合上，应根据其饲养标准结合当地饲料资源情况科学地进行配合。注意矿物质和维生素的合理添加，根据本地区传染病流行情况，及时接种疫苗进行预防，并注意猪群的淘汰和隔离消毒。加强猪场内部管理，减少饲养员饲养操作带来的应激。禁止母猪在光滑的水泥地面上或冰雪道上行走或运动，控制突发噪声等。

活动3 泌乳母猪的饲养与管理

(一)母乳的作用和成分

1. 母乳的作用

母乳是仔猪生后1周内唯一的营养来源，仔猪生后2周内生长发育所需的各种营养物质主要来源于母乳。初乳是迄今为止任何代乳品所不能替代的一种特殊乳品，详细情况将在后续内容中阐述。由此可见，养好泌乳母猪对于仔猪的成活和生长发育十分重要。

2. 母乳的成分

猪乳成分与其他家畜乳比较(表8-4)，干物质含量多，蛋白质、矿物质含量高。

表 8-4　各种家畜乳成分　%

畜别	水分	干物质	干物质中			
			蛋白质	脂肪	乳糖	矿物质
乳牛	86.30	13.70	4.00	4.03	5.00	0.70
水牛	82.20	17.80	4.70	7.80	4.50	0.80
马	89.50	10.50	2.30	1.70	6.10	0.40
绵羊	83.44	16.56	5.15	6.14	4.17	1.10
山羊	86.88	13.12	3.76	4.07	4.44	0.85
猪	80.95	19.05	6.25	6.50	5.20	1.10

(二)泌乳机制及影响因素

1.乳房的构造

母猪的乳房构造比较特殊,每个乳房均没有贮备乳汁的乳池,而是由 1～3 个乳腺体组成的。每个乳腺体是由许许多多的乳腺泡汇集成一些乳腺管,这些乳腺管最后又汇集成乳头管开口于乳头。其结构不同于其他家畜,泌乳机制也有区别。除产后最初的 1～3 d 外,其余时期如果仔猪不拱揉刺激是吃不到乳的。猪的所有乳房中乳腺数量并不是相等的,其中前边乳房的乳腺数多于中部,中部又多于后部。乳腺的数量直接影响着每个乳房的泌乳量,乳腺数量越多,泌乳量就越多。因此,前边乳房的泌乳量高于中、后部的乳房。

2.泌乳机制

母猪的泌乳是受神经和内分泌双重调节的,每一次放乳均是由于仔猪用嘴拱揉乳房产生神经刺激,经神经传到大脑神经中枢,在神经系统的干预下,促使脑下垂体释放排乳激素进入血液中。在排乳激素作用下,乳腺泡开始收缩产生乳汁流淌到乳腺管内,由乳腺管又流淌到乳头管。排乳激素的活性在血液中很快被破坏,导致母猪排乳时间较短,一般只有 15～30 s。母猪在仔猪的鸣叫下,做出“哼哼”召唤仔猪反应,使得其他仔猪同时来拱揉乳房,母猪这时应声侧卧,经过一窝仔猪一段时间(1～2 min)的拱揉下,母猪发出急迫的“哼哼”叫声,说明此时已排乳,可以看到仔猪的吞咽动作。

3.影响泌乳的因素

(1)品种。不同的品种或品系其泌乳量不同(表 8-5),一般瘦肉型品种(系)的泌乳量高于肉脂兼用型或脂肪型。

表 8-5　不同品种不同阶段泌乳量　kg

品种	产后天数/d						平均	全期
	10	20	30	40	50	60		
金华猪	5.17	6.50	6.70	5.56	4.80	3.50	5.47	328.20
民猪	5.18	6.65	7.74	6.31	4.54	2.72	5.65	339.60
哈白猪	5.79	7.76	7.65	6.19	4.10	2.98	5.74	344.40
枫泾猪	9.29	10.31	10.43	9.52	8.94	6.87	9.23	553.80
大白猪	11.20	11.40	14.30	8.10	5.30	4.10	9.27	557.40
长白猪	9.60	13.33	14.55	12.34	6.55	4.56	10.31	618.60
平均	7.81	9.23	10.23	8.00	6.21	4.12	7.60	456.90

(2)年龄(胎次)。正常情况下,第1胎的泌乳量较低,第2胎开始上升,第3、4、5、6胎维持在一定水平上,第7、8胎开始下降,因此,现代工厂化养猪主张母猪7～8胎淘汰。

(3)哺乳仔猪头数。母猪带仔头数的多少将影响着泌乳量,带仔头数多,则母猪泌乳量就高,但每头仔猪日获得的乳量却减少(表8-6)。

表8-6　母猪哺乳头数对泌乳量的影响

哺乳仔猪头数/头	母猪的日泌乳量/kg	每头仔猪日获得的乳量/kg
6	5～6	1.0
8	6～7	0.9
10	7～8	0.8
12	8～9	0.7

(4)营养。营养水平高低直接影响着母猪的泌乳量,特别是能量、蛋白质、矿物质、维生素、饮水等对母猪泌乳性能均有影响。为了提高母猪泌乳量,提高仔猪生长速度,应充分满足母猪所需要的各种营养物质。

(5)乳头位置。乳头位置不同,泌乳量不同(表8-7)。原因是乳房内的乳腺体数量不同。一般前3对乳头泌乳量高于中、后乳头。

表8-7　不同乳头位置的泌乳量比例

乳头位置	1	2	3	4	5	6	7
所占泌乳量比例/%	23	24	20	11	9	9	4

(6)环境。温湿度适宜、安静舒适的环境有利于泌乳,反过来高温、高湿、低温、噪声干扰等环境将使母猪泌乳量降低。

(三)泌乳母猪的饲养管理

1.泌乳母猪营养需要

母猪在整个泌乳期分泌大量乳汁,目前瘦肉型猪种产后3～5周平均每昼夜泌乳8～10 kg。由于泌乳排出大量的营养物质,如果不及时满足泌乳母猪所需要的各种营养物质,将会影响母猪泌乳和健康。

(1)能量需要。泌乳母猪能量需要取决于很多因素:①妊娠期间营养水平决定了母猪开始泌乳时的体能储备和泌乳期间的采食量和体重变化,从而影响母猪的能量需要。②泌乳期间体重损失对整个繁殖周期的体重变化也有重要影响。母猪的体能很容易被动员,使泌乳的实际能量需要量降低。体重损失成分不同,损失体重的能值就有差异,使得泌乳的能量需要量降低程度不同。能量供给水平是导致其差异的主要因素,当泌乳母猪能量摄入不足时,母猪就会动用体内脂肪和蛋白质,使其表现消瘦。③母猪食欲影响采食量,进而影响能量摄入量。母猪妊娠期间过于肥胖、环境温度偏高导致母猪食欲不好(表8-8),同时饲料的类型和适口性、饲养方式等也会影响母猪采食量,最终影响能量摄入量。④产仔数、仔猪体重、生活力等均能影响能量需要。母猪产仔数多、仔猪窝重大、仔猪生命力强等将会使母猪能量需要增加。⑤哺乳期长短既影响母猪的总泌乳量,又影响母猪的哺乳期体重损失。表8-9显示的是泌乳期不同阶段母猪的能量需要量计算值,说明泌乳前2周泌乳量少,饲料需要量就少;泌乳第3～4周泌乳量增加,饲料需要量就多。泌乳期越短,泌乳对饲料能量的需要量就越低。

表 8-8　环境温度对母猪采食量、体重损失和仔猪体重的影响

项目	试验1		试验2	
环境温度/℃	27	21	27	16
母猪头数/头	20	20	16	16
母猪日采食量/kg	4.6	5.2	4.2	5.6
母猪体重损失/kg	20	13.5	22	13
仔猪28日龄体重/kg	6.2	7.0	6.4	7.3

表 8-9　泌乳期不同阶段的能量需要量计算值

项目	泌乳周期	
	第1、2周	第3、4周
泌乳量/(kg/d)	5.8	7.15
乳能含量/(MJ/d)①	26.22	32.22
饲料需要量/(kg/d)②	6.6	8.15

注：①假定含消化能4.52 MJ/kg。②假定含消化能12.55 MJ/kg。

对于泌乳母猪的维持需要量，各文献说法不一，NRC(1998)建议泌乳母猪每天维持能量需要量(MEm)为443 kJ/kg $BW^{0.75}$(代谢体重)或460 kJ/kg $BW^{0.75}$。

泌乳的能量需要取决于泌乳量、乳能含量和饲料转化率。产乳量则因品种、带仔头数、泌乳阶段、营养水平、环境条件的不同而异。乳的能量含量一般为5.2～5.3 MJ/kg。母猪在泌乳期间(3～5周)的体重损失为9～15 kg，体重损失的主要成分为脂肪，而脂肪的能量含量为39.4 MJ/kg。由此可计算出整个泌乳期间的体重损失所需总能量。

(2)蛋白质、氨基酸的需要。除保证泌乳母猪能量需要外，还需要蛋白质、氨基酸的充足供给。泌乳母猪的蛋白质、氨基酸需要量同样分为维持需要和泌乳需要两个部分。NRC(1998)推荐泌乳母猪体重175 kg(产后)，带仔12头，仔猪预期日增重250 g，母猪4周泌乳失重10 kg的情况下，母猪每日应采食粗蛋白质为1 086 g(粗蛋白质含量19.3%，日粮5.66 kg)。对泌乳所需赖氨酸，NRC(1998)推荐量为每千克窝增重需22 g表观回肠可消化赖氨酸。如果日粮中赖氨酸供给不足(玉米-豆粕型日粮)，母猪将会分解自身组织用于泌乳，造成泌乳母猪失重过大，延长其断奶后发情配种时间，减少母猪年产仔窝数。据研究表明，日粮中赖氨酸含量0.60%(35 g/d)与日粮中赖氨酸含量0.75%～0.90%(45～55 g/d)相比，哺乳仔猪多的高赖氨酸泌乳母猪不仅泌乳量大(由仔猪断奶体重增加反映)而且失重少。断奶后1周左右发情配种率较高。其他氨基酸的需要量可参照NRC(1998)标准酌情执行。

(3)矿物质需要。日粮中钙、磷含量不足或比例不当，一方面影响母猪泌乳量，影响仔猪生长发育，另一方面影响母猪的身体健康，出现瘫痪、骨折等不良后果。NRC(1998)推荐的钙、磷含量为钙0.75%、总磷0.60%、有效磷0.35%，同时要求泌乳母猪日粮至少为4～5 kg，如果日粮低于这个数字，应酌情增加日粮中钙、磷的浓度，使母猪日采食钙至少40 g，磷至少31 g，从而保证母猪既能正常发挥泌乳潜力，哺乳好仔猪，又不会使自身健康受到影响，减少母猪计划外淘汰率，提高养猪生产经济效益。

其他矿物质如铁、铜、锌、硒、碘、锰等也应根据NRC(1998)推荐标准酌情执行。

泌乳母猪日粮中食盐的含量应为0.5%(NRC，1998)，夏季气候炎热，舍内无降温设施，母

猪食欲减低时，可增加到0.6%左右。

(4)维生素需要。猪乳中维生素的含量取决于日粮中维生素的水平，因此，应根据饲养标准添加各种维生素。但是饲养标准中推荐的维生素需要，只是最低数值，实际生产中的添加量往往是饲养标准的2～5倍。

(5)水的需要。猪乳中含有80%左右的水，饮水不足会使母猪泌乳量下降，甚至影响母猪身体健康。泌乳母猪每日饮水量为其日粮量的4～5倍，同时要保证饮水的质量，要求饮水清洁、卫生、爽口。

2. 泌乳母猪饲养

(1)饲喂方式。母猪产前1～2 d减料，产仔3 d迅速恢复正常饲养。分娩当天不喂料，分娩后第一天上午喂0.5 kg，第二天上午1.0 kg、下午1.0～1.5 kg（如果需要），第三天上午1.5 kg、下午1.5 kg(如果需要)，以后逐渐增加。哺乳母猪采用哪种饲喂方式众说不一，共同之处是生后前几天逐渐增加喂量，7 d后尽可能多地让猪多采食，达到5～7 kg/d的采食量(表8-10)。产后母猪身体虚弱，应以流食为主，逐渐加料，同时喂一定量的麸皮和加有电解质的清洁温开水防止母猪便秘。使用潮拌料分顿给料要优于干粉料自由采食。潮拌料适口性优于干粉料，可刺激猪采食，便于掌握猪采食情况，这一点在夏季体现得更为明显。同时定时饲喂也便于粪便清理，有利于保持卫生，防止各种疾病发生。

(2)提高母猪泌乳的饲养方法。

①降低母猪妊娠期间的饲料供给量，研究表明母猪泌乳期间的饲料采食量和妊娠期间的饲料供给量呈负相关。

②增加母猪泌乳期间日粮蛋白质水平，母猪在泌乳期所食日粮蛋白质水平越低，则日采食量越少，在实际生产当中泌乳母猪日粮的粗蛋白质含量不低于15%(赖氨酸0.7%)。

③增加饲料中能量的含量，如加植物油2%～4%。

④增加饲喂次数，采用自由采食。

⑤使用潮拌料，供给母猪充足的饮水(每头母猪每日20～25 L)。

⑥控制猪舍内小环境，夏天注意降温。

表8-10 哺乳母猪投料规则

时间(产后)	喂料量/kg
第1天	0
第2天	1.5
第3天	3.5
第4天	4.0
第5天	4.5
第6天到断奶前6天	自由采食(不浪费)
断奶前5天	4.5
断奶前4天	4.0
断奶前3天	3.5
断奶前2天	3.0
断奶前1天	2.5
断奶当天	0

注：每头母猪需带9头仔猪。

3. 泌乳母猪管理

母猪哺乳期最适温度为 20～22 ℃，生产中，许多饲养员为保证仔猪温度，往往提高舍内温度，甚至高达 27 ℃以上，高温的结果是降低了母猪的采食量，产奶量减少，部分母猪出现喘气、急促现象，还会使仔猪出保温箱不愿回去，出现腹泻等症状。控制好温度是能否养好母猪和仔猪的关键措施。泌乳母猪的管理技术要点如下。

(1)上产床前对母猪乳头进行清洁消毒，洗去身上污物，不让任何东西带上产床，特别注意的是蹄部的冲洗消毒；哺乳期间也应保持乳头的清洁卫生。

(2)在保证仔猪温度需要的前提下，将舍温适当调低至 20 ℃左右，以保证母猪采食量正常。

(3)产仔舍以保温为主，但也要注意适当的通风换气，排出过多的水汽、尘埃、微生物、有害气体(如 NH_3、H_2S、CO_2)，但必须防止贼风，同时注意通风时控制气流速度在 0.1 m/s 以下，且风速均匀、平缓。

(4)母猪哺乳时必须保证环境安静，噪声小有利于泌乳和仔猪吃奶，否则对母仔都有不利影响；对母猪要温和，不能吆喝和鞭打。

(5)母猪舍应保持清洁干燥，高床漏缝地板饲养，不宜用水冲洗网床，床下粪污每天清扫两次，若水冲则注意防止水溅到网床上；猪排便后，立即清除，产床上不留粪便。如母猪沾上粪便，应立即用消毒抹布擦净。

(6)每天注意观察母猪有无乳腺炎、无乳症、便秘等疾病，或食欲是否旺盛、精神是否较好、身体是不是过瘦等。

(7)合理的保健措施。如母猪产前产后进行药物预防等，可有效地预防疾病的侵害。

(8)及时填写泌乳母猪卡片。记录母猪品种、耳号、胎次、产仔日期、产仔数以及母猪分娩情况、哺育泌乳与健康状况、转入转出数等。对上述观察中发现的异常母猪应做好各种记录，以提供给兽医和管理技术人员做参考并采取相应措施。

4. 防止母猪无乳或乳量不足

(1)母猪无乳或乳量不足的原因。

①营养方面。母猪在妊娠期间能量水平过高或过低，使得母猪偏肥或偏瘦，造成母猪产后无乳或泌乳性能不佳，泌乳母猪蛋白质水平偏低或蛋白质品质不好，日粮中严重缺钙、缺磷，或钙、磷比例不当，饮水不足等都会出现无乳或乳量不足。

②疾病方面。母猪患有乳腺炎、链球菌病、感冒、肿瘤等疾病将出现无乳或乳量不足。

③其他方面。高温、低温、高湿、环境应激，母猪年龄过小、过大等，都会出现无乳或乳量不足。

(2)防止母猪无乳或乳量不足的措施。根据饲养标准配合日粮，满足母猪所需要的各种营养，在确认无病的情况下，可以用下列方法进行催乳。

①将胎衣洗净煮沸 20～30 min，去掉血腥味，然后切碎，连同汤一起拌在饲料中分 2～3 次喂无乳或乳量不足的母猪。严禁生吃，以免造成消化不良或养成食仔恶癖。

②产后 2～3 d 内无乳或乳量不足，可给母猪肌内注射催产素，剂量为每 100 kg 体重 10 IU。

③用淡水鱼或猪内脏、猪蹄、白条鸡等煎汤拌在饲料中喂饲。

④泌乳母猪适当喂一些青绿多汁饲料，可以增加母猪的乳量，但要控制饲喂量，防止饲喂过多青绿饲料而影响混合精料的采食，造成能量、蛋白质、矿物质营养的摄入量不足，长此下去泌乳母猪身体受损。

⑤中药催乳法。王不留行 36 g、漏芦 25 g、天花粉 36 g、僵蚕 18 g、猪蹄 2 对，水煎分 2 次拌在饲料中喂饲。

活动 4 断奶后的母猪饲养与管理

仔猪断奶当天，对于七成膘的母猪，其日粮量为 2 kg 左右，日喂 2 次，停喂青绿多汁饲料。下床或驱赶时要正确驱赶，以免肢蹄损伤。断奶后 3 d 内，注意观察母猪乳房的颜色、温度和状态，发现乳腺炎应及时诊治。断奶后 1 周左右，注意观察母猪发情，及时安排配种。对于泌乳期间失重较大的母猪，应给予特殊饲养管理，使其体质迅速恢复，便于母猪配种妊娠。

活动 5 学习母猪高效饲养技术措施

(1)尽早选择后备母猪，给后备母猪饲喂专用日粮；配种前饲喂配种料促使其排卵率的提高。第一次配种：220～230 日龄，130～140 kg 体重，在第 2 或第 3 个发情期配种。

(2)降低配种后 3 周的母猪采食量，提高胚胎成活率。并依据体质情况饲喂，在产仔时的体况条件目标分为 3.5(计分 1～5)；在温度低于 20 ℃时，气温每低 1 ℃，则饲喂量提高 4%。

(3)在妊娠期的后 4 周，提高采食量可提高仔猪初生重和母猪乳腺发育最优化。在分娩前 3 d 降低饲喂量可加快产仔过程。在分娩后第 1 周逐渐提高日采食量。

(4)母猪在泌乳期极佳的食欲很关键，可提高仔猪断奶重。泌乳期平均营养需要为：代谢能 2.3 Mcal，赖氨酸 60 g/d；使母猪体重和母猪体况损失最小化，断奶时的母猪体况目标分为 2.5 分(计分 1～5)。给仔猪提供额外饲料，以降低母猪的营养需要。

(5)妊娠期和泌乳期饲喂不同的日粮。妊娠期：代谢能 3.0 Mcal，赖氨酸 6 g/kg；泌乳期：代谢能 3.1～3.3 Mcal，赖氨酸 8～11 g/kg。

(6)泌乳母猪每天需要 30～50 L 水，奶流速大于 2.0 L/min。

(7)减少空怀或非生产天数，有机矿物质硒、铬、铁有利于提高母猪繁殖性能。甘露寡糖(MOS)可刺激免疫系统，母猪在整个妊娠后期和泌乳期，饲喂 MOS 可使仔猪断奶前死亡率由 11.27%下降至 9.09%。要确保母猪的健康和福利，保持良好的卫生条件。

(8)提高公猪的精液质量，公猪精液质量好意味着受精率高和窝产仔数多。

配种房标准工作程序 猪的人工授精 分娩舍饲养管理

保育舍日常工作　　育肥舍标准工作程序

任务2　蛋鸡的生产与管理

养鸡业是农业的重要组成部分，也是我国农民的重要收入来源之一。根据国家统计数据，2019年我国的家禽养殖总产量达到了约85.5亿只，其中肉鸡约为20.5亿只，蛋鸡约为34.5亿只。我国养鸡业正逐步向自动化、规模化方向发展，环境污染、疫病流行、品质低劣、市场波动等也使养鸡业面临巨大的挑战。

学习目标

知识目标

1. 掌握主要蛋鸡品种的生产性能。
2. 掌握鸡的生物学习性。
3. 掌握孵化原理。
4. 掌握蛋鸡的饲养管理基本知识。

能力目标

1. 能够分辨常见的蛋鸡品种。
2. 熟悉鸡的饲养管理措施。
3. 能够开展孵化生产。
4. 能够开展蛋鸡生产。

素质目标

1. 培养环保意识、食品安全意识和动物生产的风险意识。
2. 培养爱干净整洁习惯。
3. 培养勤奋工作的习惯。

学习内容

任务2.1　常见蛋鸡品种的认知

蛋鸡品种根据蛋壳的颜色可分为白壳蛋鸡、褐壳蛋鸡和粉壳蛋鸡三种类型。

活动1 认知白壳蛋鸡

白壳蛋鸡系列的商品杂交鸡，体形小，耗料少，开产早，产蛋量高，适应性强，适于集约化饲养管理。其不足之处，主要表现为蛋重小，蛋壳薄，神经敏感，抗应激差，啄癖较多。

1. 星杂288

星杂288是加拿大雪佛种鸡有限公司育成的四系配套杂交蛋鸡。该鸡具有成活率高、体形小、耗料少、早熟和产蛋多等优点。星杂288商品代的生产性能见表8-11。

表8-11 星杂288商品代生产性能

项目	生产性能
产蛋率达50%周龄/周	23～24
72周龄产蛋量/枚	260～285
72周龄总产蛋重/kg	16.0～17.0
平均蛋重/g	60.0～62.5
料蛋比	(2.25～2.40)∶1

2. 北京白鸡

北京白鸡简称京白鸡。该鸡体形小，生产性能高，适应性强。既适宜于工厂化笼养，又适宜于专业户饲养。目前，推出的最优配套系是京白904，具有较高的生产性能，其商品代生产性能见表8-12。

表8-12 北京白鸡商品代生产性能

项目	生产性能
0～20周龄成活率/%	94
21～72周龄成活率/%	92
72周龄产蛋量/枚	280～291
72周龄总产蛋重/kg	16.75～17.29
平均蛋重/g	58

3. 滨白蛋鸡

滨白蛋鸡特点是产蛋多、蛋形大、蛋质好，生命力强，可根据羽毛的生长速度自别雌雄。目前，推出的最优杂交鸡为“滨白684”，其商品代生产性能见表8-13。

表8-13 滨白蛋鸡商品代生产性能

项目	生产性能
产蛋率达50%周龄/周	23～24
产蛋高峰周龄/周	26～27
72周龄产蛋量/枚	270～280
72周龄总产蛋重/kg	16.5
育成期存活率/%	92以上
产蛋期存活率/%	90

4. 海兰白 W-36

海兰白 W-36 是由美国海兰国际公司培育。商品代雏鸡可通过快慢羽自别雌雄。其商品代生产性能见表 8-14。

表 8-14　海兰白 W-36 商品代生产性能

项目	生产性能
生长期(至 18 周龄)成活率/%	97
高峰期产蛋率/%	92
入舍母鸡产蛋数/枚	297
成活率/%	93
产蛋率达 50%周龄/周	24
32 周龄平均蛋重/g	56.7
70 周龄平均蛋重/g	64.8
料蛋比	2.2∶1

5. 罗曼白

罗曼白是由德国罗曼公司培育而成。其商品代生产性能见表 8-15。

表 8-15　罗曼白商品代生产性能

项目	生产性能
产蛋率达 50%周龄/周	21～22
高峰期产蛋率/%	92～95
72 周龄入舍母鸡产蛋数/枚	295～305
平均蛋重/g	62.5
料蛋比	(2.1～2.3)∶1
0～18 周龄耗料/kg	6.0～6.4
育成期成活率/%	96～98
产蛋期死淘率/%	4～6

6. 海赛克斯白

海赛克斯白是由荷兰优利布里德公司育成的四系配套杂交鸡，以产蛋强度大、蛋重大而著称。其商品代生产性能见表 8-16。

表 8-16　海赛克斯白商品代生产性能

项目	生产性能
0～18 死淘率/%	4
产蛋率达 50%周龄/周	22～23
20～82 周龄入舍母鸡产蛋数/枚	314
平均蛋重/g	60.7
料蛋比	2.34

活动2 褐壳蛋鸡的认知

褐壳蛋鸡在工厂化养鸡中的使用晚于白壳蛋鸡，但近年来发展较快。其优点是：蛋重大，蛋破损率小，便于保存和运输；鸡性情温顺，应激敏感性较低，易管理；体重较大，耐寒性好；杂交鸡可以羽毛自别雌雄，啄癖少。其缺点是：体重大，耗料高，每只鸡所占笼位面积大；体形大，耐热性差，有偏肥倾向，饲养技术比白壳蛋鸡要求高。

1. 星杂579

星杂579是世界上著名的褐壳蛋鸡之一，由加拿大雪佛公司培育而成。商品代雏鸡可根据羽毛自别雌雄，公雏银色羽，母雏金色羽。其商品代生产性能见表8-17。

表8-17 星杂579商品代生产性能

项目	生产性能
产蛋率达50%周龄/周	21～22
高峰期产蛋率/%	91～94
72周龄入舍母鸡产蛋数/枚	290～300
产蛋总重量/kg	18.5～19.5
料蛋比	(2.1～2.3)∶1
生长期存活率/%	90～98
产蛋期存活率/%	91～94

2. 罗斯褐壳蛋鸡

罗斯褐壳蛋鸡是由英国罗斯育种公司培育而成的优秀杂交配套鸡种，其配套的四系原种鸡，既引进了金银羽色伴性基因，又有快慢羽速伴性基因，不同杂交组合的初生雏鸡，可根据羽色和羽速自别雌雄。其商品代生产性能见表8-18。

表8-18 罗斯褐壳蛋鸡生产性能

项目	生产性能
0～18周龄耗料/kg	7
19～76周龄耗料/kg	45
产蛋率达50%周龄/周	18～20
产蛋高峰期周龄/周	25～27
76周龄入舍母鸡产蛋数/枚	298
平均蛋重/g	61.7
料蛋比	2.35∶1
产蛋期死淘率/%	4.74

3. 伊莎褐壳蛋鸡

伊莎褐壳蛋鸡是由法国伊莎公司培育的一个高产良种，为四系配套鸡种，体形中等，雏鸡可根据羽色自别雌雄。其商品代生产性能见表8-19。

表 8-19　伊莎褐壳蛋鸡商品代生产性能

项目	生产性能
入舍母鸡产蛋数/枚	308
入舍母鸡产蛋重/kg	19.25
平均蛋重/g	62
入舍母鸡高峰期产蛋率/%	92
20～80周龄产蛋期存活率/%	92.5
蛋鸡淘汰时体重/kg	2.25
产蛋期料蛋比	(2.4～2.5):1

4.海兰褐

海兰褐是由美国海兰国际公司培育而成，具有抗病力强、产蛋率高、蛋品质好等优点。其商品代生产性能见表 8-20。

表 8-20　海兰褐商品代生产性能

项目	生产性能
生长期(至18周)成活率/%	96～98
生长期饲料消耗/kg	5.9～6.8
产蛋率达50%日龄/d	155
高峰期产蛋率/%	92～96
72周龄入舍母鸡产蛋数/枚	287
80周龄入舍母鸡产蛋数/枚	323
18～80周龄存活率/%	92～96
平均蛋重/g	63.6
每只入舍母鸡产蛋总重量/kg	20.41
料蛋比	(2.3～2.5):1

5.罗曼褐蛋鸡

罗曼褐蛋鸡是由德国罗曼公司育成，具有产蛋率高、饲料转化率高、蛋重适中、蛋品质优良、蛋壳硬等优点。其商品代生产性能见表 8-21。

表 8-21　罗曼褐壳蛋鸡商品代生产性能

项目	生产性能
产蛋率达50%周龄/周	22～23
高峰期产蛋率/%	90～93
72周龄入舍母鸡产蛋数/枚	285～295
72周龄入舍母鸡产蛋重/kg	18.2～18.8
平均蛋重/g	63.5～64.5
料蛋比	(2.3～2.4):1
产蛋期存活率/%	94～96

活动3 了解粉壳蛋鸡

粉壳鸡蛋的颜色介于褐壳蛋和白壳蛋之间，俗称粉壳蛋，也称浅褐壳蛋。粉壳蛋鸡的体重、产蛋量、蛋重、壳色等指标均处于褐壳蛋鸡与白壳蛋鸡之间，兼具两者优点为一体。我国地方品种鸡产的蛋多为粉壳蛋。近年来，由于此型商品蛋鸡杂交优势明显，生活力与产蛋性能都比较突出，饲养量逐年增多。

1. 雅康浅壳蛋鸡

雅康浅壳蛋鸡为以色列 PBV 家禽育种协会最新推出的四系配套浅壳蛋鸡，蛋壳为淡奶油色或浅褐色，商品代可通过羽速自别雌雄（一般母雏为快羽，即主翼羽长于覆主翼羽；而公雏为慢羽，即主翼羽短于或等于覆主翼羽，或主翼羽未长出）。其商品代生产性能见表 8-22。

表 8-22 雅康浅壳蛋鸡商品代生产性能

项目	生产性能
生长期(至 18 周)成活率/%	98
产蛋率达 50%周龄/周	21～22
高峰期产蛋率/%	94
74 周龄入舍母鸡产蛋数/枚	305
80 周龄入舍母鸡产蛋数/枚	303
70 周龄平均蛋重/g	65.1
19～80 周龄总产蛋重/kg	21.1

2. 海兰灰

美国海兰国际公司新培育的粉壳蛋鸡，其商品代生产性能见表 8-23。

表 8-23 海兰灰商品代生产性能

项目	生产性能
生长期(至 18 周)成活率/%	98
生长期饲料消耗/kg	6.1
高峰期产蛋率/%	94
产蛋率达 50%周龄/周	21～22
74 周龄入舍母鸡产蛋数/枚	305
80 周龄入舍母鸡产蛋数/枚	333
70 周龄平均蛋重/g	65.1

3. 星杂 444

星杂 444 是加拿大雪佛公司培育的三系配套杂交鸡，可以羽色自别雌雄。其 72 周龄入舍母鸡产蛋数为 260～280 枚，平均蛋重 61～63 g。

另外，国内培育的粉壳蛋鸡配套系还有：农昌 2 号、农大褐 2 号、B4、海花、洛白、冀育 2 号、农大 3 号粉等。

任务2.2 计算蛋鸡的生产性能

活动1 计算成活率与存活率

对雏鸡计算成活率，对成鸡计算存活率，实际内容相同，都是反映某一鸡群饲养一个阶段后存活鸡数的比率。

1. 雏鸡成活率

雏鸡成活率也称育雏率。通常计算育雏期结束后存活的雏鸡数占入舍雏鸡数的百分率。

雏鸡成活率＝(育雏期结束时的雏鸡数/入舍雏鸡数) × 100%

2. 育成率

育成率也称育成鸡成活率。通常计算18周龄(或20周龄)育成期结束时的雏鸡数占转入育成鸡舍雏鸡数的百分率。

7～18周龄(或20周龄)育成率＝(育成期结束时的育成鸡数/转入育成舍的雏鸡数) ×100%

3. 后备蛋鸡育成率

通常计算满18周龄(或20周龄)的育成鸡数占初生雏鸡的百分率。

4. 蛋鸡(种鸡)存活率

蛋鸡(种鸡)一般以21周龄开始为入舍时间，此时的母鸡称为“入舍母鸡”。蛋鸡大多饲养至72周龄，蛋用种鸡饲养至68周龄左右。蛋鸡存活率是按产蛋期满时的鸡数占入舍母鸡数的百分率。

产蛋期(21～72周龄)存活率＝(产蛋期满时的鸡数/入舍母鸡数)×100%

5. 产蛋期死淘率

产蛋期内死亡和淘汰的母鸡数占入舍母鸡数的百分比。

产蛋期死淘率＝(死亡母鸡数＋淘汰母鸡数)/入舍母鸡数×100%

活动2 计算产蛋量和蛋重

1. 产蛋量

产蛋量是蛋鸡最主要的经济性状，它很大程度上决定蛋鸡场的经济效益，反映产蛋水平的指标，一般用绝对值表示产蛋量，用相对值表示产蛋率。

(1)入舍母鸡产蛋数

入舍母鸡产蛋数(枚/只)＝产蛋期内全群产蛋总数/入舍母鸡数

(2)存活母鸡产蛋数

存活母鸡产蛋数(枚/只)＝产蛋期内全群产蛋总数/产蛋期内平均存活母鸡数

(3)入舍母鸡产蛋率

入舍母鸡产蛋率=(产蛋期内平均每天产蛋数/入舍母鸡数)×100%

(4)存活母鸡产蛋率

存活母鸡产蛋率=(产蛋期内累积产蛋数/产蛋期内累积存活母鸡数)×100%

在鸡场中经常计算的指标还有:平均每只蛋鸡的年产蛋数、月产蛋数;全群的年产蛋率、月产蛋率及日产蛋率等。

2. 蛋重

蛋鸡产蛋的水平用每只入舍母鸡的产蛋重最具代表性,全产蛋期的产蛋重量一般为17~20 kg。蛋的总重量是由产蛋量和蛋重来决定的。

(1)开产蛋重。蛋重以母鸡产的第1个蛋最小,以后随日龄渐增。开产日龄,个体记录是以第1个蛋的平均日龄计算,群体记录一般以存栏鸡日产蛋率达50%的日龄为鸡群的平均开产日龄,或称50%产蛋日龄。

(2)平均蛋重。母鸡在300日龄(42~43周龄)产的蛋,其重量与年平均产蛋的蛋重相近,一般以300日龄蛋重代表其平均蛋重。

(3)日产蛋重。估计一群鸡的产蛋水平常用日产蛋重,它能反映每只鸡的单产水平。

日产蛋重(g/只)=鸡群某时期产蛋率×某时期的平均蛋重

例如:一群存活母鸡5月份产蛋率为80%,平均蛋重为62.5 g,平均每只鸡的日产蛋重为多少?

日产蛋重(g/只)=80%×62.5 g=50 g

(4)产蛋总重。某时期或按21~72周龄或按饲养至500日龄,某群入舍母鸡平均每只的产蛋总重量,以千克表示。常用于估计某鸡种或某群鸡的产蛋潜力,也是蛋鸡随机样本测定比较的一项重要指标。

产蛋总重(kg/只)=鸡群某时期产蛋总量/入舍母鸡数

例如:一群10 000只入舍母鸡,至72周龄累计产蛋180 000 kg,平均每只入舍母鸡至72周龄产蛋总重为多少?

产蛋总重(kg/只)=180 000/10 000=18 kg/只

活动3 计算耗料量与料蛋比

1. 耗料量

有多种计算方法,如按100只鸡每天的耗料量或平均每只耗料量,或某阶段每只鸡平均耗料量。

2. 料蛋比

料蛋比就是每产1 kg的蛋所消耗的饲料千克数。

(1)产蛋期料蛋比指产蛋阶段每产1 kg蛋耗用的饲料千克数。

$$产蛋期料蛋比=\frac{产蛋期(或某时期)耗用的饲料}{产蛋期(或某时期)产蛋重量}$$

(2)全程料蛋比。在一个鸡场既养后备蛋鸡，又养产蛋鸡时，为全面衡量产蛋的饲料消耗，通常也采用全程料蛋比的计算方法。全程料蛋比是指全程(生长期+产蛋期)耗用的饲料千克数与产蛋千克数之比。

全程料蛋比=全程耗料(kg)/产蛋期产蛋总重量(kg)

活动4　计算受精率与孵化率

1. 受精率

一般计算的受精率为可见受精率(血圈、血线蛋按受精蛋计算)，即受精蛋占入孵种蛋的百分率。

受精率=受精蛋数/入孵蛋数×100%

2. 孵化率

孵化率即出雏率。

(1)受精蛋孵化率。即出雏数占受精蛋数的百分率。

受精蛋孵化率=出雏数/受精蛋数×100%

(2)入孵蛋孵化率。即出雏数占入孵种蛋数的百分率。

入孵蛋孵化率=出雏数/入孵种蛋数×100%

(3)健雏率。即孵出的健康雏鸡占出雏总数的百分率，健雏率越高，表明孵化成效越高。

任务2.3　孵化鸡苗

孵化工作是蛋鸡生产技术中的关键环节之一。孵出的鸡雏健康与否直接影响以后的鸡场生产水平。

活动1　选择、保存和消毒种蛋

1. 种蛋选择

种蛋必须来自健康无病的鸡群。种蛋在入孵前一定要经过严格筛选。

(1)形状大小。种蛋应是标准的椭圆形，一般横径4.3 cm左右，竖径5.5～6.0 cm，过长、太圆、两头尖的不能作为种蛋用。蛋形指数(指蛋的短径与长径的比)0.72～0.76。

种蛋大小因品种不同，重量上有一定差别。白壳蛋较小，蛋重为50～61 g；褐壳蛋较大，蛋重为55～65 g；太大、太小都不适宜作为种蛋。在生产实践中，25周龄以前初产期的鸡蛋不能作为种蛋用。

(2)新鲜度。孵化用的种蛋应是新鲜种蛋，蛋壳颜色要符合品种要求。存放时间较久的种蛋，蛋壳色泽污暗、陈旧。用照蛋器检查，新鲜种蛋气室较小，蛋黄居中；陈旧蛋的蛋黄上浮，贴近蛋壳，而且气室较大。

种蛋的选择

(3)蛋壳质量。蛋壳厚薄要适当，红壳蛋稍厚些，0.35～0.38 mm，白壳蛋薄些，0.33 mm 左右。蛋壳太厚，壳质致密，气孔少，孵化中期尿囊膜水分不易蒸发，雏鸡啄壳困难，胚胎容易死亡。蛋壳太薄容易碎。种蛋蛋壳不能有沙皮或裂纹。选择时一手抓两个种蛋，转动手指，轻轻碰撞，好蛋声音清脆，破蛋可听到破裂声。

种蛋的保存

2. 种蛋保存

保存种蛋要求条件合适，方法得当，才能保证种蛋的质量，否则即使是优良种鸡产的受精蛋，也不一定能获得理想的出雏率。

(1)温度。种蛋贮藏室的墙壁应是夹层，内壁贴保温软木砖或喷保温塑料，要安装自动控温装置，保证室内温度为 13～15 ℃。

(2)相对湿度。种蛋贮藏室的相对湿度应保持在 75%～80%。

(3)种蛋转换位置。需较长时间贮藏的种蛋，需要隔 3～5 d 转换一下种蛋位置，使蛋黄能保持在蛋的中间位置。

(4)贮藏时间。孵化用的种蛋越新鲜越好。春季气温较低，种蛋贮藏时间可稍长点，但是不要超过 10 d；夏季种蛋贮藏时间最好不要超过 5 d；冬季在不遭受冻害情况下，最长可以贮藏 15 d。

种蛋的消毒

3. 种蛋消毒

种蛋消毒的目的是杀灭蛋壳上的有害微生物，避免这些病原微生物引起各种疾病。种蛋保存前和入孵前，必须各进行 1 次严格消毒。

(1)消毒时间　种蛋保存前消毒时间，最好在种蛋产出后 2 h 内进行。每次集蛋完毕就马上消毒，然后入库保存。种蛋不可在禽舍内过夜。种蛋入孵前的消毒时间，安排在入孵前 12～15 h 较好。

(2)消毒方法。种蛋消毒方法有熏蒸消毒法、药液喷雾消毒法、药液浸泡消毒法、紫外线消毒法及臭氧发生器消毒法等，生产中常用的是福尔马林熏蒸消毒法。

①熏蒸消毒法。

福尔马林熏蒸消毒：一般在种蛋码盘后，立即把蛋架车推入熏蒸室或孵化机内进行熏蒸，按每立方米空间用福尔马林 28 mL、高锰酸钾 14 g，密闭熏蒸 30 min。为了节约消毒药品，可用塑料布封罩蛋架车进行熏蒸。福尔马林气体对早期胚胎发育不利，应避免在入孵后的 24～96 h 内进行熏蒸。

过氧乙酸熏蒸消毒：每立方米用含 16%的过氧乙酸溶液 40～60 mL、高锰酸钾 4～6 g，熏蒸 15 min。稀释液现配现用，过氧乙酸应在低温下保存。

②药液喷雾消毒法。

新洁尔灭药液喷雾：新洁尔灭原浓度为 5%，加水 50 倍配成 0.1%的溶液，用喷雾器喷洒在种蛋的表面(注意上下蛋面均要喷到)，经 3～5 min，药液晾干后即可入孵。

过氧乙酸溶液喷雾消毒：用 10%的过氧乙酸原液，加水稀释 200 倍，用喷雾器喷于种蛋表面。过氧乙酸对金属及皮肤均有损害，用时应注意避免用金属容器盛药和勿与皮肤接触。

③药液浸泡消毒法。

碘液浸泡：把种蛋置于 0.1%碘溶液中浸泡 0.5～1 min，药液温度保持在 37～40 ℃，取出晾干即可装盘入孵。碘液的配制：1 000 mL 水中加碘片 10 g，碘化钾 15 g，研碎溶解后倒入 9 000 mL 清水，即成为 0.1%的碘液。溶液温度 43～50 ℃。经数次浸泡种蛋的碘液，其浓度逐渐降低，适当延长浸泡时间(1.5 min)，浸泡10次更换新液，才能达到良好的消毒效果。

高锰酸钾溶液浸泡：将种蛋浸泡在0.5%的高锰酸钾溶液中1～2 min，取出晾干入孵。

采用药液浸泡消毒法，要注意水温和擦洗方法，切勿使劲擦拭蛋面，避免破坏蛋面胶护膜的完整性。浸泡时间不能超过规定时间，以免影响孵化效果。

④紫外线及臭氧发生器消毒法。

紫外线消毒：安装40 W紫外线灯管，距离蛋面40 cm，照射1 min，翻过种蛋背面再照1次即可。

臭氧发生器消毒：把臭氧发生器装在消毒柜或小房内，放入种蛋后关闭所有气孔，使室内的氧气变成臭氧，达到消毒的目的。

活动2　胚胎发育需要的条件

受精蛋在母鸡体内没产出之前胚胎就已经发育了，产出后由于外界温度低于母鸡体内温度，种蛋胚胎暂时停止发育。要使受精蛋继续发育成雏鸡，必须在孵化时给种蛋以合适的温度、湿度、空气等条件，才能孵化出健康的雏鸡。

家禽的胚胎发育观察

1.最适孵化温度

孵化的供温标准与种禽的品种、蛋的大小、孵化机类型、不同日龄的胚胎、孵化季节等有关。立体孵化低于平面孵化，胚龄大的低于胚龄小的，夏季低于早春或晚秋。一般最适宜的孵化温度为37.5～38.2 ℃，在出雏机内的出雏温度为37.3 ℃。采用整批孵化，温度掌握的原则是前期高、中期平、后期低，采用变温孵化，鸡胚各日龄适宜温度见表8-24。

表8-24　整批入孵鸡胚各日龄适宜温度　℃

室温	1～5胚龄	6～12胚龄	13～19胚龄	20～21胚龄
15～20	38.8	38.3	38.1	37.2
20～25	38.3	38.1	37.8	37.2
25～30	38.1	37.8	37.5	37.5

如采用分批孵化时，应每隔5～7 d上一批种蛋，“新蛋”和“老蛋”的蛋盘交错放置，以相互调节温度。第1～19天温度保持在37.8 ℃，第20～21天为37～37.5 ℃。

一般情况下，孵化室和出雏室的温度要保持在22～24 ℃。

2.相对湿度

(1)湿度对胚胎发育的影响。适宜的孵化湿度可使胚胎初期受热均匀，后期散热加强，既有利于胚胎发育，又有利于破壳出雏。

(2)湿度的控制。鸡蛋分批孵化时，相对湿度应保持在50%～60%，出雏时为65%～70%；整批孵化时湿度应掌握“两头高，中间低”的原则，孵化初期相对湿度为60%～70%，中期相对湿度为50%～55%，后期相对湿度为65%～70%。

出雏机内的相对湿度要求比孵化机内的高，一般为70%～75%。孵化湿度是否正常，可用干湿球温度计测定，也可根据胚蛋气室大小、失重多少和出雏情况断定。

3.通风换气

胚胎发育过程中，种蛋的气室通过蛋壳上的微细气孔与外界进行气体交换。随着孵化日龄的增加，胚胎发育的增大，气体代谢逐渐加强。第19天以后，胚胎开始用肺呼吸，产生二氧化碳增多，更加需要新鲜空气。此时必须进一步加强孵化室和孵化器的通风换气，保证氧气供应，一般孵化机内氧气含量为21%，二氧化碳含量为0.5%。

一般孵化器上安装的风扇电机为4级电机，风扇转数要达240 r/min，气孔全部开放，才能保证孵化器的通风量。有时孵化器连续使用，风扇皮带磨损、松弛，则风扇转速不够，必须注意更换电机皮带，并定时为皮带打油，避免风扇丢转而造成通风量不足。在孵化操作中，在保证所需温度情况下，孵化室也应尽量通风。

4.翻蛋

为了防止孵化初期蛋黄上浮贴近蛋壳，使种蛋受热均匀，孵化期内必须定时翻蛋，一般以2 h翻蛋1次为好。机器孵化一般孵化到第18天后，种蛋移入出雏器，就不用翻蛋。机器孵化法可将种蛋翻90°，平面摊床孵化可把种蛋翻转180°。

5.凉蛋

(1)凉蛋作用。凉蛋的目的是更换孵化机内的空气，排出蛋内污浊的气体，供给新鲜空气，保持适宜的孵化温度。同时用较低的温度来刺激胚胎，促使胚胎发育并增加将来雏鸡对外界气温的适应能力。在炎热的夏季，整批入孵的鸡蛋到后期，即使超温也要凉蛋。

(2)凉蛋方法。一般每天上午、下午各凉蛋1次，每次20～30 min。方法是从孵化器中把蛋车拉出，每天2次。凉蛋时间的长短，应根据孵化日期及季节而定，还可根据蛋温来定，一般用眼皮来试温，即以蛋贴眼皮，感到微凉(31～33 ℃)就应停止凉蛋。夏季高温情况下，应增加孵化室的湿度后再凉蛋，时间也可长些。

活动3 孵化操作

1.码盘入孵

(1)码盘。将种蛋码放在蛋盘或特制蛋托上，称为码盘。机内为固定蛋盘架的，应根据每批入孵种蛋的数量，抽取机内前后、左右容量相当的本期蛋盘进行码盘，避免一侧偏重造成转蛋困难或引起生产事故。码盘时一般种蛋大头朝上，不可倒置。不同来源、品种、蛋重的蛋最好分别码盘，码盘后要登记入孵的盘数和蛋数。

(2)入孵。将码好的蛋盘插进机内蛋盘架上，或将蛋架车推入机内，称为上蛋，又称入孵。

入孵前种蛋须进行预热。这在寒冷季节或用较低温度保存时更为必要。当蛋保存在18 ℃的蛋库中，应预热至22 ℃左右，一般须经6 h以上。种蛋保存环境温度越低，预热的时间越长，预热的必要性越大。在较低温度下保存的蛋，如不经预热即入孵，蛋的表面会凝出水珠，机温上升很慢，胚胎受到突然的温度变化，发育也会受到影响。

2.温度调节

孵化机控温系统在入孵前已经校正、检验并试机运转正常，不要随意变动。调节一定要将温度调准，也就是调定到孵化要求的温度。但温度很难绝对恒定，多少都有一些变化，如孵化温度精度为±0.2 ℃，则孵化温度的变动允许范围为在 37.5～37.9 ℃，在此范围内不必调节。温度调定后，要观察一段时间，其升降的幅度不超过允许的范围，并且一直保持平稳即为合格。孵化期间除调整温度调节器(或凉蛋操作)外，不允许打开机门，以保持机温的稳定。

3.湿度调节

自动化程度较高的孵化机，可通过控制增湿装置，保持机内所需的相对湿度。普通孵化机靠水盘的蒸发来供湿，这就需要根据季节、空气湿度、胚胎不同发育阶段的要求，通过增减水盘的数量、改变加水的水温等办法，在一定范围内调节湿度。如用水盘尚不能达到所需湿度，可向孵化室地面洒水等办法来增湿。只有保持机内适宜水平的相对湿度，机温才比较一致。如机内相对湿度偏低，机内各点温差会相对较大。

4.换气

如机内只有一批蛋，在孵化前 2～3 d，特别是在冷天室温较低时，可将机内进、出气孔全闭，使机温早点升至预定温度，以后逐渐打开。在气温和室温较高时，或进行分批孵化，入孵后即应将进、出气孔全开，以保证机内必需的换气量。

5.翻蛋

自动孵化机的翻蛋角度和时间都比较有保证。使用人工翻蛋的孵化机，每天翻蛋的次数不少于 6～8 次，每次翻蛋的角度要符合规定的要求。

6.照蛋

照蛋有两个目的：一是挑出未受精蛋、死胚等；二是检查胚胎发育情况并为移盘做准备。通常在鸡胚 5 胚龄进行一照，18～19 胚龄时进行二照，在 11 胚龄时进行部分抽验。

照蛋

一照目的是剔除无精蛋、死胚蛋、破壳(图 8-1)。通常鸡胚在 5 胚龄左右，正常的胚蛋整个蛋红色，胚胎发育像蜘蛛形态，其周围血管分明，扩散面占蛋体 4/5，并可看见黑眼点。无精蛋蛋内发亮，只见蛋黄稍扩大，看不见血管和胚胎。第 11 天照蛋尿囊血管应在蛋的小端合拢；二照是入孵后第 18 天落盘前照蛋，蛋的小端应不透亮，气室呈倾斜状，如这些症状适时出现，则表明胚胎发育正常。如过早、过晚出现，则反映孵化温度偏高或偏低，或种蛋品质不良，应查明原因及时采取措施。

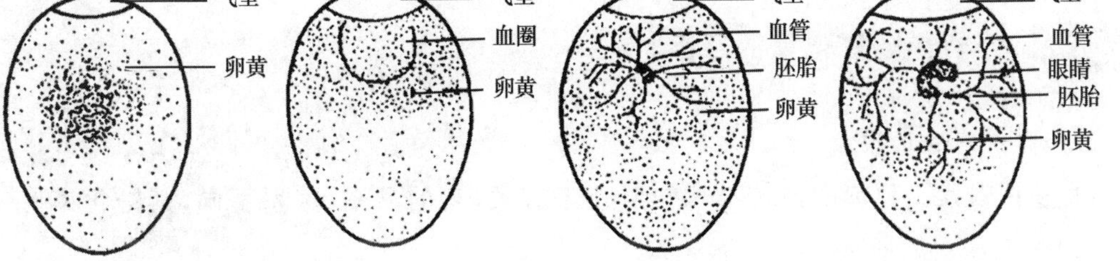

1　2　3　4

1.无精蛋　2.死胚蛋　3.弱精蛋　4.正常蛋

图 8-1　鸡胚一照发育特征示意图

7.落盘

一般在孵化第 18～19 天，将胚蛋由孵化机的蛋盘转移到出雏机的出雏盘内，这一过程称为落盘或移盘。落盘时出雏机与出雏盘应洁净并已消毒。落盘时室温应稍高，不宜低于27 ℃。用人工落盘，操作者应将手洗净，落盘动作要轻捷，尽可能短的时间内完成，避免造成胚蛋的破损。蛋落到出雏盘内，密度要适中，太密影响出雏；最上层出雏盘加网罩，以防雏鸡窜出。

8. 拣雏

出雏期内用纸遮住观察窗。一般要拣雏3次，拣出肚脐已收缩好，绒毛大部分干的雏鸡。在拣雏后期，应将非正常雏拣出另放。拣雏同时拣出蛋壳。对个别发育已成熟，因粘连等原因出雏困难的雏鸡，壳膜发黄，绒毛已干时，可进行人工出壳。

9. 停电应急措施

孵化室内应安装供电指示或停电报警装置。一遇停电，先拉开电闸，立即开动自备发电机。如无后备电源，预知停电时间不长，在1 d之内，可将室温保持在22 ℃以上；如超过1 d，应将室温提升到26～28 ℃。在室温低时，不打开机门，每15～30 min翻蛋一次，以免上层胚蛋受热。在室温提升后可打开些机门，使机内上层温度不致过高，转蛋次数转为正常。机内如有后期胚蛋可提前落盘，尽可能进一步提高室温，或放进大瓶热水提高机温。此时胚蛋如受凉，会严重影响出雏。

10. 孵化记录

每次孵化应将上蛋日期、蛋数、种蛋来源、历次照蛋情况、孵化结果、孵化期内的温度变化等记录下来（表8-25），以便统计孵化成绩或做工作总结时参考。此外，应编制孵化日程表。

表8-25 孵化记录表

批次	上蛋日期	无精			中死			死胎	破蛋	出雏			受精蛋数	受精率	受精蛋孵化率	入孵蛋孵化率
		一照	二照	合计	一照	二照	合计			健雏	弱雏	合计				

活动4 分析影响孵化率的原因

1. 与种鸡有关的因素

(1)遗传因素。种鸡的遗传结构与孵化率有关，鸡的品系、家系不同，其孵化率有一定差异。

(2)种鸡年龄。母鸡刚开产时孵化率低，孵出的雏鸡也弱小。母鸡在8～13月龄时产的蛋，孵化率最高，而后随年龄增长逐渐下降。产蛋量与孵化率呈正相关，鸡群产蛋量高时，孵化率也高。影响产蛋量的因素也影响孵化率。

(3)种鸡的营养。种鸡饲料中如缺乏维生素A，则孵出的雏鸡或瞎眼或有眼疾；缺乏核黄素，孵出的雏鸡一出壳就显现出趾爪踡曲麻痹症；缺乏锌，孵出的雏鸡绒毛发育不良。

(4)种鸡健康状况。种鸡感染蛔虫、鸡白痢、鸡霉形体病等均影响孵化率,有些疾病如白痢、霉形体病等,又可经蛋传染,尤应注意。

2.与种蛋有关的因素

(1)种蛋保存时间。种蛋保存超过 7 d,或保存期间环境相对湿度偏低,都会引起残雏增多。

(2)种蛋形态构造。如蛋重、蛋形、蛋壳质量等均与孵化率有关。过大的蛋孵化前期胚胎感温和后期散温不良,孵化率降低。蛋壳薄时不仅易碎,蛋内水分蒸发也过快,破坏正常的物质代谢,孵化率也低。

(3)种蛋污染情况。如用窝外蛋、脏蛋孵化,种蛋内存在传病源;种蛋或孵化机具消毒不严;孵化厅卫生状况不良或臭蛋在机内爆裂,都会使鸡胚感染病原,而在孵出时出现较多的病雏、弱雏与死雏。

3.与环境有关的因素

(1)气温。夏季高温时,种鸡的活力低,种蛋保存条件差,蛋白稀薄,孵化率低。相反,冬季气温低时,鸡的活力也低,如种蛋受冻,则孵化率降低。

(2)海拔高度。海拔越高,气压越低,空气含氧量越少,因而孵化时间长,有达 25 d 出雏的,孵化率也低。海拔超过 1 000 m 以上的地区,应选育孵化期短的品系或采取往孵化机内输氧的措施,以提高孵化率。

4.与孵化条件有关的因素

(1)温度发生偏差。由于机械问题、孵化机不良,孵化室与出雏室通风或环境控制不当,都会造成孵化温度发生偏差。若机内气流不畅,形成一些热点与凉点,就会产生某些畸形雏,如小而湿的雏、脐部未闭合、交叉喙、绒毛粗短、凸脑雏等。

(2)湿度控制不当。当机内相对湿度过高时,就会出现一些雏鸡身上黏有蛋白,或者大而软,有的膝关节发红。这是因为机内湿度高,蛋内水分未能很好地向外蒸发。

(3)转蛋不当。如在孵化的前 2 周,未能按时转蛋或转蛋次数、角度不够,会发生雏与内壳膜粘连,造成残翅或其他畸形。

任务2.4　蛋用雏鸡的饲养与管理

活动1　认识雏鸡的生理特点

1.体温调节机能不完善

初生雏的体温较成年鸡体温低 2～3 ℃,4 日龄开始慢慢地上升,到 10 日龄时才达成年鸡体温,到 3 周龄左右,体温调节机能逐渐趋于完善,7～8 周龄以后才具有适应外界环境温度变化的能力。

2.生长迅速,代谢旺盛

蛋用型雏鸡 2 周龄的体重约为初生时体重的 2 倍,8 周龄约为 15 倍。雏鸡代谢旺盛,心跳快,脉搏数可达 250～350 次/min,所以在饲养上要满足营养需要,管理上要注意不断供给新鲜空气。

3. 羽毛生长快

幼雏的羽毛生长特别快，在3周龄时羽毛为体重的4%，到4周龄便增加到7%，其后大体保持不变。从孵出到20周龄羽毛要脱换4次，分别在4～5周龄、7～8周龄、12～13周龄和18～20周龄。羽毛中蛋白质含量为80%～82%，为肉、蛋的4～5倍。因此，雏鸡对日粮中蛋白质（特别是含硫氨基酸）水平要求高。

4. 胃的容积小，消化能力弱

幼雏消化系统发育不健全，胃的容积小，进食量有限。同时消化道内又缺乏某些消化酶，肌胃研磨饲料能力低，消化能力差，在饲养上要注意饲喂纤维含量低、易消化的饲料。

5. 敏感性强

幼雏对饲料中各种营养物质缺乏或有毒药物的过量，会反映出病理状态。

6. 抗病力差

幼雏由于对外界环境的适应性差，对各种疾病的抵抗力也弱，稍不注意饲养和管理，极易患病，这与它生理结构有一定关系。

7. 群居性强、胆小

雏鸡喜欢群居，胆小，缺乏自卫能力，如受外界刺激便鸣叫不止，因此育雏环境要安静，防止各种异常声响和噪声以及新奇的颜色入舍内。还应有防止兽害的措施。

活动2 雏鸡的饲养与管理

1. 育雏前的准备

(1)育雏舍。育雏舍专门饲养0～7周龄的雏鸡。因为这阶段要供温，室温要求为20～25 ℃，不能低于20 ℃，因此育雏舍要求保温性能好，要有一定通风，但气流不能过速，以既保证空气流通又不影响室温为宜。育雏舍离其他鸡舍的距离至少应有100 m，有条件的地方不与其他鸡混养同一场内，这样可减少疾病传染的机会。

(2)设备。有好的管理也应有相应的设备，设备根据需要而设置，现代养鸡方式采用一段式和分段式两种。一段式：从孵出1日龄开始到育成期结束为止，始终养在同一鸡舍内，因此这种鸡舍既是育雏舍又是育成舍。分段制：将雏鸡和育成鸡单独分开饲养。

一段式和分段制都必须有以下设备。

①供热器：育雏所需要的热能由各种不同热源提供，主要用煤、电、天然气等。

②育雏器护板：是平养育雏时，为防止雏鸡远离热源，围绕育雏器周围而设置的一种设备。护板高30～45 cm，距热源的距离冬季约为75 cm，夏季约为90 cm。当雏鸡熟悉热源之后，逐渐扩大护板面积，6～9 d后即可撤离。

③伞形育雏器：可用木板、纤维板或铁皮等材料制成，在伞罩内上部有加热器。伞罩可使热量向下辐射，温度集中，可省燃料，且育雏效果好。伞下所容雏鸡数，要根据伞的面积和高度而定，一般可容纳300～1 000只(表8-26)。

表 8-26　电热伞形育雏器的容鸡只数

伞罩直径/cm	伞高/cm	容纳 2 周龄以下鸡数/只
100	55	300
130	60	400
150	70	500
180	80	600
240	100	1 000

注：2 周龄后酌情减少 20%的雏鸡数。

育雏伞要随雏鸡日龄增长而逐渐升高，雏鸡只需室温即满足需要时，育雏伞可撤离或悬吊高空，以减少占地面积。

④照明灯：照明灯又称吸引灯，在育雏伞下安装一电灯，使雏鸡集中在热源伞下，能取暖同时可以采食和饮水。1 周以后雏鸡熟悉环境后即可关闭。

⑤食槽：要求食槽光滑、平整，鸡采食方便但不浪费饲料，便于清刷和消毒等。槽的高度要合适，通常食槽上缘比鸡背约高 2 cm，蛋用型鸡不同日龄所需食槽长度如表 8-27 所示。

表 8-27　蛋用型鸡所需食槽长度

周龄	食槽种类	
	槽式	吊桶式
1～4	2.5 cm/只	1 个/35 只
5～10	5.0 cm/只	1 个/25 只
11～20	7.5 cm/只	1 个/20 只

食槽可用木板、镀锌薄铁板或硬塑料板制成，种类较多，现代鸡场多采用以下几种。

链式喂饲机：主要由饲料箱、驱动箱、链环、长饲槽、转角轮、清洁器支架等组成。

弹簧式螺旋喂饲机：是一种固定式喂饲料机，转速居中，特别适用于平养育雏和育成鸡，也可用于平置式笼养，目前国外应用较广泛。

塞盘式喂饲机：是目前常采用的一种，由一根直径为 5～6 mm 的钢丝绳和塑料塞盘组合而成。

⑥饮水器：种类很多，根据鸡的大小和饲养方式而定，但都要求容易清洗，不漏水，不污染等特点。常用的饮水器有以下几种。

真空饮水器：多采用聚乙烯塑料制成，广泛用于平养和笼养第 1 周的雏鸡，筒容量 1～3 L，盘直径 160～220 mm，槽深 25～30 mm，可供 70～100 只雏鸡饮水。

杯式饮水器：平养时雏鸡阶段每杯可供 33 只使用，育成鸡每杯可供 10～12 只使用，使用时要求有一定水压。

乳头式饮水器：国外普遍采用的一种饮水器，我国部分鸡场也逐步采用，它有利于防疫和节水，还可减轻清洗水槽的劳动强度。

2. 制订育雏计划

根据本场的具体条件而制订和落实育雏计划，每批进雏数应与育雏鸡舍、成鸡舍的容量大体一致。一般育雏育成舍和成鸡舍比例为 1∶2。不要盲目进雏，否则数量多、密度大、设备不足、饲养管理不善影响鸡群的发育，增加死亡率。

一般进雏数决定于当年新母鸡的需要量，在这个基础上再加上育成期间死亡淘汰数，即是需要进入的雏鸡数。

例如：今年需留新母鸡 8 000 只，计划雏鸡到育成鸡总成活率达 90%，则 8 000÷90%=8 888.9 只；购入的初生雏中雌雄鉴别准确率为 97%，则 8 888.9÷97%=9 163.8 只，初步估计应进初生母雏 9 170 只。

3.饲料和垫料的准备

按雏鸡的营养需要配合好饲料，料要新鲜，防止霉变。

垫料是指育雏室内各种地面铺垫物的总称。在平面育雏（硬质地面）时一般采用垫料，要求干燥、清洁、柔软、吸水性强、灰尘少。常用的有稻草、麦秸、碎玉米轴、锯木屑等。优质的垫料对雏鸡腹部有保温作用。

据报道，用旧报纸作为垫料，其效果不低于锯木屑，表现在饲料转化率高，死亡率低和体重快。使用时，将报纸切成小碎片，大小应小于 5 cm×5 cm 以防结块。

4.消毒和预热

在进雏前 2 周，舍内必须进行清洗和消毒。清洗和冲刷用水压为 4.0 kg/cm^2 的高压水龙头，冲洗鸡舍地面、四周墙壁、屋顶、鸡笼及用具等，待晾干后用消毒药进行喷雾，最后将鸡舍密闭进行熏蒸。熏蒸可用福尔马林和高锰酸钾，也可用过氧乙酸，药的浓度根据鸡舍污染程度而定；熏蒸时室内温度为 15～20 ℃，相对湿度在 60%～80%，熏蒸时间一般为 12～24 h。

预热：在进雏前 1～2 d，育雏器、育雏笼及室内温度应达到标准要求。

5.育雏时间的选择

在现代化的鸡场，一般都采取密闭鸡舍育雏，这就打破了育雏受季节的限制。在我国，特别是广大农村因受电力等诸多因素的影响，相当一部分鸡场采用开放式鸡舍饲养。开放式鸡舍以春季育雏最好，春季育雏雏鸡生长发育迅速，体质健壮，可在当年 9 月开始产蛋，第 1 个产蛋期长，全年产蛋量高。开产后的高产期正是冬季鲜蛋市场淡季。但种用雏鸡的育雏季节不宜过早，以便在大批产蛋时均作为种用。夏季育雏雏鸡的食欲不佳，阴雨连绵易患球虫，到了成鸡阶段产蛋高峰不高，全年产蛋量不如春雏多。秋季育雏雏鸡生长发育缓慢，成鸡时体尺体重不足，产蛋量不高，蛋重较轻。冬季育雏雏鸡体质不良，育雏费用较高。

6.育雏的方式和供暖设备

(1)育雏方式可分为立体笼式育雏和平面育雏两大类。

①立体笼式育雏。国外养鸡业发达的地区，90%以上蛋鸡都采用笼育，我国也应用广泛。笼育方式又分为以下几种。

电热育雏器。这是一种三阶段饲养的育雏保温器，属于叠层笼养设备。它由一组电加热笼、一组保温笼和四组运动笼等三部分组成。目前常采用四层叠层笼，该设备育雏饲养密度比平养提高 3 倍以上。饲养量 1～15 日龄达 1 400～1 600 只，16～30 日龄为 1 000～1 200 只，31～45 日龄为 700～800 只。

育雏育成笼。除电热育雏器笼养外，还有一种育雏育成鸡在同一舍内笼养。采用四层阶梯式，中间两层笼先育雏，育雏结束后，分匀移至上下另两层，可以减少转群造成的伤亡。育雏保温靠锅炉气暖。

目前多数育雏笼和育成笼分开，在育雏舍和育成舍饲养。四层叠层式，底网不倾斜，网眼较小一般为 12 mm×12 mm，开始几周铺垫塑料网片。金属网丝直径 2～2.5 mm，侧网、后网的网眼均为 25 mm×25 mm，前网栅栏间距应能在 20～35 mm 调节。

②网上育雏。将雏鸡养在离地面 50～60 mm 高的铁丝网上，网的结构分网片和框架两部分，网片采用直径为 3 mm 冷拔钢丝焊成，并进行镀锌防腐处理，网片尺寸应与框架相匹配。网孔尺寸为 20 mm×80 mm，也可采用 20 mm×100mm。框架是支撑网片的承重结构，四周通梁采用槽形薄壁钢焊接而成，加强梁为扁钢。

鸡的网上平养

③地面平养。根据房舍的不同，可用水泥地面、砖地面、土地面或炕面育雏，地面上铺设垫料，室内设有食槽、饮水器及保暖设备，此种方式占地面积大、管理不方便、雏鸡易患病，所以只适用于小规模、暂无条件的鸡场。

(2)供暖设备。雏鸡一般在 0～7 周龄都需人工给温，给温的设备归纳有以下几种。

①热风炉。是以煤等为原料的加热设备，在舍外设立的热风炉，将热风引进鸡舍上方或采用正压将热风吹进鸡舍上方，集中预热育雏室内空气，效果较好。

厚垫料地面平养

②锅炉供暖。分水暖型和气暖型。水暖型主要以热水经过管网进行热交换，升温缓慢，但保温时间长，鸡舍内温湿度适宜，操作安全。气暖型升温快，管网以气进行交换，鸡舍内空气较干燥，降温也快。育雏供温以水暖型为宜，如网上平养，供暖系统可设置在网下，热空气上升.正适宜雏鸡需要。

③红外线供暖。红外线发热原件有两种主要形式，即明发射体和暗发射体，两种都安装在金属反射罩下。明发射体所用灯泡为 250 W。可供 100～250 只雏鸡保温。暗发射体(红外线板或棒)只发出红外线不发可见光，因此使用时应配一照明灯。暗发射体的功率为 180～500 W 或 500 W 以上。红外线离地面高度视季节及雏鸡日龄而定，寒冷季节离地面约为 35 cm，炎热天气离地面 40～50 cm. 饲料和饮水器不应放在发热体的正中。明发射体的育雏数与室温有关。用红外线灯育雏，因温度稳定，室内干净，垫料干燥，育雏效果良好，但耗电多，灯泡质量差易碎，故成本高。一些地区用暗发射体代替明发射体取得良好效果。

④煤炉供暖。这是我国，特别是北方地区，常用的供暖设备，燃料用煤球、煤块、煤饼均可。保温良好的房舍，20～30 m^2 设一个炉即可。虽费人力，温度不稳定，室内空气易污染，但因燃料易得，所以在我国一部分鸡场仍然采用。

7.初生雏的技术处理

雏鸡在孵出后必须在 24 h 内进行雌雄鉴别，注射马立克病疫苗。有的鸡场还要进行剪冠和断趾。剪冠方法是，用弯剪紧贴雏鸡冠子的基部，全部剪掉冠峰的部分。断趾是根据编号要求，用电烙铁断掉初生雏左趾或右趾的第一关节。

8.初生雏的选择和运输

雏鸡的雌雄鉴定

(1)初生雏的选择。雏鸡生长是否良好与孵化场供应的雏鸡质量密切相关。应从种鸡质量好、鸡场防疫严格、出雏率高的鸡场进雏鸡。选择同一批孵化、按期出雏的鸡成活率高，易饲养。从外观上要选择绒毛光亮、整齐、大小一致、初生重符合品种要求的雏鸡。检查腹部应柔软，卵黄吸收良好，脐部愈合全，绒毛覆盖整个腹部。若脐部有出血痕迹或发红呈黑色、棕色者，腿、喙或眼残疾的均应淘汰。

(2)初生雏的运输。初生雏经过挑选与雌雄鉴别后就可起运。最好能在 48 h 内到达目的地，时间过长对雏鸡的生长发育有较大影响。运输雏鸡有专用的运雏箱，材料由硬纸和塑料制成，箱外要注明品种、鸡数、出雏日期、运抵地址与单位，运输箱有整装式和折叠式。后者较方便，占面积小。运输箱四周与顶盖开有通风孔，箱内有隔板，防挤压，箱底可铺细软垫料，以减轻振动。

运输注意事项：运载工具可用飞机、火车、汽车与轮船等，运输时要注意防寒、防缺氧、防热、防晒、防淋、防颠簸振动等。若路程远，条件许可，途中最好检查雏鸡动态。

9. 初生雏的饲喂技术

(1)饮水。一日龄雏鸡第 1 次饮水称为初饮，一般在毛干后 3 h 即可接到育雏室，给予饮水。国外有材料介绍，初饮时在水中加 8% 葡萄糖，饮足 12 h，同时加抗生素、多维电解质营养液，有良好效果。电解质溶液配比如下：硫酸铜 19%、硫酸亚铁 6%、硫酸锰 0.5%、硫酸钾 8.5%、硫酸钠 8.0%、硫酸锌 0.5%、糖 57.5%，混匀后溶于水中。幼雏初饮后，无论何时都不应该再断水。饮水器每天要刷洗并应更换 1～2 次，饮水器要充足，初饮时 100 只幼雏至少应有 2～3 个 4.5 L 大小的真空饮水器，并均匀分布在鸡舍各部，饮水器随鸡日龄增大而调整。立体笼育开始在笼内饮水，1 周后应训练在笼外饮水；平面育雏随日龄增大而调整高度。初饮的水温保持与室温相同，1 周后直接用自来水即可。

(2)开食。雏鸡第 1 次吃食称为开食，试验证明在孵出后 24～36 h 进行为宜，这时已有 60%～70% 的雏鸡有啄食表现。开食的方法：将准备好的饲料撒在反光性强的硬纸、塑料布或浅食槽内，当一只鸡开始啄食时，其他鸡也模仿食之。据介绍，应在饮水 3 h 后再开食。开食用的配合料，可在料上面撒一层玉米碎粒，以每 100 只雏鸡用 450 g 配合料，料上面加玉米碎粒 450～750 g，有助于防止饲料黏嘴和因蛋白质过高使尿酸盐存积而糊肛。

雏鸡的饮水器和食槽在育雏室内分布应均匀，水槽、食槽间隔放。平面育雏开始头几天，水槽和食槽位置离热源稍近些，便于雏鸡取暖、饮水和采食。

10. 雏鸡的管理

(1)雏鸡早期死亡规律及其原因分析。根据资料统计，雏鸡早期死亡多发生在 10 日龄以前，随日龄增大，抵抗力增强，死亡率下降。通过监测死亡率来判断它是否超过预定的限额。幼雏健壮、饲养管理正常时，第 1 周的死亡率不应超过 0.5%。

雏鸡早期死亡主要有以下一些原因：①种蛋来自非健康鸡群，一些疾病经卵垂直传递后，使雏鸡致病，如鸡白痢、鸡霉形体病等；②孵化过程中因卫生不良，感染鸡胚，如脐炎等；③孵化条件掌握不当使幼雏脐部愈合不全；④幼雏运输不当，使其体质较弱；⑤育雏条件掌握不好，造成雏鸡死亡；⑥其他，如兽害、机械损伤致死等。

(2)培育雏鸡的主要条件。

①合适的温度。温度是首要条件，也是育雏的关键，必须严格而正确地掌握。育雏温度包括育雏室和育雏器的温度，室温比器温要低。如表 8-28 所示。

表 8-28　温度对育雏成效的影响　　℃

项目	日龄						
	0	1～3 日龄	2 周龄	3 周龄	4 周龄	5 周龄	6 周龄
适宜温度	35～33	33～30	30～28	28～26	26～24	24～21	21～18
高温极限值	38	37	34.5	33	31	30	29.5
低温极限值	27.5	21	17	14.5	12	10	8.5

从上表中明显看出，随雏鸡日龄的增加温度逐渐降低。育雏时温度高低的衡量方法除查看室内温度表外，主要是观察雏鸡行为和听雏鸡叫声。温度高，雏鸡远离热源，翅和嘴张开，呼吸数增加，发出吱吱吱的鸣叫声；温度低，雏鸡聚集一堆尽量靠近热源，并发出叽叽的叫声，因聚集成堆，在下层的鸡被压而窒息死亡；温度正常时，雏鸡活泼好动，吃食饮水都正常，在育雏室(笼)内分布均匀，晚上雏鸡安静而伸脖休息。夜间气温低，育雏温度比白天应提高 1～2 ℃。中型褐壳蛋鸡因羽毛生长速度晚于轻型蛋鸡，前期温度要求略高，以后与轻型蛋鸡温度相同。

②适宜的湿度。在正常情况下，相对湿度不像温度那样要求严格，可在极端情况下或与其他因素共同发生作用时，可能对雏鸡造成很大危害。雏鸡需要的适宜湿度范围如表 8-29 所示。

表 8-29　雏鸡的适宜相对湿度与极限值　　%

项目	日龄			
	0～10	11～30	31～45	46～60
适宜湿度	70	65	60	50～55
高湿极限值	75	75	75	75
低湿极限值	40	40	40	40

以上所给湿度范围要根据不同地区，不同季节而灵活掌握，一般在 10 日龄后要注意防止高温高湿和低温高湿。

加湿的方法很多，如室内挂湿帘，火炉上放水桶产生水汽，有的直接在地面洒水。如果水中添加消毒剂对鸡舍和雏鸡实行喷雾，既增加了湿度又对雏鸡进行了消毒。有人试验，不加湿组与加湿添加消毒剂组，10 日龄雏鸡成活率分别为 94.2%和 98.3%。

③注意通风换气。鸡舍通风换气的目的有：第一，满足雏鸡对氧气的需要和调节温度；第二，排除二氧化碳、氨、多余的水汽和羽毛屑(马立克病感染的重要来源)。

为使室内保持有新鲜空气就必须处理好温度和通风的关系，通风方法有自然通风和机械通风两种，密闭鸡舍多采用后者。

通风换气除与雏鸡的日龄、体重有关外，还要随季节、温度变化而调整。为了净化空气，国外有的采用空气过滤器和辐射灭菌等方法，净化率可达 80%～84%。

④适中的密度。每平方米面积容纳的鸡数称为饲养密度。密度过大，采食不均，强者多食，弱者少食，使整个雏群发育不整齐，易感疾病和啄癖，死亡率升高。密度小虽有利于成活和雏鸡发育，但不利于保温，且不经济，密度大小应随品种、日龄、通风、饲养方式等而调整。

⑤合理的光照制度。生产实践和科学试验都充分证明了光照对鸡的活动、采食、饮水、繁殖都有重要作用。光照分自然光照和人工光照两种。自然光照从光的强度、时间的长短在一

年四季都有较大差异，所以完全自然光照对雏鸡的生长和成鸡的生产将有较大的影响。必须加以调整、补充和严格控制。光照制度的制订根据不同鸡舍类型而不同。

密闭鸡舍光照方案：1～3 日龄或者到 1 周龄为 24～23 h，2～18 周龄恒定为 8～9 h，19 周龄开始渐增至 14～16 h。一般不超过 17 h。

开放式鸡舍光照方案　应根据出雏的日期、季节、地理位置不同来制订不同的方案。1 周龄光照制度基本同密闭鸡舍，从 2 周龄起有以下两种方案。

第一种为利用自然光照。在我国从 4 月 15 日至 9 月 1 日孵出的雏鸡，其生长阶段的后半期处于日照逐渐缩短时期，只要日照不少于 10 h，可完全利用自然光照。

第二种是人工光照与自然光照相结合的方法，适用于每年 9 月 1 日到翌年 4 月 14 日出雏的生长鸡。在具体实施中。又可分为恒定和渐减两种光照制度。

恒定光照制度：查初生到 20 周龄的日期，以此期间的最长日照时间为准。如孵出之日为 10 月 21 日，雏鸡达到 20 周龄时的日期为 3 月 11 日，此时日照为 12 h，而 10 月 21 日的日照为 10 h 54 min，不足的光照时间采用人工补充，以后如日照延长，可递减人工光照时间，总之，自然光照加人工光照的时间在雏鸡生长期应稳定在 12 h，20 周龄后按成年鸡的光照方案处理。

渐减光照制度：查表可知雏鸡达到 20 周龄的日期和此时的日照时数，然后加人工光照 5 h，以后每周又递减，至 20 周龄时刚好将原增的 5 h 减完。如孵出之日为 2 月 1 日，到 20 周龄的日期为 6 月 22 日，此时日照为 15 h＋5 h（人工光），共 20 h，以后每周减少人工光照 15 min，到 20 周龄时正好减去 5 h。

以上两种光照制度的优缺点：据试验认为恒定光照制度实行较易，但控制性成熟效果不如后者；渐减光照制度在生产中实行不太方便，但效果优于前者。

光照强度：刚孵出的小鸡视力弱，为了活动、觅食、饮水方便，光照强度可大些。如为密闭鸡舍，第 1 周用 10～30 lx，从 2 周龄开始改为 5 lx。强度的控制有三种方法：一是改变灯泡瓦数；二是控制开灯数量；三是用调压变压器控制，如需强度大，可将电压调高些，增加亮度。

影响光照强度的因素还有是否装灯罩和灯泡清洁度等。脏灯泡发出的光大约比干净灯泡少 1/3。安装反光罩比不用反光罩的光照强度大 45%，25 W 灯泡加反光罩后光照效果相当于 36 W 灯泡。目前国际上一般使用直径为 25～30 cm 的伞形反光罩。

⑥综合性的防病措施。鸡生理结构及饲养密度大等原因，尤其是雏鸡，一旦得病，传染快，死亡率高。因此任何一个鸡场都必须把防病工作放在很重要的位置。

综合性的防病措施包括的内容较多，除营养等措施外，还有卫生和消毒的措施。防病的另一措施就是免疫接种和药物预防，在兽医指导下按免疫程序进行接种和监测。投药预防疫病应有针对性。

⑦雏鸡的断喙。

断喙的目的：鸡有啄的习性，由于鸡的上喙有一个小弯弧，这样采食时容易把饲料刨到槽外，造成饲料浪费；育雏温度高、舍内通风不良、日粮不平衡、鸡饲养密度大、断水、光线强等，都会引起鸡只互相啄羽、啄肛、啄翅、啄趾等，轻者致伤残，重者可造成死亡。因此现代养鸡生产中，特别是笼养鸡群都要进行断喙。

雏鸡断喙

断喙的时间：在 1～12 周龄均可进行，不能超过 14 周龄，特别是炎热气候条件下，超过这个周龄就难以控制出血。商品蛋鸡场多在 6～9 日龄进行断喙,在7～8周龄或在10～12周龄时还应做适当的补充修剪。

断喙的方法:断喙是借助灼热的刀片,切除鸡上喙的1/2,下喙的1/3,烧灼组织,防止流血。一般有专门断喙器,雏鸡断喙器的孔径在7～10日龄使用4.4 mm,此后使用4.8mm。断喙方法是左手抓住鸡腿部,右手拿鸡,将右手拇指放在鸡头顶上,食指放在咽下,稍施压力,使鸡缩舌,选择适当的孔径,在离鼻孔2 mm处断切。7～10日龄断喙时采用直切;在6周龄断喙时可将上喙斜切、下喙直切。烧灼时切刀在喙切面四周滚动以压平嘴角,这样可阻止喙外缘重新生长,如不将喙周围压平,将有5%～10%的成鸡会重新长出尖喙。

断喙鸡的管理:断喙对鸡是一大应激,在免疫期间不能进行断喙,断喙完后食槽内应多加一些料,以免鸡啄食碰硬的槽底有痛感而影响吃料。为防止出血,在断喙前1天料内添加维生素K,每千克饲料约添加2 mg,断喙后可饮电解质营养液。

任务2.5 育成鸡的饲养与管理

雏鸡从8周龄开始进入育成阶段,这个时期饲养管理的好坏,决定了鸡在性成熟后的体质、产蛋性能和种用价值,所以这段时间的饲养和管理是十分重要的。

一般情况下,雏鸡在7～8周龄便离温,对外界环境有较强的适应能力,生长仍迅速,发育也旺盛,各种器官发育已健全,这阶段按绝对增重是长骨骼、长肌肉最多时期,羽毛经几次脱换后长出成羽。脂肪沉积随日龄增加而渐渐累积,育成的中后期生殖系统开始发育至性成熟。

活动1 学习饲养管理育成鸡的要点

1.育成鸡的选择

在育成过程中应观察、称重,不符合标准的鸡应尽早淘汰,以免浪费饲料和人力,增加成本。第1次初选在6～8周龄,蛋用型鸡要求是:体重适中,羽毛紧凑,体质结实,采食力强,活泼好动。第2次筛选在18～20周龄,可结合转群或接种疫苗进行,有条件的应逐只或抽样称重,不在平均体重±10%范围内的个体应予处理。

2.育成鸡的限制饲喂

限制饲喂简称限饲,是人为控制鸡采食量的方法,在许多研究和生产实践中都证明,合理的限饲不仅应用在肉用型种鸡,而且也应用于蛋鸡,特别是中型蛋鸡。除育成阶段限饲外,在产蛋阶段(尤其是产蛋后期)也进行适当限制饲喂。

(1)限饲的目的。

①控制鸡的生长、抑制性成熟。鸡限饲可使性成熟适时化和同期化,这是由于限饲可以控制卵巢的发育和体重,个体间体重差异缩小,产蛋率上升快,到达50%产蛋率所需的日数短。

②节约饲料。鸡限饲的采食量比自由采食量减少,从而可以节约饲料10%～15%。

(2)限饲的方法。

①量的限制。

定量限饲:喂给鸡群自由采食时采食量的70%、80%或90%的料量,依不同类型、品种、鸡群状况而定,轻型鸡要轻度限制。每日决定饲喂量,计算以后饲喂。

停喂结合,如一周内停喂一日,三日内停喂一日,或两日停喂一日(隔日限饲),根据鸡群情况确定不同的限饲方法，停饲日所占的比例越多，则限制越严格。

限制采食时间（定时限饲）：根据鸡的日龄和限饲的目的，决定每日的给饲时间，其他时间可自由采食。

②质的限制。就是在育成阶段对某一种必需的营养物质（如蛋白质、氨基酸、能量、维生素、矿物质等）进行限制。如对1～19周龄的蛋用型育成鸡，饲喂含14%蛋白质日粮，对以后的产蛋性能无不良影响。但采用低蛋白日粮时，一定要保证其各种氨基酸的供给。

（3）限饲的时间。蛋鸡一般从6～8周龄开始进行限饲，18周龄后根据该品种标准给予饲喂量。限饲必须与控制光照相结合，在限制饲喂期间切不可用增加光照等办法刺激母雏早开产，这将会对其后的产蛋产生有害的作用。

（4）限饲注意要点。

①限饲开始必须要有充足的食槽，不管什么周龄喂料时，都要做到80%的鸡在采食，20%的鸡在饮水。

②称重。每1～2周，在固定时间，随机抽取鸡群的2%～5%进行空腹称重。如体重超过标准重的1%，下周则减料1%；如体重低于标准体重的1%，下周则增料1%。称重应认真，必须准确无误。

③在限饲前，必须严格地挑出病鸡和弱鸡，因为它们不能接受限饲，否则可能导致死亡。

④限饲进行中，如果发现鸡群发病或处于其他应激状态等，应停止限饲，改为自由采食。

⑤限饲要注意满足各种营养物质的需要，做到日粮的平衡，否则达不到应有的效果。

3. 日粮中补喂砂砾和钙

（1）补喂砂砾。从7周龄开始，每周100只鸡应给予不溶性砂砾500 g，装入在吊桶或投入料槽，砂砾不仅能提高鸡的消化能力，而且还可避免肌胃逐渐缩小。沙砾的用量规格见表8-30。

表8-30 砂砾规格和喂量（1 000只/周）

周龄	数量/kg	规格	筛孔规格/mm
8～12	9.0	中粒	3.0
12～20	11.0	中粒	3.0

（2）补钙。开产前小母鸡生理上发生了一系列变化，小母鸡在开产前10 d开始沉积骨髓，它约占性成熟小母鸡全部骨骼重的12%，蛋壳形成时约有25%的钙来自骨髓，其他75%来自日粮。应将育成鸡饲料原含钙量的1%提高到2%，其中至少有1/2的钙以颗粒状石灰石或贝壳粒供给。若这阶段营养不良将会有以下三方面表现：①体重增长不足；②蛋重增加缓慢（正常的应从产第1个蛋到产蛋高峰，蛋重每周增加1 g）；③产蛋数低于标准。

活动2 鸡的转群

在蛋鸡生产各阶段，一般需要转群1～2次，第1次是从雏鸡舍转到育成鸡舍，第2次是从育成鸡舍转到产蛋鸡舍。转群是鸡饲养管理过程中重要一环，处理不当对鸡将产生较大的应激。这种应激来自两个方面：一是转群本身直接产生影响，二是对新的环境不习惯而产生应激。因此，管理人员应力求将以上不良影响减少到最低程度，在转群时力争做到以下几点。

1. 按时转群

雏鸡6～7周龄时转入育成鸡舍，到17～18周龄（最迟不能超过20周龄）转到产蛋鸡舍。早转群使母鸡对新的环境有个适应的过程，转群最好是清晨或晚上进行。

2. 在转群前6 h应停料

转群前2～3 d和入舍后3 d，饲料内增加各种维生素1～2倍和饮电解质溶液。转群的当天应连续24 h光照，以便鸡有足够时间采食和饮水。

3. 从育雏舍转到育成舍时，尽量减少两舍间的温差

根据体重达标情况进行入舍和饲料的更换，更换时应逐渐过渡。

4. 结合转群对鸡群进行清理和选择

淘汰不合标准的次劣鸡，如体重过轻、有病、残鸡和异性鸡，并彻底清点鸡数。

5. 转群时不要同时断喙、做预防注射

以免增加更多的应激。

6. 做好转群的组织工作

转群是一项工作量大，时间紧的突击性任务，必须组织好人力，并要避免人员交叉感染，因此一般将人员分成三组。抓鸡组，在原鸡舍抓鸡装笼，运至鸡舍门口。运鸡组，运输鸡只，不进鸡舍。接鸡组，将运来的鸡进行质量复查，然后按鸡的大小分别入笼。

在抓、放鸡时务必轻拿轻放。一般抓两脚，不能抓颈、尾部。装鸡运输箱每平方米容鸡密度为：10周龄鸡10～15只，15周龄鸡10～12只，20周龄鸡8～10只。

7. 观察鸡的动态

刚转群时，鸡可能排白色粪便，以后逐渐转为正常。要勤观察鸡群的采食和饮水等行为。

任务2.6　蛋鸡的饲养与管理

蛋鸡产蛋期是指育成期结束后，转入产蛋鸡舍，一直饲养到产蛋结束并淘汰的这一时期（20～72周龄）。高产品种的产蛋周龄推迟到76周龄或78周龄。产蛋鸡的饲养管理目标：一是满足蛋鸡产蛋的营养需要，提供充足全面的各类营养物质和矿物质；二是创造舒适安全的环境条件，减少各种应激因素，充分发挥品种高产的遗传潜力，做到高产稳产；三是及时预防各种疫病，提高存活率，减少死亡率；四是根据市场变化，及时调整饲养模式，以获取最高的经济效益为根本。

活动1　知悉产蛋鸡生理特点

1. 产蛋鸡的生理特点

母鸡在生理机能上，开产期（19～24周龄），一方面需要满足产蛋所需的营养，另一方面仍需要满足身体生长所需的营养；产蛋高峰期（25～42周龄），母鸡产蛋所需的营养迅速增加，往往造成营养供给不足，大大消耗母鸡自身的营养贮备；产蛋后期（43周龄及以后），由于产蛋量的下降，母鸡从外界摄取的营养逐渐转入体内贮存，母鸡体重增加，腹部脂肪沉积量大增，脂

肪成分将卵巢包围，从而抑制了产蛋机能。

2.蛋鸡产蛋规律

(1)产蛋曲线。根据蛋鸡的产蛋情况，以周龄为横坐标，以该周龄对应的产蛋率为纵坐标所绘制的曲线，称为产蛋曲线。母鸡的产蛋具有一定的规律性，一般从产第1枚蛋到全群产蛋率达到50%，需要3周左右；从50%产蛋率到进入产蛋高峰(达到90%以上)，需要3周左右；高峰期稳定较长的时间，然后产蛋率开始下降，到产蛋52周时，约下降30%，达到60%左右，每周下降0.7%～0.8%，按产蛋曲线变化特点，可将其分为开产期、高峰期和产蛋后期。

①开产期。一般在19～24周龄，从开产到产蛋率达70%左右这一阶段。开产期表现为产蛋间隔较长，产蛋率低，产蛋规律性差，异常蛋较多，如双黄蛋、畸形蛋、软壳蛋等。此期产蛋率、蛋重上升幅度很快，但易出现脱肛和啄蛋现象。

②高峰期。一般在25周龄以后，鸡群的产蛋率高，达到85%以上，一直到42周龄前后，处于产蛋高峰期内。商品蛋鸡一般在27周龄后产蛋率可超过90%，而且这一水平可以维持8～16周，此期内鸡群已建立了较为稳定的产蛋规律，蛋壳质量良好，高峰期内鸡的体重应略有增加。有时因饲养管理上的失误常会引起产蛋率的下降，而且不容易恢复到原有水平。

③产蛋后期。一般在43周龄以后，产蛋率逐渐下降，鸡的体重增加，腹脂肪沉积较多，卵巢机能出现减退，产蛋间隔变长。生产上因母鸡过肥而导致产蛋率出现较大幅度的下降。

(2)蛋重变化规律。开产时平均蛋重较小，随着鸡群周龄增长，平均蛋重也在逐渐增加。在开产期内蛋重增加最快，至40周龄后增长幅度很小。

(3)蛋产出时间规律。一天中鸡群的产蛋时间集中在见光后的3～7 h。按早上5:30开始照明为例，上午8:00前产蛋占全天总产蛋的8%以下，上午8:00—12:00占70%以上，12:00—14:00占15%，下午14:00以后约占7%。每日产蛋时间受季节、周龄等因素影响发生一定的变化。

活动2 饲养产蛋鸡

1.分段饲养

根据蛋鸡的年龄和产蛋水平将蛋鸡的产蛋期划分为不同的阶段，采取不同的饲养管理方法。一般采用二段法或三段法。

二段法。二段法是以50周龄为界。50周龄前，鸡体尚在发育，又是产蛋盛期，饲料蛋白质水平控制在16%～17%。50周龄以后，鸡体生长发育已趋完成，产蛋量逐渐下降，蛋白质水平控制在14%～15%。

三段法。三段法有两种分类方法：一是根据产蛋率的高低分段饲养，产蛋率小于65%为第一阶段，产蛋率介于65%～80%为第二阶段，产蛋率大于80%为第三阶段，饲料中的蛋白质水平逐渐升高，三个阶段分别为14%、15%、16.5%。二是根据年龄大小分段饲养，从20周龄到42周龄为第一阶段，43周龄至62周龄为第二阶段，63周龄以后为第三阶段，饲料中的蛋白质水平逐降低，分别为18%、16.5%～17%、15%～16%。分阶段饲养，各段饲料也需要有1～2周的过渡时间。采用此种方法，产蛋高峰期出现早，上升快，高峰持续时间长，产蛋量多。

无论采用以上哪种分段饲养方法，在开产前期，即18周至5%产蛋率期间，必须增加饲料配方中营养钙的含量，以增加母鸡体内含钙量。实践中，往往由饲喂的育成鸡饲料配方的日粮中，去掉2.5%的麸皮，添加2.5%的贝壳粉，含钙量从1%提高到2%，采用此法，开产前新母鸡增加体内钙蓄积，能提高产蛋率，在产蛋的前期无瘫痪症和软壳蛋，否则钙量补充过晚，鸡群发生瘫痪，影响产蛋量，增加死亡淘汰鸡。

2.限制饲养

产蛋期限制饲养可以提高饲料转化率，降低成本，节省饲料，并可适当地控制体重，避免采食量过多、营养过剩造成母鸡肥胖，防止母鸡发生脂肪肝，提高鸡群的产蛋量。

无公害食品　蛋鸡饲养饲料使用准则

(1)产蛋期的限饲方法。在产蛋阶段一般采用“群内对照法”，即在群内选择一定数量的鸡，让其自由采食，并准确记录每天的采食量，用1周(7 d)内的平均采食量作为基准，按照要求限饲的百分比，计算出下周内限制饲喂量。另一种限饲方法是，按照鸡数为基准，按限饲要求定出饲喂量，即100只，按90只鸡的料饲喂。引进的高产蛋鸡品种，按限饲要求规定每只鸡的饲料消耗量，具体应用时，要考虑到各种条件的变化，制订出切实可行的限饲方法。产蛋期的限饲时间从43周龄开始，即在产蛋高峰期后。

(2)产蛋期的限饲量。产蛋母鸡的限制饲养须考虑到品种、产蛋阶段、饲料条件和季节变化。据试验，能量摄入量可以降低5%～10%，虽然蛋重降低0.5%～1.5%，由于产蛋率提高，产蛋量并不减少(表8-31)。最适限饲量为8%～12%。

表8-31　产蛋期限饲量与产蛋成绩

不同限饲量	产蛋率/%	平均蛋重/g	料蛋比
自由采食	79.0	54.2	2.38∶1
限饲6%	80.8	53.4	2.23∶1
限饲10%	81.4	53.4	2.17∶1
限饲14%	79.6	52.9	2.18∶1

3.调整饲养

(1)调整饲养的原则。以饲养标准为基础，保持饲料配方的相对稳定，无论在什么情况下，饲料配方、饲料原料、营养成分都不能变化太大，即便是相同品种的原料，产地不同对生产性能也有影响。掌握好调整时机，根据鸡群的产蛋量、蛋的质量、健康状况、饲养条件和环境变化，做到适时调整。在产蛋量上升时，提高营养水平走在产蛋量上升的前面；产蛋量下降时，降低饲料营养水平走在产蛋量下降的后面。每次调整后，都要仔细观察鸡群及产蛋量的变化，影响太大，及时分析原因，找出对策或恢复调整前的饲养水平。采用饲料原料时，要因地制宜，不能舍近求远；调整后计算经济效益，无论种鸡还是商品鸡，都要详细计算投入产出比。

(2)调整饲养的方法。

①开产前的调整。育成母鸡在100日龄前后卵巢的发育迅速，120日龄就有部分母鸡开始产蛋，此时，须提高饲料营养水平，特别是钙的含量。育成鸡饲料含钙量仅在1%左右，由于蛋壳的形成需要大量的钙，育成鸡饲料中钙含量是不够的，鸡要动用机体骨骼中的钙，若不及时调整，这部分早产鸡就会发生瘫痪。

②体重发育差的调整。育成期受各种因素影响，如密度过大、饲料质量差，导致体重小，应提高饲料的营养水平。转群后(18～19周)马上给予较高营养水平的蛋鸡饲料，粗蛋白含量在

18%以上。经3～4周的调整，体重逐渐恢复正常，产蛋率随之上升。

③体重整齐度高的调整。育成鸡体重发育均匀、整齐时，可适当降低蛋白质水平，可降到15.2%。采用这种方法，能稳产且降低饲料成本。

④饲料配方的调整。当鸡群产蛋量达到5%时，须调整饲养，适时由育成鸡饲料改喂产蛋鸡饲料。

⑤产蛋高峰期的调整。产蛋高峰期必须喂给足够的饲料营养，高峰期稳定时间长，产蛋量高。要使高峰期产蛋率高，维持时间长，就要满足高峰期的饲料营养。高峰期每只鸡每天所需蛋白质，轻型蛋鸡不能少于18 g，中型蛋鸡不能少于20 g。

母鸡的产蛋率与饲料营养、采食量有直接的关系。因此，根据母鸡的产蛋率高低，调整饲料蛋白质和能量的营养水平，既能满足营养需要，又可防止营养过剩造成浪费。

⑥高峰过后的调整。当鸡群的产蛋率开始下降时，需调整饲养。降低营养水平。但要根据鸡群状况、气温变化等各种情况进行调整，绝不能一看产蛋率下降，就急于降低营养水平，必须分析产蛋率下降的原因。产蛋率每周下降0.5%～0.6%属于正常情况，需维持3～5周的时间再调整饲料营养。

⑦季节变化的调整。季节变化指环境温度的变化，温度对鸡的活动、饮水、采食、生理状况和产蛋量有很大的影响。环境温度在13～15 ℃时产蛋率较高，在10～24 ℃时保持良好的产蛋量，低于4.5 ℃或高于29.5 ℃时产蛋量就明显下降。高于24 ℃时蛋重开始下降，环境温度越高，蛋重下降越明显；环境温度越低，用于维持需要的能量也越多，因此，采食量增加。试验表明，每当环境温度升高1 ℃，耗料约减少1.6%；随着环境温度的升高，鸡的采食量及营养摄取量也随之减少，影响产蛋。在炎热的夏季，鸡的采食量减少，应提高饲料中的蛋白质水平1%～2%，降低饲料中的能量水平0.209～0.418 MJ；冬天气温较低，应提高饲料中的能量水平0.083 6～0.209 MJ。

⑧发病时的调整。当鸡群发病时，鸡的采食量减少，所摄取的营养成分也会减少，使鸡群的产蛋量减少，因此，要适当提高饲料中的营养成分，如蛋白质水平提高1%～2%，多维素提高0.02%。另外，还要考虑饲料的质量对鸡的适口性及病情发展的影响。

⑨应激因素的调整。特殊的应激因素包括自然灾害等，正常管理的应激因素包括断喙、接种免疫、转群等，这些应激因素，都不同程度地影响鸡的采食量。例如，断喙后的第1天，影响采食量20%～30%，需3～4 d才能恢复到正常的采食量，如果不及时调整饲养，就会影响产蛋量，并导致维生素缺乏症。经验证明，转群、免疫、断喙、发病、高温等应激因素影响时，应在饲料中提高多种维生素用量，添加量为正常的2～3倍，饲喂时间一般为4～6 d。

⑩预防疾病的调整。为预防鸡脂肪肝病的发生，日粮中能量水平不要过高。实践证明，在产蛋期饲料中能量水平11.7 MJ/kg，蛋白质水平14.5%左右，脂肪肝病占总死亡数的50%以上。增加饲料中的蛋白质水平时，添加0.1%的氯化胆碱，同时添加蛋氨酸，对减少体内脂肪沉积有很好的效果。

4. 饲养方式

蛋鸡的饲养方式有平养和笼养两大类。平养分垫料地面、网上和地网混合等三种。垫料地面平养时，蛋鸡养在地面垫料上，每5只鸡配备一个产蛋箱（窝）。饮水设备采用大型吊塔式饮水器或鸡舍内两侧安装的水槽。喂料设备采用吊式料桶或料槽，机械喂料可用链式料槽、弹簧式料盘和塞索管式料盘等。网上平养即离地网上平养，蛋鸡养在离地面约60 cm的铅丝网或竹（木）板条上，其饮水及喂料设备与地面平养方式相同，也要设产蛋箱。地网混合平养方式指舍内大约1/3（或40%）面积为垫料地面，2/3（或60%）面积为离地铅网或板条，此种方式很少采用。

笼养方式指蛋鸡养在产蛋鸡笼中。产蛋鸡笼主要有阶梯式与重叠式之分。前者通常为三层，后者以四层者居多。目前，世界各国商品蛋鸡的饲养方式均以笼养为主。

5. 饲喂时间及次数

大群饲养蛋鸡，多使用干粉料，饲喂次数每天1～2次，若1次饲喂以下午3点为好；若2次饲喂宜采用上午9点和下午3点各饲喂1次。一般每只鸡饲喂量为100～120 g，根据体重变化适当增减喂料量。为保持旺盛的食欲，每天必须有一定的空槽时间，以防止饲料长期在料槽存放，使鸡产生厌食和挑食的恶习。

6. 饮水

产蛋期蛋鸡的饮水量与体重、环境温度有关。饮水量随气温和产蛋率的升高而增多。

产蛋期蛋鸡不能断水，鸡群断水24 h，产蛋量减少30%，须25～30 d的时间才能恢复正常；若断水48～60 h，鸡只将因机体脱水而导致死亡。当鸡的饮水量有10%的变化时，蛋重就会受影响。因此，要保证鸡群的饮水量，防止短缺。

除了供应充足的饮水量，还要保证水的质量。饮水的酸碱度对母鸡的产蛋率和雏鸡的成活率都有影响，试验证明，自来水最好，pH为7.0；井水次之，pH为7.2；泉水最差，pH为6.2（表8-32）。

表8-32 饮水的酸碱度与成活率、产蛋率的关系

水源	酸碱度	成活率/%		产蛋率/%	
		1～4月龄	5～10月龄	6月龄	10月龄
泉水	6.2	91.4	68.6	19.6	44.6
自来水	7.0	100	91.4	28.4	63.7
井水	7.2	98.6	85.7	85.7	58.0

饮水的方法，以长流水最好。若不是长流水，每天添水2～3次，保持水槽卫生、清洁、无色、无异味、不浑浊。也可采用自动饮水器，自由饮水。

活动3 管理产蛋鸡

1. 转群

后备蛋鸡转入蛋鸡舍，称为转群。对大型的蛋鸡场来说，尤其是实行“全进全出”制的蛋鸡场，这是一项任务重、时间紧、用人多的突击性工作，需要严密筹划和全面安排。

（1）转群周龄。一般按照生产流程而定。早的可在17～18周龄，晚的在20周龄，最迟不超过21周龄，以18周龄转群较好。

（2）转群前的准备。转群前的3～5 d，将产蛋鸡舍准备好，并清洗消毒完毕。清洗和消毒的步骤是：清除舍内粪便，打扫卫生，维修鸡舍和设备，清刷（用高压水枪清洗）；消毒采用福尔马林和高锰酸钾熏蒸效果最好，每立方米40 mL福尔马林和20 g高锰酸钾，熏蒸前将门窗及通风口全部密封，熏蒸时间不能少于24 h，时间越长效果越好。在转群前2～3 d，开门窗和风

鸡舍消毒技术

机通风，驱除舍内福尔马林气味。检查光照设备正常，方可进鸡。

转群前1周，做好后备蛋鸡的接种免疫和断喙工作，并保持环境安静，减少各种应激因素的干扰。

做好转群计划，如转群时间、向哪栋产蛋鸡舍转群、育成鸡是否能装进产蛋鸡舍、剩余的鸡如何安排、饲养员的安排、饲料的准备、转群时的参加人员和运鸡工具等。

(3)转群操作步骤。转群是一项比较繁重的工作，要求人员合理分工，集中人力、物力，把转群工作做好。

2. 饲养密度

产蛋期的饲养密度因不同品种、饲养方式而不同。地面平养时，轻型品种6只/m^2，中型品种5.5只/m^2；网上平养时，轻型品种8～10只/m^2，中型品种7～8只/m^2；笼养时，每只鸡占笼底面积，轻型品种为380 cm^2，中型品种为464 cm^2。

3. 鸡舍温度

鸡的产蛋性能只有在一定的舍温条件下才能充分发挥，温度过低或过高都会影响鸡群的健康和生产性能，产蛋量下降，饲料报酬降低，并影响蛋壳质量。因此，产蛋鸡舍适宜温度为13～24 ℃，最适宜温度为16～20 ℃，舍温不得低于8 ℃，舍温也不得高于27 ℃。

4. 鸡舍湿度

鸡舍湿度来源于三个方面，一是外界空气中的水分进入鸡舍内；二是鸡体排出来的水分，如呼吸、排出的粪尿；三是鸡舍内水槽的水分蒸发。舍内适宜的相对湿度为50%～70%，最适宜相对湿度为60%～65%。

中华人民共和国食品安全法

鸡饲养标准

黄羽肉鸡营养需要量

猪营养需要量

项目9
农产品贮藏与加工

任务1　果蔬机械冷藏贮存

果蔬加工产业是我国农产品加工业的重要支柱，其发展情况对于我国食品工业和农业经济的发展具有重要影响。果蔬作为人们日常生活中的重要副食品，不仅是第二大类农产品，还含有丰富的营养成分，如碳水化合物、矿物质、维生素、无机盐和可食性纤维等，对于提高人们的生活质量和促进身体健康具有重要作用。

目前，我国果品和蔬菜的总产量均居世界第一，随着果蔬种类的增加和产量的扩大，对于果蔬贮藏保鲜和加工技术的要求也越来越高。果蔬加工产业的发展不仅可以促进农业产业升级和食品工业发展，还可以提高农民收入和增加就业机会。未来，随着消费者对健康食品的需求不断增加，果蔬加工产业将继续面临着巨大的发展机遇。

果蔬生产具有一定的季节性和地域性，因此需要将旺季和丰产地区的盈余产品进行贮藏保鲜，以满足淡季和低产地区的果蔬需求，调节市场供需，活跃城乡经济。冷藏和冷冻是我国现代果蔬低温保鲜的主要方式。其中，机械冷藏与冷冻是在有良好隔热性能的库房中借助机械冷凝系统的作用，把热量由高温物体(被冷却物体)转移到低温物体(环境介质)中去，并将库房内的热量传递到库房外，使库房内温度降低并保持在有利于果蔬长期贮藏的范围内。果品的冷藏温度范围为0～15 ℃，冷藏可以降低病原菌的发生率和果实的腐烂率，还可以减缓果品的呼吸代谢过程，从而达到阻止衰败，延长贮藏期的目的。冷冻是利用 −18 ℃ 的低温，抑制微生物和酶的活性，延长果品保存期的一种贮藏方式。目前，在我国现代保鲜措施当中，冷藏所占的比例最大。机械冷藏或冷冻的优点是不受外界环境条件的影响，可以迅速而均匀地降低库温，库内的温度、湿度和通风都可以根据贮藏对象的要求而调节控制，使果蔬在库房中能够达到最适宜贮藏的温度和湿度。目前，世界范围内机械冷藏库向着操作机械化、规范化，控制精细化、自动化的方向发展。

学习目标

知识目标

1. 理解果蔬冷藏保鲜的原理和重要性。
2. 掌握果蔬冷藏保鲜的工艺流程和各阶段的操作要点。

3. 熟悉果蔬的采前准备、采收、挑选整理、入贮、调控温度、日常管理和出库等环节的相关知识。

4. 了解常见的果蔬冷藏设备。

◈ 能力目标

1. 能够根据果蔬不同的特性和要求,完成冷藏准备工作。

2. 合理选择冷藏温度和湿度,做好冷藏果蔬的日常管理。

◈ 素质目标

1. 具有农产品质量安全意识,有提高果蔬利用率,带动当地果蔬产业发展的责任心。

2. 具有观察力和问题解决能力,能及时发现果蔬冷藏中的问题并采取措施解决。

学习内容

果蔬机械冷藏的工艺流程:采前准备→采收→挑选整理→入贮→调控温度→日常管理→出库。

任务 1.1 采前准备

采前准备

活动 1 明确果蔬的品种

同一类果蔬不同品种,其耐藏性有很大的差异。一般来说,生长期越长,越耐贮藏;早熟品种不耐贮藏,晚熟品种耐贮藏;山区栽培的比平原的耐贮藏,而且品质相对更好。

活动 2 施肥管理

施肥与果蔬的品质、贮藏性能有密切关系,应力求做到合理施肥。氮肥不足,则枝叶生长差,果型变小。为了提高果蔬的品质和耐藏性,应根据土壤肥力和果蔬生长情况,多施有机肥或复合肥料,避免过多单施氮肥。

活动 3 灌溉管理

合理灌溉对改善耐贮性也是十分重要的。多数落叶果树,在临近果实采收期之前半个月,若土壤不十分干旱,不宜灌水,以免降低果实品质或引起裂果。尤其是浆果类,如作为贮藏用的葡萄,采收前 7~10 d 应停止灌水,否则会降低葡萄的含糖量,影响贮藏。

活动 4 防治病虫害

作为贮藏用的果蔬一定要选择无虫眼、无病菌感染的健康果,在采前应做好病虫害防治工作。

知识储备

果蔬贮藏保鲜原理

果蔬的种类繁多，食用部分包括根、茎、叶、花、果及种子等各种器官。各种果蔬器官的组织结构、生理特性、耐贮性和抗病性等有很大差异，收获后的果蔬，虽然脱离了母体和生长的环境条件，同化作用已经基本停止，但仍然是具有生命的个体，继续进行着呼吸代谢、蒸腾作用、成熟衰老变化等生命活动。由于生命活动而导致水分和干物质含量下降，颜色、风味、气味及质地发生相应变化，最终使产品的质量下降，抗病性逐渐减弱。

果蔬贮藏保鲜的原理就是采用降温、调湿、调气等综合技术措施、抑制果蔬的生理活动，降低新陈代谢水平，减少病害损失，延长贮藏时间，并保持良好的商品质量。

果蔬的贮藏效果包括损耗率高低、商品质量优劣、贮藏期和货架期长短等方面。为保持果蔬新鲜和具有较好的品质及风味，需要采用综合性措施。大量的科学研究结果和贮藏实践证明，任何一种商品性状好且耐贮藏的果蔬，生长在良好的生态环境和农技条件下，其优良性状能够进一步加强；适宜的贮运条件和科学的贮藏管理，可以使果蔬的优良性状得以保持和延续。所以贮运效果除受贮运条件及管理技术水平影响外，还与果蔬的种类及品种、产地的生态条件与农业技术措施、采收期与采后商品化处理等因素密切相关。主要涉及四个环节：一是采前因素，包括品种、施肥、灌溉、防治病虫害、修剪和疏花疏果；二是采收到入库贮藏前，包括采收、包装和运输等；三是贮藏期间使用不同的贮藏方法，管理温度、湿度、通风换气；四是出库运输、销售。其中任何一个不良因素的影响，都可能使果蔬的贮运工作受损，造成严重的经济损失。

任务1.2 采　　收

活动1 明确采收时机

果蔬的采收主要依据品种特性、果蔬的成熟度、贮藏时间的长短和气候状况而有早晚的不同。采收过早，不仅产品的大小和重量达不到标准，而且风味、品质和色泽也不好，果皮易皱缩，有时还会增加某些生理病害的发生率；采收过晚，产品已经衰老，不耐贮藏和运输，有些品种会大量落果，果肉松软发绵，运输时碰压伤率高，因此要适时采收。

采收

根据果实大小、果实形状、果实硬度、果实颜色、果实内在化学物质等综合因素来确定采收的时间。同一植株上的果实由于花期或各自所处的光照和营养状况不同，成熟早晚各有差异。一般就地销售的产品，可以适当晚采收，而作为临时贮藏和远距离运输的产品，应适当早采收。另外，果蔬的采收时间应选择在晴天露水干后进行。

活动2 选择采收方法

要做好采收的组织和工人的技术培训工作，尽早安排运输工具和商品流通计划，避免采收时忙乱，致使产品积压，处理不及时造成损失。

采收方法可分为人工采收和机械采收两种。

(1)人工采收。鲜销和长期贮藏的果蔬采用人工采收。由于相当多种类的果蔬产品成熟不均匀，人工采收可以准确地掌握成熟度，有选择地分批分次采收；还可以减少和避免机械损伤；同时可以满足消费者的特殊要求。

常用的采收工具有采果剪、采果篓(袋)、采果梯、装果筐(箱)、不锈钢刀具、包装材料及运输工具。采收人员应剪短指甲或戴上手套进行操作，轻拿轻放，保证产品的完整性。果蔬采后应避免日晒雨淋，及时分级、包装、预冷、运输或贮藏。

(2)机械采收。机械采收适用于那些成熟时果梗与果枝间形成离层的果实，采收前一般要喷洒果实脱落剂。机械采收可以节省劳力，但对果蔬损伤较严重，无法判断成熟度的差异。

知识储备

果蔬机械损伤

果实的表面结构是一个良好的保护层，损伤破坏这种保护层，就会破坏果实的贮藏性能，使其易感染病菌，造成腐烂，因此必须尽量避免机械损伤。在采收过程中要严格执行操作规程，以保证果实完整无损和防止折断果枝。只有认真做到轻摘、轻放、轻装、轻卸，避免造成指甲伤、碰压伤、刺伤和摩擦伤，才能达到保证品质和减少损耗的目的。

任务 1.3 挑选整理

挑选整理

活动 1 分级

果实分级的主要目的是使其达到一定的商品标准。分级时，将大小不均、色泽不一的果实，按照规定的分级标准进行大小分级及品质选择，剔除染病及有损伤的果实。分级方法有人工操作，凭感官；也有机械操作，将果实放在运输带上使其移动，再从中挑选分级。

活动 2 包装

在现代商品运输中，包装尤为重要。果实包装是标准化、商品化，保证运输和贮藏的重要措施。良好的包装可以减少摩擦、碰撞和挤压对产品造成的机械损伤，防止产品受到尘土和微生物等不利因素的污染，减少病虫害的蔓延和水分蒸发，缓冲外界温度剧烈变化引起的产品损失。包装可以使果蔬在流通中保持良好的稳定性，提高商品率和卫生质量。

根据不同的果蔬类型和包装要求，选择合适的包装材料和方式进行包装。首先，包装材料应具有足够的机械强度，具有一定的通透性、防潮性，防止吸水变形。其次，包装材料还应具有清洁、无污染、无异味、无有害化学物质，内壁光滑、卫生、美观、重量轻、价格低、便于取材、易于回收处理等特点。以下是一些不同类型果蔬，在贮藏时间较长或贮藏后直接销售时，适合采用的包装。

柔软易受损伤的果蔬(如草莓、蓝莓)适合采用柔软的纸质或泡沫材料包装,再放入筐内,以保护果实不受挤压和碰撞。

硬果类果蔬(如苹果、梨)和熟果类果蔬(如西红柿、柿子)适合使用泡沫托盘或纸板托盘进行包装,以防止果实相互碰撞和受损。

根茎类果蔬(如胡萝卜、甘蔗)适合使用纸板箱或泡沫箱包装,以保护果实不受损坏。

叶菜类果蔬(如生菜、菠菜)适合使用塑料袋或薄纸袋包装,以保持果实的新鲜度和防止水分流失。

在包装外面应注明商标品名、等级、重量、产地、特定标志及包装日期。包装件在库内的堆码应充分利用空间,注意稳固和通风散热(图 9-1)。

图 9-1　果蔬装筐、装箱

任务1.4　入　　贮

活动1　预冷

第一步,确定预冷温度。冷却的最终温度应在冷害温度以上,否则造成冷害和冻害,尤其是对于不耐低温的果蔬产品。预冷的最终温度要适当,一般各种果蔬的冷藏温度就是预冷终温的大致标准。还可以根据销售时间的长短、产品的易腐性、酶活性高低和化学成分变化快慢等适当调整终温。

预冷和入贮

第二步,选择预冷方法。据产品种类、形态结构和特性选择最佳预冷方式,一般体积越小,冷却速度越快。

(1)强制通风冷却方法。使用风扇,将冷风吹到果蔬上、吹到包装容器周围或在包装容器周围循环,达到冷却果蔬的目的。

(2)差压通风冷却方法。差压通风冷却与强制通风冷却类似,但包装果蔬的纸箱两侧必须打孔,包装箱需按特别的码垛方式码放在风道两侧,用风机强制循环冷风在包装箱的两侧产生压力差,冷风从包装箱内通过,将包装箱内的果蔬热量带走,达到冷却果蔬的目的。

(3)真空冷却方法。真空冷却是将果蔬放在密闭的容器中,通过真空仪,迅速抽出容器中的空气和水蒸气,强制水分从果蔬蒸发,带走热量,使果蔬品温降低。

知识储备

1. 预冷的必要性

水果和蔬菜进入冷库时带来大量田间热和呼吸热，库内灯光发热、从环境渗入库体的热量、操作人员散热等热量也需要排出。机械制冷的工作原理就是利用制冷剂从液态变为气态时吸收热量的特性，使库内水果和蔬菜的温度下降，并维持恒定的低温条件，达到延缓果蔬衰老、延长贮藏期和保持商品品质的目的。在正式进入冷藏贮存前，要先进行预冷。

预冷是为了去除田间热，在产地将果蔬内部热量散去，可提高入库后果蔬的降温速率，防止某些生理病害的发生，是果蔬保鲜及延长贮藏期必不可少的重要关键环节。例如，红玉苹果先在 2.2 ℃贮藏，然后再降到 0 ℃贮藏，可减少红玉斑点和虎皮病的发生。又如运输途中温度较高的鸭梨，直接进入 0 ℃库房贮藏，很容易发生黑心病，如果采用逐步降温的办法，可大大减少黑心病的发生，并延长鸭梨的贮藏期限。

2. 几种预冷方法对比

强制通风冷却的优点是造价比较便宜，适宜各种果蔬预冷。缺点是冷却速度比较慢，而且果蔬冷却也不太均匀。

差压通风冷却的冷却速度比强制通风冷却要快 2～6 倍，果蔬从常温冷却到 5 ℃左右，只需 2～6 h 的时间。差压通风预冷优点是所需时间短，果蔬冷却比较均匀，适宜各种蔬菜的预冷。缺点是差压通风冷却的一次处理能力比强制通风冷却要低。差压通风冷却库的造价比真空冷却装置要低，但比强制通风冷却库要高。

真空冷却的最大优点是冷却速度非常快且均匀，一般真空冷却的时间为 20～30 min，品温为 25 ℃的生菜 20 min 就可以降到 3 ℃。真空冷却最大缺点是真空冷却装置的造价较高。

3. 预冷库与冷库的区别

(1)预冷库使用专用风机强制循环冷风冷却果蔬，冷库的冷风机风速一般较低。

(2)制冷机的制冷能力不同。冷库的作用是使预冷后的果蔬进一步降低和保持品温，并除去从库体四周墙壁、顶部及地坪传入的热量。预冷库的作用是将刚刚采收、品温 25～30 ℃的果蔬，用 10～15 h 的时间冷却到 5 ℃左右。因此预冷库制冷机的制冷能力应是冷库的 2～3 倍。

活动 2 冷库消毒

冷库使用一段时间后内部难免会充满各类病菌，所以需要定时消毒处理。在产品入驻之前，空置的冷库也要进行消毒处理，才能保证贮藏水果的安全性，常用的消毒方法如下。

(1)紫外线消毒：用紫外线消毒是一种较好的方法，它既能杀菌，又能除霉，也有一些除臭的作用。

(2)硫黄＋木屑燃烧法：用量为 3～5 g/m^3 库体积，燃起后熄灭明火，发烟就可以，该方法普遍常用，灭菌功效好，但对库内金属有一定的腐蚀作用。

(3)84 消毒：将 84 消毒液按照 1∶29 的比例兑水，在库内喷洒消毒。

活动 3　产品入贮

已经预冷的果蔬产品可一次性入库贮藏;未经预冷处理的果蔬产品则应分次、分批进行入贮。除第一批外,以后每次的入贮量不应太多,以免引起库温的剧烈波动和影响降温速度。入贮量第一次以不超过该库总量的 1/5,以后每次以库总量的 1/10 为好(图 9-2)。

图 9-2　果蔬产品入贮堆放

知识储备

产品入贮时,堆放的总要求是"三离一隙"。"三离"指的是离墙 20～30 cm,离地面、离天花板 50 cm。"一隙"是指垛与垛之间及垛内要留有一定的空隙。产品堆放要避开通风口、冷风口和蒸发器附近,保护产品不受冻害。

要做到分等、分级、分次存放,尽可能避免混贮。新鲜果蔬产品堆放时,不同种类的产品其贮藏条件是有差异的,即使同一种类或品种,其等级、成熟度、栽培技术措施等不同,均可能对贮藏条件选择和管理产生影响。因此,混贮对于产品是不利的,尤其对于需长期贮藏或相互间有明显影响的产品、对乙烯敏感性强的产品等。

任务 1.5　调控温度

温度是决定新鲜果蔬产品贮藏成败的关键因素之一,不同种类果蔬产品贮藏的适宜温度是有差别的。即使同一种类但品种不同,其贮藏温度也存在差异。成熟度不同贮藏温度也会不同。常见蔬菜贮藏温度及推荐贮藏时间见表 9-1。

温度调控

表 9-1 常见蔬菜贮藏温度及推荐储存时间

品种	贮藏温度/℃	贮藏时间	品种	贮藏温度/℃	贮藏时间
黄瓜	8～10	1～2 周	胡萝卜	0～1	4～8 个月
甜瓜	5～10	1～4 周	红萝卜	0～1	1～4 周
西瓜	10～12	2～3 周	白萝卜	0～1	4～5 个月
南瓜	10～13	2～5 周	茴香	0～1	1～2 周
丝瓜	5～8	1～3 周	干洋葱	−1～0	6～8 个月
苦瓜	5～8	3～4 周	大蒜	−4～1	6～12 个月
冬瓜	10	1～3 周	蒜薹	−1～0	6～10 个月
佛手瓜	7	4～6 周	青葱	0～1	1～2 周
冬西葫芦	10～13	2～6 周	姜	13	4～6 个月
夏西葫芦	8～10	1～2 周	蘑菇	0	7～10 d
绿番茄	12～15	1～2 周	甜玉米	0～1	4～8 d
红番茄	8～10	1 周	嫩马铃薯	4～5	1～2 个月
茄子	8～12	3～4 周	老马铃薯	4～5	4～9 个月
青椒	7～10	2～4 周	大白菜	0～1	1～3 个月
绿甘蓝	0～1	3 个月	豌豆	0～1	1～3 周
白甘蓝	0～1	6～7 个月	青豆	7～8	1～2 周
花椰菜	0～1	2～4 周	蚕豆	0～1	2～3 周
芹菜	0～1	1～3 个月	四季豆	2～4	2～3 周
莴笋	0～1	1～4 周	干豆	2～4	2～3 周
菊苣	0～1	2～4 周	甜菜头	0～1	3～8 个月
菠菜	0～1	1～2 周			

大多数新鲜果蔬产品在入贮初期降温速度越快越好，入库产品的品温与库温的差别越小越有利于快速将贮藏产品冷却到最适贮藏温度，相反就会缩短贮藏产品的贮藏寿命。但对于有些果蔬产品，如鸭梨，应采取逐步降温方法，避免贮藏中冷害的发生。如何快速降温？在安装冷冻机时，一方面可通过增加冷库单位容积的蒸发面积，另一方面可采用压力泵，强制循环大量的制冷剂。

任务 1.6 日常管理

活动 1 温度管理

日常管理

维持温度的稳定和均匀一致是关键。在选择和设定适宜贮藏温度的基础上，需维持库房中温度的稳定。温度波动太大，贮藏环境中的水分会发生过饱和结露现象，往往造成产品失水加重。液态水的出现有利于微生物的活动繁殖，导致病害发生，腐烂增加。因此，贮藏过程中温度的波动应尽可能小，最好控制在 1～5 ℃，尤其是相对湿度较高时更应注意降低温度的波动幅度。

此外，库房所有位置的温度要均匀一致。这对于长期贮藏的新鲜果蔬产品来说尤为重要。

产品每天的入库量对库温有很大影响，通常设计每天的入库量占库容量的20%，超过这个限量，就会明显影响降温速度。入库时最好把每天放进来的水果蔬菜尽可能地分散堆放，以便迅速降温。当入贮产品降至所要求的低温时，再将产品堆垛到要求高度。

活动2　相对湿度管理

要保持相对湿度的稳定。库房建造时，增设能提高或降低库房内相对湿度的湿度调节装置是维持湿度符合规定要求的有效手段。

当相对湿度低时，需对库房增湿，创造高湿的小环境。对产品进行包装，如用塑料薄膜单果套袋或以塑料袋作内衬等也是常用的手段。

当相对湿度过高时，可用生石灰、草木灰等吸潮，也可通过加强通风换气来达到降湿的目的。库房中空气循环及库内外的空气交换可能会造成相对湿度的改变，管理时须引起足够的重视。

活动3　通风换气

通风换气是机械冷藏库管理中的一个重要环节。需将一些有毒的气体从贮藏环境中去除。简单易行的办法是通风换气。通风换气的频率及持续时间，视贮藏产品的数量、种类和贮藏时间的长短而定。

具体的管理要求包括通风时要充分彻底；通风常在每天温度相对最低的晚上到凌晨这一段时间进行，尽量选择外界温度和贮温一致时进行通风，防止库房内外温度不同带入热量或过冷对产品带来不利影响；雨天、阴天等外界湿度过大时不宜通风，以免库内湿度变化太大。

活动4　库房及用具的清洁卫生和防虫防鼠

贮藏环境中的病、虫、鼠害是引起果蔬贮藏损失的主要原因之一。果蔬贮藏前，库房及用具均应进行认真彻底的清洁消毒；贮藏过程中，对所用的器具也应进行定期清洁消毒，做好防虫、防鼠工作。

活动5　检查贮藏产品

新鲜果蔬产品在贮藏过程中，要进行贮藏条件(如温度、湿度、气体成分)的检查和控制，并根据实际需要记录和调整。另外，还要对贮藏的产品进行定期检查，观察产品的质量状况，发现问题及时采取相应的解决措施。

对于不耐贮的新鲜果蔬产品每间隔3～5 d检查1次，对于耐贮性好的产品每隔15 d甚至更长时间检查1次。此外，要注意库房设备的日常维护，及时处理各种故障，保证冷藏库的正常运行。

任务1.7 出 库

当冷藏库的温度与外界气温有较大温差(通常超过 5 ℃)时,从 0 ℃冷库中取出的产品与周围温度较高的空气接触,会在产品的表面凝结水珠,就是通常所称的"出汗"现象。既影响外观,又容易受微生物的感染发生腐烂。

出库

经冷藏的果蔬在出库时,最好预先进行适当的升温处理,再送往批发或零售点。升温最好在专用升温间、周转仓库或在冷藏库房穿堂中进行。升温的速度不宜太快,维持气温比品温高 3~4 ℃即可,直至品温比正常气温低 4~5 ℃即可。

生产链接

一、常见蔬菜机械冷藏

1. 马铃薯冷藏

(1)贮藏工艺流程。贮藏前准备→采收→分级→预贮→包装→贮藏→出库。

(2)贮藏前准备。

①检查。贮藏前应检查库(窖)整体的安全性、牢固性、密封性和保温性,通风管道的畅通情况,风机、照明、信息采集等设备的运行情况,保证运行良好。

②清杂。贮藏前 1 个月清理库(窖)内杂物、垃圾,彻底清扫库(窖)内环境卫生。

③控湿。气候比较干燥的地区,应在贮藏前 2~3 周,在库(窖)地面喷洒适量水,使相对湿度达到 85%以上。

④通风。贮藏前 1~2 周,应将库(窖)的门、窗、通风孔打开,充分通风换气。

⑤消毒。对于鲜食薯和加工薯贮藏设施,贮藏前 1 周左右,对贮藏库(窖)、辅助设施及包装材料(袋、箱等)进行彻底消毒。可使用 1 g/m^3 的过氧乙酸(或 0.1~0.2 g/m^3 的二氧化氯、或 6~10 g/m^3 的硫黄)密闭熏蒸 1~2 d,然后通风 1~2 d;也可以使用 1%的次氯酸钠溶液喷雾,或用饱和的生石灰水喷洒,密闭 1~2 d,然后通风 1~2 d。

(3)采收。在马铃薯植株枯黄、地下块茎进入休眠期时,进行采收。采收应选在霜降之前,尽量在晴天和土壤干爽时进行。采收时先将植株割掉,深翻马铃薯出土后,在田间稍微晾晒,但不要在烈日下曝晒。

(4)分级。收获马铃薯后,在田间将病虫伤害及机械伤害的块茎剔除,按照《马铃薯商品薯分级与检验规程》(GB/T 31784—2015)进行分级。分级处理可以提高马铃薯的经济效益,也便于分类、贮藏和运输,还可以减轻病害传播。

(5)预贮。在温度 13~18 ℃、相对湿度 85%~95%的室内、荫棚下或在露天(薯堆上应覆盖透气的遮光物)环境下放置 1~2 周,进行预贮。散放薯堆高度不超过 0.5 m,宽不超过 2 m,并在堆中设通风管;袋装薯堆不超过 6 层,垛宽不超过 2 m,垛与垛间距不小于 0.6 m,垛堆走向应与风向保持一致。

(6)包装。马铃薯的包装主要有两种方式:一是袋装,用透气编织袋、网眼袋或麻袋等进行包装；二是箱装，主要用木条箱、塑料箱或防潮防腐蚀金属筐等包装。

(7)贮藏。

①码垛。堆放、码垛时，应轻装轻放，由里向外，依次堆放，贮藏总量不应超过库(窖)容量的65%，堆放高度一般不超过贮藏库(窖)高度的2/3，堆垛与库(窖)顶间的距离不小于1 m。当使用编织袋包装时，鲜食薯和加工薯不宜超过8层，种薯不宜超过6层，垛与垛之间留有观察过道，宽度应不小于0.6 m(可根据机械搬运作业需要确定)。当使用容积为1.8～3.6 m^3的木条箱包装时，码放高度不超过6层，垛与垛之间留有运输和检查作业过道。

②温度控制。整个贮藏期间，应最大限度地将贮藏环境温度控制在适宜范围，保证垛内外温差不超过2 ℃，确保薯皮不潮湿，鲜薯不发生冻害。种薯贮藏温度为2～4 ℃，鲜食薯贮藏温度为4～6 ℃，加工薯贮藏温度为6～10 ℃。

③湿度控制。贮藏相对湿度应控制在85%～95%。

④二氧化碳控制。种薯库(窖)内CO_2浓度不高于0.2%，鲜食薯和加工薯贮藏库(窖)内CO_2浓度不高于0.5%。

另外，直接食用的马铃薯应避免光照，贮藏库(窖)内使用低度的电灯照明。

(8)出库。应根据贮藏马铃薯质量变化情况、市场行情适时出库销售。马铃薯贮藏时间一般为6～8个月，薯块要与运输温度基本一致时再出库，避免薯块温度过低造成薯皮潮湿导致病害发生。装运过程中应避免机械损伤，控制好温度。

2.胡萝卜冷藏

采摘的时候注意多留一些较厚的菜叶，避免风吹日晒导致的水分流失和夜间受冻。放入冷库贮藏时，提前做好肉质根的削顶工作，然后挑选没有病虫害、没有机械外伤、没有腐烂变质、品质完整的胡萝卜进行分级。不经清洗直接装入有网孔的编织袋内，入冷库上架，层架间要留有一定的通风道，以便排风散热。

入库后库温应尽快降至5 ℃以下，最好稳定在0～1 ℃。胡萝卜的皮层虽然很厚，但是由于缺乏蜡质及角质等保护层面，易蒸腾失水，所以相对湿度需保持在90%～95%。在温度湿度条件均合适的情况下，胡萝卜在冷库内可贮藏6～8个月。

3.大蒜冷藏

机械冷藏大蒜时，冷库的管理主要是库内温度、湿度的控制和调节通风，冷库内的温度要保持恒定，库内不同位置要分别放置温度计，保持温度在−1～3 ℃且分布均匀；库内空气湿度也需经常测定，保持相对湿度在50%～60%，若湿度过高，可在库内墙根处放吸湿剂(如氧化钙、氯化钙)；库内通风装置在设计时解决，或在过道上安放电风扇，加强空气流通。出库时，大蒜应先缓慢升温，并注意通风，以缩小库内外温度差，防止大蒜鳞茎表层结露。

4.辣椒冷藏

选择就近采收、病虫害少、果实完整饱满、质地坚实、皮色光亮的辣椒原料装筐或装箱运往冷库，尽量避免运输中的碰撞、挤压。

辣椒入库迅速预冷后，每袋5～10 kg。保鲜袋应选用透湿透气的PVC袋，防止辣椒“出汗”和二氧化碳气体中毒，二氧化碳达到5%时应解开扎口进行放风，放风时间1 h左右。

辣椒冷库贮藏温度一般为8～12 ℃，低于6 ℃时就容易引起冷害，辣椒就会成水浸状，软烂，继而腐烂。因此可将冷库冷藏温度控制在8 ℃左右，库内温差0.5 ℃。冷藏期间要注意防霉，如发现霉变现象应及时剔除霉烂的辣椒。采用以上措施，辣椒可冷藏保鲜2～2.5个月。

5. 甘蓝冷藏

甘蓝适宜冷藏，尤其是春甘蓝，若贮藏必须冷藏。将收获后经过散热预冷并经修整的甘蓝，装筐或装箱，在库里堆码，堆码时注意留有空隙，以利通风排热。贮藏期控制库温在 −1～0 ℃，相对湿度90%～95%即可。在冷库内甘蓝也可以利用菜架摆放几层，上面覆盖塑料薄膜保湿，避免干耗。在装筐(箱)贮藏时，可以在充分预冷的基础上用约0.02 mm厚的薄膜包菜，或单棵菜装薄膜袋，这样可以减少干耗。

6. 洋葱冷藏

冷库贮藏是当前洋葱贮藏较好的方法。须在8月中下旬洋葱脱离休眠前入库。码垛或装筐码垛，架藏或入塑料袋架藏，温度维持在0 ℃左右，可长期贮藏，且效果良好。不足之处是冷藏一般湿度较高，鳞茎常会长出不定根。

7. 食用菌冷藏

食用菌冷藏的温度不是越低越好，不同菇类对温度的要求也不同，一般都有一个最低限度，超过这个限度会引起代谢反常，减弱对不良环境的抗性。如草菇的最适保存温度为0～2 ℃时，可贮藏14 d。双孢蘑菇0 ℃下可贮藏35 d，5 ℃下可贮藏28 d，15 ℃时只能贮藏12 d。注意食用菌的冷藏室内不能同时放置水果，因为水果可产生乙烯等还原性物质，使双孢菇、金针菇、香菇、猴头菇等食用菌很快变色。

二、常见水果机械冷藏

1. 板栗冷藏

采摘板栗时，应根据板栗的成熟程度及品质分开存放，剔除栗苞发黄开裂的不良品。板栗如需剥壳，则需要注意板栗表皮的完整，减少对板栗表面的损伤，表面破坏了的板栗剔除或分开存放。刚采摘的新鲜板栗进行及时的预冷，尤其是在南方。北方的板栗不能及时入库，可放置在通风阴凉处散热。

板栗入库需要使用包装箱或塑料薄膜进行包装，内外两层包装，内包装应采用无毒聚氯乙烯塑料袋，袋厚0.03 mm，根据板栗的大小选择合适的尺寸，如果使用大袋包装，则需要扎上几个小孔，方便通湿透气，外包装一般选用纸箱或者是木箱，装箱后，果箱的存放不宜过高，且包装箱之间需要留出一定的空隙，以便通风降温。

在板栗入库前，食品冷库需要做好贮前消毒和预冷工作，在存贮前10～15 d，用熏硫法对库房进行消毒，每平方米用10～20 g硫黄，点燃后密封24 h。新库可不消毒，但果箱等包装材料应进行消毒处理，可喷500倍液多菌灵杀菌剂。然后对库房进行预冷，即在入贮前7～10 d开启制冷机，每天开机6～8 h，经过3～5 d即可使冷库温度稳定在0 ℃左右。但一定要注意，必须在开机前3～5 d对整个制冷设备进行检修，以保证机组正常运转。

板栗应采用分批入库，每批入库前应做到及时降温。全部入库后，应该在7 d内降到0 ℃左右，库温维持在 −1～1 ℃。贮藏板栗应将温度控制在0 ℃左右，上下波动在1 ℃左右较合适。相对湿度应控制在85%～90%。采用塑料袋包装栗果，可减少果实自身水分散失，一般不需进行特别加湿。但是如果库内太干燥，可采用喷雾加湿。

因板栗释放二氧化碳等其他气体，影响板栗贮藏，所以在日常管理中，应适时选择开机状态下开库通风。在早晨气温较低时，打开库门，同时开动制冷机以减慢温度的升高。这样贮藏板栗，可以在几个月甚至1年之内基本无发芽现象，比较好地保存了板栗的口感和品质。

2. 桃子冷藏

在采收桃子时，要注意带果柄，选择八九成熟、尚未软化的桃子进行采收，尽量避免对桃子的损坏并且要剔出病、烂以及过于成熟的桃子。不要在雨天和有露珠时采摘桃子。一般采用纸箱、塑料袋、空心雕刻篮包装桃子。

一般在摘取桃子后12 h内，进行预冷操作。通常是分次摘取、分次包装、分次预冷。桃子进入仓库时，注意堆放时不要挤压太多，留下足够的间隙，确保每个桃子都能感觉到冷量。

桃子放入保鲜冷库之前，要对冷库内进行消毒处理，库温应在桃子入库之前降至3～4 ℃。

桃子冷藏的温度在0～3 ℃，这其中又因为品种不同，温度有所不同。冬雪蜜桃、中华寿桃冷藏温度为0.5～1 ℃；白花水蜜桃、红花水蜜桃在冷库中的贮藏温度为1～2 ℃。由于桃果对低温较敏感，在0 ℃条件下贮藏时间长容易引起冷害。为防止冷害，可采取间歇升温法。即桃子入库后，先在0 ℃下贮藏1～4周，然后升温至18～20 ℃，持续2 d，然后再降温至0 ℃贮藏。贮藏期间按时检查，去除变质的水果。如果桃子在冷库内是短期贮藏，需每天观察1次，如果是稍长时间贮藏，则需每3～5 d检查1次。

3. 荸荠冷藏

机械冷藏荸荠适宜用在南方荸荠规模化产地或温度较高的地区。将采收好的荸荠装在麻袋或竹篓内，然后在篓底填垫防水材料，放于冷库中贮藏。温度控制在0～2 ℃，相对湿度保持在98%～100%。贮藏时要在麻袋外进行定期的喷水，一般间隔在5～10 d，这是为了保持合适的湿度。

另一种做法是将荸荠装箱或先装入0.02 mm厚的塑料薄膜袋，折口再装箱，入冷库堆码或上架，控制库温0～2 ℃，相对湿度95%～98%，可贮存2～4个月。贮藏球茎用45%特克多悬浮剂3 000倍液或50%扑海因可湿性粉剂1 000倍液喷淋，并结合冷藏，防贮藏期灰霉病效果好。

4. 苹果冷藏

机械冷藏苹果在苹果入库时，果筐或果箱采用品字形或井字形码垛。码垛时要充分利用库房空间，且不同种类、品种、等级、产地的苹果要分别码放。码垛要牢固，排列整齐，垛与垛之间要留有出入通道。每次入库量不宜太大，一般不超过库容量的15%，以免影响降温的速度。

入贮后，要严格按冷藏条件及相关管理规程定时检测库内的温度和湿度，并及时调控，维持温度在−1～0 ℃，上下波动不超过1 ℃。适当通风，排除不良气体。进行人工或自动的加湿、排湿处理，调节贮藏环境中的相对湿度为85%～90%。

苹果出库前，应有升温处理，以防止结露现象。升温处理可在升温室或冷库预贮间内进行，升温速度以每次高于果温2～4 ℃为宜，相对湿度以75%～80%为好，当果温升到与外界相差4～5 ℃时即可出库。

5. 梨冷藏

首先要进行预冷处理，将采收后经预处理的梨果尽快运至已彻底消毒、库温已设定到相应温度（一般设定温度为0～3 ℃）的预冷间，按批次、等级分别摆放，经过1～2 d即可达到预冷目的。但要注意，有些品种如鸭梨对温度特别敏感，降温过快易引起大量果实黑心，要采用缓慢降温的预冷方法。开始保持库温10～12 ℃,7～10 d后每5～7 d降1 ℃,以后改为每3 d降1 ℃,掌握降温前期慢、后期快的原则,在35～40 d内将库温降到0 ℃,并保持0 ℃,不要低于 −1 ℃。

普通冷库内设定温度通常会出现1～2 ℃的波动,所以考虑到冻结的危险性,果堆(品)中心温度设定为0 ℃为宜。冷库内堆码梨果箱时,底部要用架空的垫板垫起,如安装木楞条,避免最底层果箱通气不畅,使冷空气尽快通达整个冷库。有些品种(如巴梨、茄梨、子母梨)成熟后果肉易软化,在自然低温下不能久存,必须及时入冷库才能长期贮藏。每天梨果的出入库数量宜控制在总库容的20%以内,以免库温波动过大。

6. 葡萄冷藏

机械冷库结合塑料小包装是葡萄贮藏的主要形式。入库葡萄箱要按品种和不同入库时间分等级码放,以不超过200 kg/m^3的贮藏密度排列。一般纸箱依其抗压程度确定堆码高度,多为5～7层,垛间要留出通风道。在冷库的不同位置各摆放1箱观察果,扎好塑料袋后不盖箱盖,以便随时观察箱内变化。

葡萄多数品种的最佳贮藏温度为−1～1 ℃,在整个冷藏期间要保持库温稳定,波动幅度不得超过0.5 ℃,贮藏期间库房内相对湿度保持在90%～95%。为确保库内空气新鲜,要利用夜间或早上低温时进行通风换气,但要严防库内温度和湿度的波动过大。

定期检查葡萄贮藏期间的质量变化情况,如发现霉变、腐烂、裂果、二氧化硫伤害、冻害等变化,要及时处理。

7. 大枣冷藏

(1)采收。可选果实着色至全红这一段时期,晴天、露水干后采收。此期果实已长到该品种应有的大小,果肉呈绿白色或乳白色,含糖量高,汁液多,质地脆,适宜鲜食。

建议人工采摘,佩戴手套。采摘过程中保留果柄,轻拿轻放避免机械损伤;同时采摘好的鲜枣放置在阴凉处。

(2)分选。剔除有机械伤、病虫害和畸形的果实,按果实的质量和成熟度(着色面积)进行分类贮藏。挑选应在阴凉通风处进行,工作人员应戴手套,避免碰压伤。

(3)包装。外包装材料应坚固、干净、无毒、无污染、无异味。包装材料可用瓦楞纸箱、塑料箱和保温泡沫箱。外包装大小根据需要确定,一般不宜超过10 kg。内包装材料要求清洁、无毒、无污染、无异味、透明、有一定的通气性,不会对果实造成伤害和污染。包装容器内不得有枝、叶、砂、石、尘土及其他异物。

(4)预冷。预冷温度控制在0～2 ℃。当果心温度和冷库温度接近时预冷停止,如果使用冷库预冷,应避免上层鲜红枣果实直接被冷风吹。如果没有预冷库,也可以采取直接入库贮藏的方式。此处需要注意,每天入库量为贮藏库单库容量的20%左右,在3～5 d内将果实温度降至贮藏温度。

(5)冷库准备。贮藏前需要试运行制冷设备,通过运行检查和修理设备,保证设备的正常运行。对库房、包装材料、包装容器、工具等进行清洁与消毒灭菌处理。入库前3～5 d开机降温,温度控制预定温度0 ℃左右。

(6)入库码垛。冷库内鲜红枣堆垛的走向、排列方式应与库内空气循环方向一致,垛底加10～20 cm的垫层(如托盘)。垛与垛间、垛与墙壁间应留有40～60 cm间隙,码垛高度应低于冷风出口60 cm以上。靠近冷风出口的部位应遮盖防冻。每垛应标明品种、来源、采收时间、入库时间、果实质量等。

(7)温湿度管理。适合鲜红枣的贮藏温度为－1～0 ℃,贮藏期间温度保持稳定,波动值不允许超过±1 ℃。温度过低会造成鲜红枣冻伤,反之温度过高会造成鲜红枣变质。当鲜红枣冷库温度达到预定值之后,下一步需要控制库内相对湿度。鲜红枣冷库保鲜的相对湿度建议控制在90%～95%,若湿度不足可进行加湿。

(8)气体成分管理。鲜红枣在冷库贮藏期间仍然保留呼吸作用,随着贮藏时间加长,冷库内空气因二氧化碳等有害气体增多而变浑浊,降低鲜红枣的品质。为了保持库内空气的清洁,建议定期对鲜红枣冷库进行通风换气处理,时间安排在气温较低的早晨或者傍晚进行,避免温差过大造成库温的回升。定期检查库内鲜红枣的贮藏情况,若发现有冻伤、病害的鲜红枣及时剔除。

(9)出库。出库时的鲜红枣应基本保持其固有的风味和新鲜度,果实不应有明显的失水(皱缩)、发酵、褐变等现象。出库时要避免库内外温差过大。当外界气温超过20 ℃时,出库后应在10～15 ℃环境温度下回温12 h后再进行分选和包装处理,搬运过程中轻拿轻放,避免机械损伤。

知识拓展

一、机械冷藏设施

1.机械冷藏库的分类

机械冷藏可以满足不同果蔬对不同温度的需要,因此,可以全年进行贮藏。按温度可分为高温库和低温库。按规模可分为大型冷藏库(容量>10 000 t)、大中型冷藏库(容量介于5 000～10 000 t)、中小型冷藏库(容量介于1 000～5 000 t)和小型冷藏库(容量<1 000 t)。按结构层数可分为单层冷藏库和多层冷藏库。按库体的结构可分为土建式和拼装式。按使用性质可分为生产性冷库、分配性冷库和零售性冷库。

生产性冷库一般建于货源较集中的产区,供产品集中后的冷冻加工和贮藏之用,这类冷库要求具有较大的制冷能力并有一定的周转库容。

分配性冷库一般建在大中型城市里或交通枢纽及人口较集中的工矿区,作为市场供应的中转和贮藏货品之用。这种冷库也需要较大的制冷能力,并适于多品种的贮藏,故通常间隔成若干个贮藏室,可维持不同的贮藏温度,库内运输要流畅,吞吐要迅速。

零售性冷库一般是供零售部门使用的一种冷库。它的库容量较小,贮藏期较短,库温可随需要而改变。

2.冷库的运行原理

制冷系统是冷库的核心,主要由压缩系统、冷凝系统、蒸发系统和调节阀四大部分组成,另外还有风扇、导管和仪表等辅件。整个制冷系统是一个密封的循环回路,分高压和低压两部分。制冷剂在机内循环,仅是其状态发生变化,即由液态到气态,再转化为液态,制冷剂的量并不改变。根据需要控制制冷剂供应量和进入蒸发器的次数,以获得适宜的低温条件。以制冷剂气化而吸热为工作原理的冷冻机,以压缩式为多。

压缩机是制冷系统的心脏，它推动制冷剂在系统中循环。根据使用的制冷剂不同，可分为氨压缩机组、氟-12压缩机组、氟-22压缩机组。从制冷剂的来源和价格来讲，氨制冷剂来源方便，价格也较便宜。但是氨制冷系统结构较复杂。由于氨的可窒息性、刺激性和遇空气的爆炸性，使用中其安全防范措施要求严格。氟-22制冷剂无毒、无刺激性、易挥发、不爆炸，因此使用起来比较安全。

冷凝器是用冷却介质与从压缩机中出来的高温高压气态制冷剂进行热交换的装置，作用是排除压缩后的气态制冷剂中的热量，使其凝结成液态制冷剂；冷凝器的冷却方式有空气冷却、水冷却、空气与水相结合冷却三种，空气冷却只限于小型冷库制冷设备中应用。

蒸发器的作用是保证制冷剂在低压低温状态下蒸发，吸收外界空气的热量从而达到给外界制冷。蒸发器装在冷库内，利用鼓风机将冷却的空气吹向库内的各个部位，大型冷藏库常用风道连接蒸发器，延长送风距离，使降温均匀。

3. 机械冷库的构造

机械冷藏库的建筑主体主要由支撑系统、保温系统和防潮系统三大部分构成（图9-3）。

图9-3 冷藏库结构效果图

（1）支撑系统。冷库的支撑系统即冷库的骨架，是冷库的外层结构，是保温系统和防潮系统两部分的主体，一般由钢筋水泥筑成。这一部分的施工形成了整个库体的外形，也决定了库容的大小。目前，我国贮藏产品的冷藏库中，中小型库、小型库较多。

冷库的大小应根据经常要贮藏产品的数量和产品在库内的堆码形式而定。设计时要先确定库房的内部空间，再确定冷库的长、宽与高度。假设要建一座容量为1 080 m^3的冷库，若采用4 m的高度，库房所需的地平面积就是1 080/4＝270（m^2）。一般冷库的宽度为12 m，那么冷库的长度即为22.5 m。部分果蔬的单位容量如表9-2所示。

表9-2 部分果蔬的容重 kg/m^3

名称	马铃薯	洋葱	胡萝卜	芫荽	甘蓝	甜菜	苹果
容重	1 300～1 400	1 080～1 180	1 140	660	650～850	1 200	500

（2）保温系统。保温系统是由绝缘材料敷设在库体的内侧面上，形成连续密合的绝热层，以隔绝库房内外的热流动。

冷藏库建筑的关键问题是设法减少热量流入库内，绝缘材料的敷设就是为冷库内外热量传递设置障碍。因此，绝缘材料的性能和保温系统的完整性对冷藏库的性能有重要影响。根据不同绝缘材料的绝缘性能，计算出绝缘材料的厚度。

冷库绝缘层的厚度可按下列公式计算：

绝缘层厚度(cm)＝[材料的导热率×总暴露面积(m^2)×库内外最大温差(℃)×24×100]/全库热源总量(kJ/d)。

冷库总热量的来源主要有田间热、呼吸热、外界传入的热几个方面。果蔬冷藏库一般维持的温度在0℃左右，而地温经常在10～15℃。这就意味着一定的热量可能由地面不断地向库内渗透。因此，地板也必须敷设隔热层。通常地板的隔热能力要求相当于5 cm厚的软木板。

(3)防潮系统。冷库的防潮系统是阻止水汽向保温系统渗透的屏障，是维持冷库良好的保温性能和延长冷库使用寿命的重要保证。冷库的防潮系统主要是由良好的隔潮材料敷设在保温材料周围，形成一个闭合系统，以阻止水汽的渗入。防潮系统和保温系统一同构成冷库的围护结构。

在绝热材料内部，水汽的凝结会降低其隔热效能，同时也使隔热材料受到侵蚀或发生腐朽。因此，在绝缘材料的两面与墙壁之间要加一层障碍，阻止水分进入隔热材料。用作隔潮的材料有塑料薄膜、金属箔片、沥青等。

无论何种隔潮材料，敷设时要使其完全封闭，不能留有任何微细的缝隙，尤其是当建筑结构中导热系数较大的构件(如梁、管道)穿过或嵌入冷藏库房围护结构的防潮隔热层时，破坏了隔热层和防潮层的完整性和严密性，从而使隔热材料受潮失效。

二、其他常见贮藏方法

1. 常温简易贮藏

一般指在构造较为简单的贮藏场所，利用自然温度随季节和昼夜不同时间变化的特点，通过人为措施，使贮藏场所温度达到或接近贮藏所要求温度的一类贮藏方式，主要有堆藏、沟藏、窖藏等基本形式。

这种贮藏保鲜方式简易方便，建造成本低，但是受到自然条件所限制，只能在气温较低的季节应用。

(1)堆藏。堆藏是设在果园或空地上的临时性贮藏方法(图9-4、图9-5)。堆藏时，一般将果实直接堆放在果树行间的地面上或浅沟(坑)中，根据气温变化，分次加厚覆盖，以进行遮阴或防寒保温。所用覆盖物多就地取材，常用覆盖物有苇席、草帘、作物秸秆、土等。

(2)沟藏。沟藏是果品贮藏方法中较为简便的一种。板栗、核桃、山楂等运用这种方法较多，苹果等水果也有采用此法的。随着季节的更替，气温和土温都在发生变化，但变化的特点和规律有所不同。从秋到冬，气温和土温都在不断下降，但气温下降快，土温下降慢，变化幅度小。冬季气温很低，而土温下降缓慢，且入土越深，温度越高。到翌年春季，气温和土温逐渐回升，但气温上升快，变化大，土温上升的速度缓慢，变化小。冬季和春季土壤温度的这种缓慢而平稳的变化，对于果品贮藏是有利的。果品埋藏以后，埋藏沟内能够保持较高而又稳定的相对湿度，这样可以防止果品萎蔫，减少失重(图9-6)。埋藏的果品在进行覆盖以后，易于积累一定的二氧化碳，形成一个自发气调的环境条件，起到降低果实呼吸和微生物活动的作用，这样可以减少腐烂损失并延长贮藏期。

图 9-4 石榴堆藏

图 9-5 洋葱堆藏

图 9-6 大白菜沟藏

(3)窖藏。贮藏窖的种类很多，其中以棚窖最为普遍。此外，在山西、陕西、河南等地还有窑洞，四川南充等地贮藏柑橘采用井窖的形式等。这些窖都是根据当地自然、地理条件的特点建造的。它既能利用稳定的土温，又可以利用简单的通风设备来调节和控制窖内的温度(图 9-7、图 9-8)。果品可以随时入窖出窖，并能及时检查贮藏情况。

图 9-7 苹果窖藏

图 9-8 红薯窖藏

(4)防空洞。为贯彻“平战结合”的方针，充分利用各地现有的人防工程，在果蔬贮藏中填补了一些场所不足的问题(图 9-9)。

图 9-9　河北沙河市红薯岭的防空洞式红薯窖

(5)通风库。通风库是由棚窖发展而来的,其形式和性能与棚窖相似。通风库的贮藏管理,主要是在良好的隔热保温性能的库房内,设置有完善而灵活的通风系统,利用昼夜温差,通过导气设备,将库外低温空气导入库内,再将库内热空气、乙烯等不良气体通过排气设备排出(图 9-10)。

图 9-10　柑橘通风库贮藏

2.气调贮藏保鲜技术

气调贮藏法是一种控制贮藏环境中的气体组成,以达到贮藏保鲜目的的现代贮藏方法。

气调贮藏按其封闭设备可分为两种类型。一类是气调冷藏库(图 9-11),即 CA 贮藏;另一类是用塑料薄膜封闭,属限气贮藏,简称 MA 贮藏。

图 9-11　气调冷藏库

气调冷藏库建筑和设备复杂,投资昂贵,目前尚未大量建筑和普及。当前研究和使用较多的是在恒温库或其他贮藏场所采用塑料袋包装进行贮藏,即果实贮藏在密闭的塑料袋内,由于果实自身的呼吸作用,不断消耗袋内的氧和放出二氧化碳,经过一段时间,便形成一个自发的气调环境,从而抑制果实的呼吸作用,延缓其衰老。薄膜封闭气调法,造价低廉,使用方便,既可配合简易贮藏方式使用,也可在通风库或机械冷藏库内进行。因此目前国内外应用很广,并向自动化方向发展。

3.涂膜保鲜技术

涂膜保鲜技术是在果蔬的表面通过浸渍、涂刷、喷洒而涂上一层极薄的膜,以此来抑制果蔬的呼吸作用,阻止果蔬水分散失,防止外界氧气与果蔬内部成分发生氧化作用,提高果蔬抗机械损伤的能力和抵抗病菌侵蚀的能力,从而保护果蔬的营养成分、色、香、味、形,延长果蔬的货架期(图 9-12)。

图 9-12　果蔬保鲜剂

任务 2　农产品烘干

农产品干制是指在自然条件下或人工条件下促进农产品中水分蒸发的工艺进程。即利用一定的手段,减少农产品中的水分,将其可溶性固形物的浓度提高到微生物不能利用的程度,同时农产品中所含酶的活性也受到抑制,使产品得以长期保存。一般果品干制后称为果干;蔬菜干制后称为脱水菜或干菜。

随着人们生活节奏的加快和健康意识的提高,越来越多的消费者开始关注方便、健康的食物。农产品的干制品较大程度地保持果蔬原有的营养价值,且易于保存,体积小,质量轻,便于运输,携带方便。发展农产品干制产业有利于促进果蔬等农产品就近就地转化增值,提高农产品的经济效益,增加农民收入。利用烘干技术可以开发出不同口味和形式的产品,促进农产品的多元化,调节农产品淡旺季市场供需,满足不同消费者的需求。同时,采用烘干技术可以降低农产品的水分,提高农产品的质量,延长其保存期限,减轻农产品的贮藏压力。总之,发展农产品烘干产业可以促进农村产业升级和经济发展,提高农民收入和生活水平。

学习目标

知识目标

1. 掌握农产品烘干工艺过程和操作规程,画出农产品烘干流程图,制订农产品烘干操作方案。

2. 掌握农产品烘干过程原理,解释农产品散失水分的过程。

能力目标

1. 能选用合适的农产品烘干设备。

2. 能分析农产品烘干影响因素,规范完成果蔬烘干操作。

素质目标

1. 具有发展农产品加工产业、提高农产品商品价值的创新创业意识。
2. 具有农产品加工标准、规范意识。

学习内容

农产品烘干的工艺流程：农产品原料准备→预处理→烘干→后处理。

任务2.1　农产品原料准备

活动1　农产品采收

根据不同作物的生长特点和成熟程度需及时采收，尽快贮藏或加工，减少损耗。

活动2　农产品转运

在田间地头采收的农产品要快速运输到贮藏、加工地点，降低途中农产品呼吸消耗的程度，减少途中农产品被污染和生虫、发霉等变质的机会。在转运过程中做好保护措施，防止挤压，避免二次损伤。

活动3　农产品验收

转运到烘干加工点的农产品需进行验收检验，剔除不完整、霉烂的产品。对原料进行感官、理化、微生物检验，不同农产品的检验项目不完全相同，但一般都需要检验含水量、农药残留等，果蔬原料可考虑检验含糖量、含酸量，为合理调整烘干工艺提供参考。

为什么选用设备干制果蔬

知识储备

几种常见的农产品采收要求如下。

(1)粮食采收。粮食采收要选择合适的收割时间、收割工具。在粮食成熟后及时收割可以保证粮食的品质和产量。如果收割时间过早，粮食的含水量过高；如果收割时间过晚，粮食的营养成分会流失。选择收割工具时可根据不同的粮食种类和地形条件来确定收割机的大小。在收割过程中调整收割机，注意收割速度和收割深度，减少损失和浪费。

(2)果实采收。果实采收要根据不同果实的成熟程度进行。在采收时要轻拿轻放，不要用力拉扯，以免损坏果实。

(3)叶菜采收。叶菜采收一般在早晨进行，这时叶子水分较少，品质更好。采收时要割去老茎老叶。

(4)根茎类采收。根茎类采收时要选择生长良好的植株，先将土壤清除干净，再挖出整个根茎，注意不要割伤植株，挖出后要及时清洗干净。

(5)花卉采收。花卉采收要在花蕾即将开放时进行，采收时要用剪刀或刀片割取，注意不要捏碎花蕾或花瓣。

任务 2.2 预处理

活动 1 分选分级

依据农产品的成熟程度、大小等因素对农产品进行分选分级，按不同的原料情况分批次进行烘干。

活动 2 原料二次处理

对果蔬原料，依据烘干产品的要求，有选择性地对原料进行清洗、去皮、切块或切片、漂烫等操作，使产品品质、烘干效率得到提高。

知识储备

果蔬烘干原料的预处理要点如下。

(1)原料选择。原料要求干物质含量高、粗纤维和废弃物少、成熟度适当、新鲜、无霉烂和损伤。

(2)清洗。清洗包括人工清洗和机械清洗，洗去泥沙、杂质、农药以及微生物。以符合脱水加工产品的工艺要求。

(3)整理。除去皮、核、壳、根、叶等不可食和不合格部分，并适当切分，以提高脱水速度和产品品质。去皮的方法有手工、机械、热力、化学等方法。切分可人工或机械，根据种类及规格要求而定，而且对葱蒜类等在切分过程要用清水洗去流出的胶状汁液。

(4)护色处理。主要是果干的硫处理及漂烫。

①硫处理：熏硫，硫黄粉 2～3 kg/t 原料，时间 30 min；浸硫，亚硫酸盐 1.5%～2.5%，时间 15 min。

②漂烫：可以用沸水漂烫，温度 95～100 ℃，时间 1～5 min，可加0.2%～0.5%的 $NaHCO_3$ 作为绿色蔬菜护色，或者用 0.1%的柠檬酸护色；还可以用水蒸气进行漂烫，时间 2～10 min。

此外，在烘干前应进行沥水或脱水，以提高烘干效率。

任务 2.3 烘干

活动 1 选用烘干设备

根据烘干产品的原料加工量、原料加工特点、烘干设备成本、操作成本等因素，选用合适的烘干设备。

知识储备

常用果蔬干制设备有哪些

果蔬干制设备如何选

常见的烘干设备包括热风循环干燥箱、带式干燥机、流化床烘干机、微波干燥机和冷冻干燥机。

1. 热风循环干燥箱

热风循环干燥箱(图9-13)适用于干燥程度要求高、不允许粉碎的脆性物料，以及随时需要改变风量、温度和湿度等干燥条件的情况。优点是构造简单、制造容易、适应性强，适合小量、中量加工。缺点是干燥不均匀，干燥时间长。

2. 带式干燥机

带式干燥机(图9-14)是使用环带作为输送物料的干燥机。运输带通常用帆布、橡胶、金属丝网制成，以金属丝网居多。优点是连续生产、干燥速度较快，多用于蔬菜脱水。缺点是设备占地面积大，且内部清洗不方便。

图9-13　热风循环干燥箱

图9-14　带式干燥机

3. 流化床烘干机

流化床烘干机(图9-15)适用于谷物烘干，谷物被加热的空气带动，在烘干室内形成流化床，谷物在流化床中不断翻滚，达到快速干燥的效果。优点是可根据流化床内的温度变化调节加料量，进行连续或批量生产。物料在流化床内停留时间可随意调节，可生产出较低含水量产品。缺点是物料在流化床中的停留时间分布较广，得到的产品湿度不均匀，设备直径不宜太大。

4. 微波干燥机

微波干燥机(图9-16)的原理是利用微波在快速变化的高频电磁场中与物质分子相互作用进行干燥。优点是干燥速度快，节能高效；易实现自动化流水线生产，加热，干燥均匀，保持物料原色；操作简便、可精准调控工艺先进，辅助设备少。缺点是体积庞大，造价高，需要操作人员进行精准控制。

图 9-15 流化床干燥机

图 9-16 微波干燥机

5.冷冻干燥机

冷冻干燥机的干燥过程是将物料冷冻到冰点以下,并置于高度真空环境下,水分直接由固态冰升华而被除去。其优点是干燥后保持农产品原有的物理性质、化学组成,热能消耗少,适合用于水果、蔬菜、药材、鱼肉等各种农产品的干燥,尤其是人参、天麻、虫草、燕窝、铁皮石斛等名贵中药材。但其缺点是设备投资费用高,能源消耗大,干燥速率慢。

活动 2 制订烘干方案

根据烘干产品原料的品种、大小、含糖量等特性,及烘干设备的性能特点制订烘干方案,确定烘干的阶段及各阶段的温度、时间。

知识储备

1.农产品烘干过程原理

农产品干制就是农产品中水分蒸发的过程。农产品烘干是提高水分蒸发的外扩散和内扩散两种作用。在干制初期,当原料受热时,首先是原料表面水分吸热而蒸发这称为水分的外扩散。随着表面水分的蒸发,原料内部的水分向表面较少水分的地方移动称为水分的内扩散。实际上两者几乎是同时进行的。外扩散取决于干燥介质的各种条件。含糖量低、厚度小的农产品外扩散相对较慢。内扩散取决于内外层的湿度差和温度差。含糖量高、块形大的农产品,如大枣等,则内扩散相对较慢,因此要注意干燥初期的硬壳现象。

2.影响烘干速度的因素

(1)热空气的温度。理论上干燥温度越高,则干燥速度越快,但营养损失多、焦化现象严重,而且初期高温可引起细胞破裂及硬壳现象;而干燥温度过低则干燥时间长,容易发霉、变色。

(2)热空气的湿度。空气的相对湿度越大,干燥越慢,要注意排湿。

(3)空气的流动速度。空气的流动速度越大,干燥越快。

(4)农产品的种类和状态。农产品中固形物含量、组织状态、表面积大小、表皮情况(如切分、去皮、除蜡)都有影响。

(5)物料的装载及前处理。去皮、切分、热烫、浸碱、熏硫等可加快蒸发。

(6)基地、设备、工艺过程等。如在干制前有没有预晒,所用设备的类型、大小等都有影响。

活动3　操作烘干设备

按照烘干设备使用说明书或操作规程设置烘干设备参数,启动设备,控制烘干过程。

知识储备

一、粮食烘干安全操作规程

1. 操作通则

(1)应遵守国家有关安全生产的法律、法规、规程、标准和技术规范。

(2)建立健全安全生产责任制,定期进行安全培训、检查、总结和评估。

(3)作业人员应进行安全操作培训,培训合格后方可上岗。

(4)出现险情或事故时,应立即采取应急处理措施,尽量减小险情范围和损失程度,并及时报告相关负责人。

(5)作业人员应熟悉工艺流程,仔细阅读设备使用说明书或用户手册,熟悉设备的构造、原理、性能及使用方法,掌握设备的操作和维修保养要求。熟悉所使用的烘干系统的安全操作规程和安全生产制度,不违章作业。

(6)作业人员应衣着整齐,佩戴安全防护用品,长发应束起。

(7)高空作业时,应做好安全防护措施,注意防滑,防止高空坠物。

(8)酒后或过度疲劳者严禁上岗作业。

(9)设备的单机试车、联动试车、负载试车以及热风炉的预热、升温等均应按照说明书中规定的程序操作,并通过正式验收后,方可投入使用。

2. 安全检查

(1)作业前安全检查。应对流程中的关键部位和设备进行认真检查,彻底清除机内杂物。检查防雷接地装置是否良好。检查斗式提升机和胶带输送机的橡胶磨损程度,当磨损量大于5 mm时,应进行修复或更换。检查机械设备和传动装置的机座是否稳固。检查减速机、液力耦合器等传动部位是否已加注润滑油。检查三角带链条等的张紧程度和磨损程度。检查转动部位的安全防护装置及警示牌是否完好。检查换热器、风机等进风口处的防护网罩是否完好。检查烘干系统的声、光报警装置是否正常。检查热风温度过热报警装置与各温度监控仪是否正常。检查螺栓连接部位及焊接处是否牢固可靠。检查所有操作平台,走梯周围的防护栏杆以及铺设的防滑钢板或钢格栅是否牢固可靠。检查电气线路连接,确保其连接正确且牢固可靠,线缆的导电性能及绝缘性能良好。检查电气控制柜上控制器、电压表、电流表、指示灯及温度显示仪等电气元件仪表,确保其工作正常。检查各电动机的接地和过载保护等,确保其处于安全状态。检查料位器、感温元件、跑偏开关、失速开关等器件,确保工作正常。检查现场操作箱和配电箱,确保其密封性能良好。

(2)作业中安全检查。经常检查作业线上的设备有无“跑、冒、滴、漏”等现象,如发现应及时进行处理。随时检查设备轴承,如发现有高温、漏油及松动等异常情况,应及时进行处理。

随时检查传动装置,如发现有跳动、晃动等异常情况,应立即停车进行处理。随时监测各设备的负荷情况,不得超负荷运转。经常检查易堵部位有无物料堵塞并保持通畅。

(3)作业后安全检查。对所有设备进行检查,如发现问题应及时按规定进行维修。检查检修孔、通风口等是否关闭。一个烘干期结束应清除设备内粮食和杂物。

3.安全操作

(1)烘干机安全操作。装粮前,应确保烘干机的检修门密封良好。已装粮或烘干作业时,严禁打开烘干机的检修门,应设明显的警示标志。运行中的烘干机内严禁进入。烘干机装粮后只有在停机状态,且确保物料无法流动,同时采取适当安全措施后,人员方可从顶部进入,以防发生掩埋或窒息事故。每个作业班次应检查烘干机的排粮是否畅通和均匀,发现排粮板变形或排粮轮堵塞,应及时维修和清理。正常生产时应经常观察烘干机排出废气的颜色及气味的变化是否正常。出现异常情况时,应及时处理。烘干机每运行20～30 d,宜停机清除一次粮食和杂物。

(2)热风炉安全操作。热风炉烘炉前应彻底清除炉膛、沉降室、烟道的杂物;引燃用木质燃料应清除金属异物后方可使用;烘炉期间的炉温严格控制在300 ℃以下。检查炉排、进煤闸门的运行情况,确保无卡住、跑偏、拱起和异常杂音等现象。检查热风炉,应无裂纹、裂口,热风炉内耐火砖不得有破损、脱落。不得超温度上限使用热风炉,进入换热器的烟道气温度不得超过750 ℃(不锈钢换热器不得超过850 ℃)。保持热风炉炉膛在低于环境压力状态下运行。热风炉炉膛、沉降室、换热器内的清理、维修、检查,应在停炉及炉膛温度降至50 ℃以下,在自然通风状态下才能进入,并在各检修门的显著位置挂上警示牌,维修人员应采取戴安全帽、穿安全鞋等安全保护措施。检修时严禁开启鼓风机、引风机。热风炉运行一个烘干期后,应按使用说明书进行检查维修,更换磨损的部件。

(3)缓冲仓的安全操作。壁挂式爬梯应牢固可靠。装粮前,检查检修门是否关闭良好。严禁在锥斗、仓壁上增设出粮孔。仓顶进人时,应备有扶梯、软梯、安全带、安全绳、吊篮等安全保障措施,作业时应保证2人以上,仓外应有人监护。进仓作业人员必须系好安全带,并保证安全带有效。已装粮或烘干作业时,严禁打开缓冲仓的检修门。已装粮或运行中的缓冲仓内严禁进入。仓内使用的灯具应属粉尘防爆型。严禁在未清理干净的仓内进行烘干作业。

(4)斗式提升机安全操作。检查畚斗螺栓是否松动以及畚斗有无脱落,如有松动或脱落应停机处理。巡视和检查提升机畚斗与机壳,如有碰撞或摩擦应停机处理。发生粮食堵塞时,应立即停止进料,抽开机座的插板,排出堵塞粮食。未停机时严禁将手或其他硬物伸入机座扒取粮食,防止人身伤害和设备损坏。检查提升机的回流情况,如有回流应予调整。检查畚斗带有无跑偏、打滑及异常响声,如有应进行调整。设备运行时,严禁开启机头罩壳或抽开机座插板。停机时,应先停止进粮,待提升机内粮食排空后再关闭电源。机座死角处宜每周清理一次。

(5)胶带输送机安全操作。胶带输送机的进料应均匀,流量不应忽大忽小。检查输送带的跑偏、打滑等情况。检查托辊的转动情况。停机时应先停止进料,待机上物料输送完毕后再关闭电源。

(6)圆筒初清筛安全操作。进粮后,观察是否密闭,防止灰尘外扬。筛孔发生堵塞时,应立即停止进粮并停机处理。经常检查除杂效果和杂质中含粮情况,保证设备处于正常工作状态。停机时,应先停止进粮,待机内粮食排净后才能停机。

(7)自衡振动筛安全操作。经常检查橡胶弹簧支撑,应无脱出、松动或变形现象。调节吸风道,使吸风、除杂效果达到最佳。发生堵塞时,查明原因,进行处理。停机时,应先停止进粮,待机内粮食排净后才能停机。

(8)风机安全操作。风机底座应平稳,风机转向应正确。离心风机开启前,应关闭进风或出风闸门。风机进口处应设防止吸入异物的装置。多台风机同时使用时,应逐台单独启动,待一台运转正常后再启动另一台。严禁多台风机同时启动。运行中如有剧烈振动或异常噪声,应立即停机查明原因,排除故障后才能开机。烘干过程中,应随时监测热风温度及粮食温度。如发现温度异常,应立即进行处理。

(9)溜管、风管等管网系统安全操作。管网系统的安装应牢固可靠,管道连接处应密封良好。严禁直接在各种安装好的管道上进行电焊、切割。发生堵塞时,严禁使用钢筋、铁锤或其他工具敲打,应打开检查门疏通或拆下管件疏通。定期检查溜管耐磨衬板的磨损情况,及时更换已损坏的耐磨衬板。

(10)电气系统安全操作。电气的操作检查和维护,应遵守国家现行标准规范的规定。开机前由专职电工按要求严格检查配电、控制设备及其电器元件是否正常,发现问题及时处理,经维修调整正常后方可作业。电控操作工要密切注意仪表、信号指示,对电气控制设备的运行情况做详细记录,及时通报各环节运行情况,确保系统正常生产。在进行设备和线路检修时,应切断相应的电气开关,由专人看管,并在切断电气开关处设置检修信号和警示牌。电气线路和设备拆除后,不得留有裸露的接头。定期检查所有电缆,防止鼠害,发现破损应及时修复,防止造成短路、漏电等故障。停机时,应先停止对设备的测控运行,再关闭设置在主控室的各设备电源和设置在现场的设备电源,最后关闭总电源。

二、果蔬烘干操作规程

1.作业前准备

(1)烘干机。烘干机应符合其产品标准的要求。应优先选用节能、环保、可再生能源供热装置,使用燃油、燃煤、生物质供热,应配置换热器间接加热,保证果蔬品质。供热装置的排放物应符合当地环保要求。烘干机安装场地应交通方便,通风良好,有足够的作业场地,并具有防雨、照明设施,保证在雨天、夜间均能正常作业。烘干机初次使用,应在生产企业指导下进行安装、调试。再次使用烘干机前,应对烘干机进行清理、维护和保养。烘干机工作前应检查下列项目,必要时应加以处理:各安全防护罩是否安装正确;紧固件和电气连接是否牢固可靠;电气连接、螺栓松紧度是否适宜;摩擦部位的润滑是否合适;温、湿、声、光、电传感器和报警装置是否工作正常;安全标志、操作标志是否齐全。

(2)操作人员。应经过专业技术培训,熟悉所使用机器的结构、特点、使用操作规程和维护保养,并应仔细阅读使用说明书,按照操作规程使用。不应在饮酒、服用安定类药物和疲劳等状态下作业。应穿戴适合,防止因头发、衣物缠绕引起安全事故。

2.烘干操作

根据果蔬品种、含水率等因素选定相应的工艺流程和合适的烘干温度、烘干时间、目标水分和缓苏时间等工艺参数。烘干时,热空气经过热交换器或通过热传导、热辐射和热对流等方式,加热烘房内空气,热风布置应能使热空气在烘房内分布均匀,确保果蔬均匀烘干。水蒸气在排湿风机的作用下排出烘房外，应控制好排风机的风量和风速，在确保水蒸气排出机外的同时节约能源。

烘干过程中，应时刻关注烘干温度的变化情况和果蔬的干燥情况，及时调整工艺参数。

果蔬水分达到目标值后，应停止热风供给，供应冷风，进入冷却环节。果蔬冷却至合适温度(不高于环境温度 +8 ℃)后，可将果蔬移出烘房外，烘干过程完成。出料完成后，重新装入原料，进入下一个烘干循环。

3. 安全要求

开机前应先提示周边人员注意安全。作业中禁止无关人员靠近机具。烘干机应配备消防灭火器材。烘干机所有外露运动件、发热部位等危险处应设置防护装置，防护装置应符合 GB 10395.1 的要求。

电气系统应有接地装置，接地装置应符合 GB/T 50169 的要求。电气系统检修时，应设置警示标志，并有专人看管。电控系统应设置热风高温报警装置和温控、过载、漏电保护装置及热风超温快速降温装置，保证果蔬品质。急停开关应设置在温控室及工作现场操作人员容易达到的地方。防护装置等遗留风险处应设置安全标志，安全标志应符合 GB 10396 的要求。

每个烘干作业季完成后，应清理烘干机系统和场地，检查确保热源余火熄灭，电源总闸关闭。设置禁止无关人员进入烘干场地的标志。烘干机发生火灾时，应立即进行以下操作：烘干机紧急停机，关闭所有风机以及进风闸门；热源紧急停机，关闭鼓风机，打开所有风门和闸门；移出果蔬及燃烧物；清理机内着火点的残余，分析起火原因，排除安全隐患。

4. 机具维护保养

烘干机的保养分为日常保养和定期保养。每次烘干作业后应进行日常保养。保养内容包括检修电器线路的安全性；检查防护部件是否松动，松动时应立即紧固；检查轴承是否缺油，必要时应立即补充。

每个烘干作业季完成后，应进行定期保养。内容包括彻底清除机器的杂物、灰尘；彻底更换润滑油、润滑脂；检查密封部件的密封性，必要时换新；检查风机的运转方向。长时间不使用的烘干机如果需要在室外存放，要做好防护措施。

任务 2.4 后处理

活动 1 干品分拣分级

将干制农产品按照一定的标准要求进行成品分拣分级，主要考虑的指标有感官要求和理化指标等。

活动 2 包装

对分级的干制农产品进行分别包装，包装材料应坚固、洁净、干燥、防湿、无破损、无异味、无毒、无害。

活动3 贮藏

包装好的干制品贮藏于通风良好、阴凉干燥、清洁卫生、有防潮设备及防霉变、防虫蛀和防鼠设施的库房内,并定期检查。

生产链接

一、水稻烘干

水稻烘干一般流程:湿谷清选→进料→提升→干燥→缓苏→再提升→再干燥→再缓苏→……→冷却→排谷。

1.作业前准备

(1)机具。水稻烘干可单机作业,也可数台烘干机并列组合配置,组成烘干机组。烘干机安装场地应交通方便、通风良好,有足够的作业场地和防雨、照明设施,保证在雨天、夜间均能正常作业。烘干机初次使用,应在生产企业指导下进行安装、调试;再次使用烘干机前,应对烘干机进行清理维护保养。烘干机工作前应检查下列项目,必要时应加以处理:各安全防护罩是否安装正确;各传动件和紧固件连接是否牢固可靠;电气连接、螺栓松紧度及锈蚀情况是否适宜;热风装置的燃料和各转动、摩擦部位的润滑油(脂)是否合适;烘干机的温、湿、声、光、电传感器和报警装置是否工作正常;机具上的安全标志是否齐全。

(2)湿谷要求。不同稻谷品种应分别烘干。同一批次烘干的稻谷水分不均匀度应不大于3%。湿谷干燥前含杂率应不大于2%,不得有长茎秆、麻袋绳、聚乙烯膜等异物,必要时应进行清选。湿谷含水率超过30%时,原则上需在机外先自然风干或晒干。

(3)操作人员。操作人员应经过专业技术培训,熟悉所使用机具的结构、特点、使用和维护保养。操作机具应由专人负责,操作前应仔细阅读使用说明书,按照操作规程使用机械设备。禁止在饮酒、服用安定类药物和疲劳等状态下作业。操作人员应穿戴适合,防止因头发、衣物缠绕引发安全事故。

2.作业程序

(1)开机。按工艺流程相反的顺序,从后向前逐台启动各单机,全流程空运行10~15 min后,方可投入正式作业。根据稻谷品种、含水率等因素选定相应的工艺流程,设定谷物目标水分、热风温度等工艺参数。

(2)烘干。开机后,按烘干机正常操作程序进行烘干。湿谷进入流程后,观察稻谷行走至流程出口的路线是否与选定的流程一致。在烘干的初始阶段,应注意烘干目标含水率和实际含水率、设定热风温度与实际温度的差值,实时调整谷物的循环速度与热风温度等参数。根据烘干机型号、环境温度、稻谷品种、最终用途及降水幅度等因素,推荐最高热风温度见表9-3。烘干过程中,应注意稻谷烘干减损。

表 9-3　水稻烘干热风温度参考

品种	用途	热风温度/℃
长粒	大米	50～55
	种子	40～45
短粒	大米	55～60
	种子	40～48

(3)冷却与排谷。水分达到目标值后，应停止热风供给，供应冷风，进入冷却循环。当稻谷冷却至合适温度(不高于环境温度+8 ℃)后，可将稻谷排出机外，烘干过程完成。排谷完成后，重新装入湿谷，进入下一个批次循环。

(4)停机。停机按工艺流程正向顺序从前向后进行。依次关闭烘干机的排谷机构、冷却风机、输送、清理设备。检查热风炉内是否有余火并熄灭，排净炉渣，关闭电源总闸。停机时间较长时，应清理提升机喂入斗处、烘干室及各单机连接处的积谷。

每个烘干作业季节完成后，应清理烘干机系统和场地，关闭电源，设置禁止无关人员进入烘干场地的标志。

3. 安全要求

烘干机开机前应先鸣喇叭提示。作业中禁止无关人员靠近机具。烘干机应配备消防灭火器材和避雷装置。烘干机所有运转部位应设置防护罩，防护罩应符合 GB 10395.1 的要求。

电气系统应有接地装置，接地电阻应不小于 10 MQ。电气系统检修时，应设置警示标志，并有专人看管。高空作业和维修人员应配备安全带和安全帽。经常检查烘干机排谷是否顺畅，发现堵塞应及时清理，防止机内稻谷流动不畅引起火灾。运动件、发热部位等危险部位应设置安全标志，安全标志应符合 GB 10396 的要求。

烘干机发生火灾时，应立即进行以下操作：烘干机紧急停机，关闭所有风机以及进风闸门；热风炉紧急停机，关闭鼓风机和炉排电机，打开所有炉门、风门和闸门；打开紧急排粮口，排出稻谷及燃烧物；清理机内着火点的残余，分析起火原因，排除隐患。

二、香菇热风烘房干燥

采摘后的新鲜香菇含水量高，不停在进行呼吸作用消耗营养物质，菌褶颜色逐渐由白变为灰褐，最终变为深褐，糖代谢、氮代谢等不断降低其新鲜度。这些变化使香菇在短时间内发生软化褐变从而失去商品价值。新鲜香菇贮藏保鲜的难度很大，籽实体采收后一般 2～3 d 便会发生褐变、开伞和软化导致其衰老腐败，在低温状态下也不耐贮藏，一般不超过 28 d。在香菇收获时期，由于出菇量大，市场无法消纳，必须及时进行加工干制。

利用热风烘房干燥采收后香菇的流程：采收后新鲜香菇→剪柄→装盘→装车→烘干→干品分拣分级包装→贮存。

1. 采收及预处理

香菇菌盖大小很不均匀，直径从 3～20 cm 不等，较小香菇直径小于 5 cm，中型香菇直径为 5～7 cm，大香菇直径大于 7 cm。对于菌盖直径较大的香菇，一般将其切分为香菇丝再进行干燥。香菇豆的菌盖直径较小，在 2 cm 以下，菇盖和菇柄难以分离，一般直接烘干。

在大小相同的情况下单个香菇的重量有明显差别。单果重较大的香菇烘干时间长，而单果重较小的香菇相对烘干时间短，较容易烘干。按产品要求，一般按不剪柄、菇柄剪半、菇柄全剪三种方式进行处理。

2. 装盘、装车

相对而言，菌盖朝上、菌褶朝下摆放，干制后产品香菇的圆整度好；菌盖朝下、菌褶朝上摆放，干制后产品香菇的菌褶收缩好、色泽淡黄。生产过程中一般随意摆放。整个盘内香菇要求大小基本一致，大叶片香菇需要先切分。香菇装在盘中后，轻轻晃动，均匀铺设。每盘(约 0.3 m^3)香菇的装载数量 2～3 kg。香菇装盘后放在物料小车上，应把大而厚且水分含量高的放在上层，小而薄且水分含量低的放在下层。

3. 烘干操作

香菇烘干参考工艺见表 9-4。

表 9-4 香菇烘干参考工艺

<table>
<tr><th colspan="2">干制阶段</th><th>干球温度/℃</th><th>湿度控制</th><th>目标任务</th><th>参考时间/h</th><th>备注</th></tr>
<tr><td colspan="2">升温段</td><td>室温至 40</td><td></td><td></td><td>0.5</td><td></td></tr>
<tr><td rowspan="6">干燥段</td><td>一阶段</td><td>40</td><td>排湿量大，全力排湿</td><td>失水发软</td><td>2</td><td rowspan="6">为了保温节能，设定湿度 40%以上间隔排湿，按 40%湿度设定相应干球温度下的湿球温度</td></tr>
<tr><td>二阶段</td><td>45</td><td>40%以上间隔排湿</td><td>菌盖开始收缩</td><td>3</td></tr>
<tr><td>三阶段</td><td>50</td><td>40%以上间隔排湿</td><td rowspan="2">菌盖皱缩变色，菌褶变色</td><td>5</td></tr>
<tr><td>四阶段</td><td>55</td><td>40%以上间隔排湿</td><td>3～4</td></tr>
<tr><td>五阶段</td><td>60</td><td>40%以上间隔排湿</td><td>菌盖、菌褶定色</td><td>1～2</td></tr>
<tr><td>六阶段</td><td>65</td><td>40%以上间隔排湿</td><td>烘干定型，出香味</td><td>1</td></tr>
</table>

按照烘干设备使用说明书或相关操作规程设置、启动、控制烘干。目前，国家标准对干香菇含水量的要求为 10%～13%，用户可根据市场情况、干香菇不同用途、不同贮藏条件确定最终水分，可在烘房内不同部位取 3 次以上成品测量平均水分。烘干后出车，并于阴凉房内冷却至室温后分拣分级。干果应在防雨、通风环境下贮藏且避免长时间日照。

4. 干品分拣、分级、包装

可参照《香菇等级规格》(NY/T 1061)中香菇干制产品的要求进行成品分拣分级，主要包括菌盖颜色、形状、菌盖厚度等。干香菇分为干花菇、干厚菇和干薄菇。农户可将香菇干置于洁净贮藏室的分拣台上分拣、分级，不同级别的分开放置包装。成品水分未达到要求的，再次烘干或阴干。真空包装或常规包装均可，包装材料应坚固、洁净、干燥、防湿、无破损、无异味、无毒、无害。

5. 贮藏

置于通风良好、阴凉干燥、清洁卫生、有防潮设备及防霉变、防虫蛀和防鼠设施的库房贮藏。不得与有毒、有害、有异味和易于传播霉菌、虫害的物品混合存放。

6. 注意事项

(1)首次烘干前必须检验烘房风量分布的均匀性。检验时首先启动热风机，用质量较轻的纸在烘房内各点测试风量情况，若发现风量盲区时，可采用分风墙或类似功能装置进行挡风调节。

(2)由于每次装料情况存在差异，烘房内各点温度及干燥程度不可能绝对均匀，在烘干过程中出现类似情况时可适当延长烘干时间，必要时需对物料进行换位处理(如前后交换)。

(3)如果设备出现故障，应尽量保持热风供给；若不能及时供给热风，应尽快取出通风；待故障排除后再重新开机烘干。

(4)首次烘干必须小批量试烘，满足烘干要求后才能正式投入批量烘干。

三、黑木耳热风烘房干燥

1. 利用热风烘房干燥采收后黑木耳的流程

采收后新鲜黑木耳→装盘→装车→烘干→分拣分级→包装→贮藏。

2. 黑木耳加工规程

(1)装盘、装车。将采摘的鲜黑木耳平铺至烘盘上，装料量应＜7.5 kg/m^2，装料厚度＜3 cm。每批次烘干黑木耳原料应尽量做到朵形大小基本一致，不同朵形的黑木耳应分盘或分烘房烘干为宜。朵形不好的大片木耳，可以适当减少装盘量。烘盘装车时应注意保持水平。烘房内应装适量烘车，若物料量不足以装满烘房内全部烘盘时，应从下往上同样间隔放置烘盘，并保持烘车装盘数量基本一致。烘车推入烘房时，应避免大幅振动，平稳推入。

(2)烘干操作。黑木耳烘干参考工艺见表 9-5。

表 9-5　黑木耳烘干参考工艺

<table>
<tr><th colspan="2">干制阶段</th><th>干球温度/℃</th><th>湿度控制</th><th>目标任务</th><th>参考时间/h</th><th>备注</th></tr>
<tr><td colspan="2">升温段</td><td>室温至 43</td><td></td><td></td><td>0.5</td><td rowspan="5">为了保温节能，设定湿度 40% 以上，间隔排湿，按 40% 湿度设定相应干球温度下的湿球温度。需进一步实践验证在第二、三阶段可加入手工造型或机器揉搓的效果</td></tr>
<tr><td rowspan="4">干燥段</td><td>一阶段</td><td>43</td><td>排湿量大，全力排湿</td><td>失水发软</td><td>2</td></tr>
<tr><td>二阶段</td><td>48</td><td>40%以上，间隔排湿</td><td>开始收缩</td><td>3</td></tr>
<tr><td>三阶段</td><td>53</td><td>40%以上，间隔排湿</td><td>收缩变形</td><td>5</td></tr>
<tr><td>四阶段</td><td>58</td><td>40%以上，间隔排湿</td><td>全干定型</td><td>4</td></tr>
</table>

按照烘干设备使用说明书或相关操作规程设置、启动、控制烘干。目前，国家标准对黑木耳干含水量的要求是不高于 14%，用户可根据市场情况、黑木耳干不同用途、不同贮藏条件确定最终水分，可在烘房内不同部位取 3 次以上成品测量平均水分。烘干后出车、并于阴凉房内冷却至室温后分拣分级。干品应在防雨、通风环境下贮存且避免长时间日照。

(3)干品分拣、分级、包装。可参照《黑木耳》(GB/T 6192)中黑木耳干制产品的要求进行成品分拣分级，主要包括感官要求和理化指标等。农户可将干燥后的黑木耳进行分拣，将大片木耳和小朵木耳分别装袋，分开放置包装。真空包装或常规包装均可，包装材料应坚固、洁净、干燥、防湿、无破损、无异味、无毒、无害。

(4)贮藏。置于通风良好、阴凉干燥、清洁卫生、有防潮设备及防霉变、防虫蛀和防鼠设施的库房贮藏。不得与有毒、有害、有异味和易于传播霉菌、虫害的物品混合存放。

3.注意事项

(1)首次烘干前必须检验烘房风量分布的均匀性。检验时首先启动热风机,用质量较轻的纸在烘房内各点测试风量情况,若发现风量盲区时,可采用分风墙或类似功能装置进行挡风调节。

(2)由于每次装料情况存在差异,烘房内各点温度及干燥程度不可能绝对均匀,在烘干过程中出现类似情况时可适当调整烘干时间,必要时需对物料进行换位处理(如前后交换)。

(3)如果设备出现故障,应尽量保持热风供给;若不能及时供给热风,应尽快取出通风;待故障排除后再重新开机烘干。

(4)木耳装盘时,需要根据木耳的朵片大小,适当调整装盘量,否则会导致木耳过厚,下层木耳无法烘干。

(5)烘干后期要随时观察木耳烘干情况,可以采用提前停止加热的方法,防止木耳过干的情况发生。

(6)首次烘干必须小批量试烘,满足烘干要求后才能正式投入批量烘干。

四、金银花热风烘房干燥

金银花一年采收多茬,经济性较好。由于日晒、阴干等干燥方法处理后色泽较差、品质不佳。

利用热风烘房干燥金银花的流程:新鲜金银花→适时采收→鲜花暂存、转运→分级分类→装盘、装车→烘干→烘后冷却→分拣分级→包装→贮藏。

1.适时采收

金银花现蕾后,应经常观察花的外部形态特征,以便适时采收,不同发育阶段其外部特征也有差异。

(1)药用金银花采收标准。从药用质量上讲,在花蕾尚未开放之前,二白期、大白期、三清期兼顾为金银花产量和质量的最佳选择,此时花蕾药用价值最佳。

(2)茶用金银花采收标准。茶用金银花的采摘标准是金银花"三青期"。

(3)最佳时间。清早至上午。此时金银花因受露水湿润不易损伤花蕾和花枝且花蕾不易开放,养分足、气味浓、颜色好,且绿原酸含量最高,为最佳采收时间。

(4)采收方法。优质花应尽量人工采摘,品质较差或末茬花可采用采摘机采收。采用手工从金银花树梢上摘取成熟金银花,采收时用手从茎干上摘下花蕾,放入挂在腰间的布袋内。

2.鲜花暂存、转运

必须全程做好保护措施,防止挤压、以避免雨淋、变色等二次损伤。在暂存和运输过程中应有足够的空间并保持空气通畅。采收后鲜花必须就近、从速进行烘干。

3.分级分类

采收的金银花应根据质量、色泽、有无杂质等分级分类存放。

4.装盘、装车

(1)不同品质的金银花分批次分车烘干。

(2)装盘厚度应保持基本一致、防止过厚或过薄现象。

(3)烘房内应布满小车，物料量不足时，每个小车可从下往上放置烘盘，且保持小车装盘数量基本一致。

(4)对于金银花药材，将鲜料铺满料盘1～2 cm、装料量为2～3 kg/盘(金银花干燥较佳的装载量为2.33 kg/m^3)。

5. 烘干操作

金银花烘干参考工艺见表9-6。

表9-6 金银花烘干参考工艺

<table>
<tr><th colspan="2">干制阶段</th><th>干球温度/℃</th><th>湿度控制</th><th>目标任务</th><th>参考时间/h</th><th>备注</th></tr>
<tr><td colspan="2">升温段</td><td>室温至45</td><td></td><td></td><td>0.5</td><td></td></tr>
<tr><td rowspan="9">干燥段</td><td>一阶段</td><td>45</td><td>44.1(95%)</td><td>失水发软</td><td>2.5</td><td rowspan="9">首次烘干可参考此工艺，但在烘干过程中应注意经常观察。可通过长期生产摸索最佳烘干工艺</td></tr>
<tr><td>二阶段</td><td>48</td><td>45.1(85%)</td><td>开始收缩</td><td>2.0</td></tr>
<tr><td>三阶段</td><td>51</td><td>45.9(75%)</td><td>收容渐干</td><td>1.5</td></tr>
<tr><td>四阶段</td><td>53</td><td>45.3(65%)</td><td></td><td>1.5</td></tr>
<tr><td>五阶段</td><td>56</td><td>45.3(55%)</td><td></td><td>1.5</td></tr>
<tr><td>六阶段</td><td>59</td><td>44.6(45%)</td><td></td><td>1.5</td></tr>
<tr><td>七阶段</td><td>61</td><td>44.4(40%)</td><td></td><td>1.5</td></tr>
<tr><td>八阶段</td><td>63</td><td>44.0(35%)</td><td></td><td>1.5</td></tr>
<tr><td>九阶段</td><td>65</td><td>40.8(25%)</td><td>全干、揉搓易碎</td><td>2～5</td></tr>
</table>

按照烘干设备使用说明书或相关操作规程设置、启动、控制烘干。目前，国家标准对干金银花含水量的要求是不高于11%。在高温、高湿期间加工或需长期贮藏时，应将水分烘至8%左右，应在烘房内不同部位取3次以上成品测量平均水分。

6. 烘后冷却

当花蕾达到足干、水分8%～10%(手感为花蕾一捏即粉时或用仪器测量)，停止烘干。并将物料车推出烘房先在库房内静置停放一段时间，待其冷却、回软后才能进行包装。可进行分拣、计量、包装、质检、灭菌等工作。

7. 注意事项

(1)首次烘干前必须检验烘房风量分布的均匀性。检验时首先启动热风机，用质量较轻的纸在烘房内各点测试风量情况，若发现风量盲区时，可采用分风墙或类似功能装置进行挡风调节。

(2)由于每次装料情况存在差异，烘房内各点温度及干燥程度不可能绝对均匀，在烘干过程中出现类似情况时可适当调整烘干时间，必要时需对物料进行换位处理(如前后交换)。

(3)如果设备出现故障，应尽量保持热风供给；若不能及时供给热风，应尽快取出通风；待故障排除后再重新开机烘干。

(4)烘干后期要随时观察金银花烘干情况，可以采用提前停止加热的方法，防止金银花过干的情况发生。

(5)首次烘干必须小批量试烘，满足烘干要求后才能正式投入批量烘干。

五、杏热风烘房干燥

1. 杏干加工流程

利用热风烘房干燥采收后鲜杏的流程：采收后鲜杏→运输和暂存→装料和分选→装车→烘干→分拣分级→包装。

2. 杏干加工规程

(1)鲜杏采收和运输。采收时应尽量保证鲜杏的完整，避免造成破损，如有破损，干燥过程中糖会析出，造成黏结并发软，影响杏干成品的外观和口感。一般杏应在早上带果柄采收，轻拿轻放，如白天采收果实积热大，干燥时易出糖。采收成熟果实时应小心用手掌托住果实，左右摇动使其脱落。杏成熟期比较集中，又常与麦收同时，为避免劳力不足，大面积栽培时，要注意品种搭配，早、中、晚排开成熟期，同时按加工、贮藏和鲜食的不同需要分期分批采收。

杏在不同成熟期的干燥特性有差别，一般八九成熟的鲜杏较适宜干制，十成熟的杏在烘干过程中糖析出明显，易黏结，干制后外观不佳。成熟度低的杏干燥后在色泽、口感和干品率方面都较差。七成熟、八成熟和九成熟的杏进行干燥后，成品在色泽、口感和干品率方面都存在差别。七成熟的杏烘干后呈青黄色，色泽不太亮；八九成熟的杏烘干后颜色较好，呈淡黄色，色泽亮；七成熟的杏口感偏酸，皮多肉少；八成熟的杏口感酸甜、微甜带酸，肉感好、偏硬；九成熟的杏口感偏甜、略带酸味，肉感丰满、较软。

鲜杏采收入筐后，必须全程做好保护措施，防止挤压等二次损伤，而且必须就近、当日进行烘干。

(2)装料和分选。鲜杏烘干时，料层一般为平铺一层，烘盘以8层为宜；若烘车高度方向上烘盘数量较多(如10～13盘)，可适当减少单盘装料量。每批次烘干原料应尽量做到果粒大小基本一致、成熟度基本一致，不同成熟度的鲜杏应分盘或分烘房烘干为宜。七成熟以下的鲜杏不宜制作杏干，过成熟的杏烘干过程中糖析出明显，需要将其捡出。

(3)装车，烘盘装车时应注意保持水平，若遇阻碍，应及时修正，不可硬装。烘房内应装适量烘车，若物料量不足以装满烘房内全部烘盘时，应从下往上同样间隔放置烘盘、并保持每烘车装盘数量基本一致。物料过少烘干效果也不佳。烘车推入烘房时，应避免大幅振动，平稳推入。

(4)烘干操作。烘房烘干整杏时，不切分。杏烘干参考工艺见表9-7。

表9-7　杏烘干参考工艺

干制阶段		干球温度/℃	湿度控制	目标任务	参考时间/h
升温段		室温至45			0.5
干燥段	一阶段	45	排湿量大，全力排湿	表皮失水发软	8
	二阶段	50	40%以上，间隔排湿	表皮发干皱缩	18
	三阶段	55	40%以上，间隔排湿	果肉皱缩，定色	30
	四阶段	60	40%以上，间隔排湿		6
	五阶段	55	40%以上间隔排湿	内外全干	8～12

按照烘干设备使用说明书或相关操作规程设置、启动、控制烘干。杏干含水量的要求是不高于20%，用户可根据市场情况，杏干的不同用途、不同贮藏条件确定最终水分，可在烘房内不同部位取3次以上成品测量平均水分。烘干后出车，并于阴凉房内冷却至室温后分拣分级。干果应在防雨、通风环境下贮藏且避免长时间日照。

(5)干品分拣、分级、包装。可参照《无公害食品　杏干》(DB65/T 3037)中杏干的感观指标进行成品分拣分级，感观指标主要包括干燥后杏干的外观和杂质等。农户可将杏干置于洁净贮藏室的分拣台上分拣、分级，除去杂质，不同级别的杏分开放置包装。成品水分未达到要求的，再次烘干或阴干。真空包装或常规包装均可，根据成品销售渠道确定包装方式。

项目9拓展资料

项目10
现代农业装备技术

任务1　温室大棚装备

温室又称为暖房，是一种以玻璃或塑料薄膜等材料作为屋面，用土、砖做成围墙，或者全部以透光材料作为屋面和围墙的房屋，具有充分采光、防寒保温能力。日光温室是一种在室内不加热的温室，即使在最寒冷的季节，也只依靠太阳光来维持室内一定的温度水平，以满足蔬菜作物生长的需要。

学习目标

知识目标

1. 了解温室大棚建造特点、要求与场地选择的条件。
2. 掌握温室大棚类型、结构特点与设计步骤，理解荷载的分析与计算方法。

技能目标

1. 能根据生产实际规划、设计与建造大棚和温室。
2. 能根据不同设施的原理和特点，解决设施损坏、设施性能降低等问题。

素质目标

1. 具有发展农业温室大棚产业，提高农产品价值的创新创业意识。
2. 具有建设农业温室大棚标准、规范的意识。

学习内容

任务1.1　场地规划

活动1　温室大棚选址

为适宜蔬菜的种植，日光温室大棚首先要挑选土壤比较肥沃、土层比较深厚、有机质含量高的地块进行建造。同时要考虑排水供水、交通因素，选择便利的地方更合适建造日光温室。

温室方位要尽量减少后墙遮阴。一般应坐北朝南，但对高纬度（40°以北）和晨雾大、气温低的地区，冬季日光温室不能日出即揭帘受光，这样温室方位可适当偏西。偏离角应根据当地纬度和揭帘时间确定，一般不宜大于10°。温室方位的确定尚应考虑当地冬季主导风向，但切忌建在风口处，避免强风吹袭前屋面，否则会影响使用寿命。

活动2 规划温室大棚

地块选好以后，要对它举行总体规划格局。日光温室通常坐北朝南，东西延长，东、西、北三面筑墙，设有不透明的后屋面，前屋面用塑料薄膜覆盖，作为采光屋面。

日光温室大棚的长度一般以80～150 m为宜，日光温室大棚的宽度以8～10 m为宜。

在规划格局过程中，间距的确定应以前栋不影响后栋采光为前提。丘陵地区，可采用阶梯式建造；平原地区，也应使冬至日上午10时阳光能照射到温室的前沿，即使土地资源非常宝贵的地区，也应保证冬至日中午阳光能照射到温室的前防寒沟。温室与温室之间的间隔距离如果过小，前边温室就会遮住后面温室的光线，后边温室的采光自然会受到波及。规划好后，即可以建造日光温室大棚。

任务1.2 墙体建造

活动1 墙体划线

在规划好的场地内，首先要放线定位，先将预备好的线绳按规划好的方位拉紧，用石灰粉沿着线绳方向划出日光温室的长度，然后再确定日光温室的宽度。注意划线时，日光温室的长与宽之间要呈90°，划好线，夯实地面就可以开始建造墙体。

活动2 墙体建造

日光温室大棚墙体建造大约有两类，一类是土墙，另一类是砖墙。

土墙：挖掘机就地取土压实、切齐北墙南面及两侧山墙里面，底部宽6 m，顶部宽2 m，切齐以后南面高度3.8 m。优点是造价低廉、保温成效好，缺点是占地略多。

砖墙：为了保障砖墙墙体的坚固性，建造时必要开沟砌墙基。挖宽约为100 cm的墙基，墙基深度一般应距原地面40～50 cm，然后填入10～15 cm厚的掺有石灰的二合土，并夯实，然后用砖砌垒。当墙基砌到地面以上时，为了防止土壤水分沿着墙体上返，需在墙基上面铺上厚约0.1 mm的塑料薄膜。在塑料薄膜上部用砖砌墙时，要保障墙体总厚度为70～80 cm，即内、外侧均为24 cm的砖墙，中间夹土填实，墙身高度为2.5 m，用砖砌完墙体后，外墙应用砂浆抹面找平，内墙用白灰砂浆抹面。

任务1.3 后屋面的建造

日光温室大棚的后屋面主要由后立柱、后横梁、檩条及上面铺制的保温材料四部分构成。

活动1 搭建后立柱

主要起支撑后屋顶的作用，为保障后屋面坚固，后立柱一般可采用水泥预制件做成。在现实建造中，有后排立柱的日光温室可先建造后屋面，然后再建前屋面骨架。后立柱竖起前，可先挖一个长为40 cm、宽为40 cm、深为40～50 cm的小土坑，为了保障后立柱的坚固性，可在小坑底部放一块砖头，然后将后立柱竖立在红砖上部，最后将小坑空隙部分用土填埋夯实。

活动2 铺设后横梁

日光温室的后横梁置于后立柱顶端，呈东西延伸。

活动3 铺设檩条

檩条的作用主要是将后立柱、横梁紧紧固定在一起，它可采用水泥预制件做成，其一端压在后横梁上，另一端压在后墙上。檩条固定好后，可在檩条上东西方向拉10～12根26号的镀锌钢丝，钢丝两端固定在温室山墙外侧的土中，然后可在全部后屋面上部铺一层塑料薄膜，再将保温材料铺在塑料薄膜上，在我国北方大部分地区，后屋面多采用草苫保温材料进行覆盖，草苫覆盖好以后，可将塑料薄膜再盖一层，为了防止塑料薄膜被大风刮起，可用些干细土压在薄膜上面，后屋面的建造就完成了。

任务1.4 骨架的建造

活动1 划骨架线

放线定位时，先将预备好的线绳按规划好的方位拉紧，接着用石灰粉沿着线绳方向划出东西、南北方向骨架安装线。

活动2 搭建骨架

日光温室的骨架构造可分为：水泥预件与竹木混合构造、钢架竹木混合构造和钢架构造。

(1)水泥预件与竹木混合构造的特点：立柱、后横梁由钢筋混凝土柱形成；拱杆为竹竿，后坡檩条为圆木棒或水泥预制件。中间立柱分为后立柱、中立柱、前立柱。后立柱可挑选13 cm×6 cm钢筋混凝土柱；中立柱可挑选10 cm×5 cm钢筋混凝土柱；中立柱因温室跨度不同，可由1排、2排或3排形成；前立柱可由9 cm×5 cm钢筋混凝土柱形成。后横梁可挑选10 cm×10 cm钢筋混凝土柱。后坡檩条可挑选直径为10～12 cm圆木，主拱杆可挑选直径为9～12 cm圆竹建造。

(2)钢架竹木混合构造的特点：主拱梁、后立柱、后坡檩条由镀锌管或角铁形成，副拱梁由竹竿形成。中间主拱梁由直径为27 mm国标镀锌管(6分管)2～3根制成，副拱梁由直径为5 mm左右圆竹制成。立柱由直径为50 mm国标镀锌管制成。后横梁由50 mm×50 mm×5 mm角铁或直径60 mm国标镀锌管(2寸管)制成。后坡檩条由40 mm×40 mm×4 mm角铁或直径为 27 mm 国标镀锌管(6 分管)制成。

(3)钢架构造的特点：全部骨架构造为钢材形成，无立柱或仅有一排后立柱，后坡檩条与拱梁连为一体，中纵肋(纵拉杆)3～5 根。中间主拱梁由直径为 27 mm 国标镀锌管 2～3 根制成，副拱梁由直径为 27 mm 国标镀锌管 1 根制成。立柱由直径为 50 mm 国标镀锌管制成。

任务 1.5　外覆盖物

日光温室大棚的外覆盖物主要由透亮覆盖物和不透亮覆盖物形成，主要采用 EVA 膜透亮覆盖物进行覆盖。

活动 1　覆盖薄膜

利用 EVA 膜覆盖的日光温室大棚，主要有两种覆盖方式，一种就是一块薄膜覆盖法，另一种就是两块薄膜覆盖法。

(1)一块薄膜覆盖法就是从棚顶到棚基部用一块薄膜把它覆盖起来。从覆盖方式的优点来说，它没有缝隙，保温性能也很好；它的不足之处就是，到了晚春的时候，棚内温度过高，进行必要散热时，不便于降温。

(2)两块薄膜覆盖法主要采用一块大膜、一块小膜的覆盖方法，棚面用一块大膜罩起来，顶部用一块小膜把它接起来。

东北地区应用的棚膜主要有聚氯乙烯膜(占 4/5)、聚乙烯膜(占 1/5)。聚氯乙烯膜几乎全是无滴膜。

活动 2　铺设压膜线

科技赋能“菜篮子”设施蔬菜挑大梁　蔬菜大棚变身“绿色车间”

两块薄膜覆盖好以后，要用压膜线将塑料薄膜充分固定起来。

两块薄膜覆盖法的优点是：冬天寒冷的季节，大棚进行必要密封的时候，只要把两块薄膜接缝的地方交叠起来，用东西把它压紧，大棚的保温性能就比较好；到了晚春季节，大棚进行必要通风的时候，再把两块薄膜的接缝处拨开一个小口，这样就变成了一个通风口，便于散热。

知识储备

日光温室的类型

日光温室从前屋面的构型来看，基本分为一斜一立式温室和半拱式温室。由于后坡长短、后墙高矮不同，又可分为长后坡矮后墙温室、高后墙短后坡温室、无后坡温室(俗称半拉瓢)。从建筑材料上又可分为竹木结构温室、早强水泥结构温室、钢铁水泥砖石结构温室、钢竹混合结构温室。

决定温室性能的关键在于采光和保温，至于采用什么建筑材料主要由经济条件和生产效益决定，比较常用的温室有一斜一立式温室和半拱式温室。

一斜一立式温室是由一斜一立式玻璃温室演变而来的。如图10-1所示，温室跨度7 m左右，脊高3～3.2 m，前立窗高80～90 cm，后墙高2.1～2.3 m。后屋面水平投影1.2～1.3 m。前屋面采光角达到23°左右。一斜一立式温室多数为竹结构，前屋面每3 m设一横梁，由立柱支撑。

半拱式温室是从一面坡温室和北京改良温室演变而来。温室跨度多为6～6.5 m，脊高2.5～2.8 m，后屋面水平投影1.3～1.4 m(图10-2)。这种温室在北纬4°以上地区最普遍。

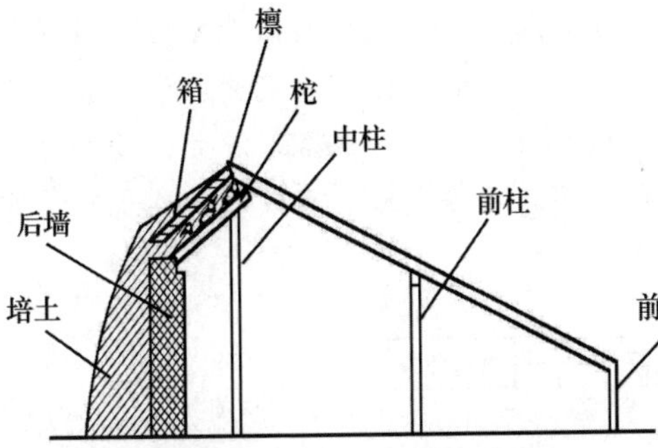

图10-1　一斜一立式温室结构

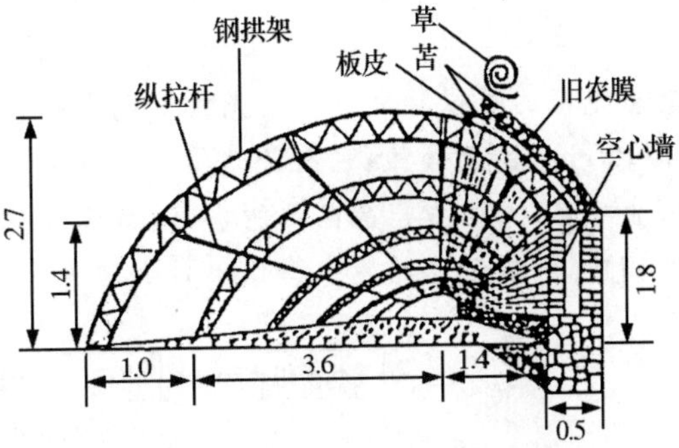

图10-2　半拱式温室结构(单位:m)

(一)温室构造

(1)温室周围或一侧应设置防寒沟，深度一般应为0.5 m，宽度以0.3～0.5 m为宜，内填保温材料。保温材料热阻应接近或达到后墙热阻，并应保持干燥，防水防潮。防寒沟可设在温室内、外，但室内效果更佳。

(2)冬季以北风或偏北风为主导风向的地区，温室北侧应设风障。

(3)为了方便操作，温室前屋面骨架在距温室前沿0.5 m水平距离处的高度不应低于0.7 m，宜在0.7～0.8 m。

(4)为适应目前草苫的规格和便于压膜线固膜，温室骨架间距应为0.6～1.2 m，推荐为0.75～1.0 m。

(5)山墙上应设置上人台阶，高于2 m的山墙和后墙应设安全防护栏，栏高不低于0.9 m。

(二)设计规格

温室设计要求：达到设计科学合理，结构安全牢固，可利用率高，使用寿命长，具有良好的采光、蓄热、保温、防寒、抵抗风雪和适宜机械化作业的经济实用型的要求。建造模式要因地制宜，用材要随着当前技术的进步而改进。

目前，常用的设计规格中的七度。

(1)温室的最佳方位是南偏西角度5°～7°，根据实际情况偏东或偏西最多不超10°。

(2)墙体厚度大于当地最大冻土层厚度1.5 m，高度2～3 m。

(3)日光温室跨度7～8 m(垂直跨度)，最宽不超8.5 m，骨架间距0.8～1 m。

(4)前屋面采光角度31.5°～32.5°，确保大于30°；对边：斜边为0.5左右。

(5)后屋面仰角30°～38°，宽1.35～1.75 m，厚0.5～0.7 m。

(6)温室中脊高度3.5～4.5 m，下深深度0.6～0.8 m。

(7)东西长度为50～100 m，最好80 m左右。

知识拓展

光伏农业大棚方案设计

(一)系统原理

光伏发电是利用半导体界面的光生伏特效应原理，利用太阳能电池将太阳光能直接转化为电能(图 10-3)。光伏发电系统分为独立光伏系统和并网光伏系统。独立光伏电站包括边远地区的村庄供电系统，太阳能户用电源系统，通信信号电源、阴极保护、太阳能路灯等各种带有蓄电池的可以独立运行的光伏发电系统。产品属性由于薄膜太阳能电池能吸收波长范围低于 400 nm 的紫外线，可有效地阻止紫外光线对植物的破坏作用，有利于避免伤害植物和减少病虫害，有助于农产品品质的提高；薄膜太阳能电池有非常高的透光率。薄膜电池在保证发电的同时，也满足了植物光合作用对太阳光的需求。

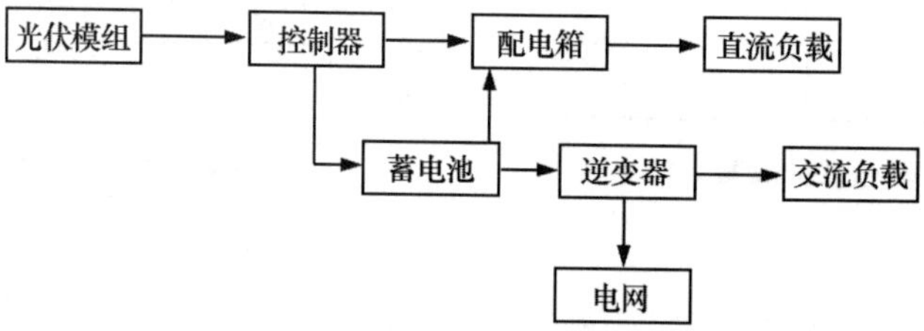

图 10-3　光伏大棚发电原理图

(二)应用原理

由图 10-4 知道太阳光入射到地球表面包括：紫外线、可见光及红外线。紫外线占 6%（改变植物物质结构，具有破坏性），可见光占 52%（提供照明，供植物光合作用），红外线占 42%（产生热能）。

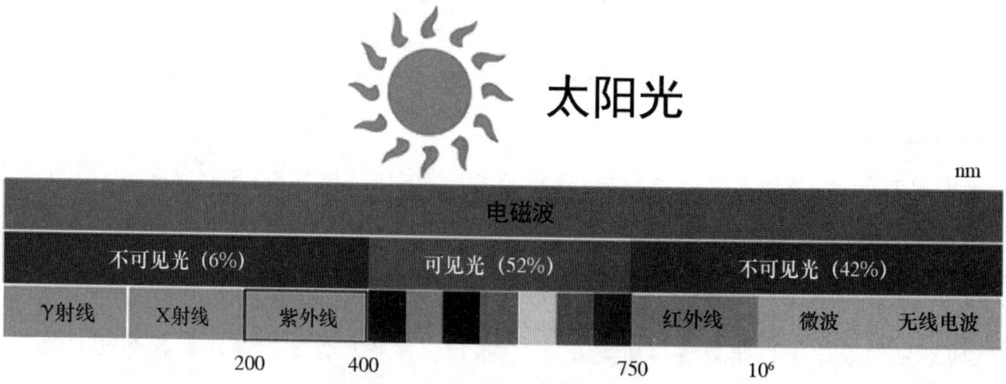

图 10-4　太阳光发射分析图

(三)系统方案

假设该光伏温室项目建设共 22 栋大棚，其中，150 m 长单栋大棚安装薄膜光伏组件 1 800 片，共 12 栋，总共 21 600 片；240 m 长单栋大棚安装薄膜光伏组件 2 880 片，共 10 栋，总共 28 800 片。基地大棚共用光伏组件 50 400 片。组件功率为 85 W，总装机容量为 6 MW。

温室长 150～240 m，宽 48 m，在温室顶部安装光伏组件，安装倾角 30°，组件与同尺寸的阳光板/钢化玻璃间隔排布，如图 10-5 所示为光伏发电系统原理。光伏发电系统主要有以下设备：光伏组件、组件导轨系统、直流防雷汇流箱、逆变器、并网设备、传感器、监控显示设备、电缆等。

走进大棚光伏，探寻绿色能源之路

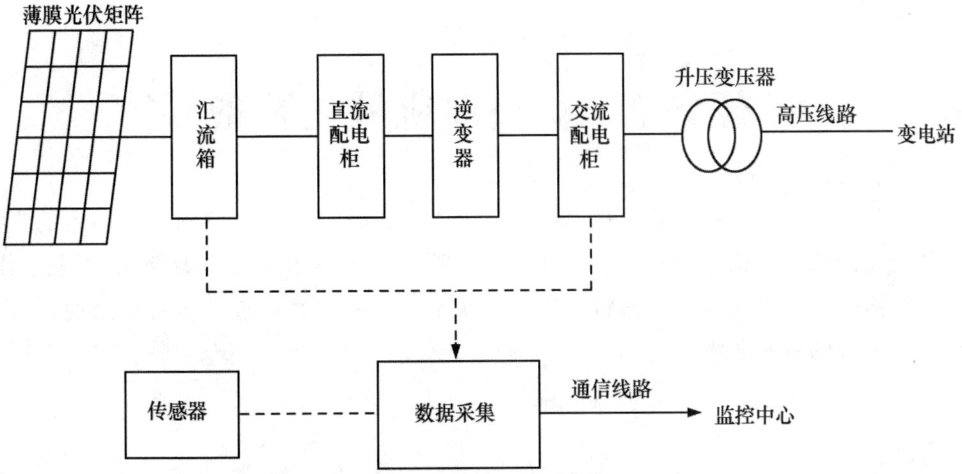

图 10-5　光伏发电系统原理

案例

太阳能新型蔬菜温室大棚的设计

太阳能新型蔬菜温室大棚，包括大棚钢构、太阳能电板、导线、花洒支架和水槽。大棚钢构的一侧设有太阳能电板支架，大棚钢构的另一侧设有水槽，且水槽通过大棚钢构与太阳能电板支架固定连接。太阳能电板支架的一侧设有太阳能电板，太阳能电板支架的另一侧设有导线，且导线通过太阳能电板支架与太阳能电板固定连接（图 10-6）。导线的上端设有照明灯，且导线与照明灯固定连接，照明灯的一侧设有蓄电池，照明灯的另一侧设有开关，且开关通过照明灯与蓄电池固定连接，导线的下端设有音乐播放器，且音乐播放器固定安装在开关与蓄电池之间。花洒支架的下端设有花洒，且花洒支架与花洒固定连接。水槽的一侧设有排水管，且水槽与排水管固定连接，水槽的外表面设有水位计，且水槽与水位计固定连接。

图 10-6　太阳能新型蔬菜温室大棚

新型智慧温室大棚设施

本设计优势体现在：太阳能电板将太阳能转换为电能，提供能源。大棚钢构的一侧设有太阳能电板支架，大棚钢构的另一侧设有水槽，且水槽通过大棚钢构与太阳能电板支架固定连接，太阳能电板可以很好地将太阳能转换为电能，提供照明灯的能源；水槽能够在下雨天的时候，将雨水贮存在水槽中，最大限度地起到节约水源的效果；导线的下端设有音乐播放器，且音乐播放器固定安装在开关与蓄电池之间，音乐播放器能够放松心情，工作人员在休息时，能够减少工作人员的疲惫感；花洒支架的下端设有花洒，且花洒支架与花洒固定连接，花洒能够将水槽中的水利用起来，起到水资源循环利用的效果。

任务 2　耕整地机械化装备

耕整地是农业生产中一项重要技术措施。由于农作物生长和日晒雨淋等因素的影响，耕作层上部土壤的团粒结构遭到破坏。这部分土壤肥力降低，水田脱水容易板结，不利于作物的生长。因此播插之前需要通过机械将田块进行耕翻、平整，并经过进一步耕整土地，从而创造出适合作物生长的良好条件。

学习目标

知识目标

了解翻转犁、耕整机、旋耕机等常用耕整地机械的构造、工作原理。

技能目标

能掌握常用耕作机械的正确使用方法和调整技术。

素质目标

具有提升、推广农业机械化水平的意识和素质。

学习内容

任务 2.1　液压翻转犁

活动 1　认识液压翻转犁

(1)液压翻转犁的组成主要包括：犁架总成、犁体装架、地轮部件组成、双缸作用油缸、悬挂架，如图 10-7 所示。

(2)铧式犁的主要作用是翻土和碎土，液压翻转犁在耕地时的来回 2 个行程中，去的行程是向右翻转，返回行程则是向左翻转，用这种犁耕地，始终向地块的一边翻倒，耕后地表平整，适用于耕作地，小块地和形状不规则地，没必要在地块中央或小区开墒。

(3)液压翻转犁的液压式转向机构，是利用柱油缸的推力和拉力来完成的。翻转油缸中的缸体与犁架上的油缸座相铰接，缸体内包含一个可以做伸缩运动的活塞杆。当油缸中的液压

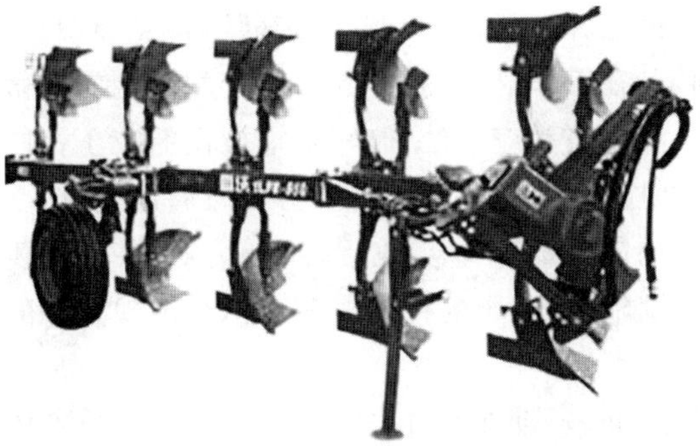

图 10-7　液压翻转犁

油在双联分配器的控制下流动时，活塞杆会伸缩，从而带动犁架上的正反向犁体进行垂直翻转运动。这种运动使得犁体交替更换到工作位置，实现开土、碎土等作业。地轮机构是一个轮两用机构，用于调节耕深。犁架上固定有中心轴，中心轴套后端与活塞杆铰接，前端穿过并固定在悬挂架横梁上。活塞杆通过与油缸座、犁架的连接带动中心轴在中心轴套内做回转运动。

活动 2　安装与使用液压翻转犁

16 个犁铧的液压翻转犁

(1)安装时，按照装箱清单检查机器零件、部件数量是否齐全，详细阅读说明书，了解机器构造及作用，安装应在平坦场地上进行。

(2)犁体、犁柱的安装。将犁架架高，使其离开地 250～950 mm；用两队 ILF 型长将手铧犁柱安装在犁架的最高端，先不要将 ILF 犁长拧紧。按照犁的斜向间距第二、三、四铧犁柱依次安装列犁架上。将组装好的犁体按回方向个别装在犁体上。将各个螺栓拧紧，调整各个犁体的斜向间距规定值。调整各犁体铧尖列用一直线上，拧紧各个紧固螺栓。将是挂架转至与犁架成为 90°角。将翻转油缸活塞杆一端挂在犁架转销上，装上垫片及开口销。将翻转油缸另一端用销子、垫片、开口销绞接在悬挂架上。用两 ILF 型长子将组装好的深轮固定在犁架纵部外侧。

(3)犁的调整。首次使用时，建议将机器放到最低位置，随后到地里只需微量调整即可进行工作。将拖拉机上拉杆连接到液压翻转犁上，以从拖拉机到犁的方向略上升位置，降低犁到地面上，调节上拉杆的长度手铧比最后的犁铧高出 1～3 cm 为宜。将限深轮向后摆到停止位置并量取限深轮的底边和地面的距离即为犁的工作深度，调节此距离可以取得想要的工作深度，必要时再进行调整。将犁尽可能提升并小心地翻转，检查犁及限深轮与地面之间是否有足够的净空，如果净空不够则不能完成翻转，将牵引杆降低，将上拉杆改装列犁主轴的另一个孔内。附犁的工作深度应设定为 5～10 cm，如果主犁的工作深度为 25 cm，则附犁犁尖和主犁的垂直距离应为 15～20 cm，犁地时附犁犁尖应一直在土地里。以保证将残存和表层土地翻入下层。将拖拉机的液压控制置于“浮动控制”或“混合控制”，设定犁和调节上栏杆到规定的长度，检查犁体的垂直度、首铧犁宽度和深度、尾犁深度及运输轮的工作深度。犁上的尾轮起控制深度的作用而非承重作用，因此拖拉机的液压调节到上拉杆始终处于受力状态。拖拉机与犁之间的调整，可以减少侧向位移和滑动并降低燃油消耗。

(4)拖拉机与犁的连接。ILF 型液压翻转犁与轮式拖拉机配套使用悬挂，即将拖拉机悬挂机构的两纵拉杆合并铰链在下轴的中间位置，中央拉杆及两纵拉杆两丝绞点应移到拖拉机的对称中心线上并用附件箱的两个长子定位，两限位链交叉连接，并在犁提升到最高位置时调紧。犁落下时应处于放松状态。下拉杆前端稍微向上倾斜，上拉杆前端向下倾斜，他们延长线的交点应为拖拉机前轮轴线。将拖拉机的液压控制杆置于“位置节”位置，将拖拉机左右提升臂调整至长度一致，连接提升臂下拉杆到犁的牵引销上并销死，略微升起提升臂，将支架摆起，滑上弹簧销固定在犁架上。将上拉杆连接到主轴上，在工作时，上拉杆与犁连接的一侧应稍微向上翘。将液压油管连接到拖拉机的快速接头上，液压接头应清洁干净，将拖拉机的液压控制杆置于“浮动控制”或“混合控制”位置。将犁升起并检查拖拉机的稳定性，必要时添加配重，更多的配重需要在工作中来决定是否添加，拖拉机的前轮应时刻坚实地接触土地。如果犁需要道路上运输，则需要按规定安装警示反光牌和灯光设施，将液压的控制杆置于不会出现意外的升降位置，此次操作需要在平地上进行。

(5)拖拉机与犁的分离。选取一个坚实平整的地面，转动犁到工作位置，将拖拉机的液压控制置于“位调节”位置，调节垂直调节螺丝使主轴与地面平行。关闭拖拉机的发动机，并扳动液压控制杆以及液压系统卸压，从主轴上脱离上拉杆，取下液压管并套上保护盖。摆下支架，伸长并锁定，从提升臂上脱离牵引杆，再将犁从拖拉机上脱离。把主轴调节到地面水平是为下一次的连接更方便，再次工作之时，应将主轴转动到原始位置。

活动3 液压翻转犁的使用与调整

1. 犁地前的准备工作

把翻转犁挂接到拖拉机上并提升到中间高度，连接管线至拖拉机的液压接头上。打开换向阀上的阀门，给液压管路加压，把液压接头部分拧开，并用干净的容器等着接油，让液压油流出几秒钟后，然后拧紧液压接头。逐步增加压力至定额压力，液压管路气压增加完毕，工作时一旦油压下降，就可能是管路中还存留空气。打开拖拉机上的液压阀排气，然后关闭阀门加压。

2. 翻转犁的调整

(1)节用单阀分配器拖拉机的调整。将悬挂架的锁销抽出，操作分配器手柄，将犁架提升到最高位置。操作换向手柄(或踏板)，使换向阀换向(即将主油缸的油路关闭)，使翻转油缸油路沟通。操作分配器手柄至“提升”位置，使犁翻转，如翻转后，犁架不能“越中”，可适当加大油门，提高翻转惯性。将分配器手柄扳至“下降”位置，翻转油缸方向供油，犁架在自身惯性作用下继续翻转，回转机构的单向销同时解除，当犁架与悬挂架挡块相抵时，翻转过程结束。操作换向阀手柄换向(即关闭翻转油缸)沟通主油缸，操作分配器手柄，使犁架下落。在翻转操作时，应尽量平稳，以免使犁架产生较大的冲击。

(2)带有双向阀分配器的拖拉机的调制。将悬挂架下的锁销抽出，操作分配器手柄(或踏板)，将犁架提升到最高位置。犁架在翻转时，先操作分配器手柄至“提升”位置，等犁架稍微越过中心位置时，将分配器手柄扳至“下降”位置，使犁架继续翻转直到快到限位拉杆时，减速转速，避免冲击。操纵分配器手柄，使犁架下落，犁的翻转动作结束后，才能进行下一个动作。

3. 工作时翻转犁的调整

翻转犁的调整主要包括犁的深度、垂直度、水平度和入土性能的调整。耕深调整机器部的犁铧，通过拖拉机的液压提升装置和上握杆进行调整，机器后部的犁铧，通过位于中部的限深轮调整。两个限位螺杆都可以调整犁地深度，犁地时将两个螺杆设置为相同的长度。在较松散的地块耕作时，方可借助主油缸的定位筛来限制深浅。

4. 垂直度的调整

稍微开启控制翻转的液压阀，使机器重量不再压在翻转支座上。顺时针或逆时针转动调整螺栓，以此调整犁的角度。完成犁的翻转，对另一侧的调整螺栓重复上述操作步骤。

(1)水平调整。耕作时犁架应处于水平状态；犁架纵向不平时，表现为后犁铧耕深不一致；犁架横向不平时，表现为犁铧左右耕深一致。

(2)纵向调整。通过改变拖拉机中央拉杆的长度来调节。

(3)横向调节。通过改变左右吊杆的长度和限深轮的位置进行调节，与轮式拖拉机配套时，还可以调整悬挂架两端的挡块螺钉，使犁架水平。

(4)入土性能调整。通过调整犁体上的调整螺栓改变犁铧的入土角度。通过调整拖拉机悬挂吊杆的长度来调整入土性能，加长吊杆的长度则入土性能有所改变。

5. 翻转犁的运输

清理机器上的泥土和杂物，将限深轮置于运输位置。缩短拖拉机中央拉杆，挂好安全挂钩。提升并拴住犁体，检查所有安全标志及安全装置于工作状态。长距离运输时，必须将机器用拖车装载运输。装车运输时，机器必须由固定链接条稳固在车上，避免前后和左右晃动。

6. 翻转犁的维护和保养

(1)每班作业时检查所有螺栓、螺钉是否紧固，如有松动立即拧紧。用黄油枪润滑所有黄油嘴位置。检查轮胎压力，按要求设置轮胎压力。

(2)作业中的保养，检查所有易拉杆是否完好。

(3)每天作业后，检查所有螺栓和接合点是否紧固，以消除可能产生的事故。

(4)犁铧刃口厚度超过 5 mm 时，予以锻打修复。

(5)清理液压翻转犁及各工作部件表面，并用润滑油和柴油的混合油或其他产品保护，以避免表面氧化。

(6)彻底润滑犁及其附件，保护液压活塞，并将液压管的连接头盖上护罩。

(7)将机器存放在库房内，必须室外放置时，应具有防晒、防雨淋措施，最好盖上帐篷。

任务2.2 微型耕整机

活动1 认识微型耕整机

1. 微型耕整机的基本构造

微型微耕机主要是由机架、柴油机、传动系统、行走系统、操纵系统、旋转刀轴、刀片、耕深调节装置及罩壳等组成(图 10-8)。

旋耕刀轴由无缝钢管制成，轴的两端焊有轴头，与左右支臂相连。轴上焊有刀座或刀盘，刀座按螺旋线排列焊在刀轴上，供安装刀片之用；刀盘周边有间距相等的孔位，便于根据农业技术要求安装刀片。机架由中央齿轮箱、左右主梁、传动箱和侧板等组成。传动系统是靠柴油发动机动力输出轴传来的动力驱动刀轴回转的。此外。还配有挡泥罩和平土板，用来防止泥土飞溅和进一步碎土，也可以保护耕作人员的安全，改善劳动条件。采用先进的低速发动机作为动力，经皮带传动至变速箱，通过变速箱内的齿轮变速后，直接传到耕作部件。更换不同的作业部件，可进行多种农田作业。本机采用涨紧式离合装置，设置 2 个前进挡位、2 个后退挡位。体积小，质量轻，作业稳定性好，手把可任意调整。

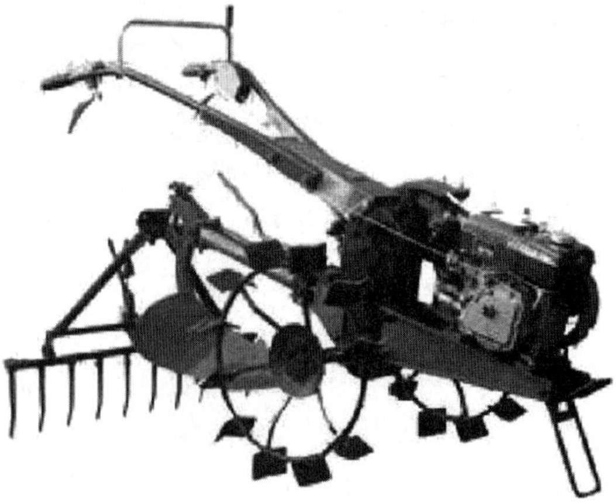

图 10-8　微型耕整机

2. 微型耕整机的主要特点

动力传动系统结构简单、稳定可靠。动力与传动能够满足多种作业需要。变速排挡数为 1＋1，设有 2 个前进挡、2 个倒退挡。1 挡传动比为 36∶1(5.17 km/h)；R 挡传动比为 40∶1(3.8 km/h)。操纵简单，行走灵活。该机型能适应农村的小地块、狭窄的田间道路及山区小块梯田，超过 20 cm 宽的道路，该机均能顺利通过。更换不同的作业部件，可进行多种农田作业。该机主要作业功能是开沟、旋耕；换装上相应的机具，也适用于蔬菜、果园、茶园等经济作物的翻地、中耕、除草、松土、培土、施肥、喷药等行间作业。耕作部件采用插销连接，换装方便。

3. 微型耕整机的正确操作

在使用微型耕整机前，应在中油门空载磨合 12 h 以上，放掉发动机及底盘磨合的机油（沉淀后可加入底盘内），清洗机油滤网，加入清洁的 CD 级 40 柴油机机油。磨合试运转的微型耕整机经检查确认技术状态良好后，方可投入正常的作业。

在微型耕整机使用初期，切忌超负荷耕作，应在中小负荷作业 48 h 后，更换掉发动机及底盘的机油。磨合期结束后，每耕作 180 h 更换一次机油。耕作期间注意清洗机器的外表，以保持机器散热良好。

4. 微型耕整机的基本操作

(1)启动前的准备。清除微型耕整机的外部尘土，拧紧螺丝、螺母；检查油底壳、变速箱、传动箱的油面，不足时添加至规定高度；根据气温选用合适牌号的柴油；检查各操纵系统是否灵活可靠；注意启动姿势，脚要远离刀具，机器前不能站人；将变速杆置于空挡位置。

(2)启动。按照发动机的规定步骤启动发动机。发动机在低转速无负载情况下空转 3～5 min 后，将油门逐渐加大到中油门位置。待发动机温度升高后。再起步工作。

(3)停车。停车前减小油门，低速行驶到预定地点，分离离合器，准确停车。车停稳后，将变速操纵杆推（或拉）到中间空挡位置，再接合离合器。尽量不要在坡地停车，如果需要长时间在坡地停车，应将机车熄火并挂挡，停车后，在坡下一侧垫上木块或石块，以防止顺坡下滑。

5. 微型耕整机的调整

(1)操纵扶手调节。操纵扶手高度以操作方便为准。调整时，将上下转位手把握住，然后将操纵手柄放到适宜的高度，使高度定位销插入销孔中，松开手把即可。定位销的长短可以通过转向拉线来调节。

(2)皮带导杆调整。使离合器处于"分离"状态时,皮带应从"V"形带轮沟槽中浮起。若皮带不能浮起,说明离合器无法完全分离,此时只需调整皮带导杆即可。调整方法为:使离合器处于"接合"状态,皮带导杆和皮带间的间隙调为2～3 mm。

(3)油门调整。调整油门手柄时,如果向顺时针方向转动,发动机转速会变快;反之,发动机转速变慢。油门杆间隙越小,发动机转速越容易控制。若启动开关后,油门未到底,可通过调节油门拉线来调节。

(4)皮带护盖调整。为了安全起见,动力传动部分的皮带及带轮均装有安全防护罩,确保传动部分不外露。松开护罩的螺丝就可卸下护罩。

(5)阻力器调整。因地块软硬差异和所需耕深不同,作业阻力也有所不同,需要调整阻力器长短来控制:进行旋耕作业时,把阻力器尖部调整为朝向微型耕整机前进的方向,并插入地下,此时地面阻力增大,微型耕整机前进速度相对放慢,旋耕加深;当进行开沟作业时,将扶手旋转到有变速杆一侧,把阻力器调尖部调至与旋耕作业相反的方向(微型耕整机相当于倒退行走)。

活动2 操作与保养微型耕整机

要正确、安全使用好微型耕整机,每一位机手都必须牢记以下"十三条"。

(1)操作人员必须参加农机部门或者生产厂家组织的安全技术培训,熟练掌握操作技能,熟知安全操作常识。

(2)操作人员在作业前,必须仔细阅读机具的使用说明书,必须按照技术要求对农业机械进行磨合保养。

(3)作业前检查机器各连接紧固件是否紧固,切记一定要将螺栓拧紧(包括行走箱部分、压箱部分、发动机支撑连接部分、发动机消声器、空滤器等)。

(4)将机头、机身置于水平位置检查是否加足机油、齿轮油,不能多加也不能少加;检查有无漏油(机油、柴油、齿轮油)现象,方能使用。同时切记燃油箱不能加汽油,必须加0#柴油。

(5)发动机启动时,必须将换挡杆置于空挡位置,查看作业现场,确认前后左右无人,确保作业安全后方能启动,以免伤人。冬季发动机不好启动时,烧壶开水淋油嘴或向燃烧室注0.5～1 mL机油,即可正常启动。

(6)作业过程中,严禁疲劳或酒后操作微耕机。中间换人、清除杂草缠绕刀架时,不要在挂挡的情况下抓紧离合器操作,一定要确认在空挡上并熄火进行。新机不准大负荷作业,田间转移应换轮胎。

(7)严禁在坡度过大的山地田块作业,在坡上作业时应防止微耕机倾倒伤人。移动田块或过沟坎时,机器必须熄火。用人力移动,更换旋耕刀具时,机器必须熄火,切断动力。

(8)微耕机在装上刀架时不要在水泥路、石板地上行走,在作业时应尽量避免与大石块等硬物碰撞,以免损伤刀片。发现发动机或行走箱、压箱有异常响后要停机检查,排除故障后才能工作。

(9)操作者在作业中如果背对坎边小于1 m时,禁止使用倒挡。在倒退移动时,必须使用低挡、小油门,控制好离合器并确保身后具有足够的空间,同时缓慢起步以防机具伤人。

(10)微型耕整机作业时，不要将微型耕整机交给不熟悉微型耕整机操作的人员使用，以免发生安全事故，造成不可挽回的损失。

手扶式的小型耕整机

(11)在补充燃油时，发动机必须熄火，现场严禁烟火，防止发生火灾。

(12)新发动机在正常工作作业 20 亩地后，必须热机更换机油和齿轮油，否则冷机不能排尽机体内的残余机油；80～100 亩后更换第二次；每天作业后必须清洗空滤芯器；400～700 亩以后进行油泵、油嘴压力和对气门间隙的检查调整，必要时更换活塞环、气门和连杆瓦。

(13)每季作业完成后，应注意清除微型耕整机上的泥土、杂草、油污等附着物，同时检查紧固各紧固件螺栓，拉动启动绳使进、排气门处于关闭状态，并用薄膜或其他东西盖好，防止日晒、雨淋生锈。

知识储备

耕整地机械的功用与分类

(一)耕整地机械的功用

通过翻转土层，把失去结构的表层土壤翻埋下去，而使耕层下部未遭破坏的土壤翻上来，改善土壤结构，促使腐殖质分解，以恢复土壤肥力；能将地面的杂草、残根、农药(包括除草剂)、肥料(如厩肥、绿肥)、土壤改良剂、病菌或虫卵等翻入下层，以消灭杂草，减少病虫害，增加土壤的有机质，恢复和提高土壤的肥力，以利于作物生长；松碎土壤，增加孔隙度，改善透气性，有利于作物根系的生长发育。

(二)耕整地机械的分类

1. 耕地机械的种类

耕地机械按工作部件的工作原理不同，可分为铧式犁、圆盘犁和旋耕机等，国内外均以铧式犁的应用最普遍。旋耕机实质上是耕整地兼用机械。铧式犁是主要耕地机械。我国已形成南方水田犁系列和北方旱作铧式犁系列，基本上满足了 14.7～58.8 kW 国产轮式拖拉机的配套需要和耕地的农业技术要求。

铧式犁的种类很多，常作如下分类。按用途可分为旱地犁、水田犁、山地犁、耕耙犁和特种用途犁(如果园犁、沼泽犁、开荒犁、开沟犁、深耕改土犁)等。按铧数可分为单铧、双铧和多铧等不同铧数的犁，以满足不同功率拖拉机的配套要求。按挂接方式可分为以下 4 类。

(1)直接挂接犁：借牵引器用提环插销直接挂接在手扶拖拉机的挂接框内。

(2)牵引犁：通过牵引装置与拖拉机单点挂接。主要由犁体、圆犁刀、小前犁等工作部件与牵引装置、行走装置、犁架、起落机构和调节机构等辅助部件两大部分所组成。犁的升降由起落机构控制，空行时，犁的重量全由犁轮支承。

(3)悬挂犁：由拖拉机的液压悬挂机构将犁和拖拉机连接。运输时犁的重量全部由拖拉机承担，工作时由液压悬挂机构控制犁的起落和耕深，可省去起落调节机构和行走轮等部件。因此，悬挂犁的结构简单，重量轻，较相同耕幅的牵引犁轻 30%～50%；金属消耗量少，成本低；工作时空行少，地头小，生产率比牵引犁约高 10%；对拖拉机驱动轮的增重较大，有利于拖拉机功率的充分发挥；转弯半径小，机动性好，操作方便，机组能倒退，可用于小块地耕作；不需要农具手，节省劳动力。近年来，国内外悬挂犁的应用日益广泛。我国自行设计的南方水田犁系列均为悬挂犁。犁体分四类五种，即通20(通用型犁体，工作幅为20 cm)、通25、窜20(窜垡型)、翻20(翻垡型)、碎20(碎土型)，组成了11个基本型号，基本上能满足南方水田地区水旱耕作的要求。

(4)半悬挂犁：适于与大马力拖拉机配套，是介于悬挂犁和牵引犁之间的一种宽幅多铧犁，前端与拖拉机的液压悬挂机构连接，后端有尾轮和尾轮液压起落机构。工作时犁的升降和耕深，均由拖拉机的液压悬挂机构和尾轮液压起落机构控制；运输时犁的重量由拖拉机和犁的尾轮共同支承。半悬挂犁兼有牵引犁和悬挂犁的一些优点，比牵引犁结构简单，重量约减轻30%，机动性好。因尾轮承受犁的部分重量，比悬挂犁纵向稳定性好，耕深较稳定，运输时可减轻拖拉机的翘头倾向，并可使犁铧数、犁身长度和工作幅宽不受机组纵向稳定性的限制。我国的半悬挂犁已列入北方铧式犁系列产品。

2. 整地机械的种类

犁耕以后，土块较大，平整度差，不能达到播种和插秧的要求，因此还要使用整地机械整地，以达到土壤松碎，地面平整的农艺要求。水田耙主要用于春、夏耕后整地作业，为水稻生长创造松、碎、软、平的土壤条件。在稻草回田的田块，要求水田耙除碎土起浆外，还能起压草作用。在早稻绿肥田中，要求整地以后土壤松碎、起架好，并能覆盖绿肥。

按工作部件的结构形式耙可分为星形耙、圆盘耙、缺口耙和轧滚耙等，机力水田耙多采用不同的工作部件组合而成。

我国南方水田耙系列均为悬挂式，它是与5种功率级别(20马力、50马力、40马力、50马力、80马力，即约为15 kW、37 kW、30 kW、37 kW、60 kW)的拖拉机配套的。水田耙系列的结构紧凑；工作可靠，维修方便，且作业质量好，工作效率高，基本能满足各地的农业技术要求，能适应沙土、黏土等各种土质使用，一般适用于绿肥田、白田等水稻栽培地区犁耕后的耙田作业。

知识拓展

旋耕机的构造与使用

1. 旋耕机的基本构造

旋耕机传动装置主要由方向节和齿轮箱组成，工作装置主要由刀轴和中间犁部件组成，辅助装置由机罩、拖板、机架悬挂机构组成(图10-9)。

2. 旋耕机的使用

在旋耕机升起状态下，结合动力输出轴，变速箱挂上工作挡，要柔和地松放离合器踏板，同时操作液压机构位调节手柄，使旋耕机逐步入土，同时加大油门，直到正常耕除为止。

(1)旋耕机的速度选择。旋耕机速度选择的原则是：首先添足碎土要求和沟底平整的要求，既能保证耕作质量又要能发挥拖拉机的功率，从而达到高效优质、低能耗的目的。一般情况下，直接旋耕时，前进速度为3 km/h左右，已耕翻或耙过的地速度更快。

图 10-9　旋耕机

(2)旋耕机的转变和后退。转变和后退时,必须将旋耕机升起,禁止在耕作时转变,否则导致弯刀变形、断裂,甚至损坏旋耕机。

拖拉机挂接旋耕机时应注意:①旋耕时禁止使用力调节,以免损坏旋耕机。②工作时,使用位调节,这时必须将力调节手柄固定在“提升”位置。③旋耕机下降,将位调节与手柄向下方移动,反之,旋耕机上升。④当旋耕机达到所需要的耕深后,用定位轮将位调节手柄挡位,以利旋耕机每次都下降到同样的深度。⑤下降旋耕机时,手柄应迅速扳到“浮动”位置,不可以在“压降”位置停留,以免损坏旋耕机,工作时,分配手柄置于“浮动”位置。⑥旋耕机入土到适当的深度后,将器缸活塞杆上的定位长拖调整在一定位置固定下来。⑦提升旋耕机时,手柄应迅速扳到“中上”位置。

3. 旋耕机的维护和保养

根据“防重于治,养重于修”的原则,正确地进行维护保养是保证旋耕机正常运转、工作效率高、性能好、使用寿命长的重要方法。

(1)班保养(工作 10 h)。检查拧紧各连接螺栓、螺母,检查黄油螺塞有无松动。检查各部位插销、开口销有无缺损,必要时添补或更新换件,开口销不得用旧件或他物代替。检查齿轮箱齿轮油的油面,缺油时应添加到检查孔刚刚能流出为止,再拧紧检油螺塞。对十字轴、刀轴轴承座处的黄油杯,注黄油 3～5 下。检查弯刀是否缺损和紧固螺栓有无松动,必要时补齐、拧紧。检查有无漏油现象,必要时更换油封、纸垫。

(2)一号保养。旋耕一个工作季节,相当于 1GQN-180 耕完 2 100 亩、1GQN-200 耕完 2 350 亩、1GQN-230 耕完 2 600 亩、1GQN-250 耕完 2 850 亩。全部执行班保养的规定项目:更换齿轮油。检查十字轴滚针磨损情况,拆开清洗后涂抹新黄油后装好,如十字轴过度磨损,应及时更换。检查刀轴两端轴承磨损情况,是否因油封失效而进了泥水,拆开清洗并加足黄油,必要时更换新油封。检查弯刀是否过度磨损,必要时更换。检查齿轮各轴承间隙以及锥齿轮合间隙,必要时调整(方法见前述)。

(3)二号保养(耕作一年之后进行)。彻底清除旋耕机上油污。放出齿轮油,进行拆卸检查。特别注意检查中间齿轮轴承的磨损情况,安装时零件需清洁,安装好加注新齿轮油至规定油面高度。拆洗刀轴轴承及刀座,更换油封,安装时要注足黄油。拆洗万向节总成,清洗十字轴滚针，如损坏应更换。拆下全部刀片检查，磨损严重和有裂痕者必须更换。检查刀轴上的刀座是否开裂，六角孔是否损坏、刀座与刀轴管焊缝是否开裂，必要时铲去已损坏的刀座并焊上新刀座。修理机罩及拖板，使其恢复原状，如无法修复应更换新件。旋耕机不工作长期存放，万向节应拆下放置室内，垫高旋耕机使刀尖离地，弯刀上应涂抹废机油防锈，外漏花键轴也需涂油防锈，非工作面剥落的油漆应按原色补齐以防锈蚀。旋耕机应停放室内或加表盖置于室外。

案例

机械深松技术

机械深松技术是指用不同的动力机械配套相应的深松机械，完成农田深松作业的机械化技术。机械深松的目的是疏松土壤，打破犁底层，增强雨水入渗速度和数量，减少径流，减少水分蒸发损失。由于机械深松是只松土、不翻土，作业后使耕层土壤不乱，动土量小，所以特别适合于黑土层浅、不宜耕翻作业的土壤。土壤实现机械深松，实际上是一场农业耕种领域内的技术革命，它正在变为一种使粮食增产最有效、先进的技术耕作制度而被人们认识和认可。

机械深松的背景及必要性：农业生产事实告诉我们，制约粮食增产最重要的因素之一就是土壤的质量。据调查，在过去的 30 年中，宁夏大部分土地是以传统耕作方式为主，即小型农机具作业。连年耕作，导致土壤耕层只有 12～15 cm，土壤板结严重，阻力不断增大，犁底层的土壤变得硬脆，一锹下去就会大块大块地开裂，同时厚硬的犁底层也阻碍着土壤上下水气的贯通和天然降水的贮存；小型农机具的连年作业，也导致了土壤中蚯蚓等生物的大量减少，土壤毛细管的破坏，土壤养分输送能力的破坏，难以维持植株正常生长对水、肥、气、热的需求。一方面多年来传统的种植习惯——翻、耙、压，翻动土壤严重，不符合作物生长需求；另一方面机车多次进地，土壤压实，降水径流现象十分突出，土壤蓄水保墒能力明显不足。据测定，小四轮机械灭茬，耕深 6～10 cm，多功能复式整地机也只有 12～16 cm。由此导致了土壤干旱现象逐年加剧，恶性循环，农作物只能在夹层陕小的空间中生长，根系发展没有空间，养分吸收不上来，造成农作物生长不良，抗风、抗旱、抗病能力不足。土壤板结，玉米根系不能深扎，应该说耕地质量下降，已成为提高农业综合生产能力的基础性障碍因素。鉴于上述问题，在农业种植技术上，就必须进行改革，大力推广以机械深松为主导的种植模式，这是在目前现有综合技术条件下，使玉米增产的最为有效的方法。实行以机械深松为主的保护性耕作技术，已是迫在眉睫。

机械深松的益处：在部分地区春季多风少雨，干旱严重，年降水量更少，十年九春旱，出苗差、保苗难的问题已成为制约粮食增产和农业发展的最主要因素。采用深松技术可有效改善土壤蓄水保墒能力，充分接纳天然降水，建立土壤水库，对解决旱区农业制约瓶颈，促进农业生产发展将起到重要的推动作用。

实施水稻田深松技术
提高土壤蓄水能力

任务3 播种机械化装备

播种是园艺作物生产的重要环节，播种的质量直接影响出苗、苗全、苗齐和苗壮，并关系着作物的产量和品质。采用机械化播种，既能减轻劳动强度，提高生产率，又能保证播种质量，且不误农时，田间管理便利，为增产丰收建立可靠的基础。

学习目标

知识目标

了解播种机的种类、结构及工作原理。

技能目标

能掌握播种机的正确使用方法和维护保养技术。

素质目标

具有提升、推广农业机械化水平的意识和素质。

学习内容

任务3.1 播种机的播种

播种方式是根据作物在田地里的分布方法与要求来区分。保证作物生长良好的首要因素是作物在田地里的合理分布，园艺作物常用的播种方法有撒播、条播、精密播种和铺膜播种等。随着作物栽培技术的发展，播种方法也在不断改进。

活动1 撒播

将种子按要求的播量均匀地漫撒于田间的播种方法称为撒播。其主要优点是生产效率高，能快速、及时地完成播种作业，所用机器构造简单，成本低。但播种质量不高，种子分布不均，覆土深浅不一或不能完全覆土，出苗率低，主要用于某些叶菜的播种。

活动2 条播

将种子按规定的行距、播深、播量连续成条地播在土壤里的播种方式称为条播。条播的行距、行内种子密度随作物种类和品种而定。这种方法便于后期的中耕除草、追肥、喷药等田间管理作业。

活动3　精密播种

精密播种是使种子行距、粒距(株距)及深度都达到精确分布的播种方法。按种子在播行内的分布情况,有以下几种精密播种的方式。

(1)点播:将单粒种子等距地播入土壤中。其粒距一般为 5～30 cm,主要用于甜菜、油菜等小粒蔬菜种子。

(2)穴播:按一定距离将若干粒种子成穴播入土壤。穴播可使幼苗集中顶土,有利出苗。

(3)间断点播:将种子以较小株距点播成段。这种播法适于种子出苗率低的作物。通过间苗可以做到每段留 1 株。

精密播种的特点是能为种子创造良好的发芽、生长条件,出苗齐,群体结构合理,使作物更有效地利用土地、空间和阳光,提高产品品质;同时能节约大量种子,减少间苗用工量,降低生产成本。

活动4　铺膜播种

在种床上铺上塑料薄膜,铺膜前或铺膜后播种,幼苗长在膜外的播种方法称为铺膜播种。先播种后铺膜,需在幼苗出土后人工破膜放苗;先铺膜后播种,需利用播种装置在膜上先打孔下种;通过铺膜,可提高并保持地温;通过选择不同颜色的薄膜还可满足不同蔬菜作物对光照的不同要求;可以减少水分蒸发,改善湿度条件;改善植株光照,提高光合作用条件;改善土壤物理性状和肥力,抑制杂草生长。

万亩高油酸花生播种机械化助农增收

任务3.2　播种机的种类、结构及工作原理

园艺作物播种机械的特点是机身较小,行距较窄,多为单组作业。
根据播种方式的不同可分为:撒播机、条播机、穴播机、铺膜播种机及精密播种机。近年来,园艺作物广泛采用精密播种,国外实现精密播种的园艺作物有:莴苣、番茄、洋葱、洋白菜、花椰菜、芹菜、大白菜、萝卜和黄瓜等。

播种机的主要工作部件是排种装置。蔬菜精密播种机上的排种装置多为型孔式及气力式。型孔式排种器的作业速度较低,否则排种性能变差;气力式排种器可以进行高速作业。

活动1　认识型孔式排种器

型孔式排种器结构比较简单,对种子的要求比较严格,必须精选分级。在充种和刮种时排种机构容易伤种,由于排种器填充性能的限制,播种作业时速度受到一定限制,一般速度不超过 3～5 km/h。型孔式排种器主要有圆盘式排种器和型孔轮式排种器两种。

(1)圆盘式排种器按圆盘回转平面的位置可分为水平、倾斜和垂直 3 种形式。水平圆盘式排种器构造比较简单,充种时间较长,充种性能好,工作比较稳定,但清种时采用滑动硬质材料

清种,对种子的损伤严重,同时从排种口到种沟的沟底距离(投种高度)较大,种子在投种过程中受导种管管壁的阻碍,而且在沟底的弹跳较大,会影响株距而降低株距合格率。播种机配置有不同规格的排种盘,以满足播不同种子和不同穴粒数的需要。种子必须经过精选分级,并选用相应的排种盘。

(2)型孔轮式排种器主要排种部件为一个装在种子箱底部的型孔轮(窝眼轮),它处于垂直位置并绕水平轴旋转,根据种子大小的需要,轮周面上制有型孔,工作时种子筒内的种子靠自重向型孔内充种。型孔轮在转动过程中刮种器刮去多余的种子,孔内种子经护种板后在自重作用下落入种沟。型孔的尺寸及形状的选择决定于种子尺寸和每穴粒数。单粒点播时,孔内只存放一粒种子,穴播时存放多粒种子。因此种子必须严格精选分级。

活动 2　认识气力式排种器

气力式排种器通用性好,对种子适应性较强,不要求种子必须严格分级,对种子无损伤,可以进行高速作业,其作业速度为 8～10 km/h。可分为气吸式排种器和气吹式排种器。

(1)气吸式排种器由吸种盘、搅拌轮、吸气管、吸气室和风机等组成。吸气室分左右两个,通过吸气管道与风机相连。两个吸种盘分别对一个吸气室的端面密封着。当风机产生吸力时,在吸种盘的两面便形成压力差,吸种盘上的吸种孔便成为气流通道。种子在吸力的作用下被吸附在吸种孔处,随着吸种盘转动,吸种孔多余的种子被刮种器刮去,并保证吸种孔吸住一粒种子。当带有种子的吸种孔转到吸气室以外之后,种子失去了吸附力,靠自重经输种管落入种沟内。

(2)气吹式排种器由充种室、排种型孔轮、护种器、气嘴以及推种板等构成。其型孔轮及排种过程类似机械式型孔轮式排种器,但它是靠气力清种。排种型孔轮为锥形通孔式型孔轮,容积大,充种性能好。因充种性能好,可提高机组作业速度,最大作业速度可达 10 km/h。工作时,风机由拖拉机动力输出轴驱动而产生气流并通向气嘴,型孔轮随地轮的转动旋转。种箱的种子进入充种室,在重力及气力的辅助作用下充入锥形型孔。当充满种子的型孔转到清种区时,气嘴的高压气流对准型孔将上部多余的种子吹回到充种室,而位于型孔底部的一粒种子,由于气流通过底部小通孔时形成气压差,将其紧压在孔底,随型孔轮转至护种部位时气压消失;当型孔内种子转到下方排种口处时靠自重落入种沟,卡在型孔里的种子由推种板推出。可通过更换型孔轮以适应不同作物种子,粒距调节可通过改变传动比实现。

活动 3　了解蔬菜精密播种机的播种单组

蔬菜精密播种机的播种单组,可以精播甘蓝、胡萝卜、番茄、油菜等。作业时,机架前方的刮土器将种床上的干土层推向两侧,前镇压轮进行播前镇压,铲式开沟器开出“V”形浅沟,型孔带式排种器按调整好的要求播下种子,种沟镇压轮使种子更好地与土壤接触,覆土器覆上细土后再进行播种后镇压。这种播种机的排种器为窝眼式,每个窝跟只能充填一粒种子。

活动 4　学习液体播种机

所谓液体播种机,就是将已催芽的蔬菜种子悬浮,与一种作为播种介质的高黏性液体凝胶混合在一起，再将其播入土壤中的播种机具。胶液可以保护芽种不受损伤。这种方法可用于胡萝卜、番茄、莴苣、芹菜、菠菜等蔬菜的播种。工作时把催芽的种子均匀地悬浮于凝胶中，催芽的种子在凝胶中处于静止状态，只要均匀地排出凝胶，就能实现精密播种。

为了排出含有催芽种子的凝胶，液体播种机采用的是一种特殊排种机构——蠕动泵，主要由软导管和转子组成。转子转动时周期性地挤压软导管，从而不断地排出含有芽种的胶液。用光电指示器和计算机控制其排种过程，可使芽种的随机输入变成等距排种。改变转子的转速，就可以调节液体播种机的播种量，转速越高，播种量越大。改变凝胶与种子的混合比也可以调节液体播种机的播种量，但种子的比例不能太高，否则凝胶就不能流动。

任务3.3　播种机使用方法

(1)机组挂接时间的调整。

(2)根据不同作用的行距要求，调整好拖拉机的轮距。

(3)拖拉机与播种机连接时，机具中心应对正拖拉机的中心，按要求的连接位置进行挂接，保持播种机的仿形性能。

(4)拖拉机和播种机挂接后，应保证挂接的可靠，使用机具在工作时保持水平。

(5)悬挂式播种机在升起时，如有翘头记录，可在拖拉机机前加配重，以保证拖拉机纵向的稳定性。

任务3.4　播种量的调整及试验

(1)播种量的调整目的是播种机的排量符合当地农业技术要求的播种量。

(2)播种机的播前调整在机库或农具停放场进行。首先按种子粒型选定排种间隙，初选排种传动比及槽轮工作长度，调整后加以固定。然后将播种机水平架起，在种子箱内加入种子，转动几圈地轮，使排种杯内充满种子。在输种管下放好盛装种子的容器或布袋，以20～30 r/min的转速，均匀地转动地轮几圈(一般为30圈左右)。这时各排种器排出的种子总量应与根据亩播量计算的排种量G一致，误差为1%～2%。如果不一致，可调整排种槽轮的工作长度或传动速比，重新试验，直到符合要求为止。

排种量G可按下式进行计算：

$$G=\frac{QB\pi D(1+\delta)n}{666.7}$$

式中：G——全部排种器的排种量(kg)；

Q——亩播量(kg/亩)；

B——工作幅宽(m)；

D——地轮直径(m)；

δ——地轮滑移系数，一般取0.08；

n——试验时地轮转动圈数。

任务3.5 播种机的维护与保养

(1)及时清除各工作部件上的泥土和杂草,每班作业完后,要检查保养1次,如有损坏丢失的零部件,要及时补充更换,松动的螺丝要紧固。

(2)要及时润滑各工作部件,机具要停放在干燥避雨的地方。

(3)每季作业后,应及时清理种箱内的种子,以防腐蚀和鼠咬。

(4)下一季作业前,要提早检查维护保养,使机具处于完好技术状态。

任务3.6 掌握常见故障及排除方法

(1)立秧差或发生浮苗。

原因:秧苗苗床水分过多或过少;插秧深度调节不当;水田表土过硬或过软;秧爪磨损。

排除方法:除采取对应措施外,可减慢插秧速度,非乘坐式插秧机还可往下压手把。

(2)穴株数偏多。每穴标准株数为3~5株。

原因:苗床上水分过大;取秧量调节不当。

排除方法:及时调整取秧开关,解决问题。

(3)插过秧后秧苗散乱。

原因:推秧器推出行程小;苗床过干或水分过大;苗片与苗片接头间贴合不紧;水田表土过硬或过软。

排除方法:除采取相对措施外,可降低插秧速度、更换秧爪、清理或更换导秧槽。

(4)漏穴超标。机动插秧机漏穴率一般不应超过0.5%。

原因:苗田播种不均匀;秧苗拱起或秧苗卡秧门;取秧口有夹杂物;秧苗盘超宽造成纵向送秧困难。

排除方法:重新装秧苗或将秧苗切割为标准宽度;清除秧苗杂物;更换密度不均匀秧苗。

(5)各行秧苗不匀。

原因:苗床土含水量不一致;各行秧针调节不一致;纵向送秧张紧度不一致也会使各行秧苗不匀。

排除方法:除采取对应的措施予以解决外,对有的插秧机可逐个调节送秧轮,使每次纵向送秧行程均为11~12 mm。

(6)秧门处积秧。

原因:秧爪磨损,不能充分取苗;秧爪两尖端不齐和秧爪间隔过窄或宽;秧苗苗床土过厚,苗床土标准厚度为2.5~3 cm。

排除方法:应及时更换新秧爪或校正秧爪的间隔距离。

(7)取秧量忽多忽少。

原因:取秧量调整螺栓松动;摆杆下孔与连杆轴磨损。

排除方法:重新调整取秧量并紧固调整螺栓;更换摆杆及连杆轴。

(8)夹苗。

原因:分离针尖端磨损;分离针上翘;压板槽磨深;推秧器磨损;导套磨损;推秧弹簧折断;

拨叉与凸轮磨损。

排除方法：更换磨损零件。

(9)各行间深浅不一致。

原因：各栽植臂的拨叉、拨叉轴、推秧凸轮等磨损不一致；各个链箱不在同一水平面上。

排除方法：先将各个链箱校正到同一水平面上，然后更换磨损零件。

(10)插深调节失灵。

原因：升降杆或升降螺母产滑扣；固定销孔磨大；矩形管固定销轴座折断。

排除方法：更换升降杆、螺母或销轴；焊接固定销轴座。

(11)分离针碰秧门。

原因：秧门错位；栽植臂安装不当；栽植臂曲柄内孔磨损；分离针上翘；取秧量调整过大；摆杆轴旷动或下孔磨损。

排除方法：将秧门复位并固定；将栽植臂调至正确位置；更换磨损的曲柄或链轴；校正或更换分离针；更换摆杆或摆杆轴及轴承；调小取秧量。

知识拓展

小麦施肥铺膜播种机

(一)构造与使用方法

本机主要由施肥部分、起垄铺膜部分、播种镇压部分、行走转动部分组成(图 10-10)。

(1)施肥部分主要由施肥开沟器、肥箱、搅拌轴、外槽轮排肥器、输肥管等组成。施肥开沟器用“U”形卡固定在机架横梁上，搅拌轴可以粉碎肥料结块并防止架空，外槽轮排肥器将肥料均匀地排下，经输肥管施入开沟器开出的肥沟中。该施肥机构尤其适宜于排施尿素等颗粒状化肥，也能排施流动性较差的粉状肥料。

图 10-10　小麦施肥铺膜播种机

(2)起垄铺膜部分由起垄整形装置、挂膜压膜装置和覆土装置组成。起垄整形装置安装在施肥铲柄上，可以上下调整，形成合适的起垄高度。挂膜装置采用整体式凹陷压膜轮与机架铰接，可以有效保证膜面紧贴垄面，不侧移。覆土装置采用凹面圆盘，装有密封滚动轴承，转动灵活。覆土圆盘具有 3 个调整自由度，既能上下升降调整入土深浅，又能左右摆动，还能左右移动，这样便可达到最佳覆土状态。

(3)播种镇压部分由种箱、外槽轮排种器、箭铲式开沟器、排种管、镇压轮等组成。外槽轮排种器采用铁基粉末冶金制造，排种管为冷轧钢板冲压成形，强度较高。

(4)行走转动部分由地轮、转动链轮、链条等组成。地轮随机组前进而在地上滚动，为排种、排肥及搅拌化肥提供动力。左右地轮联动，同时带动排肥轴，装有差速机构，既保证任意一只地轮架空时，排种、排肥、搅拌轴仍能正常运转，又避免了两地转轮速不同时相互干涉，从而有效地保证了传动机构工作的可靠性。

工作时拖拉机通过悬挂架带动机具前进，除辙器疏松拖拉机压出的轨迹，起垄板刮起表层干土形成拱形土垄，随后施肥装置将肥料通过施肥铲排入土壤，实现侧深施肥。挂在膜架上的膜卷随着机具前进而铺展在拱形垄上，压膜轮将地膜两边压入土中并使膜面张紧，接着覆土圆盘在地膜两边覆土，随后播种铲在膜侧播种，并由镇压轮进行压实。

(二)安装方法

为便于运输，出厂时整机共分六大件。安装前，将各大件全部打开，放在干净的地方，按包装清单清点零部件。清除各零部件表面的油污、泥土，对各转动部位应清洗干净，并涂以适量的黄油。安装时请按下列顺序进行。

1.安装起垄施肥器

支起机架，使其上平面距地面约 50 cm。

从施肥铲柄的上端(即无铲尖端的一端)套进肥铲柄座的长方孔，卸下肥铲柄座组合件上的肥铲柄固定板，把肥铲柄座卡在机架副梁上，注意使肥铲柄位于副梁上限位角铁与侧梁或纵中梁之间，然后扣上固定板套上螺母等，但暂不紧固。

将垄高调节杆穿过"T"形丝杆焊合件上的铰接套，再将调节杆一头伸入任意一个施肥铲柄上的长圆孔内，另一头伸入同一组另一个施肥铲柄靠上的长圆孔内(注：左边 2 个施肥铲为一组，右边 2 个为一组)，然后使施肥铲柄紧靠定位角铁并与地面垂直，最后拧紧固定板上的螺母。

卸下副梁上的手轮座，卡在手轮轮毂上的槽内，再把手轮座紧固在副梁上。

在从左向右第一个和第三个施肥铲柄的左侧(即垄高调节杆部露出的一侧)，安装左起垄板焊合，方法是：把起轮板支座上端(即较宽的一端)的孔套在垄高调节杆头部，在露出的销孔内插上开口销 3×20，再用销轴 12×28 从施肥铲柄靠下的长圆孔穿入，从起垄板支座下端的圆孔穿出，并插上开口销 3×20(开口销 3×20 及销轴 12×28 均为塑料零件袋所装)。

在余下的两个施肥铲柄的右侧，安装右起垄板焊合，方法与上述相同。至此，起垄施肥器安装完毕。

2.安装挂膜架

将两件边膜架组合用其上自带的紧固件分别安装在左右侧梁下侧，安装时注意方向，使膜架位于机架内侧，但两个边膜架无左右之分。

用中膜架上自带的紧固件，把中膜架安装在纵中梁下方。

3.安装拉杆及覆土器

先将覆土器圆盘柄穿入拉杆焊合上的套管内。

取下装在机器上拉杆支座内的拉杆铰接轴(短轴 2 根，长轴一根)，然后将拉杆套铰接在拉杆支座内，注意从左向右第一和第二，以及第三和第四拉杆焊合的直边相互靠近，摆正圆盘的位置(即圆盘在斜拉杆一侧)，并注意此时每个固定圆盘轴用的顶丝都应在后方。

用拉杆铰接轴原先所带开口销将铰接轴重新固定，用塑料袋内所装 M10X25 顶丝将圆盘柄顶紧，防止松脱。

4.安装压膜轮

将两件压膜轮组合件放在从左向右第一和第二以及第三和第四套杆之间的位置上。

用压膜轮支臂及挂耳上所带销轴将压膜轮分别挂在拉杆座及拉杆相应的孔位上。

5. 安装弹簧压杆

先将杆上端穿过压杆座上的孔，再用开口销锁定。

(三)维护与保养

(1)及时润滑各个工作部件。

(2)及时清除各工作部件上的泥土、杂草。

(3)每班作业完后，全面检查保养一次，如有丢失损坏的零件，要及时补充更换，松动的螺丝要紧固。

(4)每季作业结束后，种肥箱的种子、肥料应清除干净，尤其是肥料腐蚀性强，不及时清理，极易损坏箱体和零件。

(5)每季作业结束后，对各润滑部位要加油保养后方可入库存放。

(6)机具要存放在干燥且有房顶的库房里或席棚下，支起机架，使覆土圆盘、播种开沟器等主要工作部件悬空，放松各个压簧，避免弹簧长期受力。

(7)下一季节作业前，要提早检查、维修，使机具处于良好的状态。

案例

一般中耕作物精密播种机的结构如图10-11所示。其组成分为以下几部分：①机架多数为单梁式。各工作部件都安装其上，并支承整机。②排种部件的种箱和能达到精密播种的机械式或气力式排种器，包括可调节的刮种器和推种器。③排肥部件包括排肥箱、排肥器、输肥

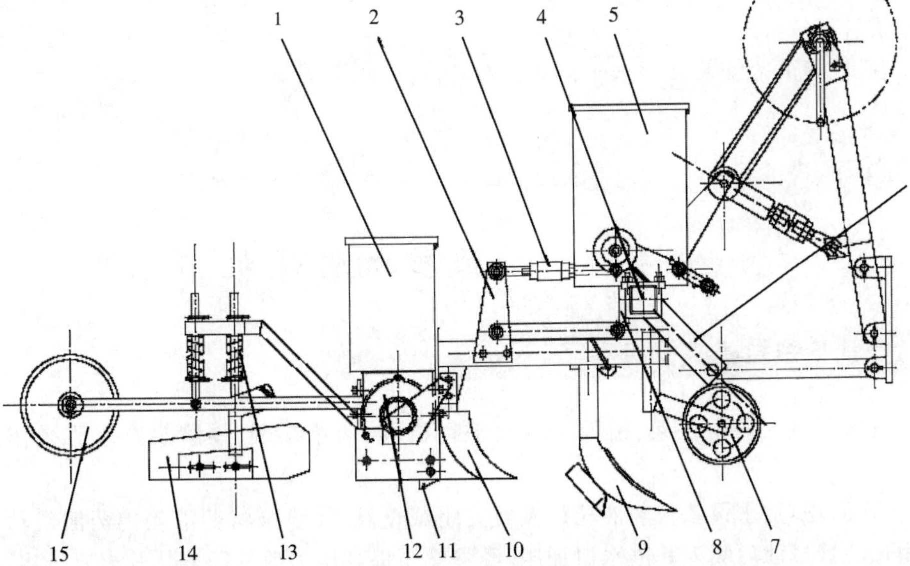

1. 种箱　2. 后支臂　3. 仿形机构　4. 主梁　5. 肥箱　6. 下悬挂点　7. 仿形轮　8. 前支臂
9. 施肥铲　10. 开沟器　11. 划沟刀　12. 排种器　13. 镇压弹簧　14. 覆土板　15. 镇压轮

图10-11　中耕作物精密播种机

复合种植播种机
同时播种大豆玉米

管和施肥开沟器。④土壤工作部件及其仿形机构包括开沟器、覆土器、仿形轮、镇压轮、压种轮及其连杆机构等。有的精密播种机还配备施洒农药和除草剂的装置。为使作物在田间获得充分的光照、热量、水分、空气和土壤营养物质，达到高产稳产目的。播种机应解决种子在田间的合理分布问题，所以采用精密播种。在种子出苗率有确保的前提下，采用精密排种已达到合理密植，节省种子和免除间苗工时的目的。机具总体结构多采用单体组合式布局，即每一植株有一独立的由施肥、排种、覆土、镇压等部件构成的复式播种单元组件，若干单元按需要装在一通用机架上。目前，主要是与小四轮拖拉机配套，播种机自带悬挂提升装置。

任务4　植保机械化装备

植保机械主要用于喷洒除草剂和农药，同时还可喷施植物生长调节剂。由于农药的剂型多种多样，喷洒方式方法不同，植保机械也多种多样，从手持小型喷雾器到拖拉机悬挂或自走式大型喷雾器，从地面喷洒机械到装在飞机上的航空喷洒装置，形式多种多样。

学习目标

知识目标

了解掌握植保机械的基本构造和类型。

技能目标

掌握植保机械的使用与维护。

素质目标

具有提升、推广农业机械化水平的意识和素质。

学习内容

任务4.1　拖拉机植保机

活动1　认识拖拉机植保机

拖拉机植保机主要由机架、桁架、喷杆、平衡机构、药箱装配、隔膜泵及水路操作系统等组成。

(1)工作原理：加水设备将药液箱加满后关闭截止阀，隔膜泵将药液箱内药液经药液箱出头接头由过滤器过滤后吸入其进水口加压，经隔膜泵提高压力后的药液从其出口排出，进入三通阀进水接头。一部分药液经三通阀出水接头进入搅拌机构进行强制搅拌，一部分药液进入细过滤进一步过滤，过滤后的药液进入换向阀进水接头。换向阀手柄处于工作状态位置可经调压手柄逐渐调至工作压力，药液经分段开关出水接头，接头通向各喷管，后经喷头喷出进行工作。换向阀手柄处于回流搅拌位置，药液经调压阀回水接头回入药液箱进行回水搅拌。

（2）喷杆展开：拖拉机液压油分别进入左侧喷杆折叠油缸和右侧喷杆折叠油缸，带动活塞杆向前推进、展开喷头，液压油流回拖拉机液压系统。

（3）喷杆折叠：拖拉机液压油分别进入左侧喷杆折叠油缸和右侧喷杆折叠油缸，带动活塞杆向后收缩、折叠喷杆，液压油分别流回拖拉机液压系统，节流调速阀调整两侧喷杆展开、折叠速度。

（4）喷杆升降：拖拉机液压油进入喷杆升降油缸，喷杆升起。拖拉机液压系统回油，喷杆靠自重下降。

活动2　了解拖拉机植保机的技术参数

拖拉机植保机的技术参数见表10-1。

表10-1　拖拉机植保机的技术参数

外形尺寸（折叠喷杆）（长×宽×高）/mm	4 120×2 500×2 910
运输尺寸（不含折叠喷杆）（长×宽×高）/mm	2 700×1 980×2 130
配套动力/马力	≥110
动力输出轴转速/（r/min）	540
喷杆作业常工作压力/MPa	0.3～0.5
喷幅/m	25（23、24可选）
药箱/L	1 500（1 200、2 000可选）
搅拌方式	回流搅拌＋高压搅拌
夜泵	AR185隔膜泵
隔膜泵工作压力/MPa	0.3～0.5
隔膜泵流量/（L/min）	185
隔膜泵转速/（r/min）	540
喷嘴形式	扇形防滴总成
喷嘴对喷杆安装角度/°	5
喷雾角度/°	110
单个喷头喷雾量/L	1.55
喷头间距/cm	50
喷头数量/个	50
推荐喷头喷洒高度/mm	700～800
形式	桁架式
折叠方式	液压
重量/kg	1 100

活动 3 安装与调节拖拉机植保机

(1)喷杆大臂安装与调节。套管放入连接管内与连接板套在一起,穿入连接轴用固定销固定;将大臂焊合装入大臂连接板后穿入套管;将连接螺栓连同弹簧垫圈、平垫圈穿入大臂连接板拧紧螺母。

(2)喷杆大臂与平衡机构安装与调节。将平衡机构与喷杆大臂安装在一起,注意大臂连接板与平衡机构连接板的位置;在大臂连接板与平衡机构连接板之间安装连接销并以固定销固定;将喷杆大臂拉杆两端分别放入拉杆连接板和拉杆连接板内,安装连接销,并用固定销固定;安装后调节喷杆大臂拉杆长度,使平衡机构与喷杆大臂水平。

(3)喷杆小臂安装与调节。安装限位轮;将下凸轮与下凸轮连接板安装,组成下凸轮组合;上凸轮与上凸轮连接板安装,组成上凸轮组合;芯轴依次穿进下凸轮组合、上凸轮组合后再依次将回位弹簧、弹簧压盖、锁紧螺母穿进芯轴,最后穿进上拖板和转动套使小臂前段与小臂末端连成一体;拧紧锁紧螺母调节回位弹簧压力。

(4)中臂安装与调节。将连接轴穿入大臂连接板、中臂上连接板、大臂上连接板、大臂下连接板,用固定销固定;将连接轴穿入小臂上连接、中臂上连接板、小臂上连接板、中臂下连接板、小臂下连接板,用固定销固定;将喷杆大臂、喷杆中臂、喷杆小臂装配成喷杆整体后开展并进行调整;将喷杆大臂、喷杆中臂调整平直,用调节螺栓顶住大臂固定板用锁紧螺母固定;将喷杆小臂、喷杆中臂调节平直,用调节螺栓顶住小臂固定板用锁紧螺母固定。

(5)限位轮安装与调节。将下凸轮与下凸轮连接板安装组成下凸轮组合;将上凸轮与上凸轮连接板安装组成上凸轮组合、上凸轮组合后,依次将回位弹簧、弹簧压盖。锁紧螺母穿进芯轴,最后穿进上拖板和转动套使小臂前段与小臂末端连成一体;拧紧锁紧螺母调节回位弹簧压紧力。

(6)拖拉机与主机安装调节。将动力输出轴一端与隔膜泵连接;将拖拉机行驶至机架处,机架下悬挂杆与机架上悬挂板对准,装入下悬挂轴用固定销固定;将拖拉机上悬挂杆与机架上悬挂板对准,装入上悬挂轴用固定销固定;将动力输出轴另一端与拖拉机后输出轴连接;连接时注意检查输出轴长度,将拖拉机后输出轴和隔膜泵处在同一平面,动力输出轴的内管和外管之间必须有 2 cm 以上的间距,否则必须同时去除部分内管和外管,以免拖拉机转弯或提升时顶撞损坏液泵;动力输出轴内外关重合长度必须保持 10 cm;动力输出轴理想状态是液泵和拖拉机后输出轴在同一平面,特殊状态相对于水平位置应小于±30°。在 15°～30°工作状态时拖拉机后输出转速应小于 150 r/min;安装动力输出轴全过程中,内管和外管始终保持闭合状态。

(7)喷头的安装与调节。喷头的功能是将药液雾化并将门均匀地分布到喷洒物的表面;操作时请按说明书调整压力,压力过高会减少喷嘴的使用寿命、过低则影响喷洒效果;将喷头按同一方向安装到喷杆输液管上,旋紧紧固螺钉,如有个别喷头密封不佳可增加密封厚度。

(8)喷杆调节。提升喷杆至最高位置;操作拖拉机的液压操作杆,将喷杆展开,调整节流阀分别控制两侧喷杆展开速度,使之均衡;调节喷杆高度,直至喷头离地面距离达到所需要高度,调节喷杆高度时不但调节喷杆升降油缸,还要结合调节主机悬挂高度。既要保证喷头离地面距离,又要尽量使动力输出轴保持水平;作业后再次提升喷杆至最高度,将喷杆折叠,下降至喷杆支架上。

任务4.2 背负式机动喷雾喷粉机

活动1 认识背负式机动喷雾喷粉机

背负式机动喷雾喷粉机主要由机架、离心风机、贮药箱、喷洒部件和配套动力等组成。机架总成是用于安装汽油机、风机和药箱等部件的基础部件。机架下部固定汽油机和离心风机，上部安装药箱和油箱，前面装有背带和背垫，一侧装有用于控制油门大小的油门操纵手柄。背负式机动喷雾喷粉机工作原理是：当发动机曲轴驱动风机叶轮高速旋转时，风机产生的高压流，其中大部分经风机出口流向喷管，少部分流进风阀、软管、滤网达到贮药箱内药液面上的空间，对液面施加一定压力，药液在风压作用下通过粉门、出水塞接头、输液管、开关到达喷嘴(即所谓气压输液)。喷嘴位于迷雾喷头的喉管处，由风机出口送来的气流通过此处时因截面突然缩小，流速突增，在喷嘴处产生负压。药液在贮药箱内受压和此处受压的共同作用下，源源不断地从喷嘴喷出，与由喷管来的高速气流相遇，由于两者流速相差极大，而且方向垂直，于是高速气流将由喷嘴喷出的细流或粗雾滴剪切成细小的雾滴，并经气流运载到远方，在运载沿途中，气流将细小的雾滴进一步弥散，最后沉降下来。从风机产生的高速气流，大部分经风机出口流向弯头、喷管，少部分经进气阀进入吹粉管。由于风速高、风压大，气流便从吹粉管小孔吹出来，将贮药箱底部的药粉吹松散，并吹向粉门。同时由于大部分高速气流通过风机出口的弯头时，在输粉管口处造成一定的真空度，所以当粉门开关打开时，药粉就能够通过粉门，被吸入输粉管弯头，与大量的高速气流混合，经喷管吹向作物。

活动2 操作背负式机动喷雾喷粉机

(1)行走路线的确定。喷洒时行走要匀速，不能忽快忽慢，防止重喷漏喷。操作者应从下风口方向开始作业，喷向与风向一致。

(2)喷施时应采用侧向喷洒，操作者背机前进时，手提喷管向一侧喷洒，一个喷幅接一个喷幅向上风方向移动，使喷幅之间相连接区段的雾滴沉积有一定程度的重叠。操作时还应将喷口稍微向上仰起，并离开作物 20～30 cm。

(3)背负式机动喷雾喷粉机适宜采用低容量喷雾方法，施药液量控制在 10 L/亩以下。避免喷雾喷粉机喷头直接对着作物喷雾，造成药液从作物叶片上流失。

活动3 学习背负式机动喷雾喷粉机的常见故障排除方法

(1)不能启动或启动困难。其原因及排除方法：①油箱无油，加燃油即可。②各油路不畅通，应清理油道。③燃油过脏，油中有水等，需更换燃油。④气缸内进油过多，拆下火花塞空转数圈，并将火花塞擦干净即可。⑤火花塞不跳火，积碳过多或绝缘体被击穿，应清除积碳或更新绝缘体。⑥火花塞、白金间隙调整不当，应重新调整。⑦电容器击穿，高压导线破损或脱解，高压线圈击穿等，需修复更新。⑧白金上有油污或烧坏，清除油污或打磨烧坏部位即可。⑨火花塞未拧紧、曲轴箱底漏气，缸垫烧坏等，应紧固有关部件或更新缸垫。⑩曲轴箱两端自紧油封磨损严重,应更换。主风阀未打开,打开即可。

(2)能启动但功率不足。其原因及排除方法:①供油不足,主量孔堵塞,空滤器堵塞等,应清洗疏通。②白金间隙过小或点火时间过早,应进行调整。③燃烧室积碳过多,使混合气出现预燃现象(特征是机体温度过高),应清除积碳。④气缸套、活塞、活塞磨损严重,应更换新件。⑤混合油过稀,应提高对比度。

(3)发动机运转不平稳。其原因及排除方法:①主要部件磨损严重,运行中产生敲击抖动现象,应更换部件。②点火时间过早,有回火现象,需检查调整。③白金磨损或松动,应更新或紧固。④浮子室有水或沉积机油,造成运转不平稳,清洗即可。

(4)运转中突然熄火。其原因及排除方法:①燃油烧完,应加油。②高压线脱落,接好即可。③油门操纵机构脱解,应修复。④火花塞被击穿,须更换。

(5)农药喷射不雾化。其原因及排除方法:①转速过低,应加速。②风机叶片角度变形,装有限风门未打开,视情况处理。③超低量喷头内的喷嘴轴弯曲,高压喷射式的喷头中有杂物或严重磨损等,采取相应措施处理。

知识拓展

农药喷洒无人直升机

为实现大面积统防统治,提高病虫防治工作效率,降低成本,示范开展无人机航空植保技术,尝试通过飞机航空作业及时防控。采用飞控导航自主作业技术,只需要喷洒作业前,采集农田里农作物的GPS信息并设定好航线,输入地面站的内部控制系统中,地面站对飞机下达指令,飞机就可以载着喷撒装置自主完成喷洒作业。在飞机喷洒作业的同时,还可通过地面站的显示界面做到实时观察喷洒作业的进展情况,这将大大地提高无人机喷洒作业的精度和效率,使无人机农业航空作业进入市场化运作乃至普及运用成为可能。

1. 结构与工作原理

无人机有飞行平台(固定翼、单旋翼、多旋翼)、GPS飞控、喷洒机构三部分组成,目前国内销售的植保无人机分为油动植保无人机和电动植保无人机两类。其工作原理是通过地面遥控或GPS飞控,实现喷洒作业。油动植保无人机一般可负载15~120 kg,电动无人机可负载8~10 kg,在低空喷洒农药,每分钟可完成一亩地作业,其喷洒效率是传统人工的30倍。操作手通过地面遥控器及GPS定位对其实施控制,其旋翼生产的向下气流有助于增加雾流对作物的穿透性,防治效果好,同时远距离操控施药大大提高了农药喷洒的安全性。还能通过搭载视频器件,对植物病虫害等进行实时监控。

2. 油动植保无人机和电动植保无人机优缺点对比

油动植保无人机和电动植保无人机优缺点对比见表10-2。

表 10-2　油动植保无人机和电动植保无人机优缺点对比

项目	油动植保无人机	电动植保无人机
优点	载荷大，15～120 L 都可以	环保，无废气，不造成农田污染
	航时长，单架次作业范围大	易于操作和维护，一般 7 d 就可以操作自如
	燃料易于获得，采用汽油混合物做燃料	售价低，一般在 10 万～18 万元，普及化程度高
		电机寿命可达 1 万 h
缺点	不完全燃烧的废油会喷洒到农作物上，造成农作物污染	载荷小、载荷范围 5～15 L
	售价高，大功率植保无人机一般售价在30 万～200 万元	航时短、单架次作业时间一般 4～10 min 作业面积 10～20 亩/架次
	整体维护较难，其采用汽油机做动力，故障率高于电机	采用锂电作为动力电源，外场作业需要配置发电机，及时为电池充电
	发动机磨损大，寿命为 300～500 h	充电方式、速度与里程不协调

3. 使用注意事项

(1)作业前准备：包括作业区调查、制订飞行计划和飞行方案、完成飞机及设备调试机起落场地、地面、后勤准备和人员准备等工作。

(2)飞行作业：包括气象条件和飞行路线的设计、起飞前的准备、飞行操作、飞行作业及农药加载作业质量检查和飞行后的设备保养工作。

(3)注意事项：包括飞行安全、避免药害和保证作业质量等。

植保无人机

案例

多旋翼植保无人机

1. 飞行原理

为方便理解，我们以四旋翼无人机为例。和传统直升机的区别在于无人机不需要有桨叶的偏转，而是通过不同螺旋桨间的差速实现上升、下降、转向等动作。图 10-12 中我们假定旋翼机的前进方向为图中箭头方向。

图 10-12a 展示的是旋翼机左转时螺旋桨的工作方式。2、4 号螺旋桨顺时针转速增大，1、3 号螺旋桨逆时针转速减小。从而对机身产生和其转动方向相反的反向扭力使机身逆时针旋转，向左偏航。

图 10-12b 展示的是旋翼机右转时螺旋桨的工作方式。1，3 号螺旋桨逆时针转速增大，2、4 号螺旋桨顺时针转速减小，从而对机身产生和其转动方向相反的反向扭力使机身顺时针旋转，向右偏航。

图 10-12c 展示的是旋翼机上升时螺旋桨的工作方式。四个螺旋桨同时增大转速从而对机身产生向上的升力使旋翼机向上升起。

图 10-12d 展示的是旋翼机向右滚动时螺旋桨的工作方式。由于旋翼机自身反向扭力，受到四个螺旋桨的共同作用，故通过合理的调节四个螺旋桨的转速可以使旋翼机的反向扭力为零，而致使旋翼机向某个方向翻滚。

同对角线的一对螺旋桨中的一个增大一定转速，另一个减少一定的转速将会使旋翼机翻滚或者俯仰从而引发翻滚角或俯仰角的变化。

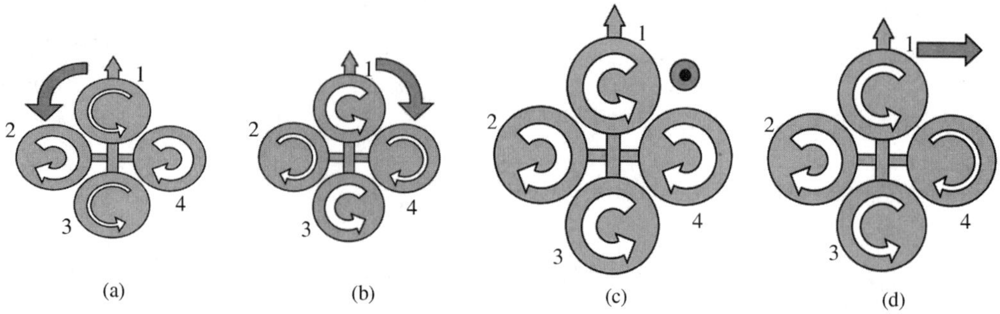

图 10-12　螺旋桨的工作方式

2. 主控系统

四旋翼植保无人机主控系统见图 10-13。

(1)GPS 与指南针模块。GPS 对于振动干扰敏感，所以要把支架置于至少远离螺旋桨 10 cm 处。将有 DJI 标记的一面朝上，箭头指向飞行器的正前方。GPS 与指南针模块为磁性敏感设备，应远离其他所有电子设备。

(2)电源管理模块(PMU)是一种高度集成的、针对便携式应用的电源管理方案，即将传统分立的若干类电源管理器件整合在单个封装内，这样可实现更高的电源转换效率、更低功耗，及更少组件数以适应缩小的板级空间。

(3)惯性测量单元(IMU)是测量物体三轴姿态角以及加速度的装置。IMU 最好靠近飞行器重心位置安装，这里振动相对较小。IMU 需与机身保持平行，可用双面胶固定。勿倒置安装 IMU。勿覆盖 IMU 上的散热孔，应保持其通畅、清洁。经常检查双面胶，确保 IMU 安装牢固。IMU 模块不防水、不防油。详情参照 WK-M 说明书。

(4)将 LED 指示灯安装在飞行器的合适位置上并远离 GPS，不要将其安装在其他电子设备上。确保在飞行过程中能看到指示灯。

项目 10 拓展资料

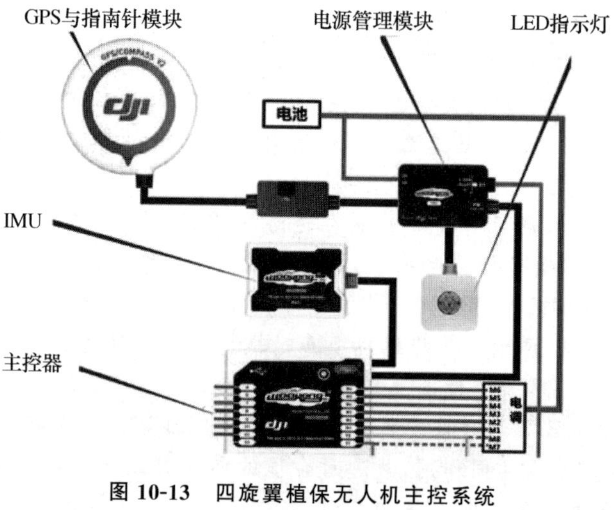

图 10-13　四旋翼植保无人机主控系统

参考文献

[1] 张成霞,林向群.中草药栽培学[M].北京:中国农业出版社,2018.

[2] 陈年友.黄冈市国家地理标志产品产业化研究[M].武汉:武汉出版社,2019.

[3] 徐锦堂.中国天麻栽培学[M].北京:北京医科大学、中国协和医科大学联合出版社,1993.

[4] 李文甲.蔬菜生产技术实训指导[M].银川:宁夏人民出版社,2014.

[5] 赵晨霞.果蔬贮藏保鲜技术[M].北京:中国农业大学出版社,2015.

[6] 王文生.小微型果蔬贮藏保鲜设施技术指导[M].北京:中国农业科学技术出版社,2017.

[7] 朱明.果蔬贮藏保鲜技术与设施问答[M].北京:中国农业科学技术出版社,2020.

[8] 岳蕾.农产品贮运与保鲜[M].北京:中国农业出版社,2022.

[9] 林宏明.农业机械[M].北京:高等教育出版社,2006.

[10] 肖兴宇.农业机械使用与维护[M].北京:北京航空航天大学出版社,2016.

[11] 李式军.设施园艺学[M].北京:中国农业出版社,2002.

[12] 江苏大学.农业机械学[M].北京:机械工业出版社,2000.

[13] 鲍士旦.土壤农化分析[M].3 版.北京:中国农业出版社,2000.

[14] 陈华癸,樊庆笙.微生物学[M].北京:农业出版社,1979.

[15] 崔英德.复合肥的生产与施用[M].北京:化学工业出版社,1999.

[16] 范兴亮,冯天福.新编肥料实用手册[M].郑州:中原农民出版社,2000.

[17] 崔兰舫,张桂凡.蔬菜生产[M].北京:中国农业大学出版社,2014.

[18] 刘艳华.蔬菜生产技术[M].北京:机械工业出版社,2013.

[19] 王玉莲.蔬菜生产技术[M].北京:中国轻工业出版社,2016.

[20] 柴贤贵.蔬菜栽培[M].西安:西北工业大学出版社,2015.

[21] 梁称福.蔬菜栽培技术[M].北京:化学工业出版社,2016.

[22] 王久兴,闫立英,李晓丽.蔬菜栽培关键技术与经验[M].北京:中国科学技术出版社,2017.

[23] 刘跃钧,曾岳明,叶征莺,等.多花黄精栽培技术研究进展[J].中国现代中药,2022,24(4):715-719.

[24] 汪文杰,王玲,刘合刚,等.茅苍术规范化种植技术研究[J].湖北中医药大学学报,2014,16(2):54-55.

[25] 汪文杰,刘合刚,詹亚华,等.南苍术规范化种植标准操作规程(SOP)[J].中药材,2012,35(11):1723-1728.

[26] 魏长征.板蓝根标准化栽培技术[J].农业科技与信息,2021,625(20):32-33.

[27] 窦其全,蒋学杰.板蓝根标准化种植管理[J].药用植物,2018,12(1):37-40.

[28] 王绍柏,余昌俊,许启新,等.天麻生产技术规程Ⅰ[J].中药材,2003,26(3):159-161.
[29] 王绍柏,余昌俊,许启新,等.天麻生产技术规程Ⅱ[J].中药材,2003,26(4):238-242.
[30] 张觊,张军,杜伟,等.蕲艾生产技术操作规程(SOP)[J].湖北中医杂志,2009,31(10):75-76.
[31] 刘合刚,熊鑫,詹亚华,等.射干规范化生产标准操作规程(SOP)[J].现代中药研究与实践,2011,25(5):15-19.
[32] 国家药典委员会.中华人民共和国药典(一部)[S].北京:中国医药科技出版社,2020.
[33] 金银花热风干燥操作规程[J].农业工程技术,2015(23):31-34.
[34] 香菇热风干燥操作规程[J].农业工程技术,2015(20):33-35.
[35] 黑木耳热风干燥操作规程[J].农业工程技术,2015(17):45-46.
[36] 杏热风干燥操作规程[J].农业工程技术,2015(14):40-42.
[37] 辣椒热风干燥操作规程[J].农业工程技术(农产品加工业),2014(5):46-48.
[38] GB/T 40136—2021 太子参种植技术规范.
[39] T/HNNJ 0005—2021 水稻机械化烘干技术规程.
[40] GB/T 28668—2012 粮油贮藏 粮食烘干安全操作规程.
[41] DB43/T 2279—2021 果蔬机械化烘干技术规程.
[42] DB41/T 1849—2019 金银花烘干贮藏技术规程.